무선설비(산업)기사와 정보통신(산업)기사의 공통과목

디지털전자회로 & 전자계산기일반

김한기 · 박승환 · 엄우용 共著

21세기사

PREFACE

본서는 무선설비(산업)기사와 정보통신(산업)기사의 공통과목으로 디지털전자회로와 전자계산기일반을 하나로 하여 책을 구성하였다.

본서가 무선, 정보통신분야에 대한 전공지식을 익히고, 또 나아가 취업의 문을 열고자 하는 학생에게 조금이나마 국가기술자격 취득 및 전공실력 향상에 도움이 되었으면 한다.

전자 회로(電子回路, electronic circuit)는 디지털전자회로와 아날로그전자회로를 모두 포함하여 말하는 회로이다. 조금 더 구체적으로 보면 전자공학에서 전자회로는 능동소자를 활용한 회로가 기본이 되는 회로이다. 능동소자로 이루어진 회로란 다이오드, 접합형 트랜지스터, 전계효과 트랜지스터 등 소자 자체와 이를 활용한 증폭기나 기타 응용회로이다. 특히, 연산 증폭기는 능동소자로 구성된 대표적인 전자 회로이며, 현재 사용되는 아날로그 전자회로의 1/3이상이 연산증폭기라 하여도 과언이 아니다. 여기서, 수동소자는 R(저항), L(코일),C(축전기, 콘덴서) 해석과 활용 면에서는 회로이론(network analysis)이라는 과목에서 주로 다루어진다. 전자회로는 이러한 수동소자를 분리하여 말할 수 없으며, 전자회로란 능동소자와 수동소자를 포함한 회로라 할 수 있다. 전자회로를 해석할 때도 능동소자 그 자체를 놓고, 능동소자만으로 분석할 수는 없다. 이론적 측면에서 보면, 능동소자자체로 해석이 불가능하므로 수동소자, 전압원과 전류원으로 모델링하여 변환한 후에 회로이론으로 해석하는 방법을 취하게 된다. 이후, 증폭기의 특성분석에서 주파수에 의한 특성변화를 고려하여 저주파와 고주파로 나누어 모델링하고 해석하는 과정을 거치면, 전자회로의 개발과 설계의 대부분이 완성된다.

본서에서는 이러한 과정에 대하여 우수하고 성능 좋은 전자회로를 만들기 위한 전원부 설계, 트랜지스터 기본 증폭기 회로, 부궤환 회로, 발진 회로 및 기타 주요 응용회로를 다룬다. 아울러, 디지털전자회로는 능동소자의 스위칭 기능을 활용하는 분야라 할 수 있으며, 논리 회로분야로서 불 대수, 기본논리게이트, 조합 및 순차 논리 회로(디지털 회로)를 다룬다. 이는 컴퓨터 및 마이크로콘트롤러의 구성, 나아가 정보통신의 디지털 회로를 위한 기본지식을 얻게 할 것이다.

본서는 전자회로를 이해하기 위한 기초 이론과 지식을 습득하기 위한 교재이다. 본서의 내용에서 주어진 기본 회로에 대하여 충실히 단계별로 성취해나간다면, 결국 그 응용회로까지 이해할 수 있는 능력을 얻을 수 있을 것이다. 특히 본서는 아날로그 및 디지털 전자회로 분야를 포함하여 다루며, 가장 많이 사용되는 회로를 표준적 회로로 선정하여 기술하였으므로 취업 및 국가기술자격시험을 위한 교재로도 사용될 수 있을 것이다.

본서를 완성할 수 있도록 큰 도움을 주신 21세기사 사장님을 비롯한 담당 임직원에게 깊은 감사를 드리며, 앞으로 미비한 많은 부분을 발전시켜 보다 유익한 책으로 거듭날 수 있도록 지속적으로 노력을 경주할 것이다.

저자 일동

CONTENTS

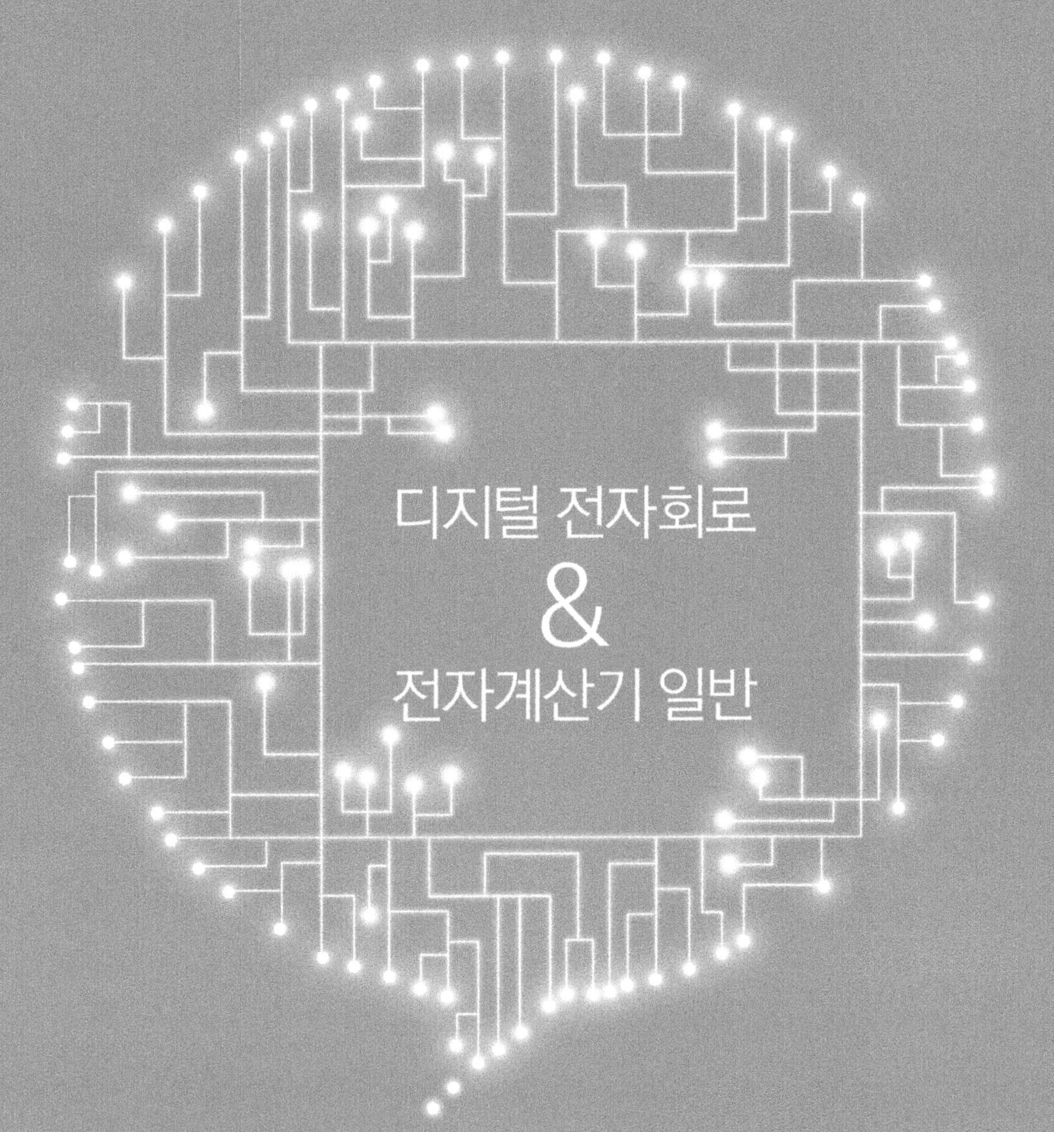

PART 1

디지털 전자회로

CHAPTER 1

전자회로

전자회로(electronic circuit)란? 전자관이나 반도체 소자를 효과적으로 사용하려면 저항, 콘덴서, coil 등의 전기 회로를 조합시켜서 회로를 만들어야 하는데, 이와 같은 회로를 전자회로라고 한다.

1 반도체

1.1 반도체의 정의

반도체는 도체와 절연체의 중간적인 존재이다.

물질

① 절연체(insulator) : 석영, 유리 ⇒ ρ(고유저항) $=10^{12}$~10^{18}[Ω·m]
② 반도체(semiconductor) : Ge, Si(Ⅳ족) ⇒ $\rho=10^{-4}$~10^{6}[Ω·m]
③ 도체(conductor) : Ag, Au, Al(금속류) ⇒ ρ $=10^{-8}$~10^{-6}[Ω·m]

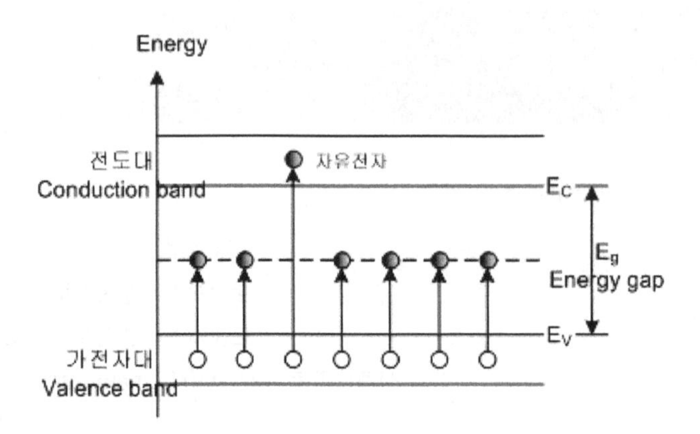

① 절연체 : $(E_g) > 5eV$

② 반도체 : $(E_g) \rightarrow Si$(약 $1.1eV$), Ge(약 $0.67eV$)

③ 도체 : $(E_g) \fallingdotseq 0eV$

1.2 반도체의 특징

① 도체와 부도체의 중간적인 성질을 갖는다.

② 반도체는 온도의 상승으로 저항이 감소하는 성질을 가지고 있다.

⇒ 부(-) 온도계수를 갖는다.

③ 약간의 불순물 첨가(dopping)하면 저항이 감소한다.

④ 열 또는 빛 그리고 외부에서의 Bias에 의해 전기저항이 변하는 특이한 현상을 보인다.

⑤ Hall 효과 및 정류작용을 한다.

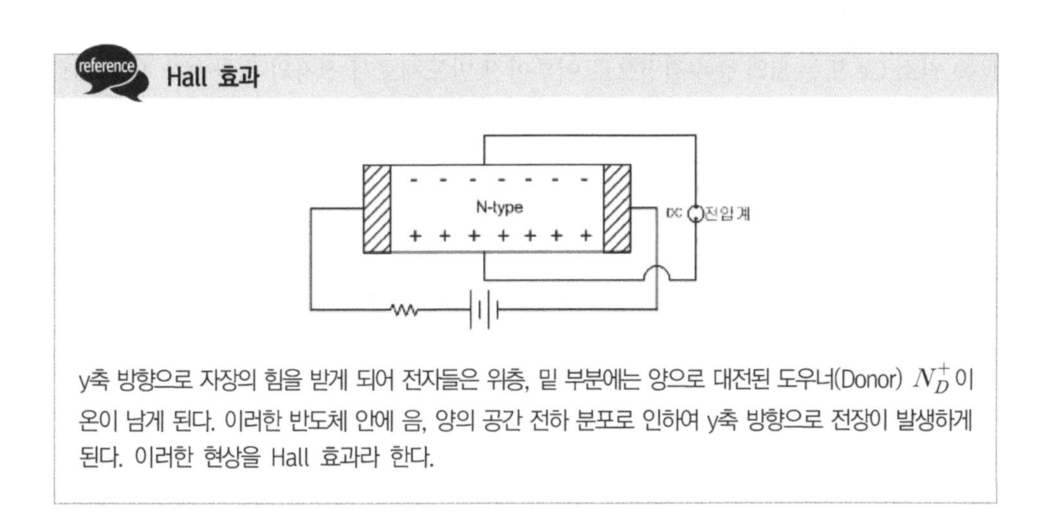

Hall 효과

y축 방향으로 자장의 힘을 받게 되어 전자들은 위층, 밑 부분에는 양으로 대전된 도우너(Donor) N_D^+ 이온이 남게 된다. 이러한 반도체 안에 음, 양의 공간 전하 분포로 인하여 y축 방향으로 전장이 발생하게 된다. 이러한 현상을 Hall 효과라 한다.

1.3 반도체의 종류

1.3.1 용어

① **도핑**(doping) : 반도체에 Ⅲ족, Ⅴ족 원소의 불순물을 소량 첨가하여 전기적 특성을 갖게 하는 일이다.

② Donor : Ⅴ족 원소의 불순물 으로서 As(아세나이드, 비소), P(인), Sb(안티몬) 등이 있다.

③ Accepter : Ⅲ족 원소의 불순물 으로서 B(boron), Ga(갈륨), In(인듐)등이 있다.

④ **EHP(electronic hole pair) 현상**

- R(recombination) : 소멸의 의미
- G(generation) : 생성의 의미

⑤ **페르미 준위(Fermi Level)** : 절대온도 0°K 에서 전자가 가질 수 있는 최대 에너지이다.

1.3.2 종류

(1) 진성 반도체

Ⅳ족 원소 Ge 또는 Si의 순수결정으로 이루어진 반도체로서 전자와 정공수가 같아 페르미 레벨은 금지대 중앙에 있다.

$$E_f = \frac{E_c + E_v}{2}$$

진성 반도체의 페르미 준위는 온도에 관계없이 금지대의 중앙에 있다.

(2) n형 반도체

진성 반도체에 Ⅴ가 불순물 As(아세나이드, 비소), P(인), Sb(안티몬)등을 doping시킨 반도체이다.

① **다수캐리어** : 자유전자

② **소수캐리어** : 정공

③ **Donor(제공자)** : 5족 원소이며 (+)이온을 갖는다.

④ n형 반도체의 에너지 준위는 다음과 같다.

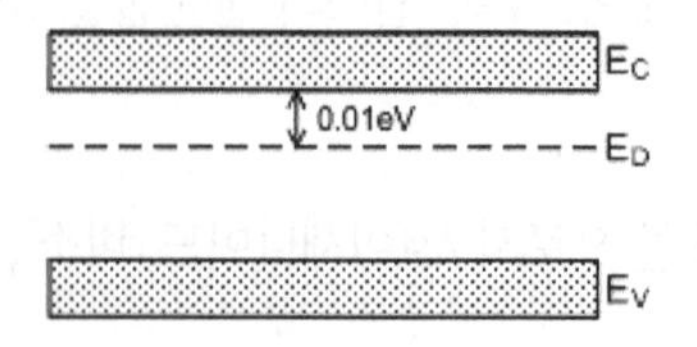

(3) P형 반도체

진성 반도체에 Ⅲ가 불순물 B(boron), Ga(갈륨), In(인듐)등을 doping시킨 반도체이다.

① **다수캐리어** : 정공

② **소수캐리어** : 자유전자

③ Accepter(**수락자**) : 3족 원소이며 (-)이온을 갖는다.

④ P형 반도체의 에너지 준위는 다음과 같다.

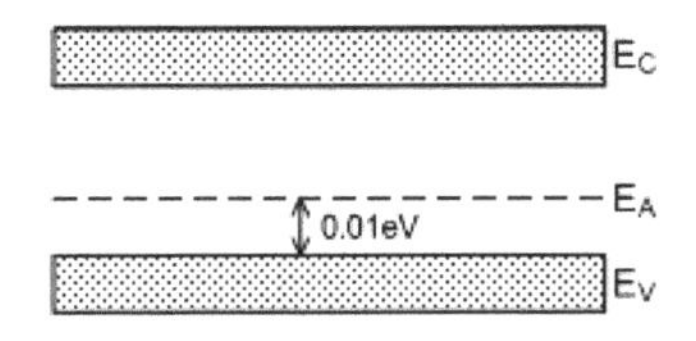

1.3.3 응용 분야

(1) PN 접합 다이오드

실질적 PN 다이오드에서 바이어스 전압 V를 걸 때 흐르는 다이오드 전류 I는 다음과 같다.

$\Rightarrow I = I_o[e^{eV/kT} - 1]$ 단, I_o는 역 포화 전류이다.

reference **바이어스**

■ 순방향 바이어스(Forward bias)

캐리어의 이동을 도와주는 방향으로 가해주는 바이어스이며, P형 쪽에 (+), N형 쪽에 (-)를 걸어준다.

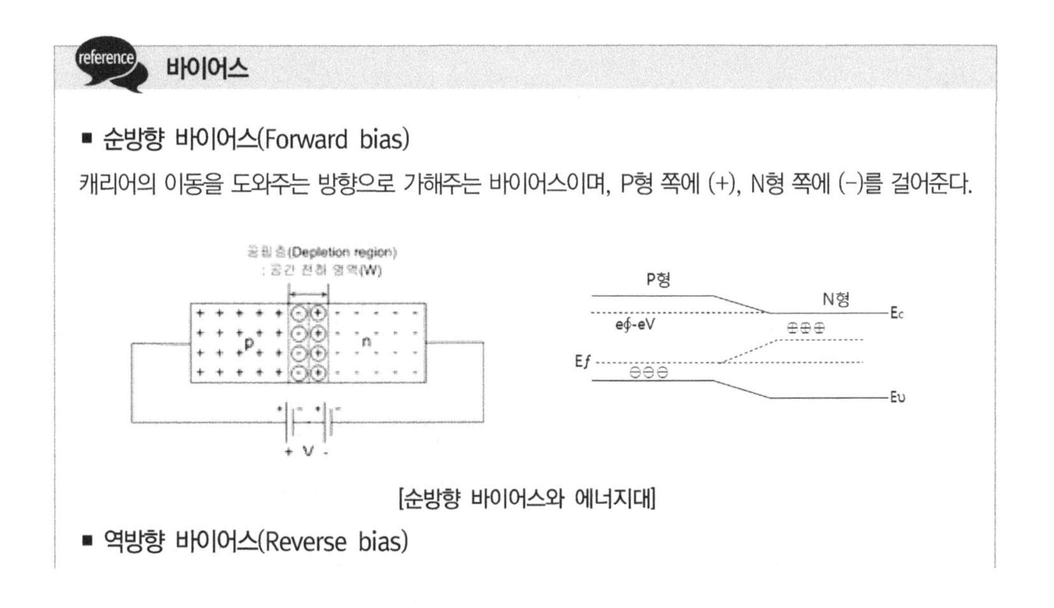

[순방향 바이어스와 에너지대]

■ 역방향 바이어스(Reverse bias)

캐리어의 이동을 방해하는 방향으로 가해지는 바이어스이며, P형 쪽에 (-), N형 쪽에는 (+)를 걸어준다.

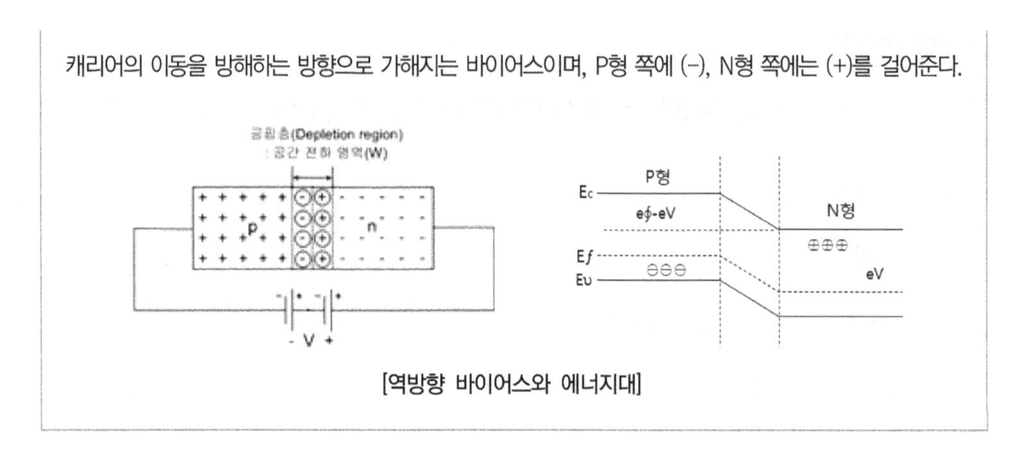

[역방향 바이어스와 에너지대]

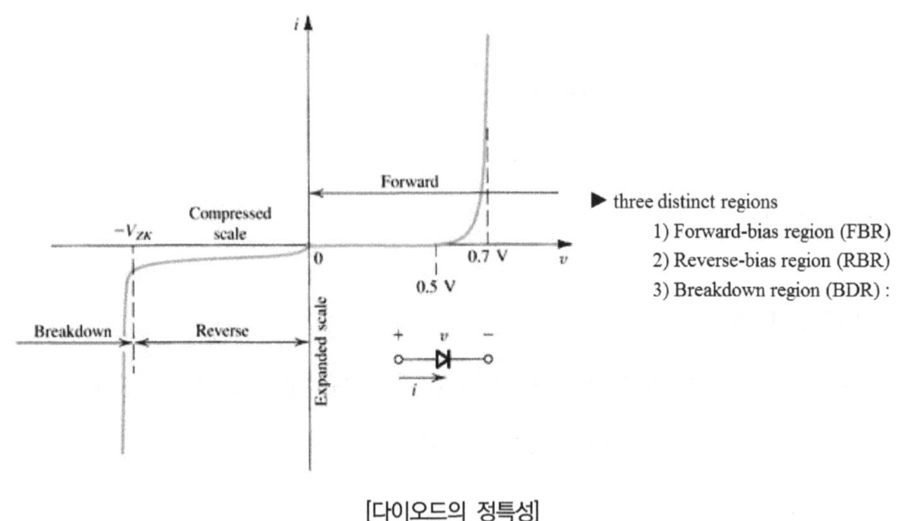

[다이오드의 정특성]

① 순방향 전압인가 시 전압에 따라 전류가 지수 함수적으로 증가한다.

- 다이오드의 Catin 전압(threshold voltage) : 문턱전압(V_T)

② 역방향 전압인가 시 전압에 관계없이 일정한 역방향 전류(I_o)가 흐른다.

- 항복현상(break down) : 실제 다이오드에서 역 전압이 어떤 임계값에 달하면 전류가 갑자기 증대하기 시작하여 소자가 파괴되는 현상.
- 애벌란치 항복(Avalanche breakdown) : 전자사태
  높은 에너지를 갖는 홀/전자가 충돌에 의해 제 2의 Carrier를 형성

- 제너 항복(Zener breakdown) : 고농도의 불순물 첨가시키면 공간 전하영역이 좁아지고 그렇게 되면 전자의 tunneling 현상이 일어날 수 있다.

∴ 결국, 높은 전압에서 항복을 일으키는 다이오드는 애벌런치효과를 이용한 것이고, 낮은 전압에서 항복을 일으키는 것은 제너효과를 이용한 것이다.

③ **공간전하용량**(C_T) : 천이용량

$$C_T = A\sqrt{\frac{\epsilon e N_a}{2}} \cdot \frac{1}{\sqrt{V_r}} \text{(단, } V_r \text{ : 역방향 전압)}$$

회로 적으로 볼 때 콘덴서 역할을 한다. 이런 천이용량 때문에 트랜지스터에서 이상현상(이득감소, 주파수 불안정, 불안정한 발진 등)이 일어난다.

④ 역 포화 전류(I_o)는 온도에 민감하다 (100C상승할 때 마다 2배씩 증가된다.)

⑤ Carrier의 이동

- 확산(diffusion) 전류 : 반도체(N형 or P형)에서는 캐리어 농도 차에 의한 캐리어의 이동으로 전류가 발생(확산 전류)
- 드리프트(drift) 전류 : 반도체에 전계(전압)를 가하면 캐리어가 힘을 받아 이동하여 전류가 발생.(drift 전류)

⇒ 열평형 상태 : 확산전류(diffusion)와 드리프트 전류(drift)의 합이 0이 될 때를 말한다.

(2) 제너 다이오드

전압을 일정하게 유지하기 위한 전압제어 소자로 널리 이용된다.(전압 안정화 응용에 이용)

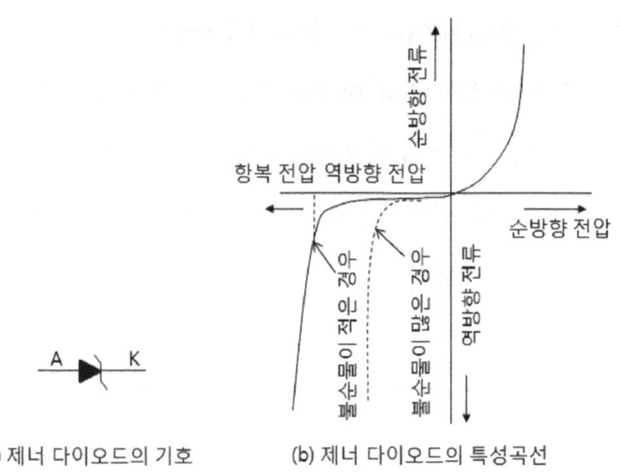

(a) 제너 다이오드의 기호 (b) 제너 다이오드의 특성곡선

(3) 터널다이오드(Esaki diode)

불순물 농도를 매우 크게 하여 공간전하 영역 폭을 줄여 Carrier의 Tunneling 현상을 이용한 다이오드이다.

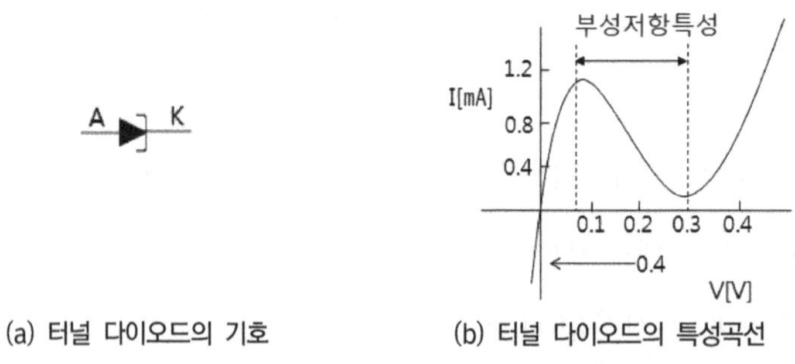

(a) 터널 다이오드의 기호 (b) 터널 다이오드의 특성곡선

① 역 bias 상태에서 훌륭한 도체이다.

② 작은 순 bias상태에서 저항은 대단히 적다

③ 부성저항을 나타낸다.

④ **응용** : 고속 스위칭 회로, 마이크로웨이브 발진기 등

(4) 배리스터(varistor : Variable resistor)

① 2개의 diode를 병렬 또는 직렬로 연결하여 대칭적인 특성을 갖는다.

② 낮은 전압에서 큰 저항을, 높은 전압에서 작은 저항을 나타낸다.

(가해진 전압에 따라 저항 값이 비 직선으로 변하는 반도체)

③ **응용** : 과전압 보호소자(surge 전압에 대한 회로 보호용), 통신 선로의 피뢰침(통신기기의 불꽃 방지회로)

(5) 배랙터 다이오드(Varactor diode)

① **가변용량 다이오드(배리캡 또는 배랙터 : varactor)** : 전압을 역방향으로 가했을 경우에 다이오드가 가지고 있는 콘덴서 용량(접합용량)이 변화하는 것을 이용하여, 전압의 변화에 따라 발진주파수를 변화시키는 등의 용도에 사용한다. 텔레비전이나 FM 튜너의 자동 동조 시스템에 사용하여, 주파수 변조나 자동 주파수 조정을 한다.(역방향의 전압을 높이면 접합용량은 작아진다)

② 역방향 바이어스 조건하에서 가변 캐패시터로 작용한다.

[가변용량 다이오드의 기호]

(**응용**) AFC(Automatic frequency control), FM 변조회로, 동조회로 등.

$$C_T = K \cdot \frac{1}{\sqrt{V_r}} \ , \ V_r : \text{역 전 압}$$

(6) Thermister

온도가 상승하면 저항이 감소되는 부(-)의 온도계수를 가지므로 Carrier가 증가한다.

(7) SCR(Semiconductor controlled Rectifier) : 실리콘 제어 정류 소자

SCR은 하나의 트랜지스터의 base가 다른 트랜지스터의 Collector에 접속된 PNP와 NPN의 두 트랜지스터가 접속된 것이다.

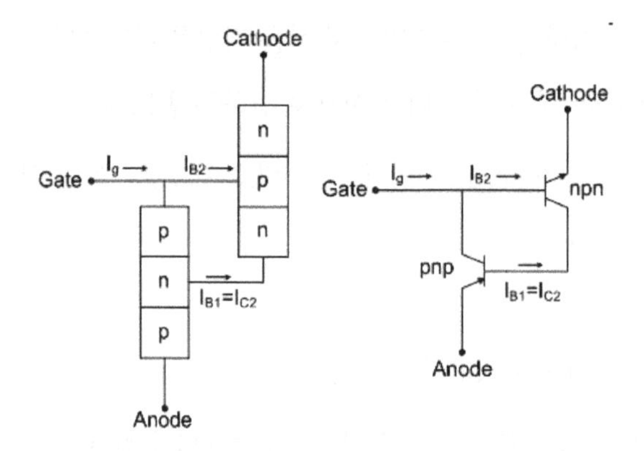

reference 전류-전압 곡선

ON상태 일 때 전류를 감소시켜가며 순 전류가 어떤 임계값 이하로 내려갈 때 갑자기 OFF 상태로 옮겨간다.

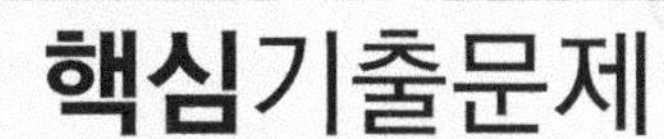

핵심기출문제

1. 다이오드를 사용하여 그림과 같은 회로를 구성하고 입력전압(Vi)을 -6[V]에서 6[V]까지 변화시킬 때 출력전압(Vo)의 변화는?
(단, 다이오드의 cut-in 전압은 0.6[V]이다.)

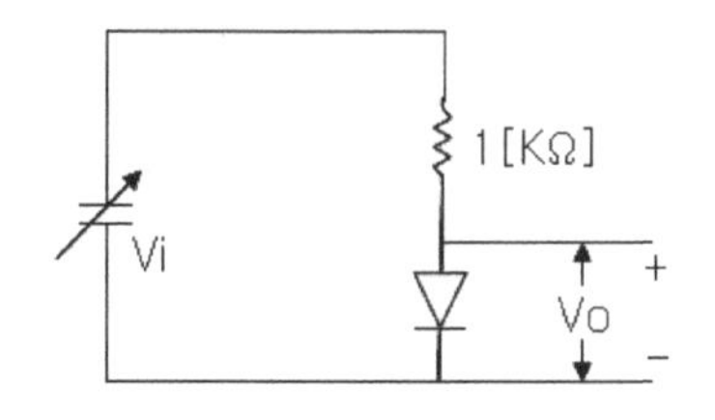

가. 0.6[V] ~ 6[V] 나. -6[V] ~ 6[V]
다. -6[V] ~ 0[V] 라. -6[V] ~ 0.6[V]

2. 다이오드를 사용한 정류회로에서 과부하전류에 의하여 다이오드가 파손될 우려가 있을 경우 이를 방지하기 위한 방법으로 가장 적합한 것은?

가. 다이오드를 병렬로 추가한다.
나. 다이오드를 직렬로 추가한다.
다. 다이오드 양단에 적당한 값의 저항을 추가한다.
라. 다이오드 양단에 적당한 값의 콘덴서를 추가한다.

정답 1. 라 2. 라

2 전원 회로(power circuit, 電源回路)

전원 회로란 일반적으로 전기 통신, 기타 전기를 이용하는 기기에 전력을 공급하기 위하여 필요한 기기로 이루어지는 전기회로를 이른다. 직류전원회로에서서는 건전지 이외에 교류(AC)를 직류(DC)로 변환해서 사용하는 장치가 필요한데 이 장치가 전원회로이며 전원회로의 구성은 정류회로, 평활회로, 정전압 전원회로 등으로 이루어진다.

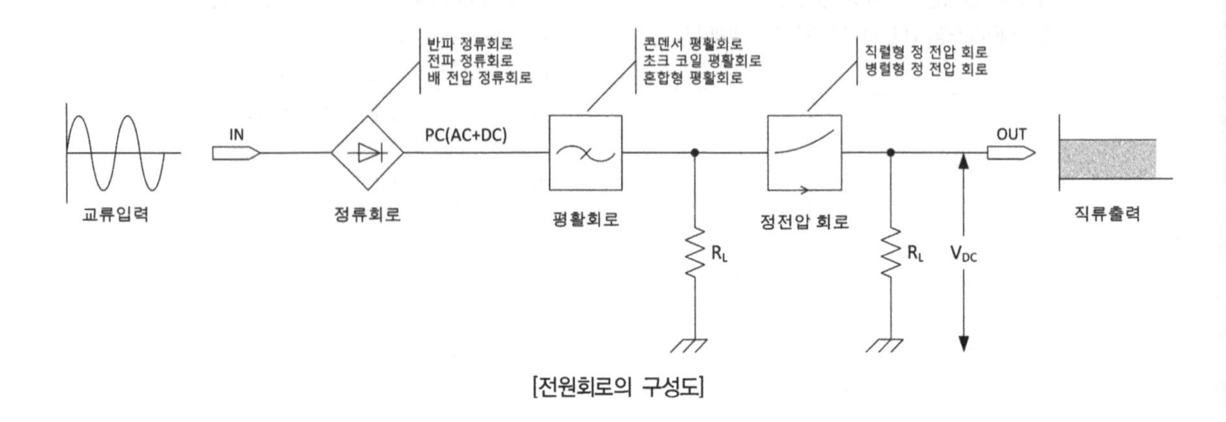

[전원회로의 구성도]

정류회로는 다이오드 특성을 이용하여 교류를 한쪽 방향의 전류로 변환하며, 평활회로(LPF : 저역여파기)는 변환된 전류 속에 포함된 교류성분(맥류)을 제거하여 직류성분을 얻는데 필요한 회로이며, 정전압 전원회로는 교류 입력전압의 변동에 따른 직류전압의 변동, 부하의 변동에 따른 직류 출력전력의 변화, 온도에 의한 회로소자의 특성변화 등의 직류 출력전압 변동의 주요 원인을 제거하여 일정한 직류전압을 얻는 데 필요한 회로이다.

2.1 전원회로의 평가 파라미터

전원회로를 평가하기 위한 도구로서는 각 회로가 갖는 리플(ripple : 맥동)율, 정류효율, 전압변동률, 최대 역전압 등이 이용된다.

2.1.1 맥동률(Ripple factor : γ)

정류된 출력에 포함되어 있는 교류 분, 즉 리플의 정도를 나타낸 것으로 그 값이 작을수록 좋다.

① **정의** : $\gamma \fallingdotseq \dfrac{V_{rms}(\text{출력전압에 포함된 교류성분의 실효값})}{V_{dc}(\text{출력 전압의 직류분})} \times 100\%$

② **계산식** : $\gamma = \sqrt{(\dfrac{I_{rms}:\text{실효값}}{I_{dc}})^2 - 1} \times 100\%$

2.1.2 정류효율(Rectification efficiency : η)

입력된 교류전력을 직류전력으로 출력할 수 있는 비율을 나타내는 것으로 그 값이 클수록 좋다.

① **정의** : $\eta = \dfrac{P_{dc}:\text{직류 출력 전력}}{P_{ac}:\text{교류 입력 전력}} \times 100\%$

② **계산식** : $\eta = \dfrac{I_{dc}^2 \cdot R_L}{I_{rms}^2(R_f + R_L)} \times 100\%$,

R_f : 다이오드 순방향 저항, R_L : 부하저항

2.1.3 전압 변동율(voltage regulation : ΔV)

출력전압이 부하의 변동에 대해 어느 정도 변화하는가를 나타낸다. 즉 부하전류의 변화에 따른 직류출력 전압의 변화정도를 나타내는 값으로 그 값이 작을수록 좋다.

① **정의** :

$$\Delta V = \frac{V_o(\text{무부하시의 직류분 전압}) - V_L(\text{부하시의 직류분 전압})}{V_L(\text{부하시의 직류분 전압})} \times 100\%$$

② **계산식** : $\Delta V = \dfrac{R_f}{R_L} \times 100\%$

2.1.4 최대역전압(PIV : peak inverse voltage)

최대 역내전압으로 다이오드가 견딜 수 있는 전압을 나타내는 것으로 정류회로에서 다이오드가 off일 경우 다이오드에 걸리는 최대 역방향 전압을 말한다.

2.2 정류회로

평균값이 0인 교류신호를 평균값이 0이 아닌 신호로 변환하기 위한 회로이다.

정류회로의 종류

① 반파정류 회로
② 전파 정류회로
③ 브리지(Bridge)형 정류회로(전파 정류회로)
④ 배전압 정류회로
   ㉠ 배전압 브리지 정류회로
   ㉡ 반파 배전압 회로
   ㉢ 전파 배전압 회로

2.2.1 단상 반파 정류 회로(Half-wave rectifier)

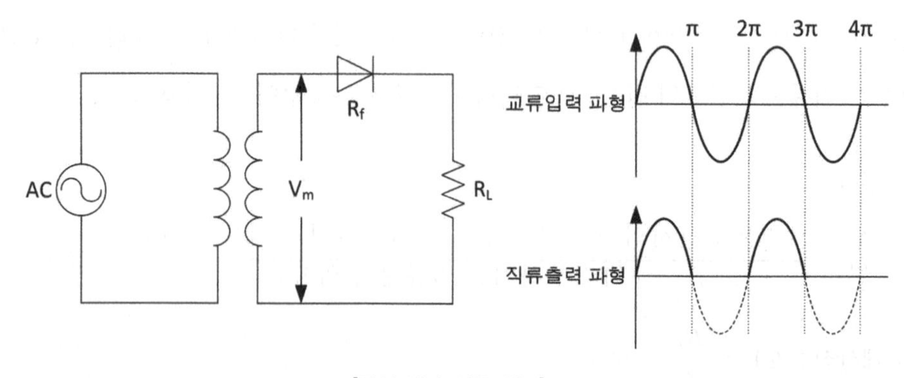

[단상 반파 정류 회로]

① **부하 전류의 평균값과 실효값** : 출력 전류 및 전압의 직류분(평균값)

$$I_{dc} = \frac{1}{2\pi}\int_0^{2\pi} i(t)\,dt = \frac{1}{2\pi}\int_0^{\pi} I_m \sin\omega t\,dt = \frac{I_m}{2\pi}[-\cos\omega t]_0^{\pi} = \frac{I_m}{\pi}$$

$$V_{dc} = R_L I_{dc} = \frac{I_m}{\pi}R_L = \frac{V_m R_L}{\pi(R_f + R_L)}$$

실효치(root mean square value) : I_{rms}

$$I_{rms} = \sqrt{\frac{1}{2\pi}\int_0^{2\pi} i(t)^2\,dt} = \sqrt{\frac{1}{2\pi}\int_0^{\pi} I_m^2 \sin^2\omega t\,dt}$$

$$= \sqrt{\frac{I_m^2}{2\pi}\int_0^{\pi}\frac{1-\cos 2\omega t}{2}\,dt} = \frac{I_m}{2}$$

② **맥동률(ripple factor)** : γ

반파 정류 회로의 경우

$$\gamma = \sqrt{\left(\frac{I_{rms}:\text{실효값}}{I_{dc}}\right)^2 - 1} \times 100[\%] = \sqrt{\left(\frac{I_m/2}{I_m/\pi}\right)^2 - 1} \times 100[\%]$$

$$= \sqrt{\frac{\pi^2}{4} - 1} \times 100\% = 121[\%]$$

③ **전압 변동률(voltage regulation)**

$$\Delta V = \frac{V_o(\text{무부하시의 직류분 전압}) - V_L(\text{부하시의 직류분 전압})}{V_L(\text{부하시의 직류분 전압})} \times 100\%$$

$$\Delta V = \frac{R_f}{R_L} \times 100\%$$

④ **정류 효율(rectification efficiency)** : η

$$\eta = \frac{P_{dc}:\text{직류 출력 전력}}{P_{ac}:\text{교류 입력 전력}} \times 100\% = \frac{I_{dc}^2 \cdot R_L}{I_{rms}^2(R_f + R_L)} \times 100\% = \frac{0.406}{1 + \frac{R_f}{R_L}} \times 100[\%]$$

R_f : 다이오드 순방향 저항, R_L : 부하저항

- 정류효율은 $R_L \to \infty$ 일 때, 이론적 최대 효율은 $\eta = 40.6[\%]$이다.
- 직류 출력 전력이 최대가 되기 위한 조건은 $R_L = R_f$이며 이 때 정류 효율 $\eta = 20.3[\%]$이다.

⑤ **최대 역전압**(PIV) : 다이오드에 걸리는 역방향 전압의 최대값을 최대 역전압 PIV(peak inverse voltage)라 한다.

반파 정류 회로의 경우 $PIV = V_m$(전원 전압의 최대값)

2.2.2 단상 전파 정류 회로(Full-wave rectifier)

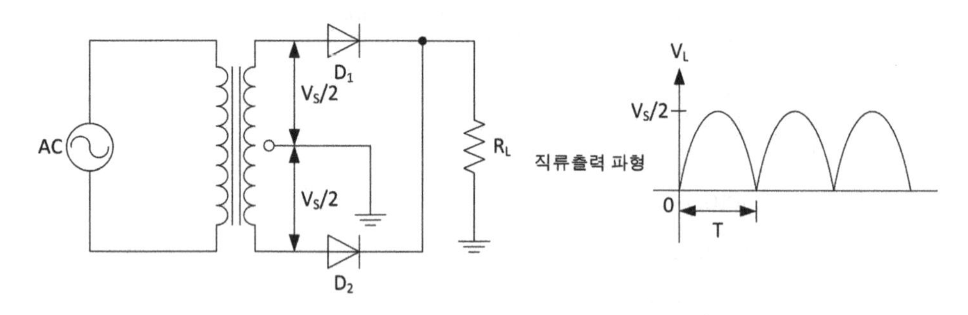

[단상 전파 정류 회로]

① **출력 전류 및 전압의 직류분(평균값)**

$$I_{dc} = \frac{1}{\pi}\int_0^{2\pi} i(t)\,dt = \frac{1}{\pi}\int_0^{\pi} I_m \sin\omega t\,dt = \frac{I_m}{\pi}[-\cos\omega t]_0^{\pi} = \frac{2}{\pi}I_m$$

실효치(root mean square value) : I_{rms}

$$I_{rms} = \frac{1}{\sqrt{2}}\left(\frac{V_m}{R_f + R_L}\right) = \frac{I_m}{\sqrt{2}}$$

② **정류 효율**

$$\eta = \frac{P_{dc} : \text{직류 출력 전력}}{P_{ac} : \text{교류 입력 전력}} \times 100\% = \frac{I_{dc}^2 \cdot R_L}{I_{rms}^2 (R_f + R_L)} \times 100\% = \frac{0.812}{1 + \frac{R_f}{R_L}} \times 100[\%]$$

③ **맥동률**

$$\gamma = \sqrt{\left(\frac{I_{rms} : \text{실효값}}{I_{dc}}\right)^2 - 1} \times 100[\%] = \sqrt{\left(\frac{1/\sqrt{2}}{2/\pi}\right)^2 - 1} \times 100[\%] = 48.2[\%]$$

④ **최대 역전압**(PIV)

단상 전파 정류 회로의 경우 $PIV = 2V_m$

[단상 각 정류방식 요약]

항목 \ 정류방식	단상반파정류	단상전파정류
평균값: I_{dc}	$\frac{I_m}{\pi} = 0.318 \cdot I_m$	$\frac{2}{\pi}I_m = 0.637 \cdot I_m$
최대값: I_m	$I_m = \frac{V_m}{r_f + R_L}$	
실효값 : I_{rms}	$\frac{I_m}{2} = 0.5 \cdot I_m$	$\frac{I_m}{\sqrt{2}} = 0.707 \cdot I_m$
출력전력: $P_{DC} = I_{dc}^2 \cdot R_L$	$\frac{V_m^2 \cdot R_L}{\pi^2(r_f + R_L)^2}$	$\frac{4V_m^2 \cdot R_L}{\pi^2(r_f + R_L)^2}$
정류효율: $\eta = \frac{P_{dc}}{P_{ac}}$	$\eta = \frac{P_{dc}}{P_{ac}} = \frac{40.6}{1 + \frac{r_f}{R_L}}$	$\eta = \frac{P_{dc}}{P_{ac}} = \frac{81.2}{1 + \frac{r_f}{R_L}}$
맥동률 : $\gamma = \frac{I_{rms}}{I_{dc}}$	121[%]	48.2[%]
PIV	$PIV = V_m$	중간탭형: $PIV = 2V_m$ Bridge형: $PIV = V_m$

2.2.3 브리지형 정류회로 : 전파 정류 회로

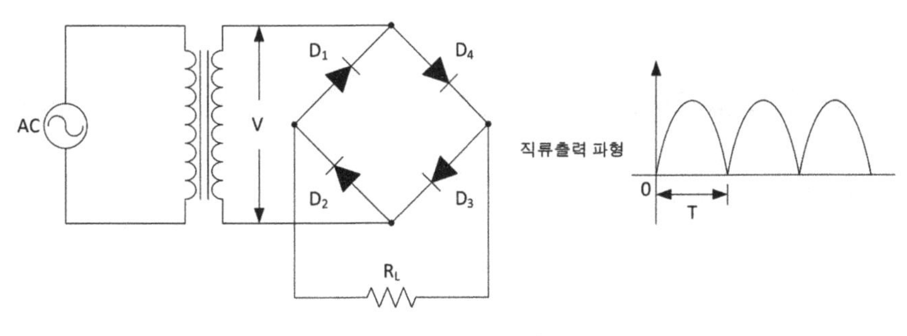

[브리지형 정류회로]

① 출력 전류 및 전압의 직류분(평균값)

$$I_{dc} = \frac{1}{\pi}\int_0^{2\pi} i(t)\,dt = \frac{1}{\pi}\int_0^{\pi} I_m \sin\omega t\,dt = \frac{I_m}{\pi}[-\cos\omega t]_0^{\pi} = \frac{2}{\pi}I_m$$

실효치(root mean square value) : I_{rms}

$$I_{rms} = \frac{1}{\sqrt{2}}\left(\frac{V_m}{R_f + R_L}\right) = \frac{I_m}{\sqrt{2}}$$

② **정류 효율**

$$\eta = \frac{P_{dc}:\text{직류 출력 전력}}{P_{ac}:\text{교류 입력 전력}} \times 100\% = \frac{0.812}{1+\frac{2R_f}{R_L}} \times 100[\%]$$

③ **맥동률**

$$\gamma = \sqrt{\left(\frac{I_{rms}:\text{실효값}}{I_{dc}}\right)^2 - 1} \times 100[\%] = 17[\%]$$

④ **최대 역전압(PIV)**

단상 전파 정류 회로의 경우 $PIV = V_m$

브리지형 정류회로의 특징

① 높은 출력전압을 얻을 수 있다.
② 전원 변압기의 2차 코일에 중간 탭이 필요하지 않다.
③ 각 정류 소자에 대한 $PIV = V_m$이다.
④ 고압 정류 회로에 적합하다.

2.2.4 배전압 정류 회로 : 직접 고전압의 직류가 얻어지는 장점이 있다.

① **반파 배전압 정류 회로**

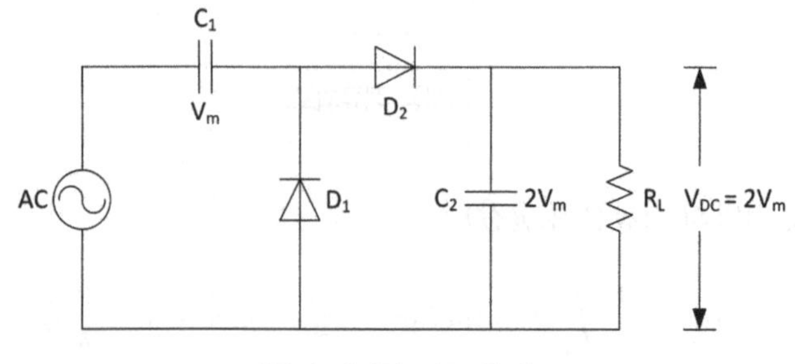

[반파 배전압 정류 회로]

반파 배전압 정류 회로 특징

$R_L = \infty$
C2 의 용량을 가능한 크게 한다 (∵ C2값이 작게 되면 전압 변동률이 나쁘다)
구형파 인가 시 계단파 발생

② **전파 배전압 정류회로**

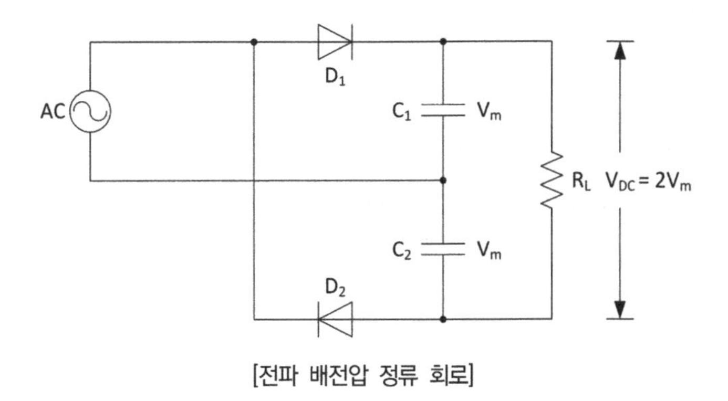

[전파 배전압 정류 회로]

전파 배전압 정류회로의 특징

승압 변압기가 필요 없다
고전압용
큰 전류를 흘릴 수 없다
$PIV = 2V_m$이다.
전압 변동률을 줄이기 위해서 용량이 큰 콘덴서를 사용한다.

③ **n배 배전압기 정류회로**

2.2.5 맥동율과 맥동주파수

	단상반파	단상전파	3상반파	3상전파
맥동율	$r = 1.21$	$r = 0.482$	$r = 0.183$	$r = 0.042$
맥동주파수	f	2f	3f	6f

2.3 평활회로(Smoothing circuit) = LPF

일반적으로 정류회로에서 부하저항에 흐르는 전압이나 전류는 맥동전압, 전류이다. 이와 같이 정류기의 출력전압 속에 포함되어 있는 맥동을 적게 하기 위해 쓰이는 일종의 적분회로(LPF : 저역통과필터)이다.

① 용량성(콘덴서)평활회로

② 쵸크 입력형 평활회로

③ 조합형

→ L ,C를 평활 정수라고 부른다.

→ 평활정수를 크게 하면 ripple값이 작아진다.

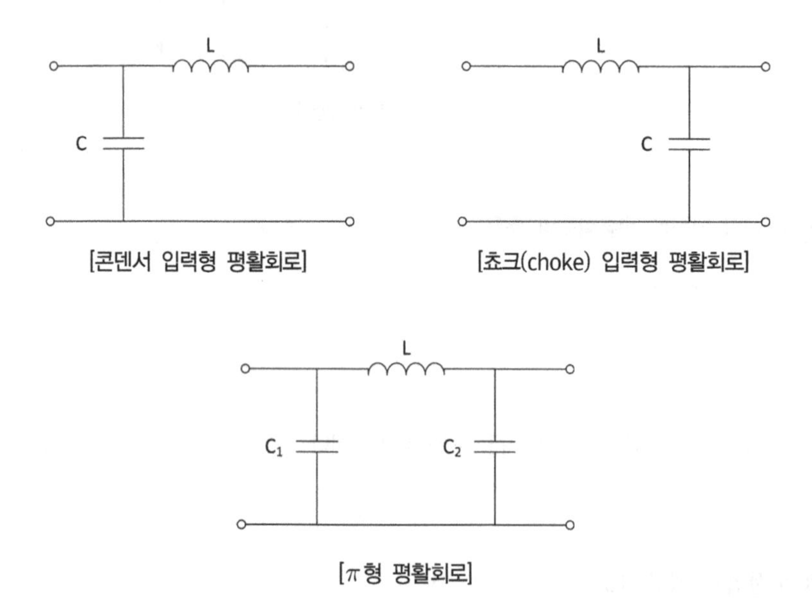

[콘덴서 입력형 평활회로] [쵸크(choke) 입력형 평활회로]

[π형 평활회로]

2.3.1 콘덴서(용량성) 평활회로

$$r(ripple) \propto \frac{1}{4\sqrt{3}fR_LC}(\text{전파}),\ \frac{1}{2\sqrt{3}fR_LC}(\text{반파})$$

주파수, 부하저항 , 콘덴서 용량을 크게 할수록 ripple 값이 감소한다.

① 출력 전류가 비교적 적을 때 적당하다.

② f, C 값이 클수록 ripple 값이 작아진다.

③ Diode에 흐르는 전류 파형은 펄스파형이 된다.

④ 소 전력으로 수신기의 전원회로에 사용한다.

⑤ Choke coil 평활보다 大 직류 출력전압과 小 맥동 율을 갖는다.

2.3.2 쵸크 입력형 평활회로

L(inductance)은 전류의 변화를 억제하는 성질을 가지므로 부하전류의 맥동을 작게 하는 여파기 역할을 한다.

$$r(ripple) \propto \frac{R_L}{3\sqrt{2}fL}$$

R_L(부하저항)이 작을수록, L(인덕턴스)이 클수록 리플이 적어진다.

① 부하전류 변화에 대해 전압변동이 적다.

② 부하전류의 평균값이 된다.

③ 대 전력 회로로 송신기에 사용된다.

[콘덴서 입력형 평활회로와 초크 입력형 평활회로의 특성 비교]

	콘덴서 입력형(condenser type LPF)	초크 입력형(choke coil type LPF)
직류 출력전압(V_{dc})	높다(병렬연결)	낮다(직렬연결)
전압 변동률(ΔV)	크다	작다
맥동률	적다	부하전류가 작을수록 크다.
역전압	높다 (소전력 송신기)	낮다 (대전력 송신기)
가격	싸다	비싸다

2.3.3 조합형

$$r(ripple) = \frac{1.21}{\omega^2 LC - 1} \times 100\% \text{(단상 반파정류의 경우)} \rightarrow R_L\text{(부하저항)에는 무관하다.}$$

2.4 전원 안정화 회로

정전압 전원회로(=직류안정화 전원회로, Regulator)

평활회로를 사용한 일반정류 회로는 전원전압의 변동이나 부하전류 또는 온도의 변화에도 출력전압이 변동하여 안정화된 전원이 되지 못한다. 제너다이오드나 TR을 정전압회로 소자로 구성하면 전원전압의 변동, 부하전류의 변화, 온도의 변화에도 출력전압의 변동을 자동적으로 방지하여 거의 일정한 직류 출력전압을 얻는다.

2.4.1 직렬형 정전압 회로

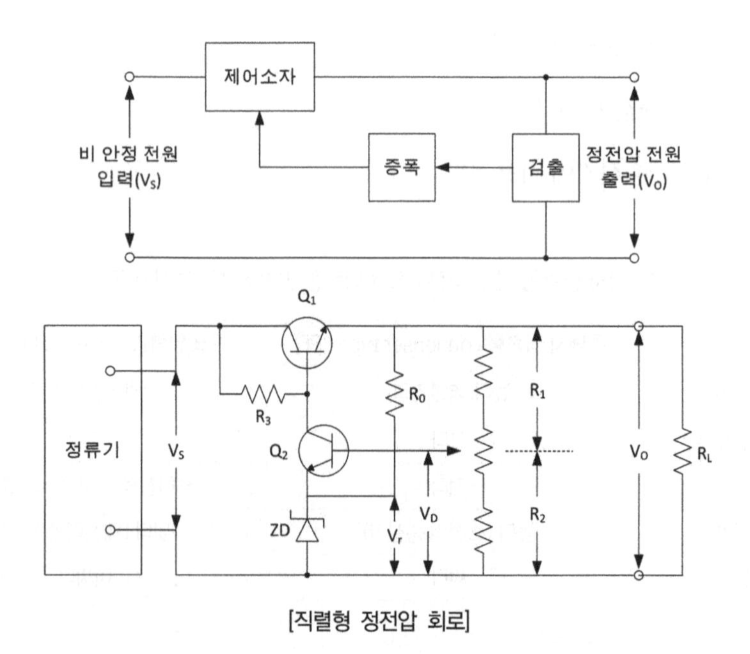

[직렬형 정전압 회로]

효율은 우수하나 과부하시에 T_r이 파괴되는 단점이 있다.

T_r과 R_L이 직렬연결, 출력 전압을 광범위하게 가변할 수 있다.

각 부분의 용도

Q_1 : 제어용 트랜지스터, Q_2 : 검출, 비교 및 증폭용 TR, 제너다이오드 : 정전압용으로 전류에 관계없이 기준전압을 일정하게 유지하는 역할

2.4.2 병렬형 정전압 회로

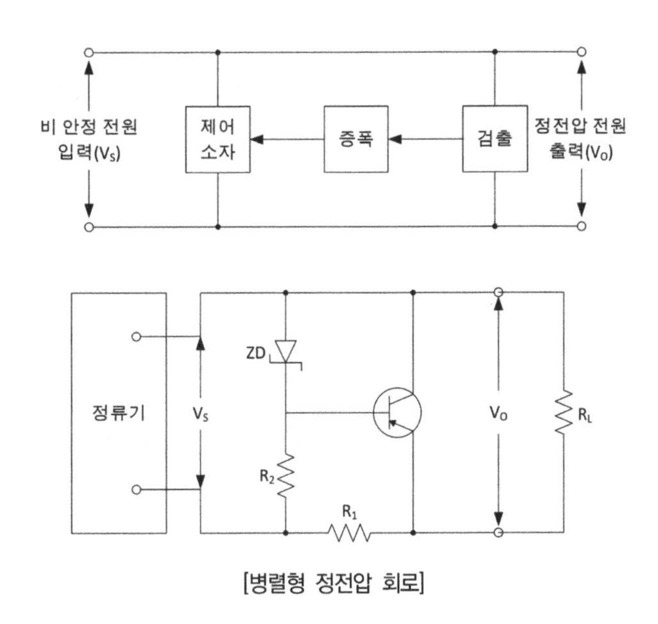

[병렬형 정전압 회로]

과부하에 대해 보호능력이 있으나 효율이 나쁘다.

T_r과 R_L이 병렬연결, 부하변동이 적고 소전류일 때 이용된다.

병렬형 정전압 회로

① ZD : 제너 다이오드로서 정전압용 다이오드이다.
② R_1 : 출력전압의 변동분을 분담하여 보상하는 저항소자이다.
③ R_2 : 제너 다이오드를 일정한 전압에서 bias 시키기 위한 저항이다.
④ R_L : 부하저항으로 일정한 출력전압을 뽑아내는 출력저항이다.

핵심기출문제

1. 다음 중 직류 전원회로의 구성 순서로 옳은 것은?

가. 정류회로 → 변압회로 → 평활회로 → 정전압회로
나. 변압회로 → 정류회로 → 평활회로 → 정전압회로
다. 변압회로 → 평활회로 → 정류회로 → 정전압회로
라. 변압회로 → 정류회로 → 정전압회로 → 평활회로

2. 다음 중 정류회로의 구성 요소와 거리가 먼 것은?

가. 전원 변압기　　나. 평활회로
다. 안정화 회로　　라. 궤환회로

3. 다음 그림과 같은 회로의 기능은?

가. 반파정류　　나. 전파정류
다. 증폭　　라. 발진

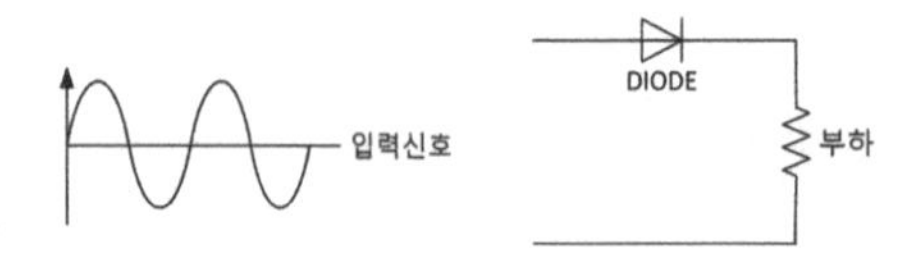

4. 그림과 같은 정류 회로에서 입력 전압의 실효치가 100V일 때 부하 저항에 나타나는 평균 전압은 약 몇 V인가?

가. 90　　나. 80
다. 70　　라. 60

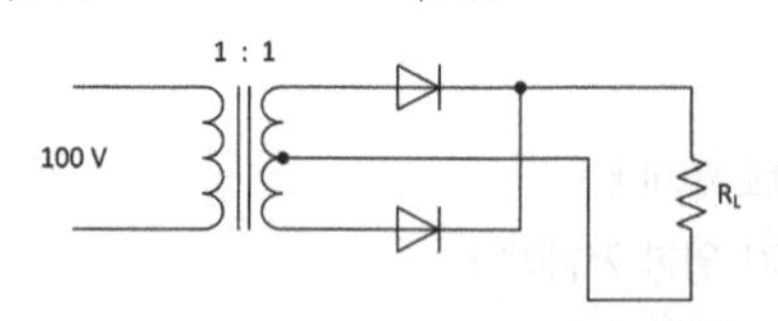

5. 다음 중 단상 전파 정류회로의 무부하시 정류효율(n)은?

가. 약 24[%]　　나. 약 36[%]
다. 약 52[%]　　라. 약 81[%]

6. 단상 전파정류기의 DC 출력 전력은 반파정류기 전력의 몇 배가 되는가?★

가. 2　　나. 4
다. 8　　라. 16

7. 다음 중 단상에서 브리지 정류회로와 동일한 출력 파형을 얻을 수 있는 것은?

가. 클리핑회로　　나. 클램핑회로
다. 반파정류회로　　라. 전파정류회로

8. 다음 회로에서 입력전압 $100\sin\omega t[V]$일 때 출력전압 V_o의 크기는?

가. 100[V]　　나. 141[V]
다. 200[V]　　라. 282[V]

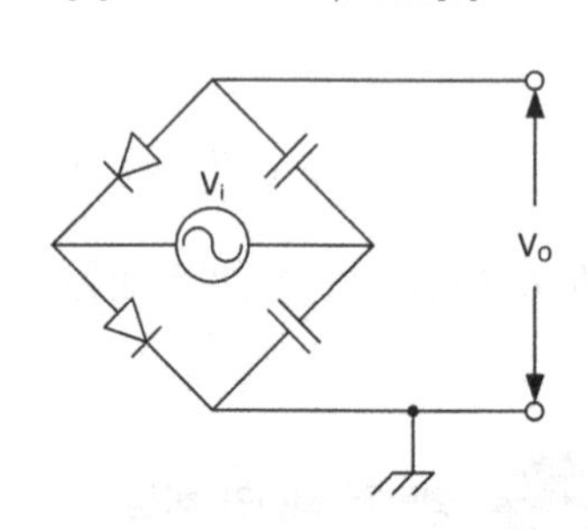

정답　1. 나　2. 라　3. 가　4. 가　5. 라　6. 나　7. 라　8. 다

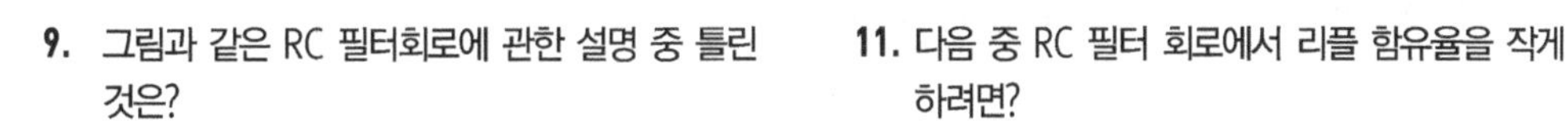

9. 그림과 같은 RC 필터회로에 관한 설명 중 틀린 것은?

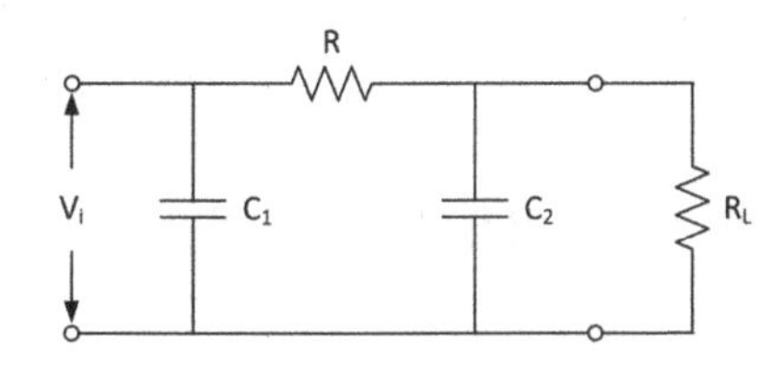

가. RC 필터를 첨가함으로써 직류출력 전압이 다소 감소된다.
나. 부하에 나타나는 리플을 크게 감소시킬 수 있다.
다. C_1에 나타나는 전압 중 직류성분이 필터에 의해 차단되고 부하에는 교류전압만 나타난다.
라. 리플의 교류성분을 감소시키기 위한 회로이다.

10. 그림과 같은 RC 평활회로에서 리플 함유율을 줄이려면 어떤 방법이 가장 적합한가?
(단, $R > R_L$이라고 가정한다.)

가. R, C를 작게 한다.
나. R_L를 작게 한다.
다. R, C를 크게 한다.
라. R_L를 크게 한다.

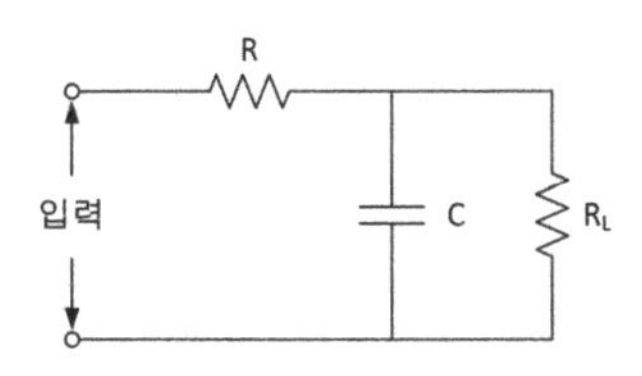

11. 다음 중 RC 필터 회로에서 리플 함유율을 작게 하려면?

가. R을 작게 한다.
나. C를 작게 한다.
다. R, C를 모두 작게 한다.
라. R과 C를 크게 한다.

12. 제너 다이오드를 주로 사용하는 회로는?

가. 증폭 회로 나. 검파회로
다. 전압안전화 회로 라. 저주파발진 회로

13. 주된 맥동전압주파수가 전원주파수의 6배가 되는 정류 방식은?

가. 단상 전파정류 나. 단상 브리지정류
다. 3상 반파정류 라. 3상 전파정류

정답 9. 다 10. 다 11. 라 12. 다 13. 라

3 트랜지스터 증폭회로의 저주파 해석

3.1 트랜지스터 증폭회로의 기초

3.1.1 트랜지스터(Transistor)의 구조

① 트랜지스터는 3층 반도체 디바이스로서 npn 형 트랜지스터와 pnp형 트랜지스터가 있다.

② 트랜지스터는 여러 가지 용도로 활용되는데 그 중 증폭작용과 스위칭 역할로 많이 사용된다.

③ 트랜지스터는 다수 캐리어와 소수 캐리어 두 캐리어(전자 or 정공)가 동시에 움직여서 전류의 흐름을 좌우함으로 BJT(bipolar junction transistor)라 한다.

④ 트랜지스터의 3개의 단자는 도핑농도가 가장 높은 이미터(Emitter)와 중간인 컬렉터(Collector) 그리고 농도가 가장 낮고 넓이가 가장 좁은 영역으로 구성된 베이스(Base)로 구성된다.

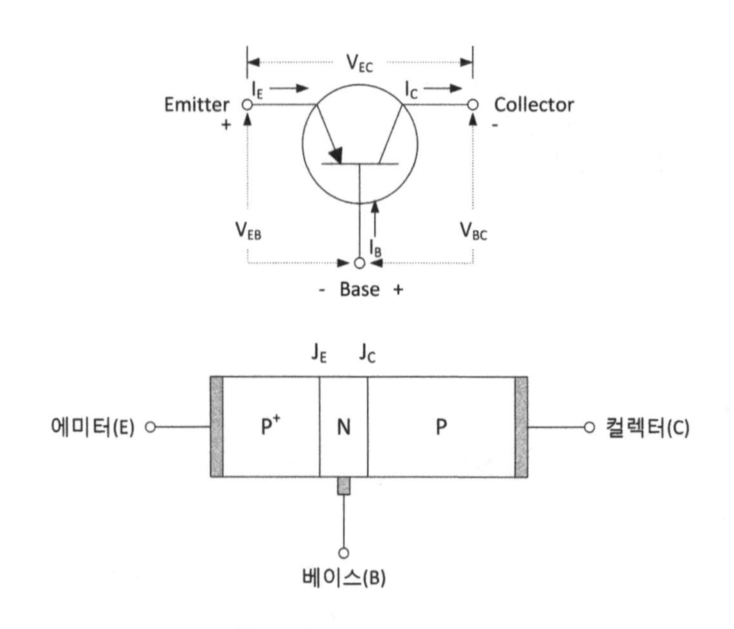

(a) PNP형 TR의 기호 및 구조

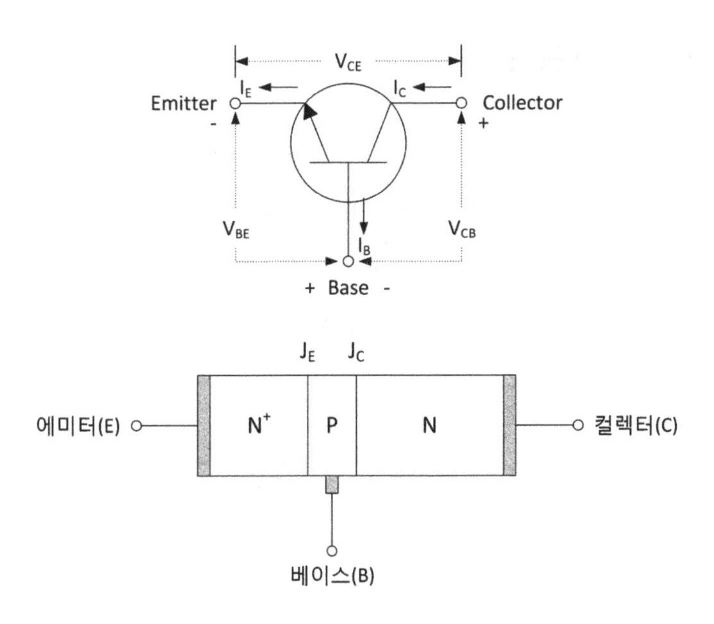

(b) NPN형 TR의 기호 및 구조

[트랜지스터의 구조]

⑤ **바이어스** : 트랜지스터가 증폭 기능 또는 스위칭 ON/OFF 기능을 하려면 활성영역, 포화영역(또는 차단영역)에서 동작되어야 하는데, 이런 목적으로 설계된 회로를 바이어스 회로라고 한다. 바이어스 회로는 교류 신호 없이 직류 전압과 직류 전류만 있으므로 직류 바이어스 회로라고도 부른다.

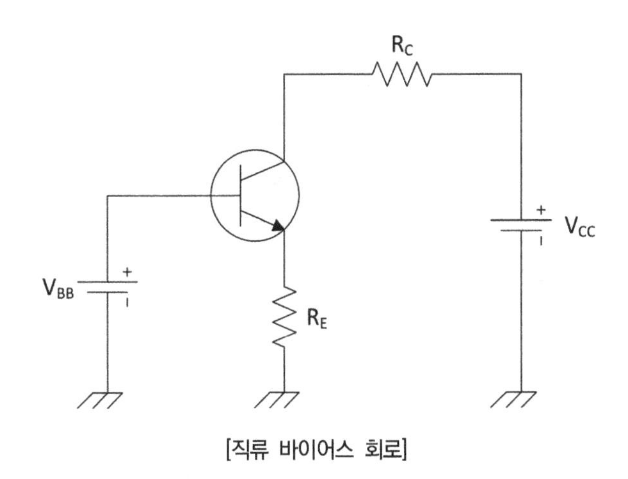

[직류 바이어스 회로]

3.1.2 트랜지스터의 동작

(1) pnp형 트랜지스터의 동작

이미터(E)와 베이스(B) 사이의 순방향 전압($V_{EB} > 0$)에 의해 이미터(E)의 정공이 베이스(B)쪽으로 이동한 후 컬렉터(C)와 베이스(B) 사이의 역방향 전압($V_{CB} < 0$)에 의해 이미터(E)에서 베이스(B) 쪽으로 이동하던 정공의 대부분이 컬렉터(C) 쪽의 높은 전압에 끌려서 전류가 흐르게 된다.

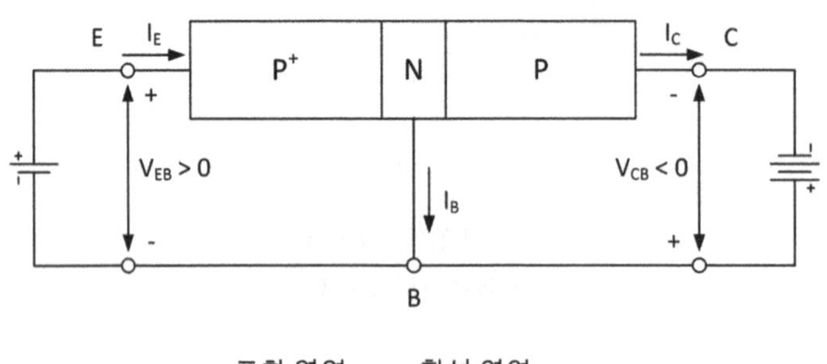

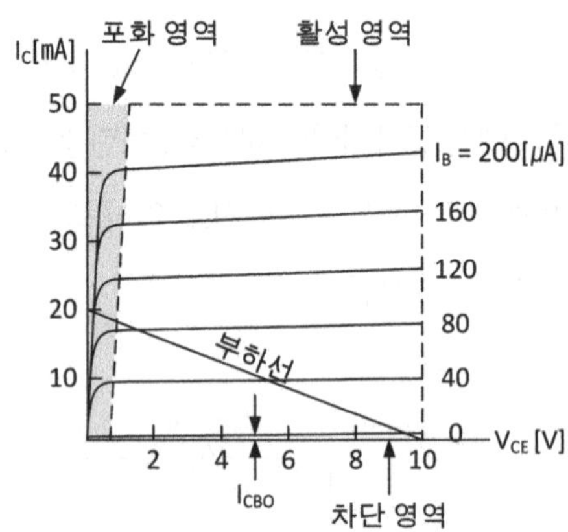

[트랜지스터의 동작영역]

(2) 트랜지스터의 전류 증폭률

① 트랜지스터에서의 전류관계

$$I_e = I_c + I_b$$

② 베이스 접지 전류 증폭률(α)

$$\alpha = \left| \frac{\Delta I_C}{\Delta I_E} \right| < 1$$

③ 이미터 접지 전류 증폭률(β)

$$\beta = \left| \frac{\Delta I_C}{\Delta I_B} \right|$$

④ α와 β 사이의 관계

$$\alpha = \frac{\beta}{1+\beta}$$

$$\beta = \frac{\alpha}{1-\alpha}$$

(3) 트랜지스터의 동작영역

트랜지스터의 동작 영역을 다음과 같이 4가지 영역으로 나눌 수 있다.

① 활성 영역(active region) : V_{CE} 가 대략 1~40 [V] 사이인 중간 구간으로, 트랜지스터가 정상적으로 증폭 동작(전류 증폭)을 하는 영역이다.

② 항복 영역(breakdown region) : V_{CE} 가 40 [V] 이상 되는 구간으로 활성 영역과는 전혀 다른 동작을 하게 된다. 이 영역에서 트랜지스터가 동작하게 되면 트랜지스터는 손상될 가능성이 매우 높아서 이 영역에서는 동작하지 않도록 해야 한다.

③ 포화 영역(saturation region) : V_{CE} 가 0~1 [V] 사이인 구간으로, 이 구간에서 트랜지스터는 증폭기가 아닌 스위치와 같은 역할을 하게 되고, 스위치 역할 중에서 스위치가 닫힌(ON) 기능을 하게 된다.

④ 차단 영역(cutoff region) : I_C 가 0인 구간으로 트랜지스터가 스위치 역할 중에서 열린(OFF) 기능을 하게 된다.

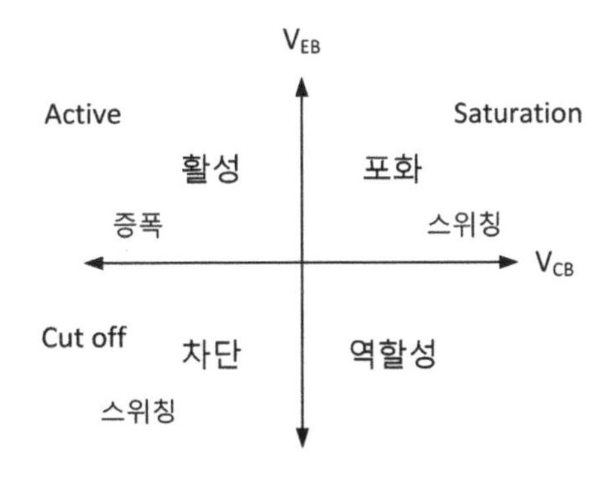

3.2 h 파라미터 등가 회로(h parameter equivalent circuit)

h는 하이브리드(hybrid : 혼성)의 약칭을 말하며, 4단자 회로망 상수계의 하나로 트랜지스터를 4단자 회로망으로 생각했을 때의 트랜지스터의 저주파 특성 측정에 이용된다.

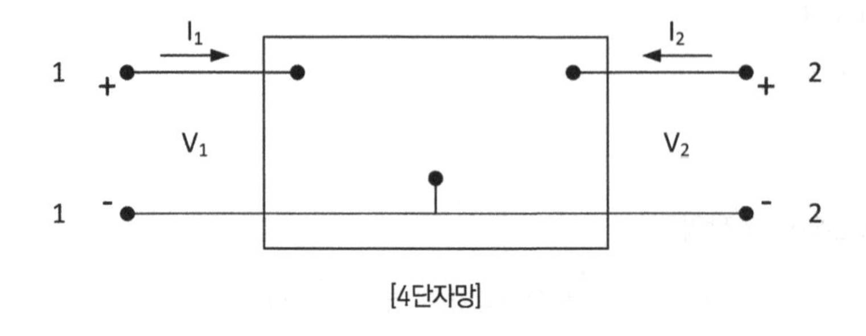

[4단자망]

$$V_1 = h_{11}I_1 + h_{12}V_2$$

$$I_2 = h_{21}I_1 + h_{22}V_2$$

$$h_{11} = \frac{V_1}{I_1}|_{V_2=0} \Rightarrow h_i(\text{입력 임피던스}),\ \text{단위 : } [\Omega]$$

$$h_{12} = \frac{V_1}{V_2}|_{I_1=0} \Rightarrow h_r(\text{역방향 전압이득}),\ \text{단위 : 없음}$$

$$h_{21} = \frac{I_2}{I_1}|_{V_2=0} \Rightarrow h_f(\text{순방향 전류이득}),\ \text{단위 : 없음}$$

$$h_{22} = \frac{I_2}{V_2}|_{I_1=0} \Rightarrow h_o(\text{출력 컨덕턴스}),\ \text{단위 : } [S]$$

reference **참고**

① CB접지 : h_{ib}, h_{rb}, h_{fb}, h_{ob}
② CE접지 : h_{ie}, h_{re}, h_{fe}, h_{oe}
③ CC접지 : h_{ic}, h_{rc}, h_{fc}, h_{oc}
④ 첨자 i는 입력(input), o는 출력(output), r은 역방향(reverse), f는 순방향(forward)을 의미한다.

[트랜지스터의 접지방식에 따른 h 파라미터 등가 회로]

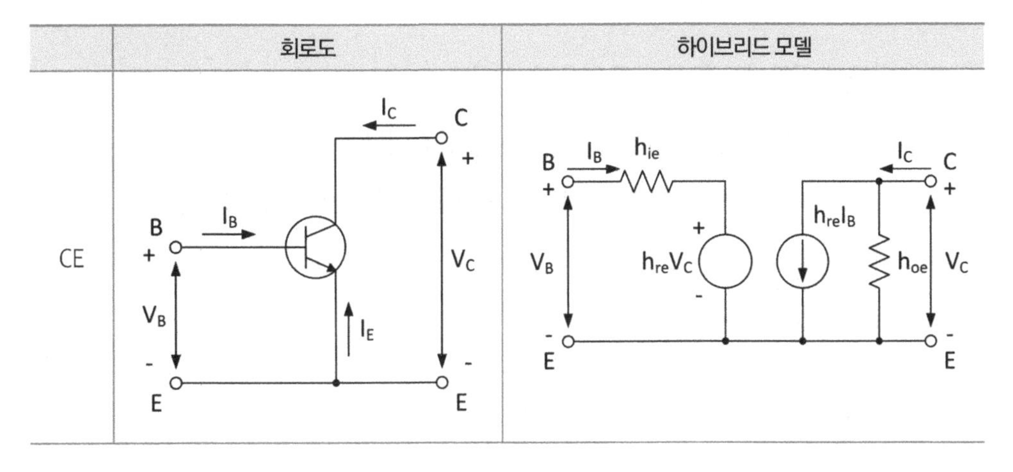

3.3 접지 방식에 따른 트랜지스터 증폭기

트랜지스터가 증폭 작용을 하기 위해서는 입력 측 접합에는 순방향 바이어스, 출력 측 접합에는 역방향 바이어스를 공급하여 활성 영역에서 동작하도록 한다.

트랜지스터의 3단자 중에서 어떤 단자를 입력 쪽과 출력 쪽의 공통 단자로 선택하는가에 따라서 3가지 방식이 있다.

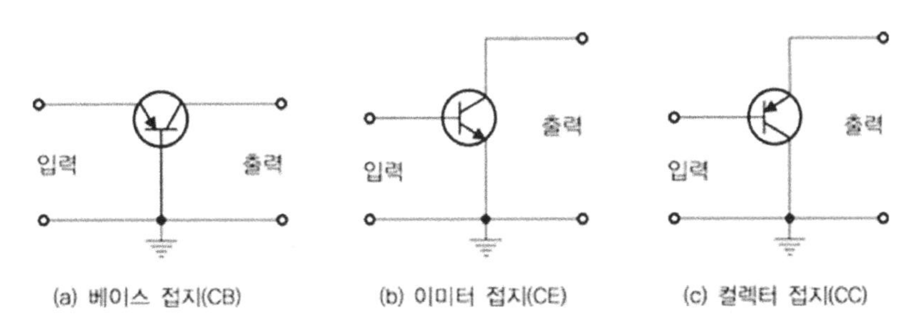

[접지방식에 따른 트랜지스터의 분류]

3.3.1 공통 에미터(CE) 증폭기

① 전류이득과 전압이득을 동시에 얻을 수 있다

② CB, CC와 비교할 때 입력저항과 출력저항은 중간이다.

③ 증폭기로서 가장 많이 사용된다. (다단 증폭기의 중간 단으로 사용한다.)

④ 위상이 반전된다. (역 위상)

⑤ 이미터 접지 전류 증폭률(β)

$\beta = \left| \dfrac{\triangle I_C}{\triangle I_B} \right|$, $\beta \fallingdotseq 20 \sim 200$ 정도를 갖는다.

⑥ $I_C = \beta I_B + (1+\beta) I_{CBO}$, I_{CBO}: 베이스접지의 컬렉터 차단전류 ,

$I_{CEO} = (1+\beta) I_{CBO}$

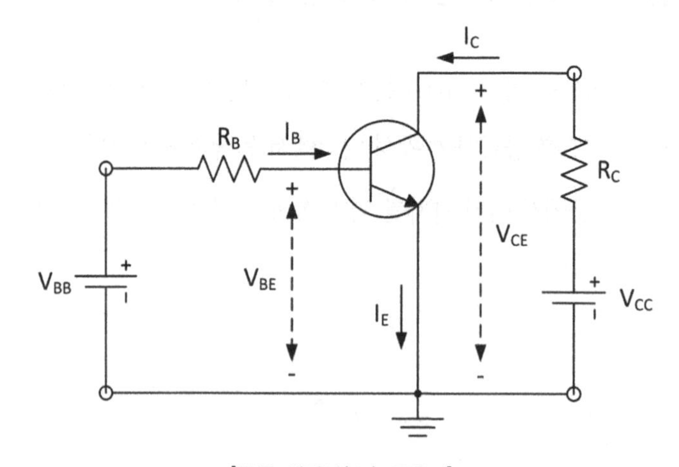

[공통 에미터(CE) 증폭기]

3.3.2 에미터 저항을 갖는 공통 에미터(CE) 증폭기

① 입력저항이 증가 ($R_i = h_{ie} + (1+h_{fe}) R_e$)

② 안정도가 향상된다.

③ 전압이득이 감소된다.

⇒ 방지책 : Bypass 콘덴서를 병렬로 접속시킨다.

④ 출력저항도 약간 증대된다.

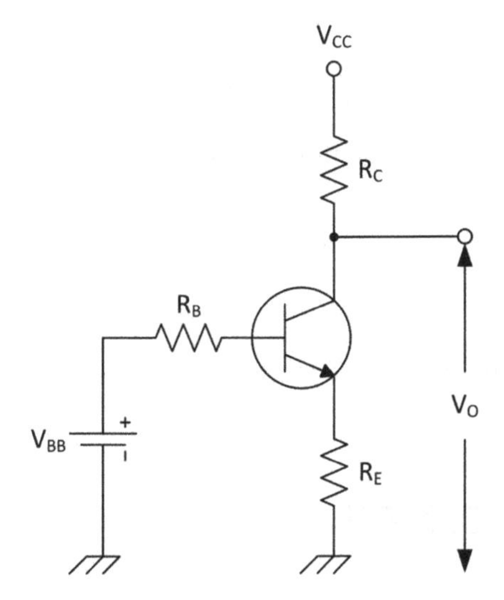

[에미터 저항을 갖는 공통 에미터(CE) 증폭기]

3.3.3 공통 콜렉터(CC) 증폭기

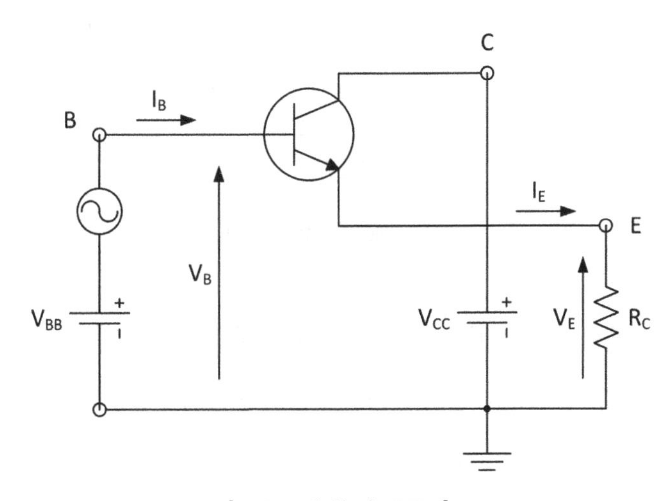

[공통 콜렉터(CC) 증폭기]

① 직류 이미터 전압이 직류 베이스 전압을 따르기 때문에 이미터 폴로워(Emitter follower)라 한다.

② 전류 이득이 가장 크다. ⇒ 전류 증폭기로 사용한다.

③ 전압 이득은 거의 1에 가깝다. ⇒ Buffer Amplifier로 사용된다.

④ 입력저항이 대단히 크다.

⑤ 출력저항은 가장 작다.

⑥ 전력 증폭기로도 사용된다.

3.3.4 공통 베이스(CB) 증폭기

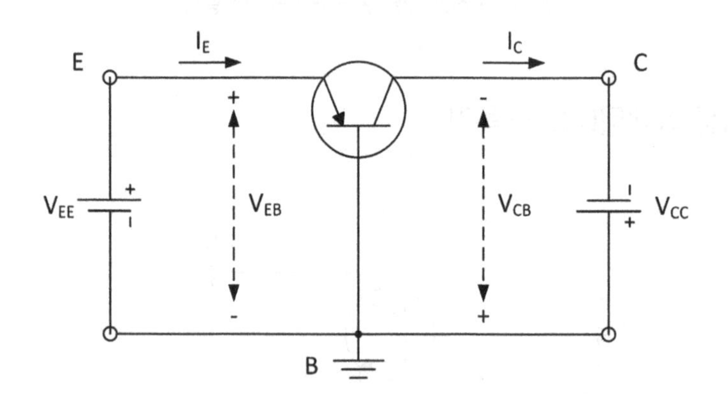

[공통 베이스(CB) 증폭기]

이미터 입력과 컬렉터 출력이 베이스를 공통단자로 사용하는 회로이다.

① 입력 임피던스가 가장 낮고, 출력 임피던스가 가장 높다.

② 전류 증폭도는 거의 1이고, 전압 증폭도는 크다.

③ 차단 주파수가 높아서 고주파 증폭회로에 많이 사용한다.

④ 베이스 접지 전류 증폭률(α)

$\alpha = \left| \frac{\Delta I_C}{\Delta I_E} \right| < 1$, $\alpha \fallingdotseq 0.95 \sim 0.995$ 정도를 갖는다.

[증폭 회로의 종류와 특성]

	이미터 접지	베이스 접지	컬렉터 접지
회로	입력 출력	입력 출력	입력 출력
입력 저항	중간	매우 작다.	매우 크다.
출력 저항	중간	매우 크다.	매우 작다.
위상관계	역위상	동위상	동위상
전압증폭도	중간	높다	≒1(1이하)
전류증폭도	중간	≒1(1이하)	높다
특징	전류증폭과 전압증폭 모두 할 수 있어 널리 사용됨.		이미터폴로워 (Emitter follower)라고도 함

3.4 고 입력 저항회로

3.4.1 다링턴(Darlington)회로

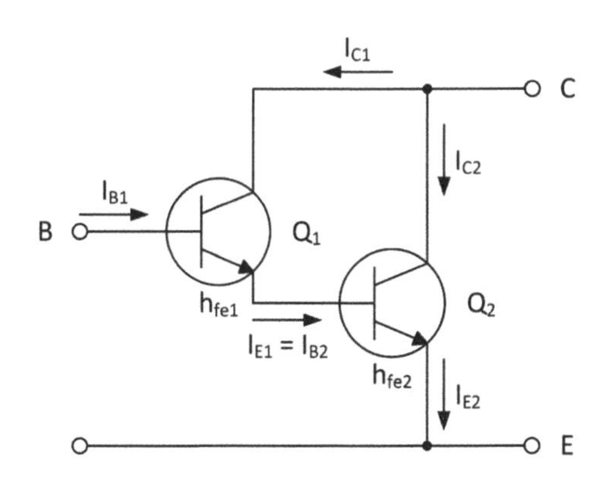

[다링턴(Darlington)회로]

① 전류 이득이 매우 크다.

$$I_c = I_{c1} + I_{c2} = h_{fe1}I_{B1} + h_{fe2}I_{B2} = h_{fe1}I_{B1} + h_{fe2}(I_{C1} + I_{B1})$$
$$= h_{fe1}I_{B1} + h_{fe2}(h_{fe1}I_{B1} + I_{B1}) = (h_{fe1} + h_{fe2} + h_{fe1}h_{fe2})I_{B1}$$
$$I_{E2} = I_{B2} + I_{C2} = (1 + h_{fe1})I_{B1} + h_{fe2}I_{B2} = (1 + h_{fe1})I_{B1} + h_{fe2}(1 + h_{fe1})I_{B1}$$
$$= (1 + h_{fe1} + h_{fe2} + h_{fe1}h_{fe2})I_{B1}$$

② 입력 저항이 대단히 커진다.

③ 전압 이득은 1보다 작아진다.

④ 출력 저항은 낮아진다.

⑤ Q_1과 Q_2는 등가적으로 NPN(PNP) 형이다.

핵심기출문제

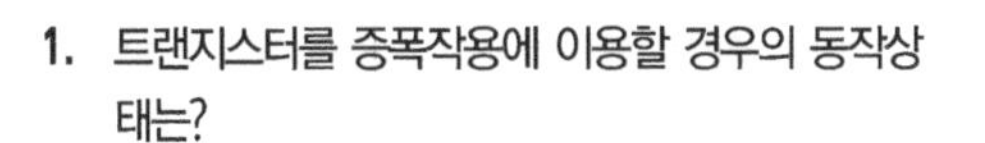

1. 트랜지스터를 증폭작용에 이용할 경우의 동작상태는?

가. 포화 상태　　나. 활성 상태
다. 차단 상태　　라. 역 활성 상태

2. 다음 중 베이스를 기준으로 PNP 트랜지스터가 활성영역에서 동작하기 위한 바이어스가 옳은 것은? (단, B : 베이스, E : 이미터, C : 컬렉터)

가. E는 +, C는 -　　나. E는 -, C는 +
다. E는 +, C는 +　　라. E는 -, C는 -

3. 트랜지스터의 베이스접지 전류증폭률을 α라고 하면 이미터접지의 전류증폭률 β는?

가. $\beta = \dfrac{\alpha}{\alpha+1}$　　나. $\beta = \dfrac{\alpha}{1-\alpha}$
다. $\beta = \dfrac{\alpha-1}{\alpha}$　　라. $\beta = \dfrac{\alpha+1}{\alpha}$

4. 이미터 전류를 1㎃ 변화시켰더니 컬렉터 전류의 변화는 0.96㎃ 였다. 이 트랜지스터의 β는 얼마 인가?

가. 0.96　　나. 1.04
다. 24　　라. 48

5. 트랜지스터에서 α가 0.99일 때 β는?

가. 96　　나. 97
다. 98　　라. 99

6. 다음 증폭 회로에서 입력신호와 출력신호 간의 위상차는?

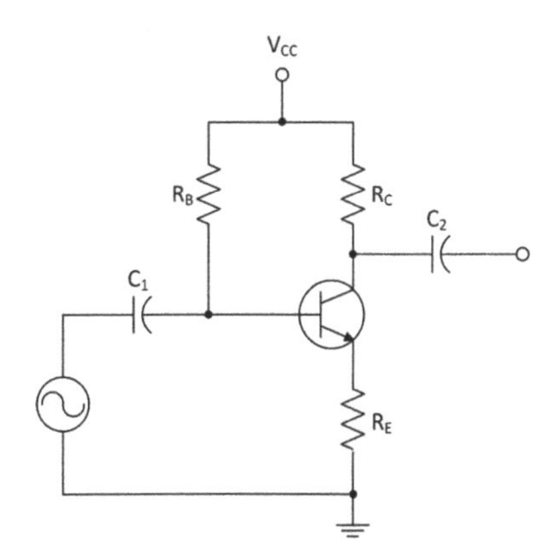

가. 0°　　나. 90°
다. 180°　　라. 270°

7. 트랜지스터의 활성영역에서 베이스 접지 시 전류증폭률 α가 0.98, 역포화 전류 I_{CO}가 100[μA], 베이스 전류가 I_B= 10[㎃]일 때, 컬렉터 전류 I_C는 얼마인가?

가. 495[mA]　　나. 49[mA]
다. 5[μA]　　라. 0.5[μA]

8. 이미터접지 트랜지스터에서 V_{CE}를 일정하게 하고 I_B를 20[μA], 50[μA]로 했을 때 I_C가 각각 5[㎃], 9.5[㎃]였다면 전류 증폭율 h_{fe}는?

가. 130　　나. 140
다. 150　　라. 160

정답 1. 나　2. 나　3. 나　4. 다　5. 라　6. 다　7. 가　8. 다

핵심기출문제

9. 다음 중 이미터 플로어(Emitter follower) 증폭기의 특징이 아닌 것은?

가. 부하에 병렬로 존재하는 정전용량의 영향이 적으므로 주파수 특성이 좋다.
나. 전압 증폭도는 항상 1보다 크다.
다. 임피던스 정합에 많이 이용된다.
라. 출력 파형의 찌그러짐이 적다.

10. 다음 중 이미터 플로어(emitter follower) 증폭기의 일반적인 특징이 아닌 것은?

가. 전류이득이 크다.
나. 입력 임피던스가 높다.
다. 출력 임피던스가 높다.
라. 전압이득은 1보다 작다.

11. 다음 회로에서 저항 R_E의 역할로 옳은 것은?

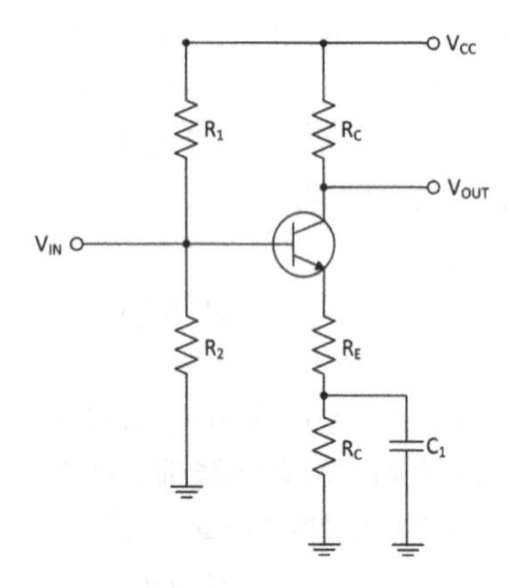

가. 전압이득과 외율을 모두 감소시킨다.
나. 전압이득을 증가 시킨다.
다. 전압이득은 증가시키고 외율은 감소시킨다.
라. 전압이득은 감소시키고 외율은 증가시킨다.

12. 다음 회로에서 R_e의 값과 관계없는 것은? (단, 출력전압 및 전류는 컬렉터 측이다.)

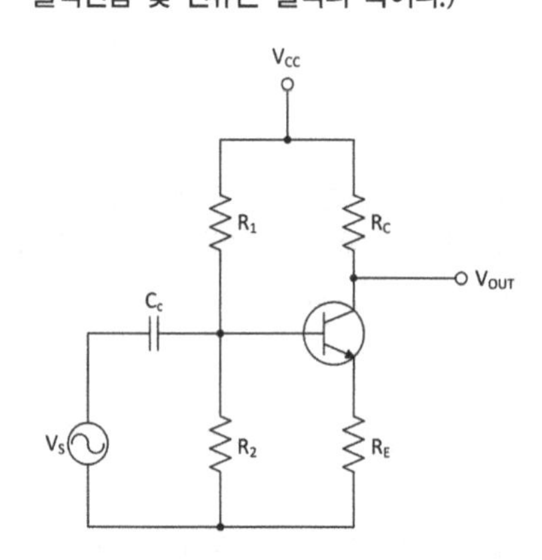

가. R_e가 크면 클수록 입력 임피던스는 커진다.
나. R_e가 크면 클수록 안정계수 S는 적어진다.
다. R_e가 크면 클수록 증폭된 컬렉터 전류는 적어진다.
라. R_e가 크면 클수록 전압증폭도는 커진다.

13. 전류이득이 h_{fe1}, h_{fe2}인 TR_1, TR_2가 그림과 같이 달링톤(darlington) 연결되어 있다. 이 회로의 전체 전류이득 h_{fe}는 얼마인가?

가. $h_{fe1} \cdot h_{fe2}+h_{fe1}+h_{fe2}+1$
나. $h_{fe1} \cdot h_{fe2}+h_{fe1}+h_{fe2}$
다. $h_{fe1} \cdot h_{fe2}+h_{fe1}$
라. $h_{fe1} \cdot h_{fe2}+h_{fe2}$

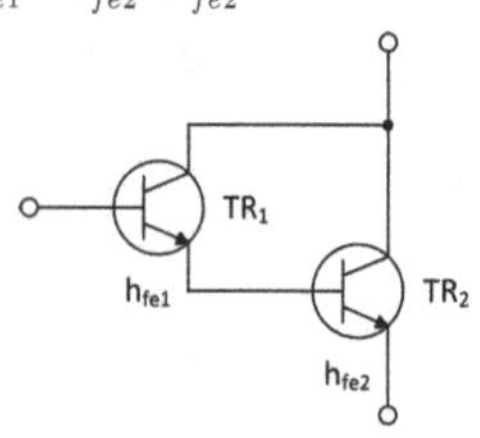

정답 9. 나 10. 다 11. 가 12. 라 13. 나

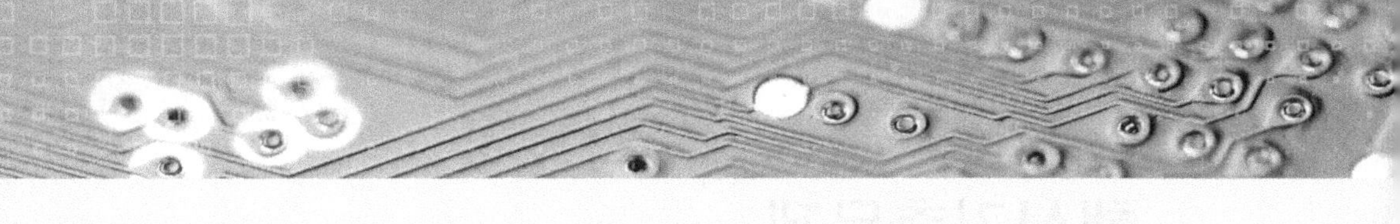

14. 이미터 접지일 때, 전류 증폭율이 각각 h_{FE1}, h_{FE2}인 두 개의 트랜지스터 Q_1,과 Q_2를 그림과 같이 접속하였을 때의 컬렉터 전류 IC는?★

가. $I_c = h_{FE1} \cdot h_{FE2} \cdot I_B$

나. $I_c = (h_{FE1}/h_{FE2})I_B$

다. $I_c = h_{FE2}(h_{FE1}+1)I_B$

라. $I_c = h_{FE1} \cdot I_B + h_{FE2}(h_{FE1}+1)I_B$

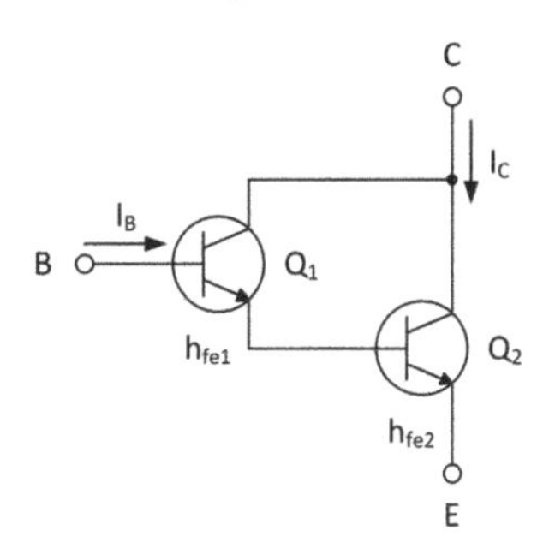

15. 달링턴(Darlington) 회로의 설명으로 틀린 것은?

가. 전압 이득이 1보다 적다.

나. 전류 이득이 크다.

다. 입력 저항이 적다.

라. 출력 저항이 적다.

16. 다음 중 달링턴(Darlington) 이미터 폴로워에 대한 설명으로 거리가 먼 것은?

가. 전류 증폭률은 단일 이미터 폴로워보다 커진다.

나. 입력저항이 단일 이미터 폴로워보다 커진다.

다. 전압이득은 1에 가깝다.

라. 출력저항은 단일 이미터 폴로워보다 100배 이상 커진다.

17. RC 결합 저주파 증폭회로에서 낮은 주파수의 이득이 감소되는 주된 원인은?

가. 병렬 커패시턴스 때문에

나. 이미터의 저항 때문에

다. 컬렉터의 저항 때문에

라. 결합 커패시턴스의 영향 때문에

18. 권선비($\frac{n_2}{n_1}$)가 3인 전원 변압기를 통하여 실효치 200[V]의 교류입력이 전파 정류되면 평균치는 몇 [V] 인가?

가. $\frac{2}{\pi} \times 600$　　나. $\frac{2\sqrt{2}}{\pi} \times 600$

다. $\frac{\pi}{\sqrt{2}} \times 600$　　라. $\frac{\pi}{2\sqrt{2}} \times 600$

19. 트랜지스터 h 파라미터의 물리적 의미가 틀린 것은?

가. h_i : 출력단락 입력 임피던스

나. h_r : 입력개방 전류 증폭율

다. h_f : 출력단락 전류 증폭율

라. h_o : 입력개방 출력 어드미턴스

20. 다음 h 파라미터 중 단위가 없는 것으로만 짝지어진 것은?★

가. h_i와 h_r　　나. h_r와 h_f

다. h_r와 h_o　　라. h_f와 h_o

정답 14. 라　15. 다　16. 라　17. 라　18. 나　19. 나　20. 나

핵심기출문제

21. 정합 트랜지스터의 스위칭 속도를 빠르게 하기 위한 방법으로 옳은 것은?

가. 베이스 회로에 직렬로 저항을 접속한다.
나. 베이스 회로에 인덕턴스를 접속한다.
다. 베이스 회로에 저항과 콘덴서를 병렬 접속하여 연결한다.
라. 베이스 회로에 제너 다이오드를 접속한다.

22. RC 결합 증폭회로의 이득이 높은 주파수에서 감소되는 이유는?

가. 증폭 소자의 특성이 변하기 때문에
나. 부성 저항이 생기기 때문에
다. 결합 커패시턴스 때문에
라. 출력회로의 병렬 커패시턴스 때문에

23. 전압 증폭도가 20[dB]인 증폭기를 직렬로 연결하면 종합 전압이득은 얼마인가?

가. 10　　나. 100
다. 1000　　라. 10000

정답 21. 다　22. 라　23. 라

4 트랜지스터 증폭회로의 고주파 해석

4.1 트랜지스터 고주파 특성 곡선의 분석

트랜지스터에 가해지는 신호 주파수가 커지면 베이스를 횡단하는 소수 캐리어의 주행 시간이나 컬렉터 접합면의 용량 때문에 증폭률이 떨어진다. 또한 입력 펄스폭이 좁아지면 출력 파형이 입력 파형과 크게 달라진다. 즉, 트랜지스터의 고주파 특성은 전류 증폭률의 주파수 의존성으로 정의되며, 아래 그림에서 전류 증폭률 α와 β의 주파수 특성을 나타냈다.

4.1.1 차단주파수 f_α와 f_β의 관계

① f_T의 의미 : CE회로에서 전류이득이 1이 되는 주파수

② $f_T = \alpha \cdot f_\alpha = \beta \cdot f_\beta = [G \cdot B] = K$(일정한 값)

α: CB의 전류 증폭률, β: CE의 전류 증폭률, f_α: CB의 차단주파수,

f_β: CE의 차단주파수, G: $Gain$(이득), B: $Band\ Width$(대역폭)

③ 이득(G)과 대역폭(B)는 반비례 관계이다.

④ 전류이득은 CE가 더 크나 고주파 특성은 CB가 더 좋다.

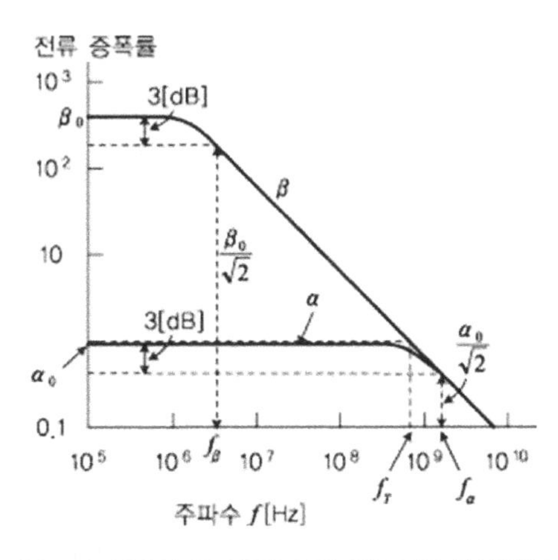

[CB, CE회로의 주파수에 따른 전류이득 특성곡선]

4.2 트랜지스터의 Bias 회로의 안정계수(S)

Bias회로의 목적은 트랜지스터의 동작점(Q)이 외부요인(주위의 온도변화 등)에 의해 변동되지 않도록 안정화하는데 있다.

트랜지스터의 Bias회로의 해석은 트랜지스터의 안정성을 평가하는 방법으로 먼저 안정성을 평가하기 위한 기준을 정의하면

$I_c = \beta I_B + (1+\beta) I_{co}$ 에서

$I_c = f(\beta, I_{co}, V_{BE})$가 되어 $S = \frac{dI_c}{d\beta}$, $S = \frac{dI_c}{dI_{co}}$, $S = \frac{dI_c}{dV_{BE}}$ 중에서 $S = \frac{dI_c}{dI_{co}}$ 를 정의로 이용하여 안정계수를 구한다. Bias회로에서 결정되는 안정계수(S)값은 그 값이 작을수록 바람직하다.

(1) 고정 Bias회로

고정 Bias회로는 간단하지만 안정도와 충실도가 나쁘다.

$$S = 1 + \beta$$

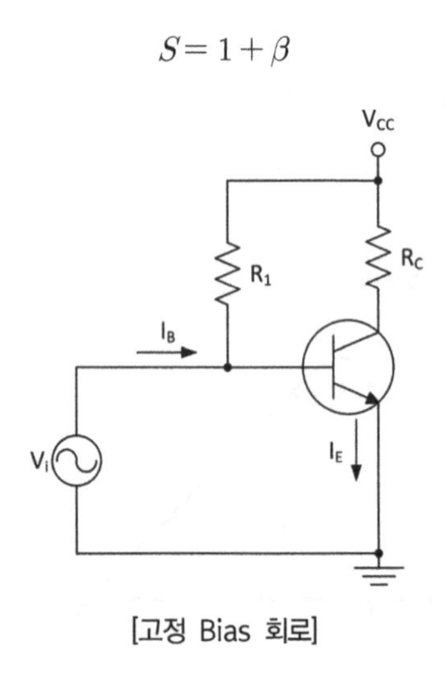

[고정 Bias 회로]

(2) 전압 귀환 Bias회로

고정 Bias회로에서 저항(R_f)의 한 단자를 전원단자에서 컬렉터 단자로 옮기면 안정도가 향상된다.

$$S = \frac{1+\beta}{1+\beta\dfrac{R_C}{R_f+R_C}}$$

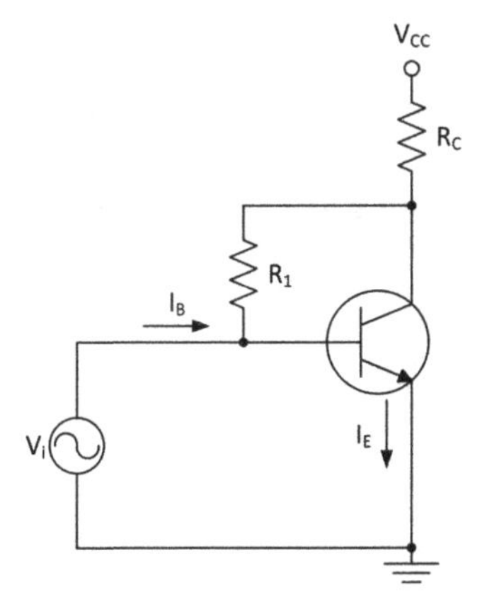

[전압 궤환 Bias 회로]

(3) 전류 귀환 Bias회로

$R_C = 0$의 경우에도 좋은 안정도를 갖으며 안정도가 좋으므로 가장 많이 사용된다.

$$S = \frac{(1+\beta)(1+\dfrac{R_{Th}}{R_E})}{1+\beta+\dfrac{R_{Th}}{R_E}},\ R_{Th} = \frac{R_1 R_2}{R_1+R_2}$$

① $\dfrac{R_{Th}}{R_E} \rightarrow 0$ 일 때 $S = 1$(최소값)

② $\dfrac{R_{Th}}{R_E} \rightarrow \infty$ 일 때 $S = 1+\beta$(최대값)

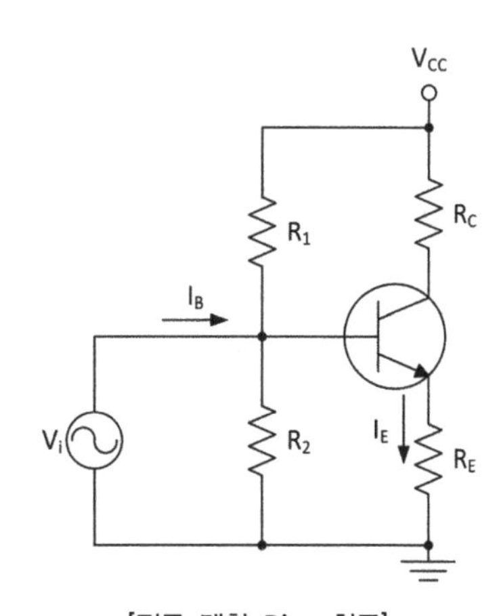

[전류 궤환 Bias 회로]

핵심기출문제

1. 다음 중 고주파 증폭회로에서 중화회로를 사용하는 주 목적은?

   가. 이득의 증가
   나. 주파수의 체배
   다. 자기발진의 방지
   라. 전력 효율의 증대

2. 다음 중 트랜지스터 회로의 바이어스 안정도(S)가 가장 좋은 것은?

   가. S = 1　　나. S = π
   다. S = 50　　라. S = ∞

3. 다음 중 그림의 회로에서 트랜지스터 Q2의 주된 역할은?(단, Q_1, Q_2의 특성은 동일하다.)

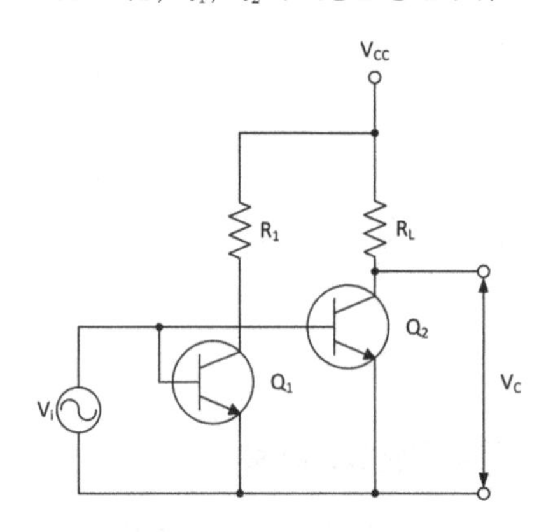

   가. 전류 증폭률을 크게 한다.
   나. 회로의 바이어스 안정을 모도 한다.
   다. 잡음을 감소시킨다.
   라. 증폭기의 대역폭을 넓힌다.

정답 1. 다　　2. 가　　3. 다

5 전계효과 트랜지스터(FET : field effect transistor)

전계효과 트랜지스터(FET)는 단극성 소자(unipolar device)로서 전류의 존재가 다수 캐리어(carrier)에 의해서만 이루어지고 제어는 전압에 의해 이루어진다. 또한 FET는 제조가 간단하고 소형화가 용이하여 집적회로 공정의 기본소자로 널리 사용된다.

FET의 종류

① 접합형 FET(JFET : junction field effect transistor)
② MOS(metal oxide semiconductor) FET
③ MES(metal semiconductor) FET

5.1 JFET의 구조 및 특성

접합형 FET의 기본 구조는 그림과 같이 소스(S : source)와 드레인(D : drain)의 옴성 접촉(ohmic contact)과 상·하 p형 반도체로 구성된 게이트(G : gate) 사이에 n형 반도체가 접합되어 구성된다.

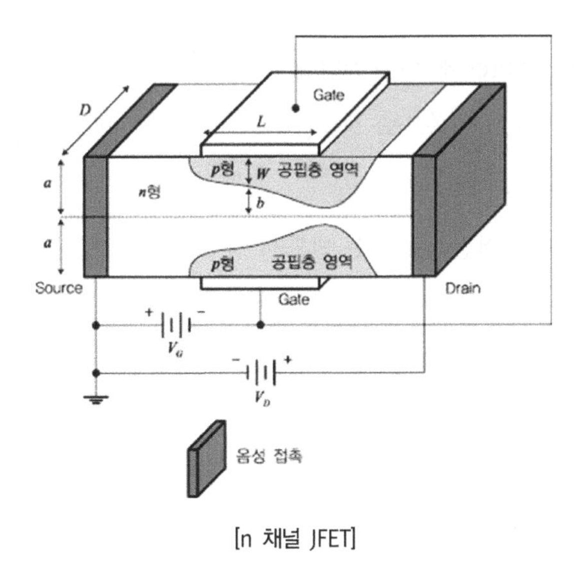

[n 채널 JFET]

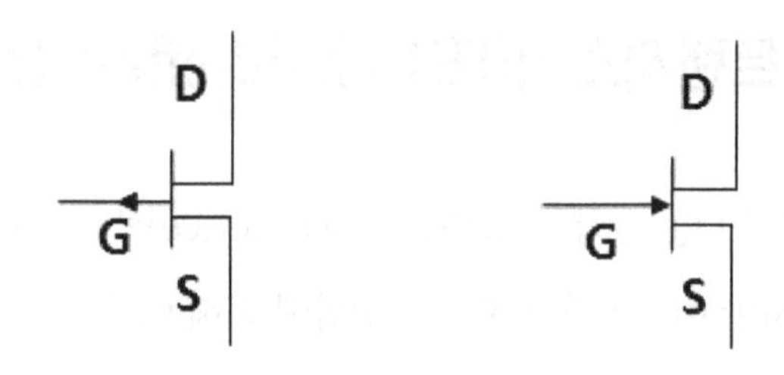

(a) P채널 JFET의 기호 (b) N채널 JFET의 기호

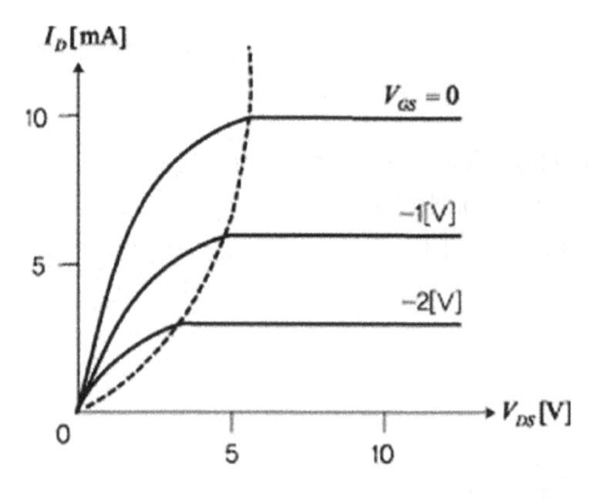

[접합형 FET의 기호 및 전류 출력곡선]

(1) n 채널 JFET의 동작원리

Drain과 Source 사이는 n 채널이 연결되어 있고, Gate에는 p 채널이 연결되어 있는 구조이다.

이때 Drain에 양(+), Source에 음(-) 전압을 인가하면 다수 캐리어인 자유전자가 Drain 쪽으로 이동함으로써 Source쪽으로 전류가 흐르게 된다. 이때 Drain 전류가 이동하는 공간을 채널이라고 한다.

한편, p형 반도체로 이루어진 Gate에는 반드시 역방향 바이어스 값을 주어야 하는데 그 값을 키우면 Gate쪽과 n 채널 사이의 PN 접합부분에서 공핍 층이 발생하여 채널 폭이 좁아지게 된다. 그리하여 Drain과 Source 간 흐르는 전류를 Gate 전압을 이용하여 제어할 수 있게 된다.

(2) 핀치오프(pinch-off)

n 채널의 전계 효과 트랜지스터의 게이트는 고농도의 p형 반도체가 확산되어 있으며, $p^+ - n$접합부에는 공핍층이 생기지만 게이트가 고농도로 확산되어 있기 때문에 공핍층은 주로 n 채널 측으로 튀어 나와 있다. 공핍층의 두께는 게이트 전압(V_G)에 의해 변화하고, 소스 · 드레인 간 저항은 게이트 전압에 의해서 제어된다. 채널이 튀어 나온 공핍층에 의해 막히게 되는데 이 상태를 핀치오프(pinch-off)라고 한다. 이 순간 Gate와 Source간의 전압(V_{GS})을 핀치오프 전압(V_p)라 한다.

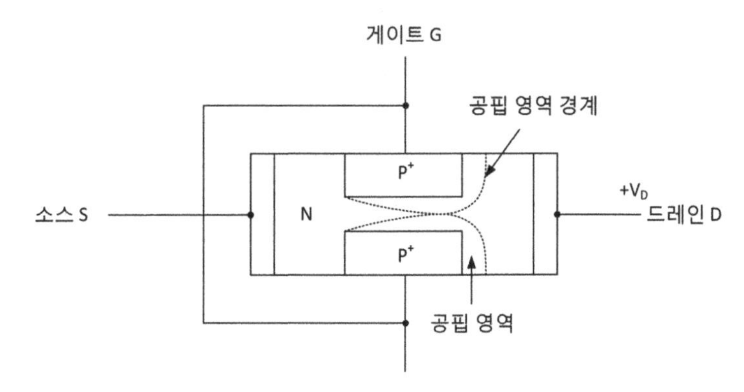

[n 채널 JFET의 핀치오프(pinch-off)]

(3) 전류식

$$I_D = I_{DSS}(1 - \frac{V_{GS}}{V_p})^2 \text{ , } I_{DSS}\text{: } V_{GS} = 0\text{일 때의 드레인 전류}$$

(4) FET의 3정수

$$g_m = \frac{\partial I_d}{\partial V_{GS}} \text{(전달 컨덕턴스)}$$

$$r_d = \frac{\partial V_{DS}}{\partial I_d} \text{(드레인 저항)}$$

$$\mu = \frac{V_{DS}}{V_{GS}} \text{(증폭정수)}$$

reference **3정수 관계**

$\mu = g_m \cdot r_d$

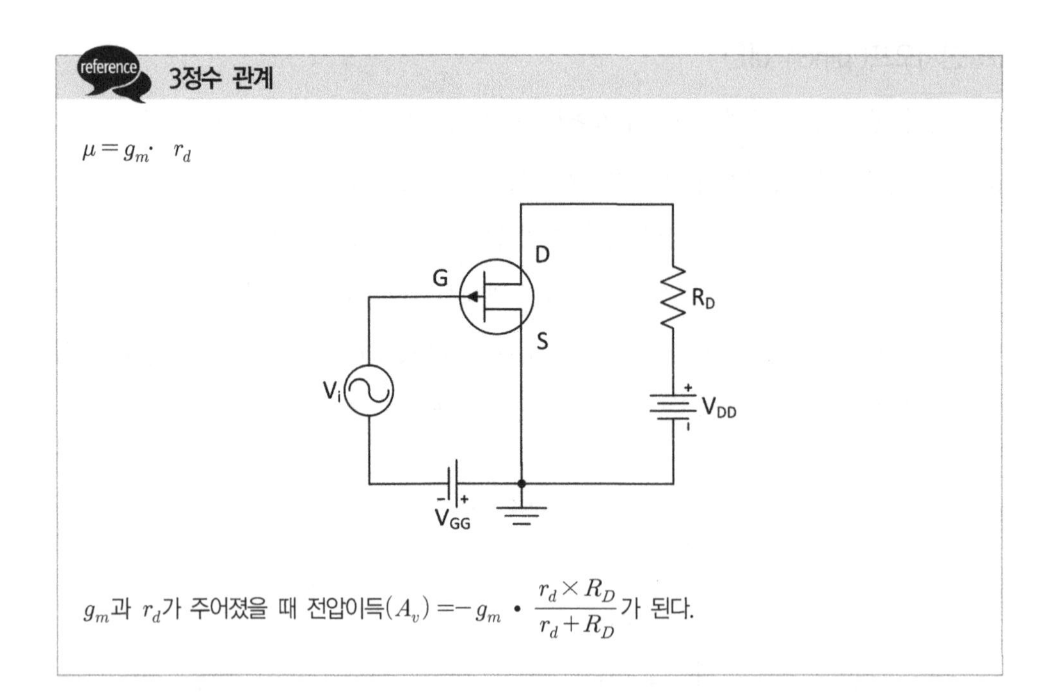

g_m과 r_d가 주어졌을 때 전압이득$(A_v) = -g_m \cdot \dfrac{r_d \times R_D}{r_d + R_D}$가 된다.

(5) BJT와 FET의 비교

[BJT와 FET의 비교]

특징	BJT(bipolar junction transistor)	FET(field effect transistor)
소자 특성	양극성(bipolar)	단극성(unipolar)
제어방식	전류제어	전압제어
전류 흐름	다수 및 소수캐리어에 의해 동작	다수 캐리어에 의해서만 동작
동작속도	빠르다.	느리다.(고속 스위칭 가능)
온도계수		0으로 할 수 있다.
입력 임피던스	보통	매우 높다.
제조 공정	복잡하다.	간단하다.
집적도	낮다.	높다.
잡음	많다.	매우 적다.
이득 · 대역폭 곱	크다.	적다.

(6) FET의 각 접지방식의 비교

[FET의 각 접지방식의 비교]

	게이트 접지(CG)	소스 접지(CS)	드레인 접지(CD)
Z_{in}(입력임피던스)	낮다	크다(∞)	크다(∞)
Z_{out}(출력임피던스)	$\fallingdotseq r_d$	$\fallingdotseq r_d$	$r_d/(1+\mu)=1/g_m$
A_v(전압이득)	$\fallingdotseq g_m \cdot r_d$(동상)	$\fallingdotseq -g_m \cdot R_L$(역상)	$\mu/(1+\mu) \fallingdotseq 1$(동상)
응용분야	고주파용	증폭용	임피던스 변환기

핵심기출문제

1. FET(Field Effect Transistor)의 특성으로 옳은 것은?

가. 쌍극성 소자이다.
나. BJT보다 저 입력 임피던스를 갖는다.
다. 입력신호를 전압을 게이트에 인가해서 채널(channel) 전류를 제어한다.
라. P채널 FET에 흐르는 전류는 전자의 확산현상에 의해 발생한다.

2. 다음 FET에 관한 설명으로 틀린 것은?

가. 일반적으로 FET는 잡음에 대한 방지회로에 많이 사용된다.
나. 유니폴라(unipolar) 소자이다.
다. 바이폴라(bipolar) TR에 비해 입력저항이 크다.
라. JFET는 게이트 접합에 순방향으로 바이어스를 걸어준다.

3. 그림과 같은 증폭회로의 전압이득(V_o/V_i)은 약 얼마인가?(단, $g_m = 10m℧$, $r_d = 100K\Omega$)

가. -124　　나. -155
다. -167　　라. -349

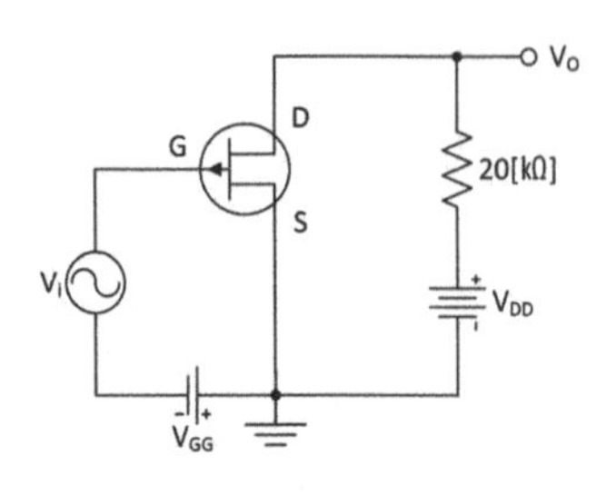

4. 다음 FET 회로의 전압이득은 약 얼마인가?★
(단, g_m=10[m℧], r_d=50[kΩ])

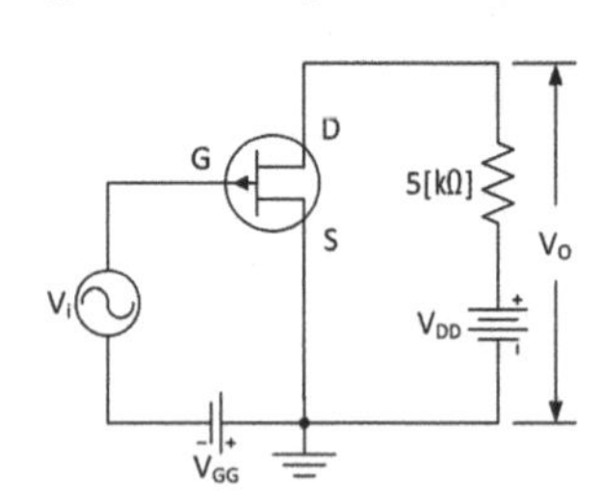

가. -15.5　　나. -23.8
다. -33.3　　라. -45.5

5. FET에서 V_{GS}=0.7[V]로 일정히 유지하고 V_{DS}를 6[V]에서 10[V]로 변화시켰을 때, I_D가 10[mA]에서 12[mA]로 변한 경우 드레인 저항(r_d)은?

가. 0.2[kΩ]　　나. 0.5[kΩ]
다. 2[kΩ]　　라. 8[kΩ]

정답 1. 다　2. 라　3. 다　4. 라　5. 다

6 다단증폭회로

다단 증폭기는 단일 트랜지스터 증폭기들을 종속으로 연결하여 큰 전압 이득과 넓은 대역폭과 같은 우수한 성능의 증폭기를 구현할 수 있다.

6.1 다단증폭회로의 종합특성 해석

6.1.1 다단 증폭기의 대역폭(B)

다단 증폭기의 상측 차단주파수(f_H)의 감소와 하측 차단주파수(f_L)의 증가로 대역폭은 감소한다.

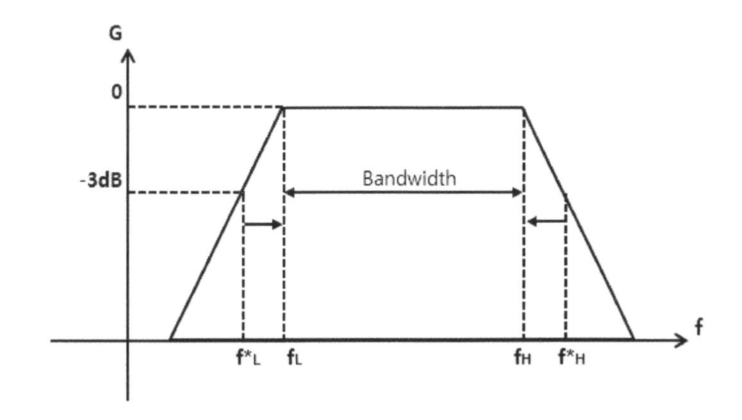

6.1.2 다단증폭 시의 잡음지수(Noise Factor)

잡음지수(Noise Factor)는 증폭기 내부에서 발생하는 잡음이 미치는 영향의 정도를 나타낸다.

$$\text{잡음지수}\,(NF) = \frac{\text{입력 신호전압과 잡음 전압의 비}}{\text{출력 신호전압과 잡음 전압의 비}} = \frac{S_i/N_i}{S_o/N_o}$$

① 잡음지수는 1보다 크다. 만일 NF(잡음지수)=1이면 무 잡음 상태를 말한다.

참고로 무 잡음 상태를 S/N으로 나타낼 때 [dB]로 환산하면 60[dB]이다.

② 다단 증폭기의 전체잡음(F)은

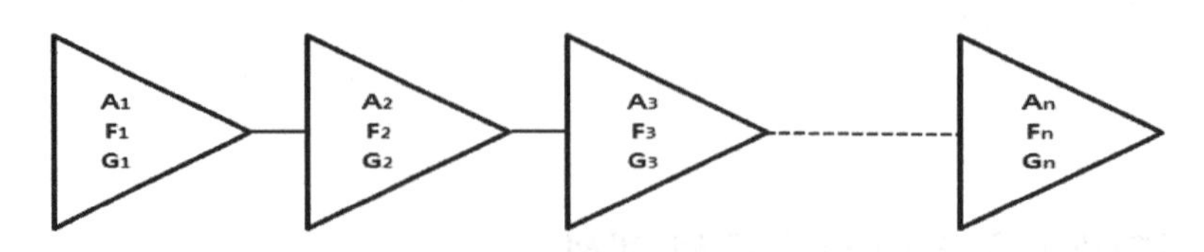

$F = F_1 + \frac{F_2 - 1}{G_1} + \frac{F_3 - 1}{G_1 G_2} + \cdots$가 된다. (단, F_1 : 첫단 증폭기의 잡음지수, G_1 : 첫단 증폭기의 이득, F_2 : 두 번째 단 증폭기의 잡음지수, G_2 : 두 번째 단 증폭기의 이득, F_3 : 세 번째 단 증폭기의 잡음지수)

위 식에서 알 수 있듯이 다단증폭기의 전체 잡음지수는 첫 단의 증폭기의 잡음지수가 좌우한다.

③ 다단 증폭회로에서 전체잡음을 감소하기 위해서는 첫 단의 증폭의 잡음지수가 제일 적은 것을 갖도록 설계하여야 한다.

핵심기출문제

1. 수신기에서 이득이 13dB, 잡음지수 1.3dB 인 증폭 기 후단에 이득이 10dB, 잡음지수가 1.5dB인 증폭 기 가있다. 이 수신기의 종합잡음지수는 약 몇 dB인가?

   가. 1.30　　나. 1.34
   다. 1.85　　라. 2.25

2. 수신기의 잡음지수(NF)에 대한 설명으로 옳은 것은?

   가. 수신기 초단 증폭기의 이득과 잡음지수가 수신기 전체 잡음지수에 매우 큰 영향을 미친다.
   나. 안테나로부터 인가되는 외부 잡음비이다.
   다. 수신기의 잡음지수가 큰 값일수록 내부 잡음이 적다.
   라. 수신기의 내부 잡음이 크면 NF=1이다.

정답 1. 나　　2. 가

7 연산증폭회로

7.1 차동(differential) 증폭회로

차동 증폭기는 두 입력 신호의 전압차를 증폭하는 회로로 연산 증폭기나 Emitter coupled 논리 게이트의 입력 단에 주로 쓰인다.

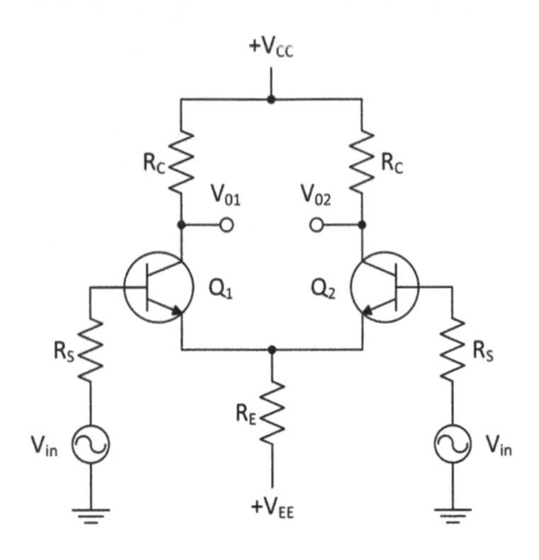

[이미터 결합 차동(differential) 증폭회로]

각 입력 단자의 전압을 V_{in}^{+} 와 V_{in}^{-} 로 나타내면, 출력단자의 전압(V_{out})은 다음과 같다.

$$V_{out} = A_d(V_{in}^{+} - V_{in}^{-}) + A_c(\frac{V_{in}^{+} + V_{in}^{-}}{2})$$

이 때, A_d는 차동 신호 이득, A_c는 동상 신호 이득을 뜻한다.

(1) 동상 신호 제거비(CMRR : common-mode rejection ratio)

차동 신호 이득과 동상 신호 이득의 비율이다.

$$CMRR = \frac{A_d}{A_c}$$

위 공식에서 만약 A_c=0이고 완벽한 대칭성을 가진 차동 증폭기라면 출력 전압은 $V_{out} = A_d(V_{in}^+ - V_{in}^-)$이다.

→ 이상적인 차동 증폭기는 A_c는 작으면 작을수록 A_d는 크면 클수록 좋기 때문에 CMRR은 무한대가 될수록 이상적이다.

(2) 차동증폭기(differential amplifier)의 특징

① noise=0이 되기 위해서는 $CMRR$가 ∞가 되어야 한다.

② $CMRR$가 ∞가 되기 위해서는 A_c가 0이 되어야한다.

③ A_c가 0이 되기 위해서는 V_o가 0이 되어야한다.

④ V_o가 0이 되기 위해서는 R_e를 ∞만큼 크게 한다.

→ R_e가 크면 A_c가 작아지므로 $CMRR$이 커진다.

7.2 궤환(feedback) 증폭회로

증폭기 출력의 일부를 입력으로 되돌려 외부 신호와 합하여 증폭기의 입력에 가해주는 것을 궤환(feedback)이라고 한다.

궤환의 종류에는 부궤환(negative feedback)과 정궤환(positive feedback)이 있다.

7.2.1 궤환증폭기의 동작원리

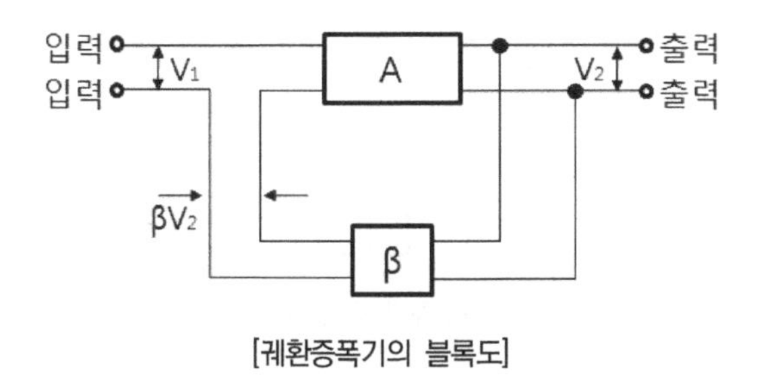

[궤환증폭기의 블록도]

① **궤환 증폭기의 증폭도(A_f)**

$$A_f = \frac{V_2}{V_1} = \frac{A}{1 - A\beta}$$

A : 궤환이 없을 때의 증폭도

β : 궤환 계수(궤환율)

② β가 양수이면 정궤환, 음수이면 부궤환이 된다.

③ $|A\beta| = 1$ 일 때 발진한다.

7.2.2 정궤환(Positive Feedback) 증폭기

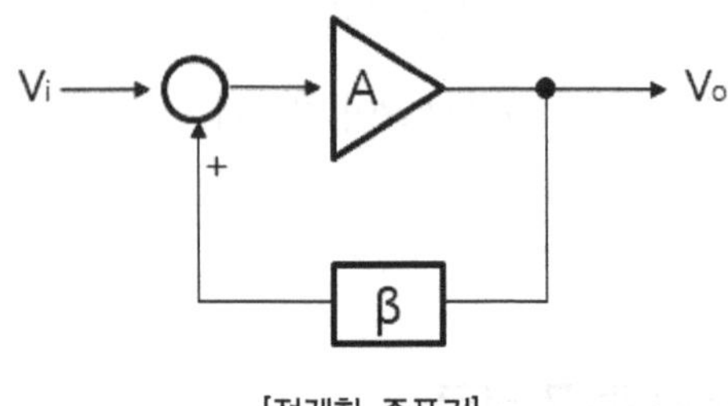

[정궤환 증폭기]

① **정궤환 회로의 증폭도**

$$A_V = \frac{V_o}{V_i} = \frac{A}{1 - A\beta}$$

7.2.3 부궤환(Negative Feedback) 증폭기

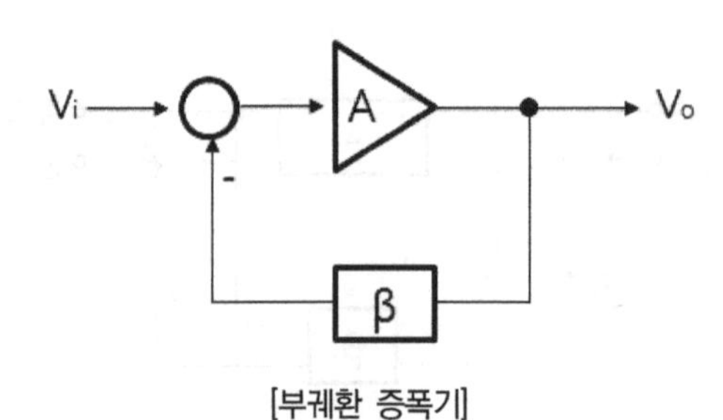

[부궤환 증폭기]

(1) 부(-) 궤환의 장 · 단점

증폭기에서 출력의 일부를 입력 측으로 되돌리는 궤환을 함으로써 그 특성을 개선하는 증폭기로, 일반적으로 부궤환이 널리 쓰인다. 부궤환을 걸어줌으로써 증폭 도는 작아지지만 주파수 특성을 개선하고 파형의 일그러짐이나 잡음을 감소시키고, 안정한 동작을 시킬 수 있다.

부(-) 궤환(negative feedback)의 특징

① 주파수 특성이 개선된다.
→ 주파수 대역폭이 넓어진다.

② 비직선 일그러짐이 감소한다.
→ 진폭 일그러짐을 의미하며 증폭되는 과정에서 출력신호의 파형이 입력신호의 파형과 같지 않는 것이다.

③ 주파수 및 위상 일그러짐이 감소한다.

$D_f = \dfrac{D}{1+\beta A}$, A: 이득, D: 궤환이 없을 때의 왜율, D_f: 궤환을 걸었을 때의 왜율, β: 궤환율

④ 내부 잡음이 감소한다.(S/N가 개선된다.)

⑤ 이득이 감소한다.

$A_f = \dfrac{A}{1+\beta A}$, A: 이득, A: 궤환이 없을 때의 이득, A_f: 궤환을 걸었을 때의 이득, β: 궤환율

⑤ 안정성이 우수하다.

[귀환증폭회로의 종류 및 특징]

분류	직렬전압귀환	직렬전류귀환	병렬전압귀환	병렬전류귀환
출력 임피던스	감소	증가	감소	증가
입력 임피던스	증가	증가	감소	감소
주파수 대역폭	증가	증가	증가	증가
비직선 일그러짐	감소	감소	감소	감소

7.3 연산증폭회로

7.3.1 연산증폭기(operational amplifier)

연산증폭기는 입력 단에 차동 증폭기를 사용한 고 이득의 직류 증폭기로서 선형동작뿐만 아니라 연산을 하는데 이용한다.

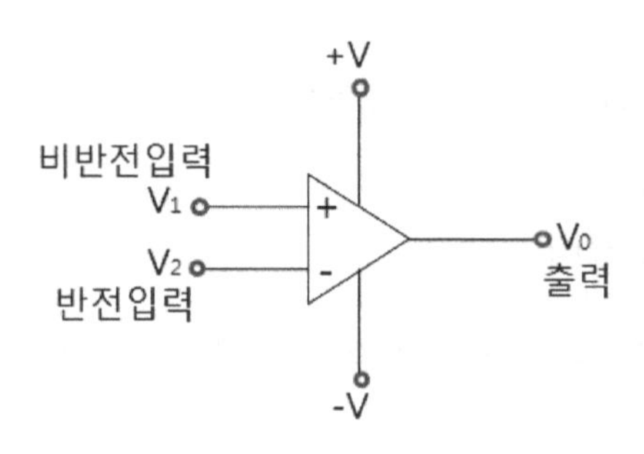

[연산증폭기의 기호]

(1) 이상적인 연산증폭기의 특징

① 직류 증폭기이며 입력 임피던스(Z_i)가 무한대(∞)이며 출력 임피던스(Z_o)가 0이다.

② 전압 이득(A_v)가 무한대이다.

③ 대역폭(Band Width)가 무한대(∞)이다.

④ CMRR(동상신호 제거 비)가 무한대(∞)이다.

⑤ 입력 오프셋(offset) 전류 및 전압은 0이다.

→ 입력 오프셋(offset) 전류 및 전압 : 증폭기의 평행을 유지하기 위한 입력단자 사이에 공급하여야 할 전압이나 전류

7.3.2 연산증폭기의 응용

(1) 반전 증폭기(inverting operational amplifier)

연산증폭기에 흘러 들어가는 전류 I_1은 모두 저항 R_2로 흐른다.

즉, $I_1 = I_2$에서

$$I_1 = \frac{V_i}{R_1},\ I_2 = -\frac{V_o}{R_2}$$

$$\text{전압 이득}(A_V) = \frac{V_o}{V_i} = -\frac{R_2}{R_1}$$

입력신호에 대한 출력신호의 위상관계는 역위상이 된다.

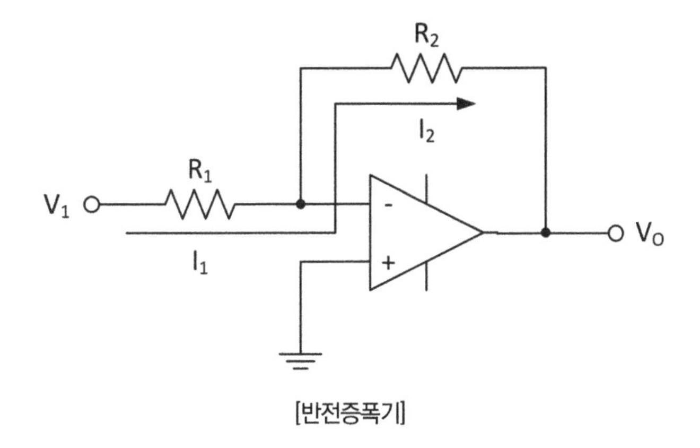

[반전증폭기]

(2) 비반전 증폭기(noninverting operational amplifier)

가상접지 개념에 의해 반전단자의 전압$(V^-) = V_i$이므로

$$I_1 = I_2$$

$$V_i = \frac{R_1}{R_1 + R_2} \times V_o$$

$$\text{전압 이득}(A_V) = \frac{V_o}{V_i} = \left(1 + \frac{R_2}{R_1}\right)$$

입력신호에 대한 출력신호의 위상관계는 동위상이 된다.

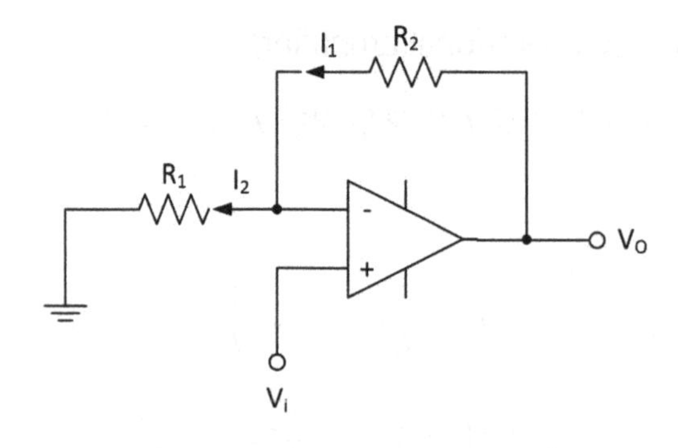

[비반전증폭기]

(3) 가산기(adder)

$$출력\ 전압(V_o) = -\left(\frac{R_f}{R_1} \cdot V_1 + \frac{R_f}{R_2} \cdot V_2\right)$$

이때 $R_1 = R_2 = R_f$라면

$$V_o = -(V_1 + V_2)$$

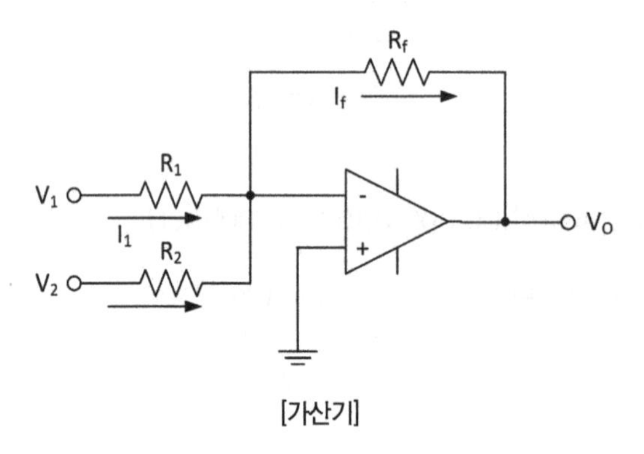

[가산기]

(4) 감산기

입력전원이 두 개이므로 출력전압은 중첩의 원리를 이용한다.

V_2 입력이 없이 V_1에 의한 출력전압은 반전증폭기이므로

$V_{o1} = -\frac{R_2}{R_1} \cdot V_1$가 된다.

V_1 입력이 없이 V_2에 의한 출력전압은 비반전 증폭기이므로

$V_a = \frac{R_4}{R_3 + R_4} \cdot V_2$

$V_{o2} = \left(1 + \frac{R_2}{R_1}\right) V_a = \left(1 + \frac{R_2}{R_1}\right)\left(\frac{R_4}{R_3 + R_4}\right) \cdot V_2$가 된다.

전체 출력전압은

$V_o = V_{o1} + V_{o2} = -\frac{R_2}{R_1} \cdot V_1 + \left(1 + \frac{R_2}{R_1}\right)\left(\frac{R_4}{R_3 + R_4}\right) \cdot V_2$ 가 된다.

만약, ① $R_1 = R_2$, $R_3 = R_4$라면 $V_o = (V_2 - V_1)$가 된다.

② $R_1 = R_3$, $R_2 = R_4$ 라면 $V_o = \frac{R_2}{R_1}(V_2 - V_1)$가 된다.

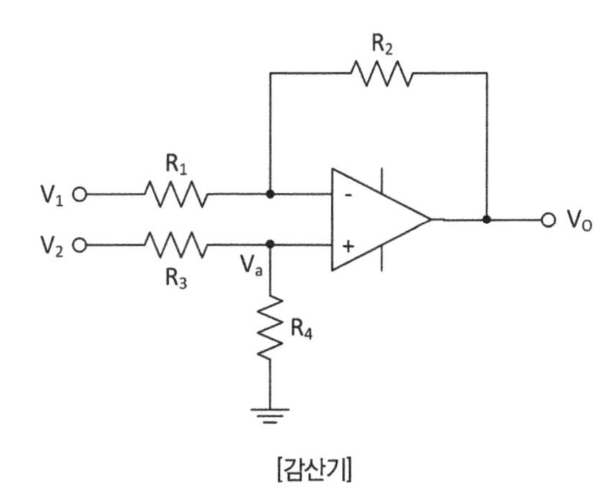

[감산기]

(5) 미분기

콘데서(C)에 흐르는 전류는

$$i = C\frac{dV_i}{dt}$$

출력전압(V_o)은

$$V_o = -iR = -RC\frac{dV_i}{dt}$$

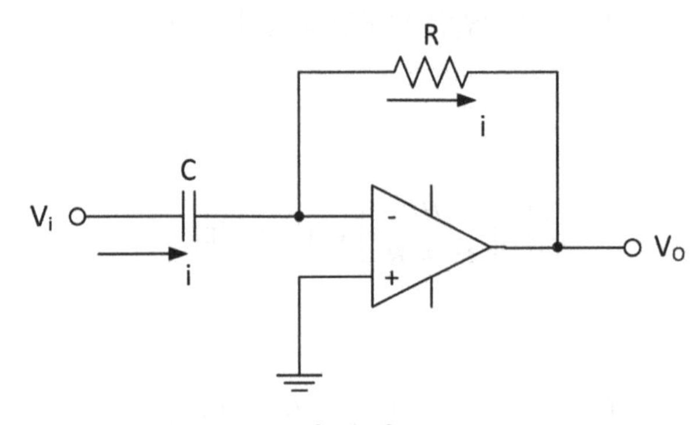

[미분기]

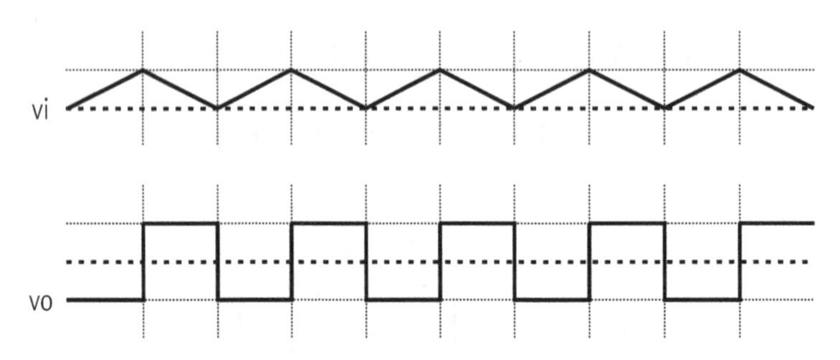

[입력과 출력 신호 파형 비교(5V/DIV, 1msec/DIV)]

(6) 적분기

회로에서 저항(R)에 흐르는 전류는

$$i = \frac{V_i}{R}$$

출력전압(V_o)은

$$V_o = -\frac{1}{C}\int i\,dt = -\frac{1}{RC}\int V_i\,dt$$

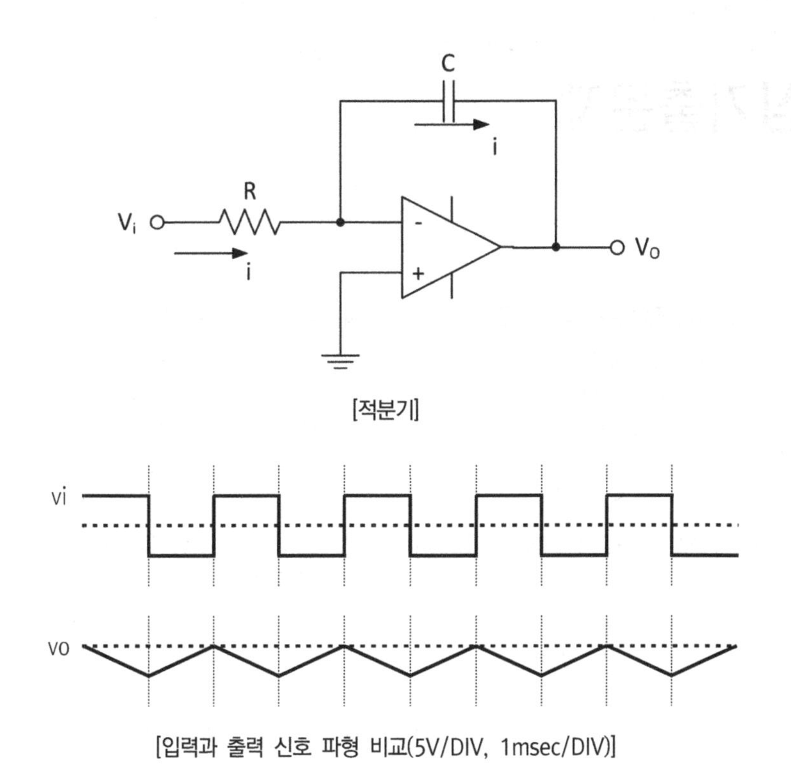

[적분기]

[입력과 출력 신호 파형 비교(5V/DIV, 1msec/DIV)]

(7) 전압 폴로어(Voltage Follower)

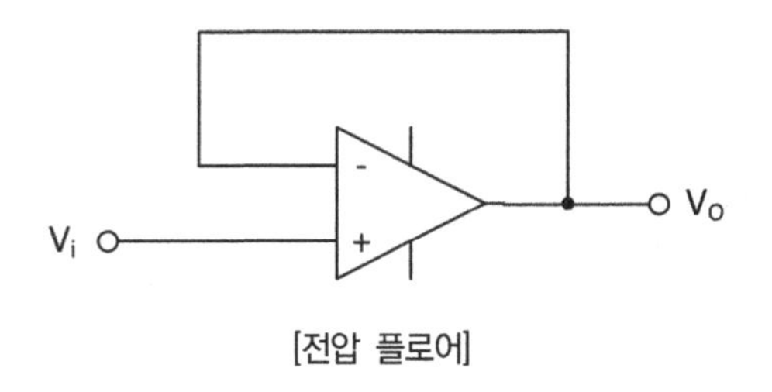

[전압 플로어]

입력신호가 그대로 출력으로 나타난다.

$$V_i = V_o$$

전압 이득$(A_V) = \dfrac{V_o}{V_i} = 1$

핵심기출문제

1. 다음 중 그 값이 작을수록 좋은 것은?

가. 증폭기 바이어스 회로의 안정계수
나. 차동 증폭기의 동상신호제거비(CMRR)
다. 증폭기의 신호 대 잡음비
라. 정류기의 정류효율

2. 다음 중 이상적인 차동증폭기에서 동상모드의 이득은?

가. 0　　나. 1
다. 180　　라. 무한대

3. 차등 증폭기에서 CMRR에 대한 설명으로 틀린 것은?

가. CMRR = 차동이득/동상이득으로 정의된다.
나. 차동 증폭기의 성능을 나타내는 기준이다.
다. 차동 증폭기의 CMRR은 클수록 좋다.
라. CMRR은 동상이득이 무한대에 가까울수록 좋다.

4. 연산증폭기에서 차신호에 대한 전압이득이 10000이고 공통모드 신호에 대한 전압이득이 0.5일 때 증폭기의 CMRR는 얼마인가?

가. 20000　　나. 10000
다. 4000　　라. 1000

5. 다음 중 부궤환 증폭회로의 특징이 아닌 것은?

가. 이득 증가
나. 비선형 일그러짐 감소
다. 잡음 감소
라. 고주파 특성의 개선

6. 다음 중 부궤환 증폭기의 특징이 아닌 것은?

가. 이득이 증가한다.
나. 안정도가 향상된다.
다. 왜곡이 감소한다.
라. 잡음이 감소한다.

7. 전류직렬 부 궤환회로에서 부 궤환을 걸지 않았을 때 보다 증가되지 않는 것은?

가. 출력 임피던스　　나. 입력 임피던스
다. 비직선 왜곡　　라. 대역폭

8. 다음 중 부 궤환에 의해서 얻을 수 있는 효과가 아닌 것은?

가. 외부 변화에 덜 민감하므로 이득이 감도를 줄일 수 있다.
나. 비선형 왜곡을 줄일 수 있다.
다. 불필요한 전기 신호에 의한 영향을 줄일 수 있다.
라. 궤환 없는 증폭기에 비해 대역폭이 감소한다.

9. 그림과 같은 연산 증폭기에서 V_1=0.1[V], V_2=0.2[V], V_3=0.3[V]일 때, 출력전압 V_o[V]는?

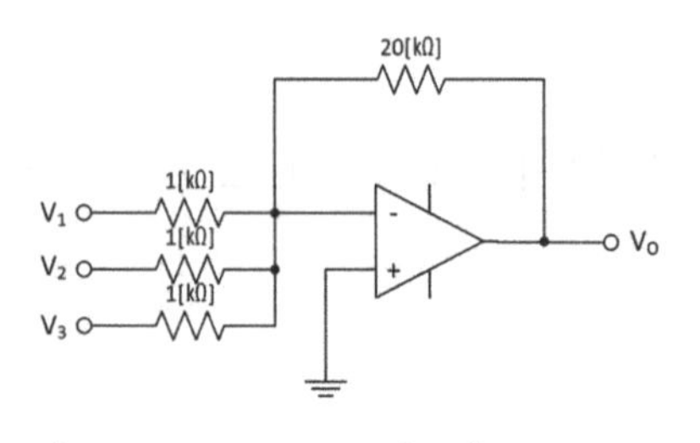

가. -2　　나. -6
다. -12　　라. -18

정답 1. 가　2. 가　3. 라　4. 가　5. 가　6. 가　7. 다　8. 라　9. 다

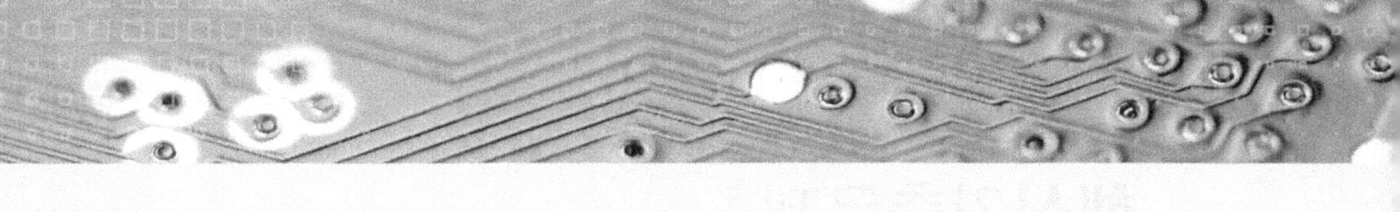

10. 다음의 연산회로는 어느 회로인가?

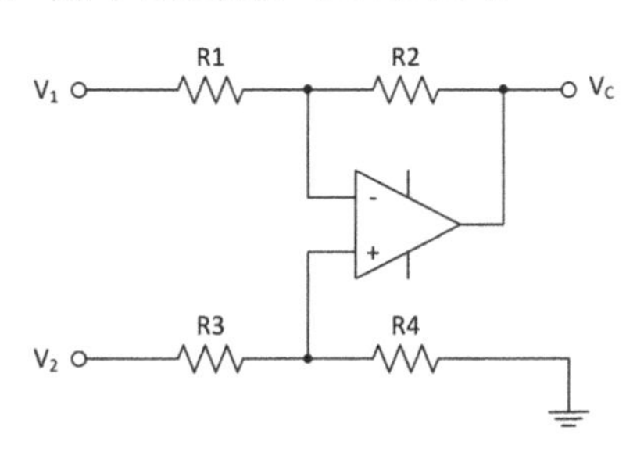

가. 부호변환회로　　나. 미분회로
다. 적분회로　　라. 감산회로

11. 다음 그림에 나타난 연산 증폭기의 회로는?★★

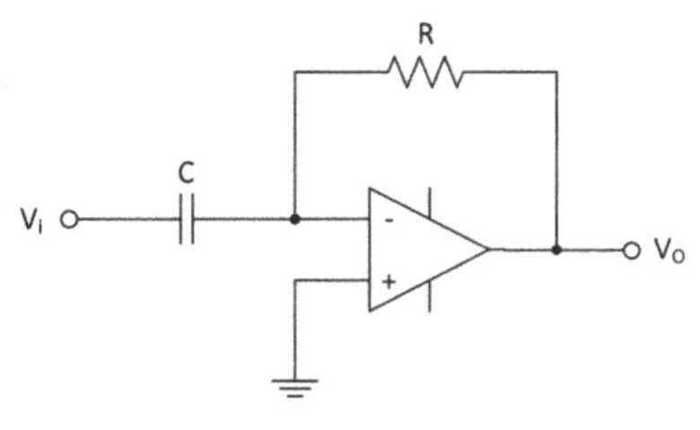

가. 가산기 회로　　나. 적분 회로
다. 미분 회로　　라. 차동증폭 회로

12. 그림의 연산증폭기 회로에서 R_f 대신 콘덴서 C로 바꿀 경우 그 역할로 옳은 것은?

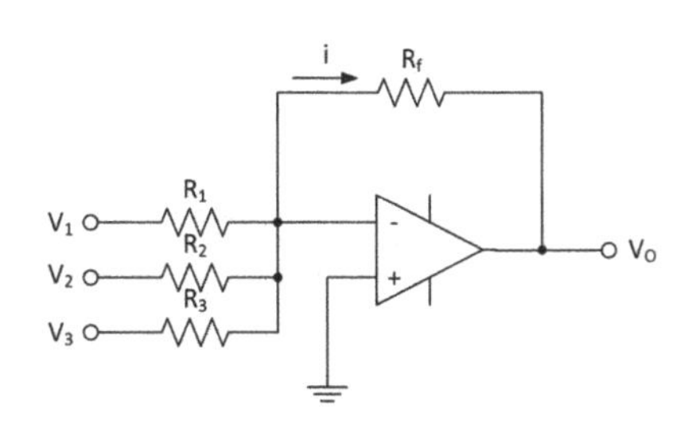

가. 이상기(phase shifter)
나. 계수기
다. 적분 연산기
라. 부호 변환기

13. 다음 회로의 설명 중 틀린 것은?

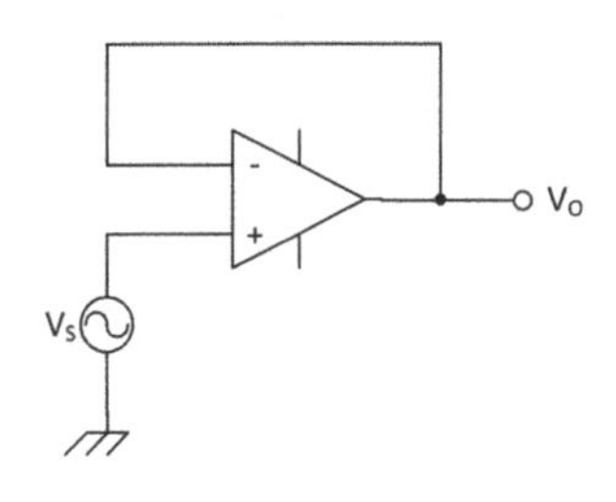

가. Voltage follower 이다.
나. 입력과 출력은 역상이다.
다. 입력 전압과 출력 전압은 크기가 같다.
라. 입력 임피던스가 매우 크다.

14. 다음 회로에서 입력전압 V_i=2[V], R_1=10[kΩ]일 때 출력전압 V_o가 6[V]일 경우 R_f 값은 몇 [kΩ]인가?

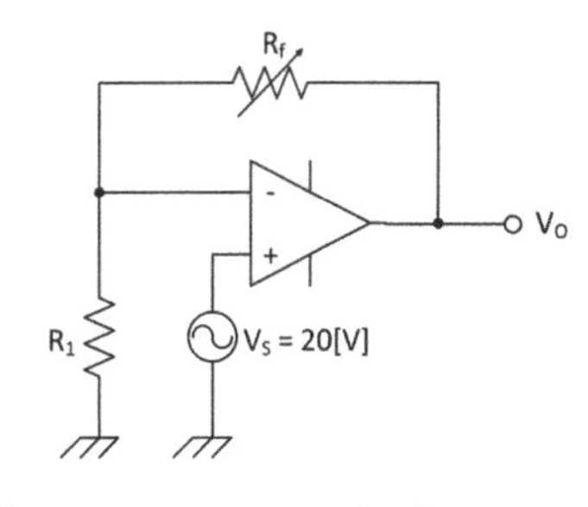

가. 20　　나. 40
다. 60　　라. 80

정답 10. 라　11. 다　12. 다　13. 나　14. 가

핵심기출문제

15. 다음과 같은 연산 증폭회로에서 Z에 흐르는 전류 I의 값은 얼마인가?

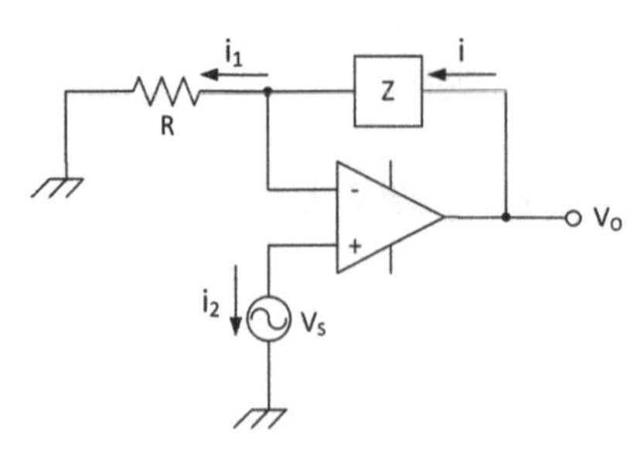

가. 0　　　　　　나. i_1

다. $(Z/R)i_1$　　　　라. i_1+i_2

16. 다음은 연산증폭기의 등가회로이다. 이 연산 증폭기의 역할은?

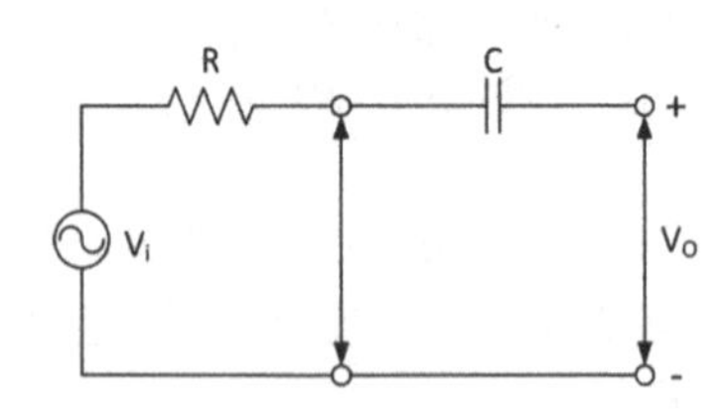

가. 적분기　　　　나. 미분기

다. 대수 증폭기　　라. 감산기

17. 다음 중 회로의 출력 파형으로 적합한 것은?(단, 시정수는 입역전압 V_i의 주기에 비하여 작다.)

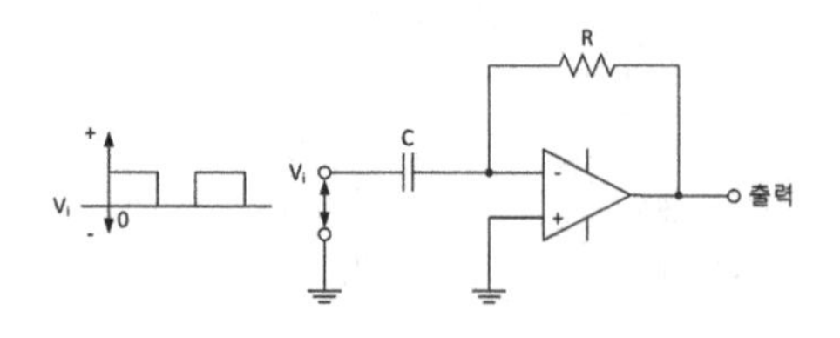

가.　　　　나.

다.　　　　라.

18. 다음 연산 증폭회로에서 출력전압 V_o는? (단, $R_2/R_1=R_4/R_3$이다.)

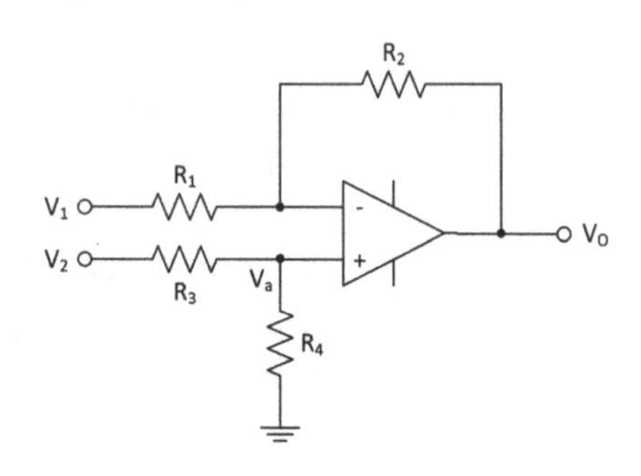

가. $V_O=\frac{R_4}{R_3}(V_2-V_1)$

나. $V_O=\frac{R_2}{R_1}(V_1-V_2)$

다. $V_O=\frac{R_1}{R_2}(V_1-V_2)$

라. $V_O=V_1-V_2$

19. 그림과 같은 연산 증폭기의 출력 전압 V_o는?

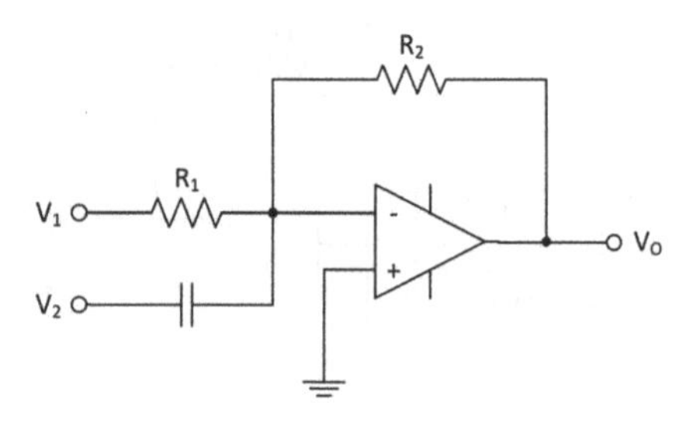

정답　15. 나　　16. 가　　17. 가　　18. 나　　19. 다

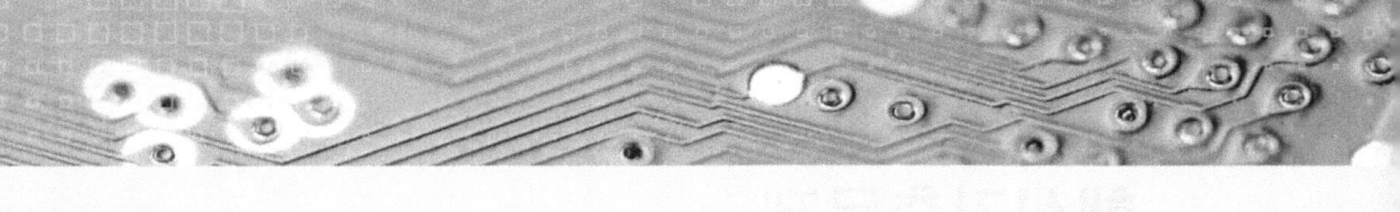

가. $V_o = -(\frac{R_2}{R_1}V_1 + \int V_2 dt)$

나. $V_o = (-2V_1 + \frac{dV_2}{dt})$

다. $V_o = -(\frac{R_2}{R_1}V_1 + \frac{dV_2}{dt})$

라. $V_o = -(\frac{R_2}{R_1}V_1 - \frac{dV_2}{dt})$

20. 그림과 같은 증폭회로에서 출력전압 V_o는?

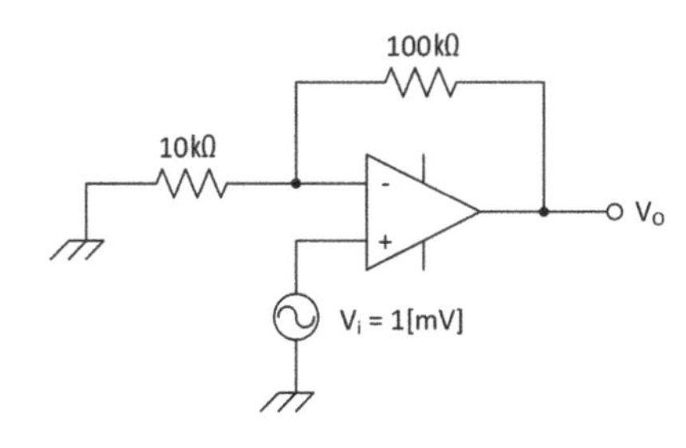

가. 11[mA] 나. 51[mA]
다. 101[mA] 라. 110[mA]

21. 다음 연산 증폭기에서 입출력 전압의 관계식은?

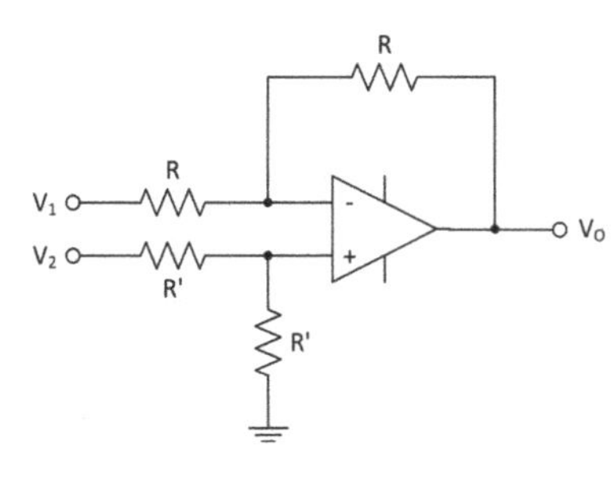

가. $V_o = V_2 - V_1$ 나. $V_o = V_1 + V_2$
다. $V_o = R(V_1 - V_2)$ 라. $V_o = (V_2 + V_1)/R$

22. 다음 연산증폭기를 사용한 회로에서 출력파형은?

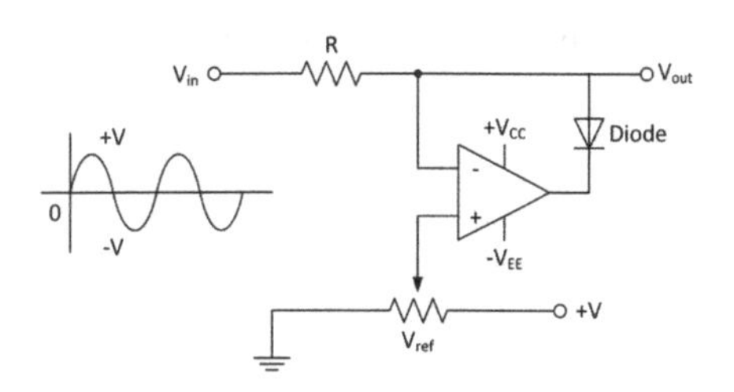

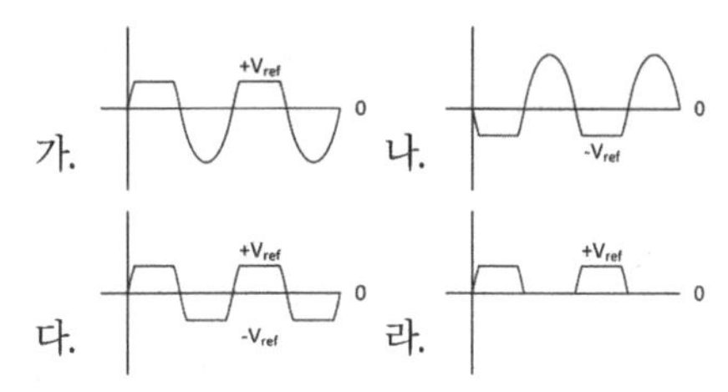

23. 전압증폭 이득이 40[dB]인 증폭기에서 10[%]의 잡음이 발생했다. 이것을 1[%]로 개선하기 위한 부궤환율 β는?

가. 0.5 나. 0.09
다. 0.05 라. 0.009

24. 증폭기의 전압이득이 1000±100 일 때, 이 전압이득의 변화률 0.1[%]로 하기 위하여 부궤환 회로를 구성하려면 궤환율 β는?

가. 0.9 나. 0.19
다. 0.099 라. 1.1

25. 다음 중 궤환발진기에서 궤환율 β=0.05일 때 발진조건이 성립하려면 증폭도(A)의 크기는?

가. 0.5 나. 5
다. 10 라. 20

정답 20. 가 21. 가 22. 가 23. 나 24. 다 25. 라

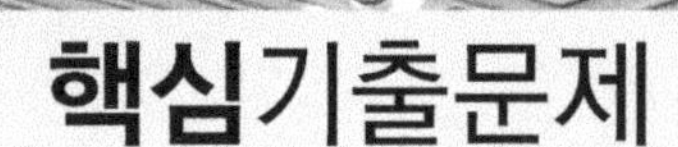

26. 다음 중 차동증폭기회로에서 이미터 저항 대신 정 전류원을 사용하는 주된 이유는?

가. 전류이득을 크게 하기 위해서
나. 전압이득이 크게 하기 위해서
다. 바이어스 전압을 크게 하기 위해서
라. CMRR을 크게 하기 위해서

27. 전압이득이 40[dB]인 저주파 증폭기에 전압 부궤환율 0.98로 걸어줄 때, 왜율의 개선율[%]은 약 얼마인가?

가. 6.26　　　나. 7.25
다. 8.25　　　라. 9.26

28. 다음 그림의 회로는 어떤 궤환에 속하는가?

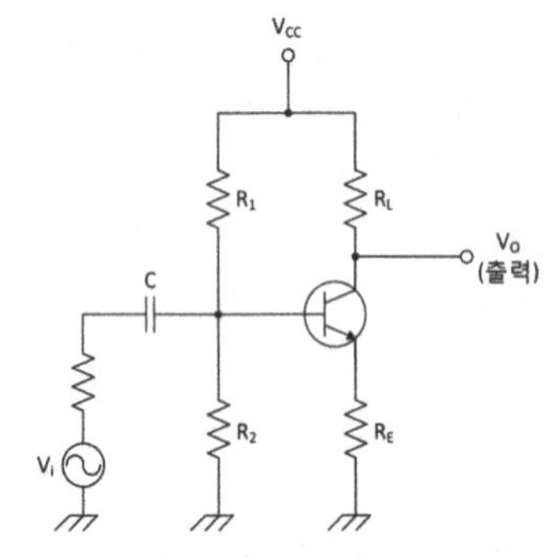

가. 직렬 전류 부궤환　나. 병렬 전류 부궤환
다. 병렬 전압 부궤환　라. 직렬 전압 부궤환

29. 병렬전압 궤환 증폭기의 입력 임피던스는 궤환이 없을 때와 비교하면?

가. 증가한다.　　　나. 증가 후 감소한다.
다. 감소한다.　　　라. 변함이 없다.

30. 다음 중 그림(B)와 같은 회로에 그림(A)와 같은 파형의 전압을 인가할 경우 출력에 나타나는 전압파형으로 가장 적합한 것은?

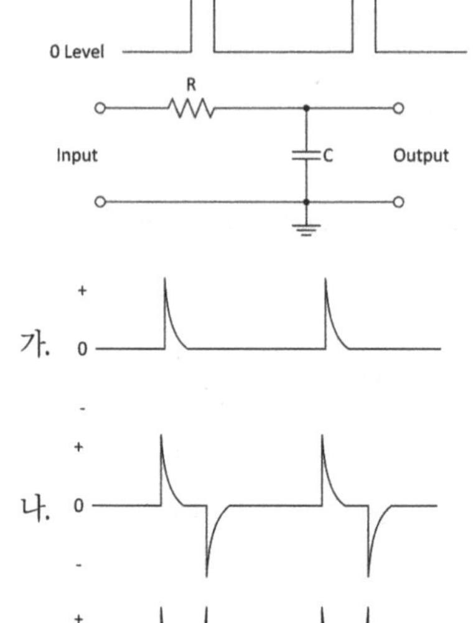

정답 26. 라　27. 라　28. 가　29. 다　30. 라

8 동조형 증폭회로

8.1 동조형 증폭회로의 기본 개요

8.1.1 동조형 증폭회로의 개념

동조형는 내가 원하는 주파수를 최대 증폭이 되도록 맞추어주는 회로를 말하는 것으로 광 대역증폭을 얻는데 목적이 있다. 즉 이득은 변화가 없으면서 넓은 대역을 증폭하는데 적합한 증폭기를 구성하는데 있다.

8.1.2 공진회로의 공진주파수(f_o), 대역폭(B)과 선택도(Q)의 관계

$$Q = \frac{f_o}{B}, Q = \frac{\omega L}{R} = \frac{1}{\omega CR} = \frac{1}{R}\sqrt{\frac{L}{C}}$$

8.1.3 광대역 증폭회로

(1) 복동조형 증폭회로

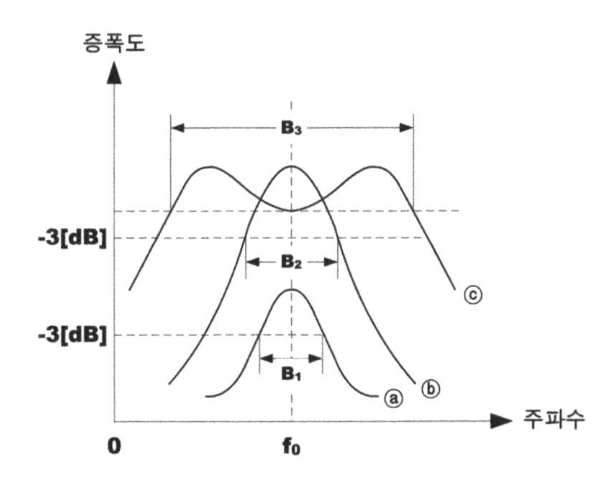

2개의 동조 회로를 전자 결합(電磁結合)시킨 회로. 일반적으로 같은 주파수 f_0에 동조시키는데, 결합 계수($K = \frac{M}{\sqrt{L_1 L_2}}$)와 회로의 Q와의 관계에 따라 리스폰스(반응)가 달라진다. 1차 · 2차 모두 Q가 같다고 하고, (a) K < 1/Q, (b) K > 1/Q, (c) K = 1/Q로 나누어서 (a)를 소결합에 의한 단봉 특성, (b)를 밀결합에 의한 쌍봉 특성이라고 한다. (c)는 각각의 임계적인 경우이며, 그 결합을 임계 결합이라 한다. 이상에 의해 필요한 대역폭에 따라서 구분 사용할 수 있다. 라디오 수신기의 중간 주파 트랜스에 응용되고 있다.

(2) 스태거(stagger) 동조회로

단동조 증폭기를 여러 단 접속하여 각 증폭단의 동조 주파수를 조금 씩 다르게 조정하여 요구되는 이득, 대역폭 및 선택도를 얻을 수 있는 방식을 스태거 동조라 하며 TV 영상신호와 같이 중간주파수 증폭단에서 매우 넓은 대역을 증폭하는데 널리 쓰인다.

핵심기출문제

1. 다음 중 RLC 직렬공진 회로에서 선택도 Q는? (단, ω_0는 공진시 각주파수이다.)

가. $\frac{R}{\omega_o C}$　　나. $\frac{L}{RC}$

다. $\frac{1}{R}\sqrt{\frac{C}{L}}$　　라. $\frac{\omega_o L}{R}$

2. 단동조 증폭기가 492㎑의 공진주파수에서 7㎑의 대역폭을 갖는다고 하면, 이 회로의 Q는 약 얼마인가?

가. 49　　나. 70

다. 98　　라. 345

3. 중심 주파수가 455[㎑]이고, 대역폭이 10[㎑]가 되는 단동조 회로를 만들려면 이 회로의 Q는?

가. 42.3　　나. 45.5

다. 52.3　　라. 55.4

4. 다음 중 LC 병렬 공진 회로에서 공진 주파수 [㎐]는?

가. $2\pi\sqrt{CL}$　　나. $\frac{1}{2\pi\sqrt{CL}}$

다. $4\pi\sqrt{CL}$　　라. $\frac{1}{4\pi\sqrt{CL}}$

5. 컬렉터 또는 베이스 동조형 발진회로에서 동조회로의 공진 주파수와 이들 발진회로의 발진 주파수는 어떤 관계에 있어야 하는가?

가. 공진 주파수와 발진 주파수는 같아야 한다.

나. 공진 주파수는 발진 주파수보다 약간 높아야 한다.

다. 공진 주파수는 발진 주파수보다 약간 낮아야 한다.

라. 공진 주파수와 발진 주파수는 아무런 관계가 없다.

정답 1. 라　2. 나　3. 나　4. 나　5. 나

9 전력 증폭기회로

증폭기의 일종으로, 부하에 전력을 공급하는 것을 목적으로 한 것을 말하며, 보통 증폭회로의 최종 단에 두므로 종단 증폭기라고도 한다. 취급 주파수에 따라서 저주파 전력 증폭기와 고주파 전력 증폭기로 나뉜다. 전력 증폭기는 일그러짐이 적고, 효율적으로 전력을 부하에 공급할 수 있는 것이 중요하다.

9.1 Single 증폭회로의 동작점, 부하선, 효율 및 출력계산

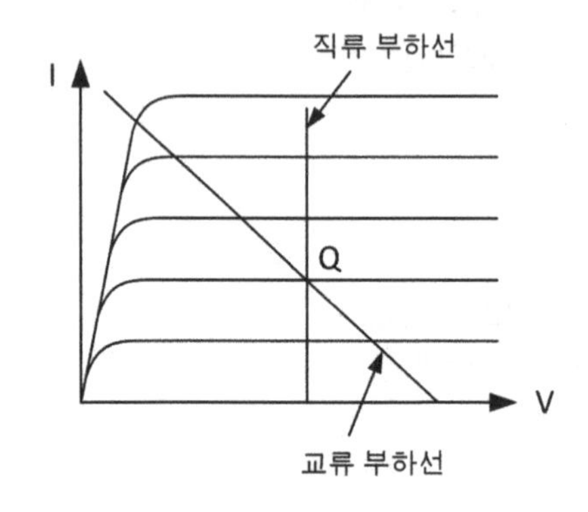

[직류, 교류 부하선과 동작점]

(1) 동부하선(dynamic load, 교류 부하선)

전자관이나 트랜지스터 회로에 있어서, 신호의 변화 사이클에서의 출력전류와 전압의 모든 시점에서의 동작 점의 궤적을 이른다.

(2) 직류 부하선 (DC load line)

전자관이나 트랜지스터에서 직류 부하 저항에 대한 출력 전류와 전압의 평균값과의 관계를 나타내는 점의 궤적. 직류 부하 선은 그림에서 수직에 가까운 직선으로 주어진다.

(3) 전력 증폭 회로 종류와 특징

각 전력 증폭기의 종류는 부하선의 어느 위치에서 동작 점을 잡느냐에 따라 구분된다.

구분	A급	B급	AB급	C급
동작점 위치	중앙	차단점	A급과 B급 사이	차단점 이하
유 통 각(θ_c)	360°	180°	180° 〈θ〈360°	180° 이하
왜곡정도	거의 없다.	반파정도 왜곡	반파이하의 왜곡	많다.
최대효율	50%	78.5%	78.5%이하	100%에 근접
용도	완충증폭기	전력증폭기		전력증폭기 주파수 체배기

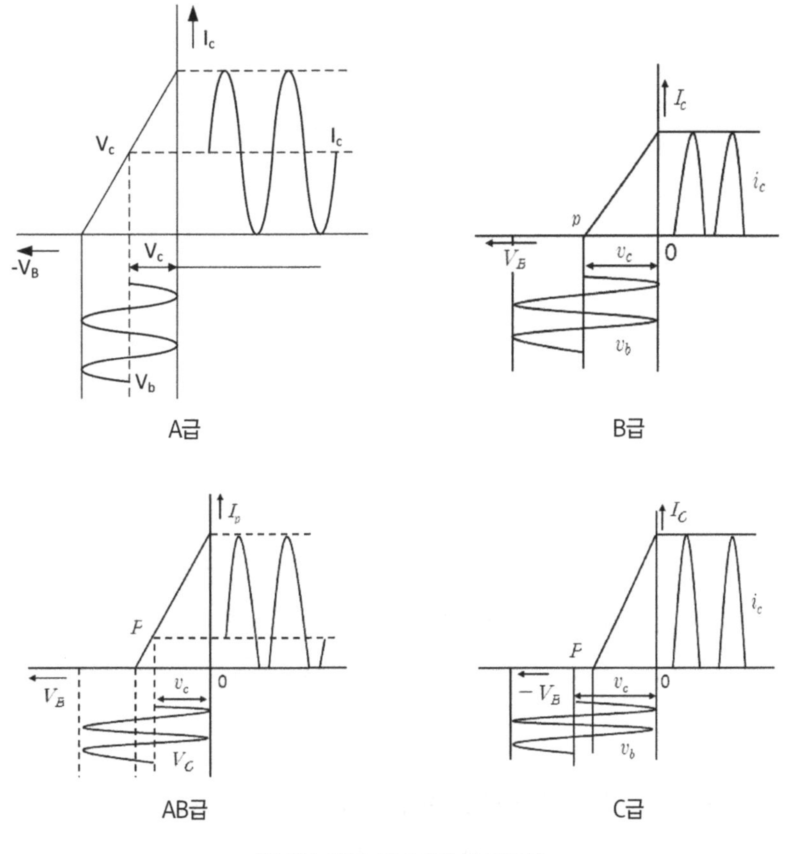

[푸시풀 전력 증폭기의 특성곡선]

9.2 B급 푸시풀(Push-pull) 증폭회로의 특성

보통의 증폭용 트랜지스터는 아래 [A급 및 B급 동작점] 그림의 transfer curve의 선형 부분인 A 점에 동작 점을 설정한다. 교류 입력 신호가 걸리면 아래 그림에서와 같이 동작 점을 중심으로 V_{BE}가 흔들리게 되고, 그 결과 I_c도 동작 점을 중심으로 흔들리게 된다. 입력 교류 신호의 진폭이 커서 transfer curve의 선형 부분을 벗어나게 되면 증폭된 출력 신호가 찌그러지게 된다. 따라서 신호 찌그러짐이 없이 증폭할 수 있는 입력 신호의 진폭에 제한이 생기게 된다.

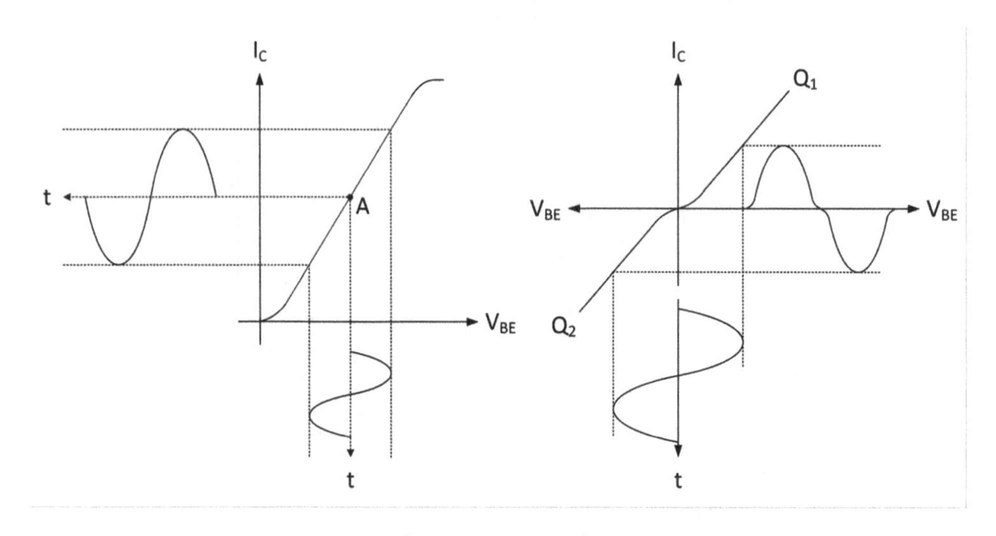

[A급 및 B급 동작점]

전력 증폭이 목적인 전력증폭기는 진폭이 큰 신호를 다루어야 하므로 진폭이 큰 신호를 증폭하려면 그림의 B점에 동작 점을 설정한 두 개의 증폭기를 사용하여 [A급 및 B급 동작점] 그림 (b)처럼 반주기씩 증폭을 하면 된다. 또한 B급 동작 점의 장점은 전력소모가 적다는 것이다.

신호를 반주기씩 증폭하는 B급 푸시풀 증폭기 회로는 아래 그림과 같은 두 가지 형태가 있다. 그림 (a)의 트랜스포머를 사용한 B급 푸시풀 증폭기 회로는 두 개의 같은 트랜지스터를 사용하는데, 그림 (a)에서는 두 개의 npn형 트랜지스터가 사용되고 있다. 입력 교류 전압이 양이면 트랜지스터 Q_1의 베이스 신호가 양이 되어 Q_1이 증폭을 하게 되고, 나머지 반주기는 트랜지스터 Q_2가 증폭하게 된다. 반주기씩 증폭된 신호는 출력 트랜스포머에서 결합되어 출력된다.

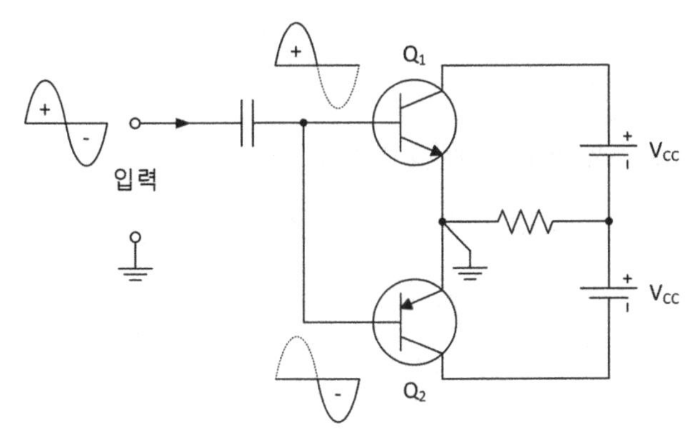

(a) Transformer를 이용한 B급 푸시풀 전력증폭기

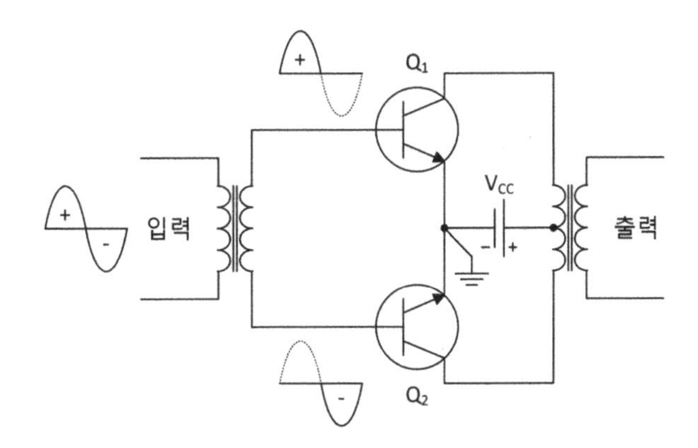

(b) complementary symmetry형 B급 푸시풀 전력증폭기

한편, 그림 (b)의 상보적 대칭(complementary symmetry) 전력증폭기에서는 같은 transfer curve를 가진 pnp와 npn형 트랜지스터의 쌍이 사용된다. 두 트랜지스터의 베이스에 걸린 교류 신호가 양의 전압일 때는 npn형 트랜지스터 Q_1이 증폭하고, 음의 전압인 반주기는 pnp형 트랜지스터 Q_2가 증폭한다.

B급 푸시풀 증폭기는 [A급 및 B급 동작점] 그림에서 보듯이 transfer curve의 원점 부근의 비선형 영역 때문에 출력 컬렉터 전류 파형이 약간 찌그러지게 된다. 이 점을 보완하기 위해 AB급 동작 점을 사용하는 AB급 푸시풀 증폭기를 사용한다.

① 전파 정류 능력을 갖는다.

② B급 푸시풀 전력 증폭기에서 최대 효율은 78.5[%]가 된다.

③ 우수(짝수) 고조파는 제거되고 기수(홀수) 고조파만 발생한다.

④ 크로스오버 일그러짐(crossover distortion)이 생긴다.

- 출력파형의 일그러짐 원인은 트랜지스터의 입력 특성에 따라 입력 전압이 작을 때는 베이스 전류와 컬렉터 전류가 거의 흐르지 않기 때문이다.
- 클로스오버 일그러짐을 제거하려면 동작 점을 약간 AB급 쪽으로 이동한다.

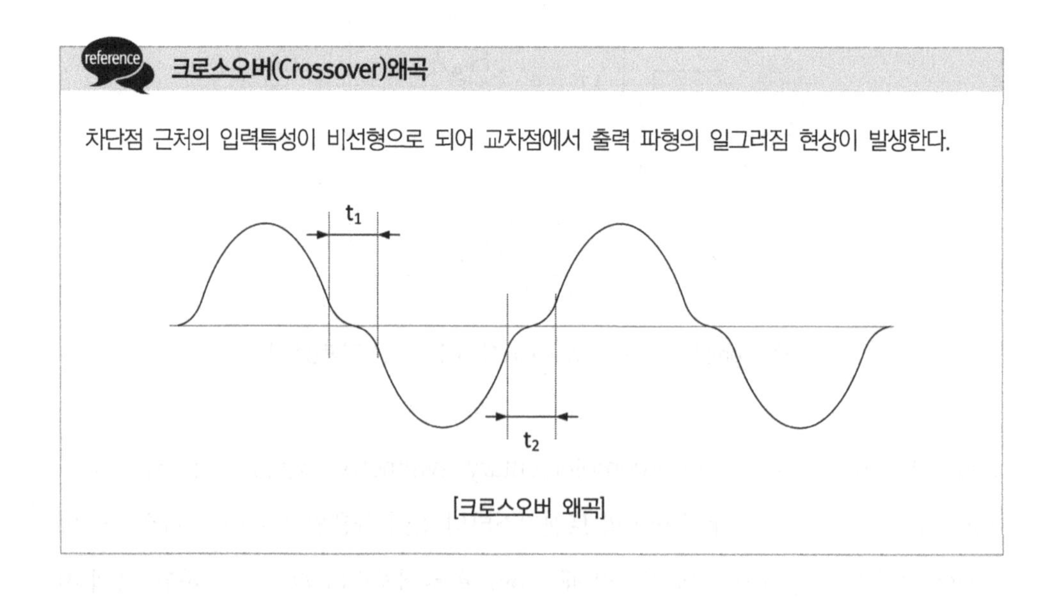

[크로스오버 왜곡]

핵심기출문제

1. 저항 부하에서 A급 전력 증폭기의 최대 효율은?

가. 20[%]　　나. 25[%]
다. 40[%]　　라. 60[%]

2. 다음 중 C급 증폭기의 일반적인 특징이 아닌 것은?★

가. 효율이 높다.
나. 출력 단에 공진회로가 필요하다.
다. 직선성이 좋다.
라. 고출력용으로 많이 사용한다.

3. 다음 중 주로 고주파 증폭기에 사용되는 것은?

가. A급　　나. B급
다. C급　　라. D급

4. 다음 중 B급 푸시풀 전력 증폭기는 어느 것이 제거되는가?

가. 기본파　　나. 우수 고조파
다. 기수 고조파　　라. 모든 고조파

5. 다음 중 B급 푸시풀 전력증폭기(push- pull power amp)에서 제거되는 것은?

가. 기본파　　나. 제2고조파
다. 제3고조파　　라. 제5고조파

6. 다음 중 PNP와 NPN 트랜지스터를 조합하여 이루어진 Push-Pull 증폭회로는?

가. D급 증폭회로　　나. C급 증폭회로
다. B급 증폭회로　　라. A급 증폭회로

7. 푸시풀 트랜지스터 전력 증폭기에서 바이어스를 완전 B급으로 하지 않는 이유는?

가. 효율을 높이기 위해
나. 출력을 크게 하기 위해
다. 안정된 동작을 위해
라. Crossover 외곡을 줄이기 위해

8 다음 중 송신기의 주파수 체배증폭기 및 RF 전력 증폭기 등으로 주로 사용되는 것은?

가. A급 증폭기　　나. B급 증폭기
다. AB급 증폭기　　라. C급 증폭기

정답 1. 나　2. 다　3. 다　4. 나　5. 나　6. 다　7. 라　8. 라

10 발진회로

① 증폭회로에서 이득과 위상이 정확하게 정궤환(+)이 되면 외부의 입력신호 없이 출력 신호가 나타나게 된다. 이와 같은 작용을 이용하여 전기적 진동을 발생시키는 회로를 발진회로라 하며, 외부 전력공급으로부터 직류에너지를 교류에너지로 변환하는 회로를 말한다.

② **발진조건**

- 위상 : 입력과 출력의 신호가 동위상이며 위상지연이 없어야 한다.
- 바크하우젠의 발진조건 : $|A\beta| = 1$

  궤환(Feedback)회로에서 β가 양수이면 정궤환(+), 음수이면 부궤환(-)이 된다.

  $$A_f = \frac{V_o}{V_i} = \frac{A}{1 - A\beta}$$

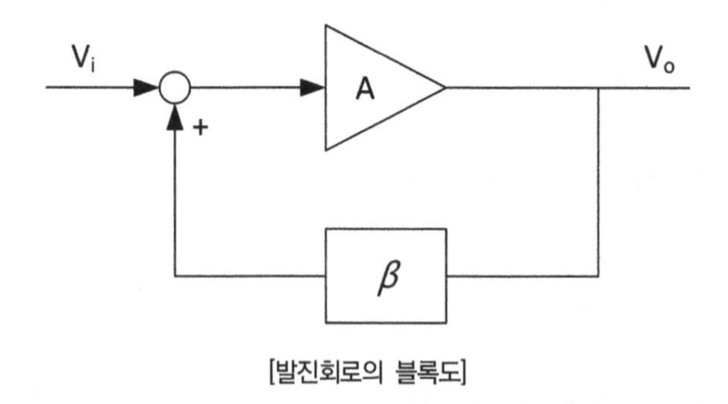

[발진회로의 블록도]

10.1 발진회로의 종류와 특징

10.1.1 정현파 발진기

(1) LC발진기

동조형 반결합, Hartley, colpitts, clapp 등

(2) CR발진기

이상형발진기(병렬 R형, 병렬 C형), Wien-Bridge발진기 등

(3) 수정발진기

Pierce(BE형, BC형) 등

10.1.2 비 정현파 발진기

① Multivibrator

② Schmitt trigger

③ Blocking Oscillator

10.1.3 발진기의 특징

① 정궤환을 사용한다.

② 바크하우젠의 발진조건

$|A\beta| = 1$

10.2 LC 발진기

발진 주파수를 결정하는 요소로서 LC공진을 이용한 것으로 정현파에 가까운 깨끗한 파형을 얻을 수 있으며, 수십㎑ ~ 수㎓까지 비교적 높은 주파수 발진에 많이 사용되는 발진기이다.

10.2.1 3소자 발진기의 발진조건

① $X_1 = X_2$ (같은소자), X_3(다른소자)

② $X_1,\ X_2 > 0$ (유도성), $X_3 < 0$ (용량성) ⇒ Hartley 발진기

③ $X_1,\ X_2 < 0$ (용량성), $X_3 > 0$ (유도성) ⇒ Colpitts 발진기

$X_1 : B-E$(베이스 – 이미터), $X_2 : C-E$(컬렉터 – 이미터)

$X_3 : C-B$(컬렉터 – 베이스)

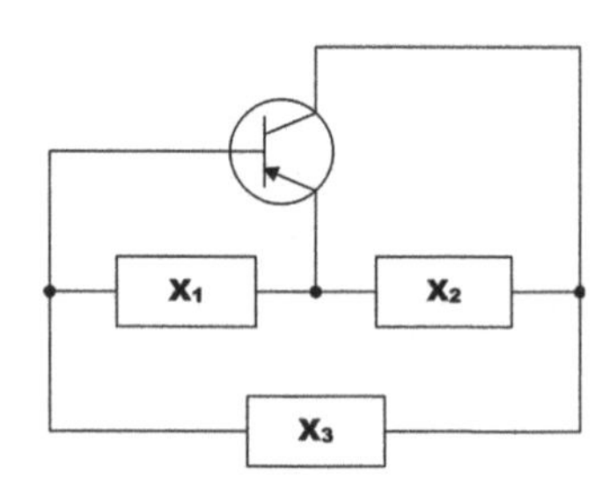

[3소자 발진기의 블록도]

각 LC 발진기 회로의 발진 주파수는 다음과 같다.

$$f = \frac{1}{2\pi\sqrt{LC}}$$

단, 콜피츠(Colpitts) 발진기 : $C = \dfrac{C_1 C_2}{C_1 + C_2}$

하틀리(Hartley) 발진기 : $L = (L_1 + L_2 + 2M)$

10.2.2 LC 발진기의 이상현상

① **인입현상** : LC 발진기와 동일 전원을 다른 발진부가 사용하고 있을 경우 LC 발진기의 발진주파수가 끌려가는 현상

② **블록킹(blocking) 발진**

③ **기생진동** : 회로내의 L과 C등에 의해 정규 발진부 이외 부분에서 발진 조건이 충족되어 원하지 않는 발진이 일어나는 현상

중화회로(Neutralizing Circuit)

자기발진(Self Oscillation)방지회로 : TR의 Base와 Collector 극간 용량(Co)를 통해 출력의 일부가 입력으로 귀환되어 자기 발진을 방지하여 증폭 주파수에 가까운 주파수로 발진한다. 중화에 사용되는 콘덴서를 중화 콘덴서라 한다.

LC 발진기 주파수 변동원인과 안정화 대책

① 전원의 안정도를 높인다.
(전원전압 변동 ⇒ 정전압 회로)
② 주위 온도 변화에 따른 주파수 변동을 막기위해 항온조를 사용한다.
(온도변화 ⇒ 항온조)
③ 발진기와 출력 단 사이에 완충증폭기를 넣는다.
(부하변동, 진동, 충격 ⇒ 완충 증폭기)
④ 발진기의 동조회로에 Q가 높은 부품을 선택한다.
⑤ 발진기와 코일과 콘덴서의 온도계수를 상쇄하도록 부품을 선택한다.
(부품 불량 ⇒ 교체)
⑥ 동조점 불안정 ⇒ 동조 점을 약간 벗어나게 선택

10.3 이상 발진기

발진 주파수를 결정하는 요소로서 저항과 커패시턴스를 사용한 정현파 발진기를 말하며, 주로 수㎒이하에서 많이 사용하고 있다. 광범위한 주파수 가변이 가능하고, 낮은 주파수 발진에 유리하나 주파수의 안정도나 온도에 의한 드리프트 등의 특성이 별로 좋지 않고 정현파를 발생하기 위해서는 이득을 항상 적당히 조절해주는 회로(AGC)가 필요하다는 단점을 가진다.

10.3.1 병렬 R형(병렬 저항형)

① 발진주파수

$$f = \frac{1}{2\pi RC\sqrt{6}}[\mathrm{Hz}]$$

② 발진을 위한 최소 전류증폭률

$\beta \geq 29$, 즉 증폭도가 29 이상 되어야 발진한다.

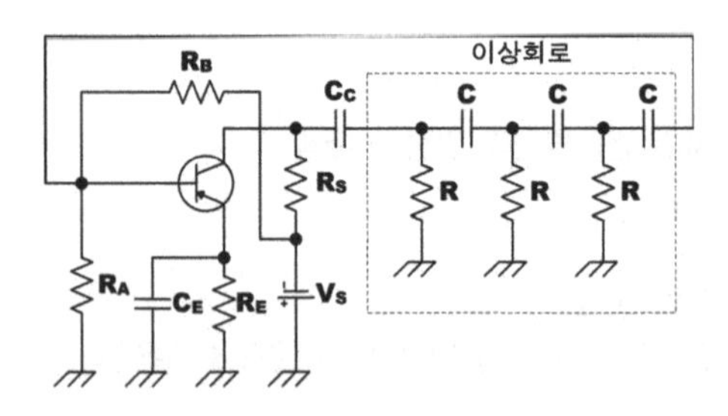

[병렬 R형의 블록도]

10.3.2 병렬 C형(병렬 콘덴서형)

① 발진주파수

$$f = \frac{\sqrt{6}}{2\pi RC}[\mathrm{Hz}]$$

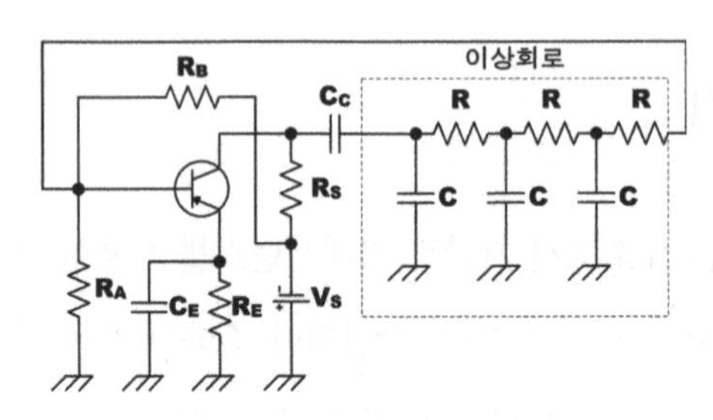

[병렬 C형의 블록도]

10.3.3 빈 브리지(Wien bridge)형 발진기

① 발진주파수

$$f = \frac{1}{2\pi\sqrt{C_1 C_2 R_1 R_2}}[\text{Hz}]$$

만약 $C_1 = C_2 = C,\ R_1 = R_2 = R$이라면 발진주파수는

$$f = \frac{1}{2\pi RC}[\text{Hz}]$$

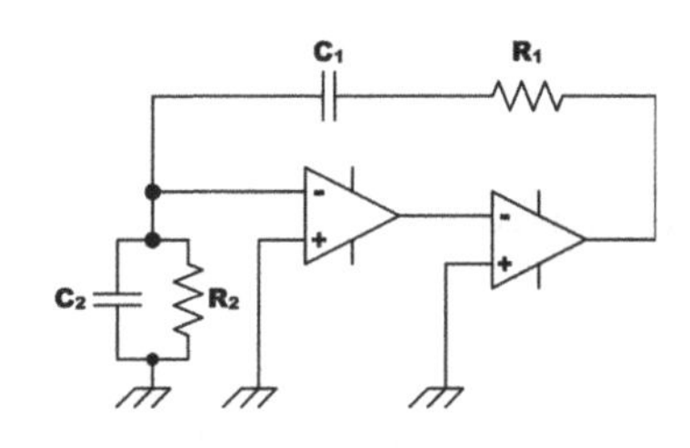

[빈 브리지(Wien bridge)형 발진기의 블록도]

10.4 수정 발진기

수정(Crystal)을 적당히 잘라내어 2개의 전극에 연결하고 이 전극 양단에 충격을 가하면 수정은 기계적 진동을 하게 되며, 이 진동에 의하여 이 진동과 주기가 같은 정현파의 전기 진동파가 전극 양단에 나타나는데 이 진동에 의해 발생한 전기 진동파를 증폭하여 수정 편에 전기 충격을 계속 가하면 수정 편은 진동을 계속하게 되어 발진을 지속하게 된다.

이런 수정 발진기는 주파수 안정도가 매우 높아 가장 널리 이용되고 있으나 가변하기가 곤란하고 발진 주파수의 범위가 250㎒미만으로 한정되기 때문에 초고주파의 발진은 되지 않기 때문에 체배기를 이용하여 주파수를 높이며, 온도의 변화에 의한 주파수의 변동을 막기 위해 항온조를 사용하여 온도를 일정하게 유지해야 한다.

10.4.1 수정발진자의 구조

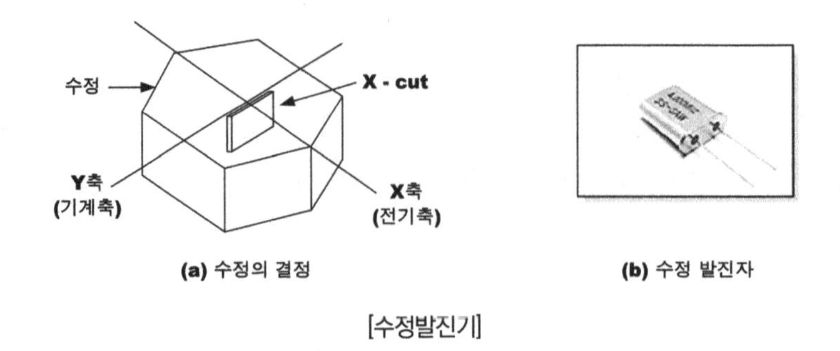

(a) 수정의 결정　　(b) 수정 발진자

[수정발진기]

10.4.2 수정 발진자의 등가회로

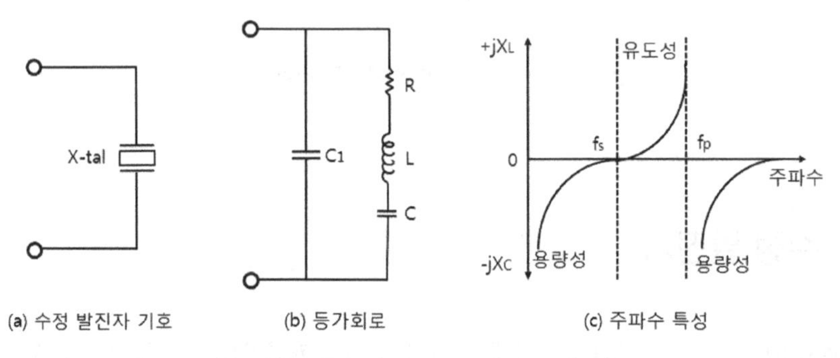

(a) 수정 발진자 기호　　(b) 등가회로　　(c) 주파수 특성

[수정 발진자의 등가 회로 및 주파수 특성]

① **압전효과** : 압전기 효과란 압력을 가하면 압력을 가한 물체 양단에 전압차가 생기는 현상으로 수정의 결정을 X축(전기축)방향으로 절단하여 전기적 충격을 가하면 Y축(기계축)방향에 기계적 변형이 생기고, 반면에 Y축(기계축)방향으로 절단하여 물리적인 충격을 가하면 X축(전기축)방향에 전기가 발생하는 것을 의미한다.

② **직렬공진주파수**

$$f_s = \frac{1}{2\pi\sqrt{L_0 C_0}} [\mathrm{Hz}]$$

③ **병렬공진주파수**

$$f_p = \frac{1}{2\pi\sqrt{L_0 \cdot \left(\frac{C_0 C_1}{C_0 + C_1}\right)}} [\text{Hz}]$$

10.4.3 수정발진회로의 종류

① **피어스 BE회로(Pierce BE Circuit)** : 수정 진동자를 베이스와 이미터 사이에 접속한 것으로 컬렉터에 있는 동조회로의 정전용량(C_t)을 최소로 하여 동조회로 전체가 유도성이 되도록 조정하면 3소자 발진기의 하틀리 발진 회로와 같이 동작하게 된다.

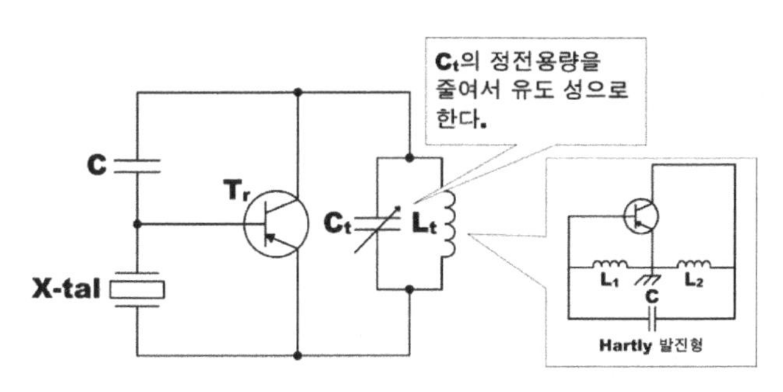

[피어스 BE형 발진회로]

② **피어스 BC회로(Pierce BC Circuit)** : 수정 진동자를 베이스와 컬렉터 사이에 접속한 것으로 동조회로의 정전용량(C_t)을 최대로 하여 동조회로 전체가 용량성이 되도록 조정하면 3소자 발진기의 콜피츠 발진 회로와 같은 동작을 하게 된다.

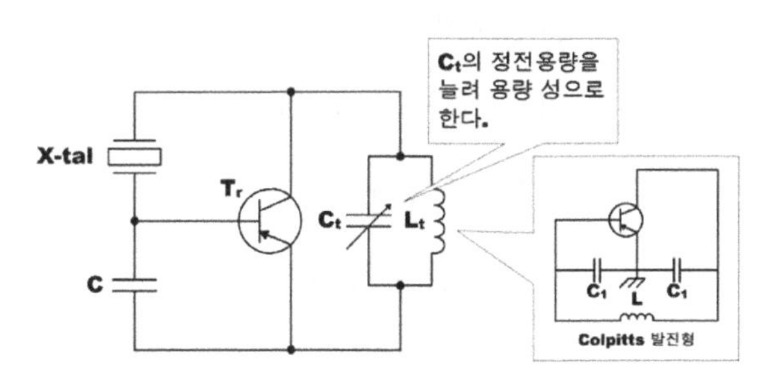

[피어스 BC형 발진회로]

10.4.4 수정발진기의 특징

① 주파수 안정도가 매우 높다.

② 수정진동자의 Q(Quality factor)가 높다.

③ 발진조건 : f_s(직렬공진주파수) $< f <$ f_p(병렬공진주파수) (유도성)구간에서 발진하며, 이 구간이 좁을수록 안정도가 높다.

④ 압전기효과(피에조 효과라고도 한다)를 이용하여 발진한다.

⑤ 초단파 이상의 발진은 곤란하다.

10.5 Spurious 발사

10.5.1 고조파

$$\text{고조파 왜율(K)} = \frac{\sqrt{\text{제2고조파}^2 + \text{제3고조파}^2 + \cdots}}{\text{기본파}} \times 100\%$$

10.5.2 Spurious 방사 대책

① 전력증폭기의 여진 전압을 가급적 적게 한다.

② 전력 증폭부를 B급 Push-Pull 증폭기를 사용

③ 공중선 회로의 결합에 π형 결합회로를 사용한다.

④ 종단증폭부 공진회로의 Q(선택도)를 높게 한다.

⑤ 급전선에 저역 여파기나 트랩(Trap)을 설치한다.

핵심기출문제

1. 다음 중 궤환 발진기의 바크하우젠(Bark hausen)의 발진 조건에서 βA의 크기는?

가. 0　　나. 1　　다. 10　　라. 100

2. 다음 중 수정 발진기의 주파수 안정도가 양호한 이유로 가장 적합한 것은?★

가. 수정편의 Q가 매우 높다.
나. 주정 진동자의 온도 특성이 안정적이다.
다. 발진조건을 만족시키는 유도성 주파수 범위가 넓다.
라. 부하변동의 영향을 전혀 받지 않는다.

3. 다음 중 수정발진회로가 갖는 가장 큰 특징은?

가. 잡음의 경감　　나. 출력의 증대
다. 효율의 증대　　라. 발진주파수의 안정

4. 수정발진기는 수정의 임피던스가 어떤 조건일 때 안정된 발진을 계속하는가?★★

가. 저항성　　나. 용량성
다. 유도성　　라. 표유용량성

5. 다음은 수정편의 리액턴스 특성이다. 발진에 이용되는 주파수 범위는?★

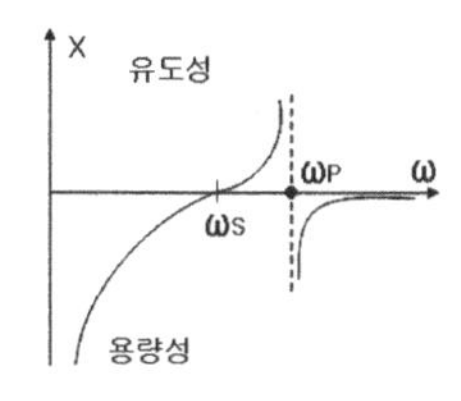

가. $\omega_s < \omega < \omega_p$　　나. $\omega < \omega_p$
다. $\omega_s > \omega$　　라. $\omega_s = \omega$

6. 수정 발진회로에서 수정 진동자의 전기적 직렬공진 주파수 f_s, 병렬 공진주파수 f_p라 할 때, 안정된 발진을 하기 위한 출력 발진주파수 f_o는?

가. $f_s < f_o < f_p$　　나. $f_s > f_o > f_p$
다. $f_o > f_p$　　라. $f_o < f_s$

7. 그림의 수정진동자 등가회로에서 병렬공진주파수 (f_p)는?

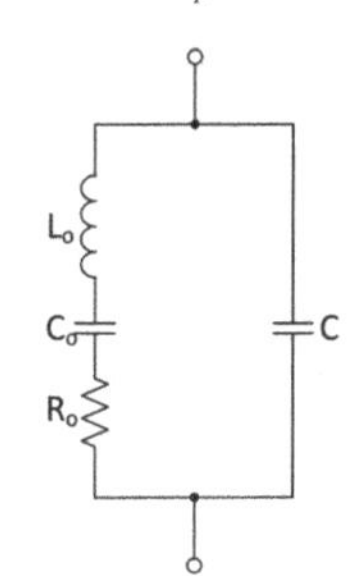

가. $f_P = \dfrac{1}{2\pi\sqrt{L_0(C+C_0)}}$

나. $f_P = \dfrac{1}{2\pi\sqrt{L_0 C_0}}$

다. $f_P = \dfrac{1}{2\pi}\sqrt{\dfrac{1}{L_0}\left(\dfrac{1}{C_0}+\dfrac{1}{C}\right)}$

라. $f_P = \dfrac{1}{2\pi L_0 C C_0}$

8. 수정진동자의 지지기(holder)가 갖추어야 할 조건으로 적합하지 않는 것은?

가. 진동 에너지에 손실을 주지 않을 것
나. 지지기 및 전극과 수정편 사이의 상대위치 변화가 원활할 것
다. 외부로부터 기계적 진동이나 충격에 의해서 발진 에 지장이 생기지 않을 것
라. 온도 및 습도의 영향을 받지 않는 구조일 것

정답 1. 나　2. 가　3. 라　4. 다　5. 가　6. 가　7. 다　8. 다

핵심기출문제

9. 하틀레이(Hartley) 발진기에서 궤환(feed back) 요소는?★

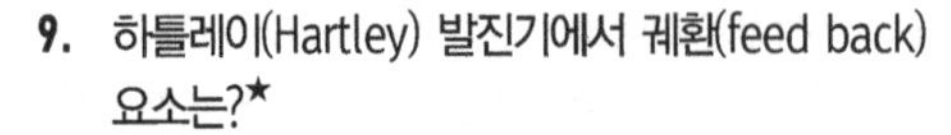

가. 콘덴서　　나. 코일
다. 트랜스　　라. 저항

10. 다음 콜피츠 발진회로의 발진주파수를 나타내는 식은?

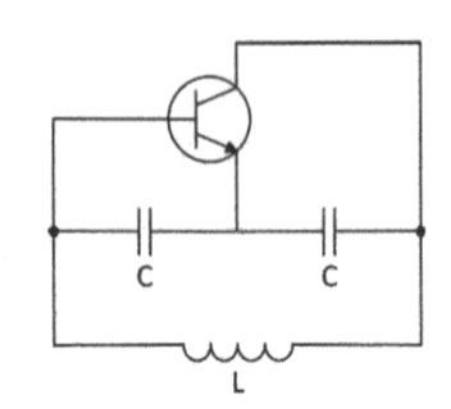

가. $f_o = \dfrac{1}{2\pi\sqrt{L(\dfrac{C_1+C_2}{C_1C_2})}}$

나. $f_o = \dfrac{1}{2\pi\sqrt{L(\dfrac{1}{C_1+C_2})}}$

다. $f_o = \dfrac{1}{2\pi\sqrt{L(C_1+C_2)}}$

라. $f_o = \dfrac{1}{2\pi\sqrt{L(\dfrac{C_1C_2}{C_1+C_2})}}$

11. 다음 중 그림에서 발진회로로 적합한 것은?★

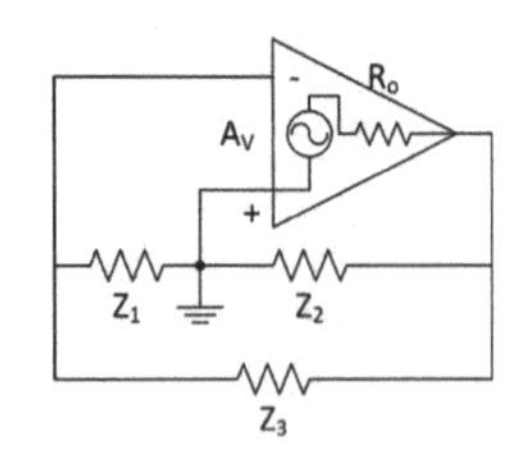

가. Z_1, Z_2 : 유도성, Z_3 : 용량성
나. Z_1, Z_3 : 유도성, Z_2 : 용량성
다. Z_2, Z_3 : 유도성, Z_1 : 용량성
라. Z_1, Z_2, Z_3 : 유도성

12. 콜피츠 발진기에서 컬렉터와 베이스 사이 및 이미터와 베이스 사이의 리액턴스 조건이 순서대로 옳은 것은?

가. 유도성, 유도성　　나. 용량성, 용량성
다. 유도성, 용량성　　라. 용량성, 유도성

13. 그림의 발진회로에서 Z_3에 수정 발진자를 연결하였을 때 회로의 발진조건은?

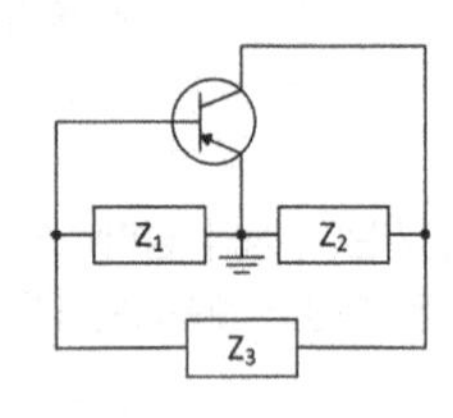

가. Z_1, Z_2 : 유도성
나. Z_1, Z_2 : 용량성
다. Z_1 : 유도성, Z_2 : 용량성
라. Z_1 : 용량성, Z_2 : 유도성

14. 하틀리(Hartley)형 발진회로에서 콜렉터와 이미터간의 리액턴스는?

가. 저항성　　나. 유도성
다. 용량성　　라. 유도성+용량성

정답 9. 나　10. 라　11. 가　12. 다　13. 나　14. 나

15. LC동조 발진기에 비해 수정 발진기의 특징에 대한 설명으로 틀린 것은?

가. 안정도가 높다.
나. Q가 크다.
다. 발진 주파수를 가변 하기가 곤란하다.
라. 저주파 발진기로 적합하다.

16. CR 발진기의 설명으로 가장 적합한 것은?

가. C 및 R을 사용하여 정궤환에 의하여 발진한다.
나. 부성저항을 이용한 발진기이다.
다. C 및 R로서 부궤환에 의하여 발진한다.
라. 압전기 효과를 이용한 발진기이다.

17. 다음 중 RC 발진기의 설명으로 옳은 것은?

가. 부성저항 특성을 이용한 발진기이다.
나. R 및 C로써 정궤환에 의한 발진기이다.
다. 압전효과에 의한 발진기이다.
라. 부궤환에 의한 비정현파 발진기이다.

18. 다음 중 입력신호가 없어도 신호 파를 발생시키는 회로는?

가. 적분기　　나. 미분기
다. 이상 발진기　　라. 시미트 트리거

19. 다음 FET 이상형 발진기에서 발진 주파수 f[Hz]는 약 얼마인가?(단, C=0.01[μF], R=10[kΩ]이다.)

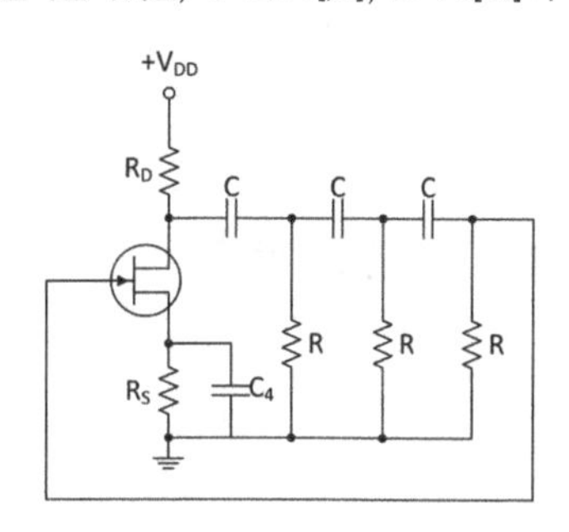

가. 476　　나. 650　　다. 720　　라. 850

20. 다음 중 비정현파 발진기가 아닌 것은?

가. 멀티바이브레이터 발진기
나. 피어스 BE 발진기
다. 블로킹 발진기
라. 톱니파 발진기

21. R과 C에 의하여 발진주파수가 결정되는 발진회로에서 시정수를 작게 하면 발진은 어떤 변화가 생기는가?

가. 발진주파수가 낮아진다.
나. 발진주파수가 높아진다.
다. 발진주파수가 영향이 없다.
라. 발진기 이득이 커진다.

22. 다음 중 회로내의 분포용량, 표유 인덕턴스 또는 회로 정수의 불평 형에 의해서 다른 주파수의 발진이 생기는 현상은?

가. 고유 진동 발진　　나. 이완 발진
다. 다이나트론 발진　　라. 기생 발진

정답 15. 라　16. 가　17. 나　18. 다　19. 나　20. 나　21. 나　22. 라

11 변조회로

11.1 변조(Modulation)의 개념

변조(Modulation)란 보내고자하는 정보신호를 전송로에 보내기 알맞은 신호형태로 변환하는 과정을 말하며 신호파(signal)를 반송파(carrier)의 진폭, 주파수, 위상 등에 실어 보내는 것을 의미한다.

11.1.1 변조의 목적

① 원거리 전송을 위하여

② 송·수신 Antenna의 길이 문제를 해결하여 효과적인 방사 또는 수신을 위하여

③ 각종 잡음, 혼신, 간섭으로부터 정보를 보호하기 위하여

④ 주파수 분할 다중화(FDM)를 행하기 위하여

11.1.2 변조의 종류

(1) 연속변조(반송파가 sine, cosine파와 같은 연속함수인 경우)

① Analog 변조(신호파가 Analog 신호인 경우)

- AM(진폭 변조) : Analog 신호파를 연속함수 형태를 갖는 반송파의 진폭(Amplitude)에 실어 보내는 변조 방식
- FM(주파수 변조) : Analog 신호파를 연속함수 형태를 갖는 반송파의 주파수(Frequency)에 실어 보내는 변조 방식
- PM(위상 변조) : Analog 신호파를 연속함수 형태를 갖는 반송파의 위상(Phase)에 실어 보내는 변조 방식

② Digital 변조(신호파가 Digital 신호인 경우)

- ASK(진폭편이 변조) : Digital 신호파를 연속함수 형태를 갖는 반송파의 진폭(Amplitude)에 실어 보내는 변조 방식
- FSK(주파수편이 변조) : Digital 신호파를 연속함수 형태를 갖는 반송파의 주파수(Frequency)에 실어 보내는 변조 방식
- PSK(위상편이 변조) : Digital 신호파를 연속함수 형태를 갖는 반송파의 위상(Phase)에 실어 보내는 변조 방식
- QAM(직교진폭변조) : Digital 신호파를 연속함수 형태를 갖는 반송파의 진폭(Amplitude)과 위상(Phase)에 실어 보내는 변조 방식

(2) 펄스변조(반송파가 pulse열인 경우)

① Analog 변조(신호파가 Analog 신호인 경우)

- PAM(Pulse Amplitude Modulation) : Analog 신호를 pulse의 크기로 변화시키는 변조방식
- PWM(Pulse Width Modulation) : Analog 신호를 pulse의 폭으로 변화시키는 변조방식
- PPM(Pulse Position Modulation) : Analog 신호를 pulse의 위치로 변화시키는 변조방식

② Digital 변조(신호파가 Digital 신호인 경우)

- PCM(Pulse Code Modulation) : Analog 신호를 표본화를 하여 PAM파로 만든 다음 양자화, 부호화를 거쳐 digital 신호로 만들어 전송하는 변조방식
- PNM(Pulse Number Modulation) : Analog 신호를 pulse의 수로 변화시키는 변조방식
- DM(Delta Modulation) : Analog 신호를 표본화, 양자화, 부호화를 거쳐 digital 신호로 만들어 전송하는 변조방식 중 1bit 양자화를 행하여 정보량을 줄이는 방식

11.2 진폭변조(Amplitude Modulation : AM)

11.2.1 신호파의 크기에 따라 반송파 진폭을 변화시키는 방식

반송파의 전압 e_c는 $e_c = V_c \cos \omega_c t$ 가 되고 신호파 전압 e_s는 $e_s = V_s \cos \omega_s t$라 할 때 AM은 신호 파를 반송파에 실어 진폭을 변화시키는 것이므로 변조파의 크기 e_{AM}은 다음 식과 같다.

$$e_{AM} = (V_c + V_s \cos \omega_s t) \cos \omega_c t \quad = V_c (1 + \frac{V_s}{V_c} \cos \omega_s t) \cos \omega_c t$$

(1) AM 파의 전력

① 반송파 전력 $Pc = \frac{(Vc/\sqrt{2})^2}{R} = \frac{Vc^2}{2R}$

② 상측파대 전력 $P_u = \left(\frac{mVc/2}{\sqrt{2}}\right)^2 \cdot \frac{1}{R} = \frac{m^2 Vc^2}{8R} = \frac{m^2}{4} \cdot \frac{Vc^2}{2R} = \frac{m^2}{4} Pc$

③ 하측파대 전력 $P_l = \left(\frac{mVc/2}{\sqrt{2}}\right)^2 \cdot \frac{1}{R} = \frac{m^2 Vc^2}{8R} = \frac{m^2}{4} \cdot \frac{Vc^2}{2R} = \frac{m^2}{4} Pc$

④ 피변조파 전력 $P_m = P_c + P_u + P_l = P_c\left(1 + \frac{m^2}{4} + \frac{m^2}{4}\right) = Pc\left(1 + \frac{m^2}{2}\right)$

(2) 변조도(m)

① $\text{변조도}(m) = \frac{\text{신호파 전압}(V_s)}{\text{반송파 전압}(V_c)}$, $\text{변조율}(m) = \frac{V_s}{V_c} \times 100\%$

② $m > 1$(과변조) : $V_c < V_s$ 인 경우 ⇒ 변조도를 깊게 했다고 표현하며 원신호 회복이 어려우며 수신음이 찌그러지는 현상이 발생한다.

③ $m < 1$(부족변조) : $V_c > V_s$ 인 경우 ⇒ 전력낭비가 발생한다.

④ $m = 1$(최적변조, 100%변조) : $V_c = V_s$ 인 경우 ⇒ 전력낭비가 없고 가장 이상적이다.

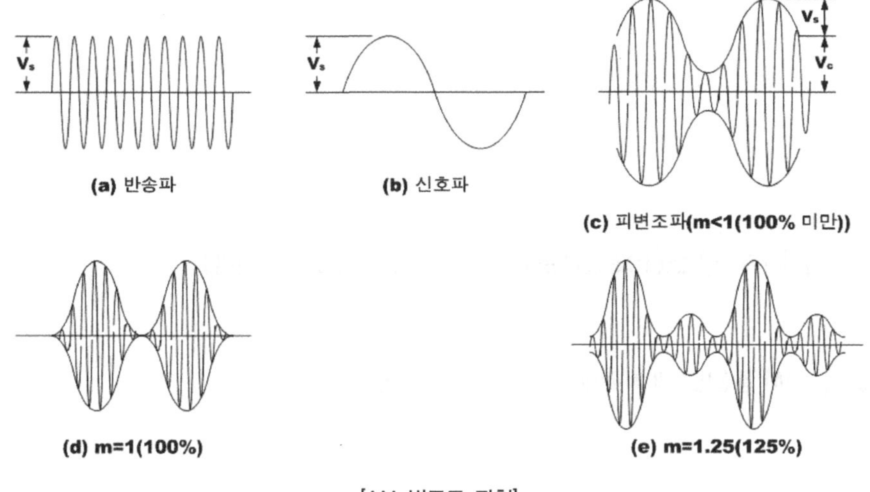

[AM 변조도 파형]

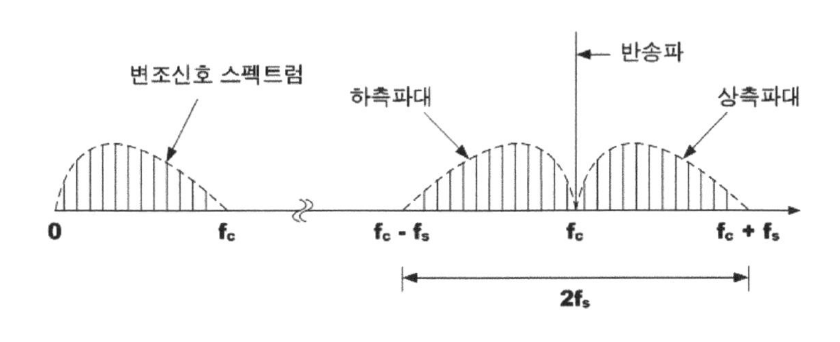

[진폭변조의 스팩트럼]

11.3 SSB 통신 특징(DSB 방식과 비교)

① 점유주파수 대폭이 1/2로 되어 주파수 이용률이 좋아진다.

② 저 전력으로 양질의 통신이 가능하다.

③ 선택성 fading의 영향이 적어 S/N가 개선된다.

④ 비화성이 있다.

⑤ 수신기에 동기용 국부발진기가 필요하다.(단점)

⑥ 반송파가 없어 AGC, AVC 회로 부가가 어렵다.(단점)

⑦ 송·수신기 회로가 복잡하고 비싸다.(단점)

11.4 주파수변조(Frequency Modulation : FM)

AM 통신방식과 비교한 FM 통신방식의 특징

① S/N가 좋다.
② 잡음 및 레벨 변동의 영향이 적다.
③ 수신 주파수대역이 넓다.(단점)

11.4.1 변조지수

$$m_f = \frac{\Delta f}{f_s} \qquad \begin{cases} f_s : \text{신호파} \\ m_f : \text{변조지수} \\ \Delta f : \text{최대주파수편이} \end{cases}$$

11.4.2 대역폭(Band Width)

$$BW = 2(f_s + \Delta f) = 2f_s(1 + m_f)$$

11.4.3 송신기 보조회로

① Pre-distortor (전치보상기)

- 적분회로.
- PM파로서 등가적인 FM파를 얻기 위하여 위상변조기 전단에 사용하는 회로
- 입출력 신호 사이에는 90° 위상차를 갖는다.

② Pre-emphasis

- 송신 신호 중 특정 주파수 이상의 주파수 신호가 이득이 현저하게 떨어지는 현상 때문에 송신측에서 변조하기 전 신호파의 특정 주파수 이상의 주파수에서 이득을 크게 해주는 회로이다. (미분회로)
- 높은 주파수에 대한 S/N비 개선

③ **순시편이제어회로**(IDC : Instantaneous Deviation Control)

- FM 변조에서 최대 주파수 편이가 규정 값을 넘지 않도록 하는 회로

④ **주파수 안정회로**

- PLL(Phase-Locked-Loop), AFC(Automatic Frequency control), APC(Automatic Phase control)

11.4.4 PLL(Phase-Locked-Loop)의 구성요소

① 위상비교기(phase comparator : PC)

② 전압제어발진기(VCO)

③ LPF(저역통과 필터) : loop filter

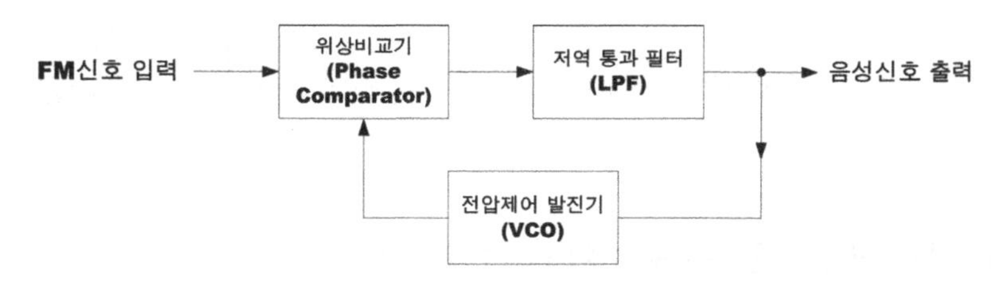

[PLL(Phase-Locked-Loop)의 구성]

FM 입력 신호와 전압 제어 발진기(VCO)의 위상과 주파수가 위상비교기(Phase Comparator)에 의해 비교되어 그 오차에 비례한 직류전압이 발생하게 되는데 이 오차 전압은 저역통과필터(LPF)를 거쳐 증폭되고 전압 제어 발진기(VCO)의 발진 주파수 및 위상차를 저감시키는 방향으로 전압 제어 발진기의 주파수를 변화시켜 FM 신호를 검파하게 된다.

11.5 펄스 변조(Pulse Modulation)

[펄스 변조의 종류]

아날로그			입력신호	9.4 14.3 12.0 6.1 3.0 4.2
	펄스 변조 방식의 종류		변조하는 파라미터	
	기 호	명 칭		
아날로그 변조	PAM	펄스 진폭 변조 Pulse Amplitude Modulation	진폭	A=9.4 14.3 12.0 6.1 3.0 4.2
	PWM (PDM)	펄스 폭 변조 Pulse Width Modulation Pulse Duration Modulation	펄스의 폭	W=9.4 14.3 12.0 6.1 3.0 4.2
	PPM (PPM)	펄스 위상 변조 Pulse Phase Modulation 펄스 위치 변조 Pulse Position Modulation	위상	9.4 14.3 12.0 6.1 3.0 4.2
	PFM	펄스 주파수 변조 Pulse Frequency Modulation	주파수	
	PTM	펄스 시 변조 Pulse Time Modulation	신호파의 진폭에 따라 펄스의 시간적 위치를 변동시키는 변조 방식 지금은 거의 사용되지 않는다.	
디지털 변조	PNM	펄스 수 변조 Pulse Number Modulation	펄스 수	9 14 12 6 3 4
	PCM	펄스 부호 변조 Pulse Code Modulation	부호화	1001 1110 1100 0110 0011 0100

11.5.1 펄스 부호 변조(PCM : Pulse Code Modulation)

① 음성정보와 같은 아날로그 신호를 디지털 신호인 펄스 코드로 변환하여 전송하고 수신 단에서는 전송된 디지털 신호를 다시 음성정보와 같은 아날로그 신호로 되돌리는 방식이다.

② 아날로그 신호가 디지털 신호로 변환되기 위해서는 표본화(Sampling), 양자화(Quantization), 부호화(Encoding)과정을 거치게 되는데 이것을 펄스 부호 변조방식(PCM)의 3단계라 부른다.

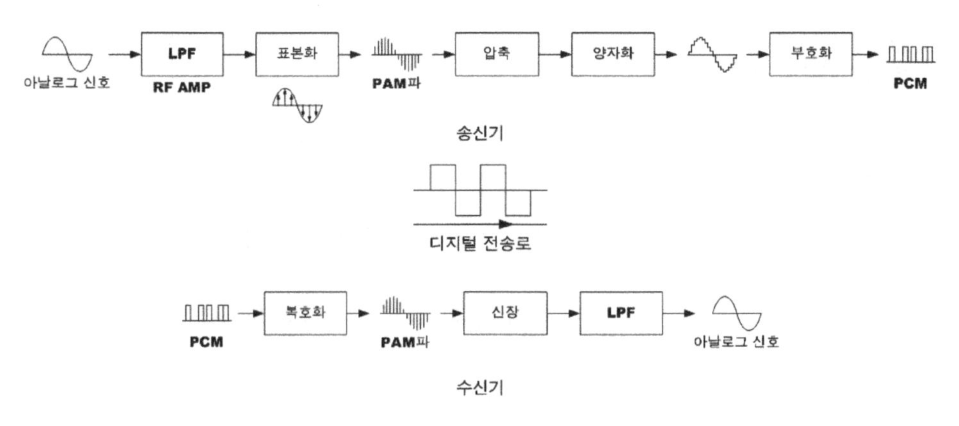

[펄스부호변조(PCM) 과정]

(1) 표본화 정리

① 표본화는 연속적으로 변화하는 아날로그 신호의 파형을 일정 주기의 펄스파의 진폭으로 대표시키는 과정으로 입력신호를 대표 할 수 있는 대표 값을 뽑아내는 과정을 말한다.

② 특정 신호가 가지고 있는 최고 주파수(f_m)으로 대역 제한된 신호$f(t)$가 있을 때 이 $f(t)$신호를 $T_s(T_s \leq \dfrac{1}{2f_m})$초 간격으로 발췌하여 전송하여도 원래의 신호$f(t)$가 가지고 있는 정보 전달에는 이상이 없으며 주어진 원래의 신호를 정확히 복원할 수 있다는 이론이다.

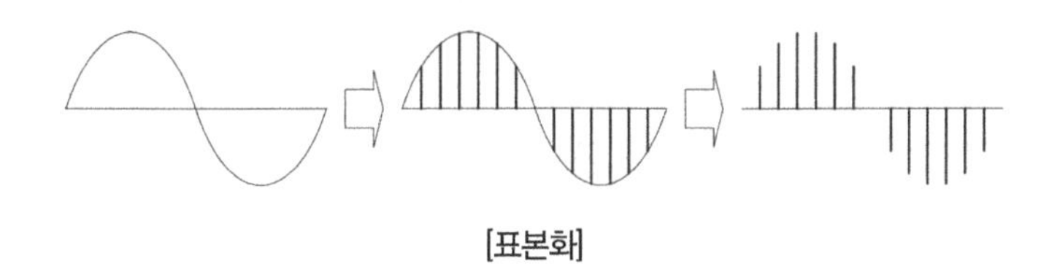

[표본화]

(2) 양자화 정리

PCM과정의 표본화 단계를 통해 발생된 PAM파의 진폭을 이산적 신호인 디지털 양으로 변환하기 위하여 계단 모양의 양자화 레벨(2^n)에 근사화 시키는 과정으로서 PAM파의 진폭의 최저 레벨과 최고 레벨 사이를 양자화 레벨(2^n)로 등분하여 계단 모양의 근사 파형으로 만드는 과정을 말한다.

표본화 파형

예를 들어 음성 신호는 300Hz~3400Hz의 주파수 대역을 가지고 있다. 여기서 $f(t)$ 신호는 음성이 되고 최고 주파수(f_m)는 3400Hz가 된다.

T_s는 Sampling 주기 또는 Nyquist 주기라고 부르며 $\frac{1}{2f_m}$로서 구할 수 있다.

즉 $T_s \le \frac{1}{2f_m}$ 되고, 여기서 $2f_m$은 Sampling 주파수 또는 Nyquist 주파수라 하고 f_s라 표현한다면 $f_s \ge 2f_m$ 되어야 한다. 결국 음성의 경우 $f(t)$ = 음성, f_m = 3400Hz가 되고 $f_s \geq 2 \times 3400$ Hz = 6800Hz, $T_s \le \frac{1}{2f_m}$ = 1/6800Hz = 147[μs] 이므로 대표 값은 최소 147μs 간격으로 발췌하고, 1초 당 sampling은 6800번 이상 되어야 주어진 원래의 음성신호를 정확히 복원할 수 있다는 의미이다. 하지만 실제 음성신호의 sampling 주파수(f_s)는 8000Hz를 사용하고 있으며 sampling 주기(T_s)는 125μs(T_s = 1/8000Hz)간격으로 sampling한다.

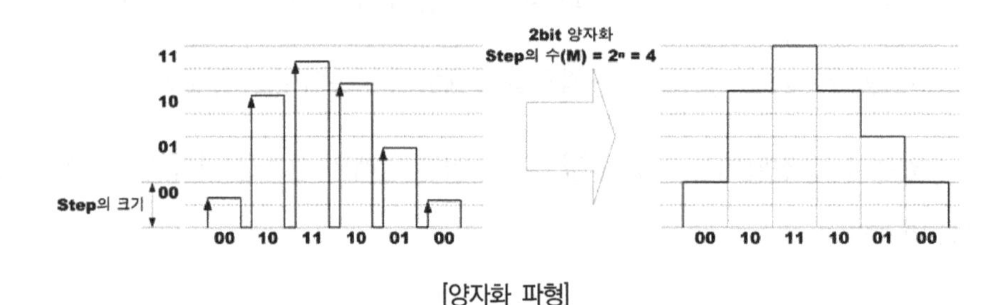

[양자화 파형]

여기서 양자화 레벨(2^n)은 계단 모양의 근사파형에서 Step의 수를 의미하며, n은 양자화 시 사용되는 bit수를 말한다.

양자화 스텝(Step) 수(M) = 2^n, n : 양자화 시 사용된 bit 수

양자화 시 생기는 오차를 줄이는 방법(잡음 개선책)

㉠ 양자화 시 스텝(Step)의 수를 증가시킨다.
㉡ 비선형 양자화를 한다.
㉢ 양자화 전단에 압신 기를 사용한다.

(3) 부호화(Encoding)

양자화를 거쳐 나온 0과 1의 부호 열 신호를 전송로 상에 보내기 알맞은 Digital Pulse부호로 바꾸는 과정으로 오차가 적은 그레이 코드(Gray Code)를 이용한다.

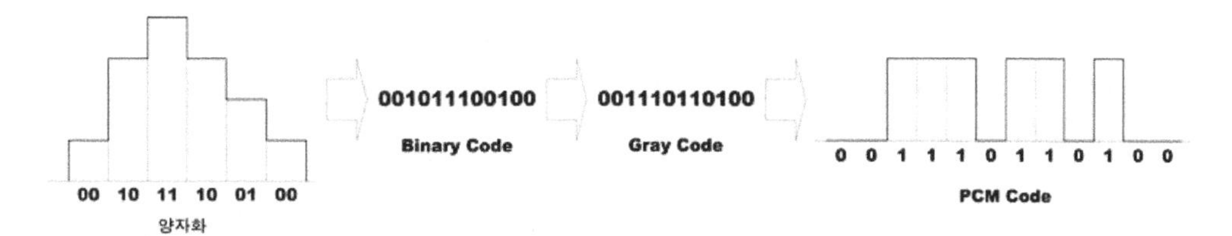

[부호화 과정]

PCM의 특징

① PCM방식의 장점
- ㉠ PCM방식은 디지털 신호를 전송하는 방식으로서 각종 잡음에 강하며 S/N가 우수하다.
- ㉡ 누화나 혼선에 강하다.
- ㉢ 전송로 상에 존재하는 각종 잡음에 강하므로 저질의 전송로에서도 신호 전송이 가능하다.
- ㉣ 디지털 중계기의 재생기능으로 인하여 전송구간에 각종 잡음이 누적되지 않는다.

② PCM방식의 단점
- ㉠ 채널 당 점유 주파수 대역폭이 넓다.
- ㉡ PCM고유의 잡음인 표본화, 양자화 잡음 등이 발생한다.

핵심기출문제

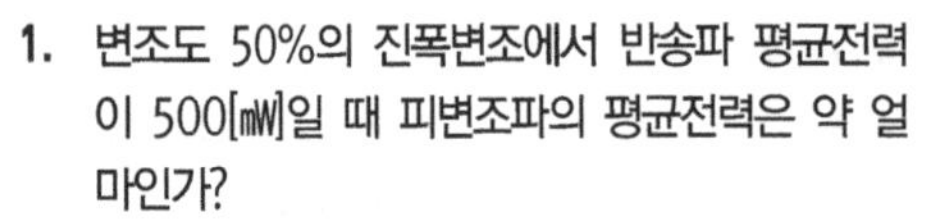

1. 변조도 50%의 진폭변조에서 반송파 평균전력이 500[㎽]일 때 피변조파의 평균전력은 약 얼마인가?

가. 523[㎽]　　나. 542[㎽]
다. 563[㎽]　　라. 580[㎽]

2. 피변조파 $I = I_C(1 + m\sin W_S t)\sin W_C t$로 표시되는 전류가 부하저항 R에 흐르면 이 때 상측파대의 전력은?

가. $\frac{m^2 I_c^2 R}{8}$　　나. $\frac{m^2 I_c^2 R}{4}$
다. $\frac{m^2 I_c^2 R}{2}$　　라. $m^2 I_c^2 R$

3. 진폭변조에서 변조도가 1인 경우 피변조파 출력은 반송파 전력의 몇 배가 되는가?

가. 1　　나. 1.5　　다. 2　　라. 2.5

4. 진폭 변조 시 피변조파의 최대진폭이 A, 최소진폭이 B일 경우 변조율(m)은?

가. $m = \frac{A}{B} \times 100[\%]$
나. $m = \frac{B}{A} \times 100[\%]$
다. $m = \frac{A+B}{A-B} \times 100[\%]$
라. $m = \frac{A-B}{A+B} \times 100[\%]$

5. 반송파 $V_c(t) = V_c\cos\omega_c t$, 신호파 $V_s(t) = V_s\cos\omega_s t$라 할 때, FM 피변조파 $V_m(t)$를 표시한 것은?

가. $V_m(t) = V_c(1 + m_f\cos\omega_s t)\cos\omega_c t$
나. $V_m(t) = V_c\cos(\omega_s t + m_f\sin\omega_s t)$
다. $V_m(t) = V_c\cos(\omega_c t + \frac{d}{dt}V_s(t))$
라. $V_m(t) = V_c\cos(\omega_c t + \frac{\Delta\omega}{\omega_o}V_s\cos\omega_s t)$

6. 진폭변조에서 반송파전력(Pc)과 피변조파전력(P)의 관계가 옳은 것은?(단, 변조도 m=1이다.)

가. $P_c = \frac{1}{3}P$　　나. $P_c = \frac{2}{3}P$
다. $P_c = \frac{1}{4}P$　　라. $P_c = \frac{3}{4}P$

7. 오실로스코프를 이용하여 진폭 변조된 파형을 관측한 결과 최대진폭이 8[V]이고 최소 진폭이 2[V]로 측정되었다면 변조도(m)는?

가. 20[%]　나. 25[%]　다. 40[%]　라. 60[%]

8. 진폭변조에서
신호파 $x_c(t) = 5\cos 2\pi f_s t$
반송파 $x_c(t) = 5\cos 2\pi f_c t$로 주어질 때 피변조파 $x(t)$를 나타낸 것은?

가. $x(t) = 4(1 + 0.8\sin 2\pi f_c t)\cos 2\pi f_c t$
나. $x(t) = 4(1 + 0.8\cos 2\pi f_c t)\cos 2\pi f_c t$
다. $x(t) = 5(1 + 0.8\sin 2\pi f_c t)\cos 2\pi f_c t$
라. $x(t) = 5(1 + 0.8\cos 2\pi f_c t)\cos 2\pi f_c t$

9. 다음 중 진폭변조에서 변조도를 m이라 할 때, 상측파대의 반송파와의 전력비는?

가. m　　나. m^2
다. $\frac{1}{2}m^2$　　라. $\frac{1}{4}m^2$

정답 1. 다　2. 가　3. 나　4. 라　5. 나　6. 나　7. 라　8. 라　9. 라

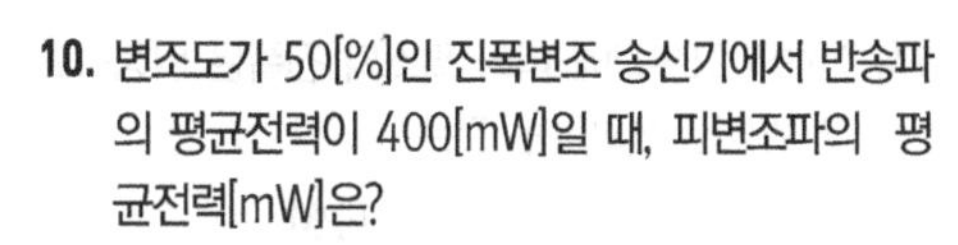

10. 변조도가 50[%]인 진폭변조 송신기에서 반송파의 평균전력이 400[mW]일 때, 피변조파의 평균전력[mW]은?

가. 400 나. 450 다. 500 라. 550

11. 1[㎑] 신호파로 710[㎑] 반송파를 진폭 변조했을 때 피변조파에 포함되지 않는 주파수 [㎑]는?

가. 700 나. 709 다. 710 라. 711

12. 반송파 $v_c = V_c \sin\omega_c t$를 $v_m = V_m \sin pt$로 진폭변조 했을 때 피변조파 V(t)는?

가. $V(t) = (V_c + V_m)\sin pt$

나. $V(t) = (V_c + V_m \sin pt)\sin\omega_c t$

다. $V(t) = (V_c + V_m)\sin\omega_c t$

라. $V(t) = (V_c \sin\omega_c t + V_m)\sin pt$

13. 반송주파수 1000[㎑]를 1~5[㎑], 주파수대의 음성 신호로 진폭 변조한 경우 상측파대의 주파수 대역은?

가. 995 ~ 999[㎑] 나. 1001 ~ 1005[㎑]
다. 999 ~ 1005[㎑] 라. 996 ~ 1000[㎑]

14. 다음 중 주파수 변조방식의 특징이 아닌 것은?

가. 진폭변조보다 레벨 변동 및 잡음에 강하다.
나. 평형 변조기를 사용한다.
다. AFC 회로가 필요하다.
라. 변별 기를 이용하여 복조한다.

15. FM 방식에서 변조를 깊게 하여 최대 주파수 편이가 ⊿f라고 했을 때 주파수 대역폭 B는?

가. B=⊿f 나. B=2⊿f
다. B=3⊿f 라. B=4⊿f

16. FM의 변조지수가 7.5일 때 10[㎑]의 신호를 FM으로 변조하면, 이 경우 주파수 대역폭은 몇 [㎑]인가?

가. 75 나. 170
다. 320 라. 150

17. 주파수변조에서 반송파의 전력이 10[W], 최대 주파수편이 ⊿f=5[㎑] 신호파의 주파수 f_s=1[㎑]인 경우 변조지수 m_f는?

가. 3 나. 4
다. 5 라. 6

18. 신호주파수가 4[㎑] 최대주파수 편이가 20[㎑]인 경우 FM 변조지수는?

가. 0.2 나. 0.4
다. 5 라. 10

19. 주파수변조에서 다음 변조지수 중 대역폭이 가장 넓은 것은?

가. 0.17 나. 2.9
다. 3.1 라. 4.2

20. 신호파의 최고 주파수가 15[㎑]이다. PCM 검파에서 원래의 신호파로 복원하기 위한 표본화 펄스의 최소 주파수로 옳은 것은?

가. 45[㎑] 나. 30[㎑]
다. 20[㎑] 라. 15[㎑]

정답 10. 나 11. 가 12. 나 13. 나 14. 나 15. 나 16. 나 17. 다 18. 다 19. 라 20. 나

핵심기출문제

21. 다음 중 DPCM에 대한 설명으로 틀린 것은?

가. 먼저 신호 파를 표본화 한다.
나. 양자 화한 다음 부호화 한다.
다. 송신측에 예측기가 필요하다.
라. 주파수 분할방식으로 다중화가 쉽다.

22. 신호를 양자화하기 전에 미약한 신호는 진폭을 크게 하고 진폭이 큰 신호는 진폭을 줄이는 기능은?

가. 프리엠퍼시스(Pre-emphasis)
나. 압신(Compression-expansion)
다. 디엠퍼시스(De-emphasis)
라. FM 복조시의 리미팅(Limiting)

23. 신호파의 최고 주파수가 15[㎑]이다.
PCM 검파에서 원래의 신호파로 복원하기 위한 표본화 펄스의 최소 주파수 [㎑]는?

가. 45　　나. 30
다. 20　　라. 15

24. 신호의 표본값에 따라 펄스의 진폭은 일정하고 그 위상만 변화하는 것은?

가. PCM　　나. PPM
다. PWM　　라. PFM

25. 다음 중 반송파의 진폭과 위상을 동시에 변조하는 방식에 해당하는 것은?

가. ASK　　나. FSK
다. PSK　　라. QAM

정답 21. 라　22. 나　23. 나　24. 나　25. 라

12 복조회로

12.1 AM 복조기 = AM 검파기(Detector)

피변조파로부터 원래의 신호를 검출해내는 것을 검파(Detection) 또는 복조라고 하며, 슈퍼헤테로다인 방식에서는 반도체 다이오드를 이용한 직선검파기가 사용된다.

12.1.1 다이오드 검파기

(1) 직선 검파

그림 (b)에서 (a)와 같이 AM파가 입력되면 정(+)의 반주기 동안에 다이오드가 도통하여 C에 충전되고, 부(-)의 반주기동안에는 다이오드가 차단 상태가 되어 C에 충전되었던 전하가 R을 통해 방전하게 되어 그림 (c)와 같은 DSB파의 포락선(Envelope)파형이 만들어 진다. 이것을 직선검파 또는 포락선 검파라 하고 다이오드를 사용하기 때문에 다이오드 검파기라고도 한다.

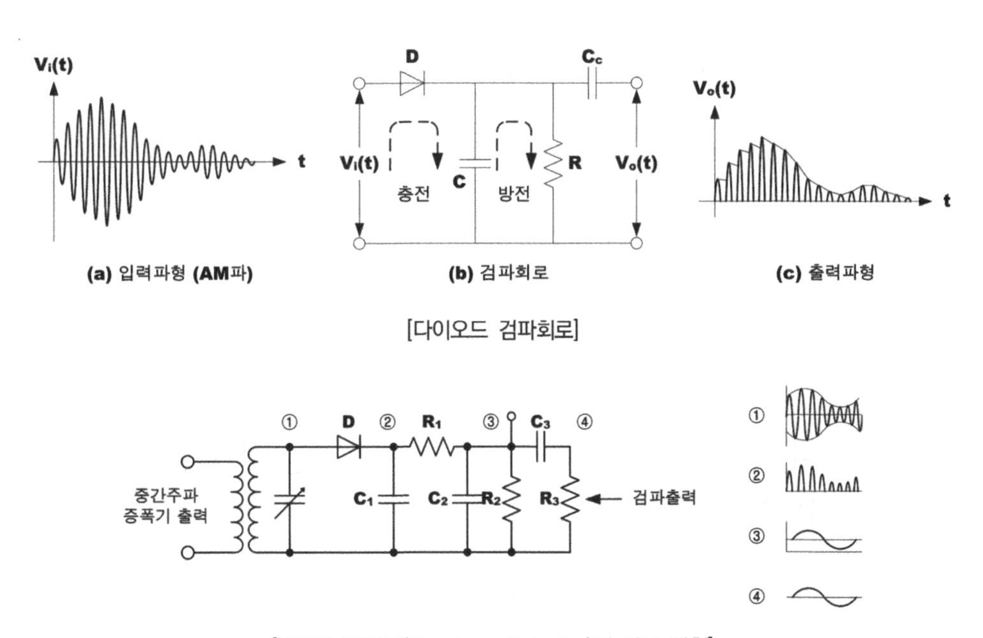

[다이오드 검파회로]

[포락선 검파기(Envelope Detector)의 각부 파형]

다이오드 검파기를 실제회로에서 보면 그림에서와 같이 ①점과 같은 피변조가 신호가 입력되고 그 다음에 다이오드에 의해 신호파의 정(+)주기 출력만 통과하게 된다. 그럼 ②점과 같은 파형이 나타나게 된다. 이후 C_1, R_1, C_2, R_2 에 의하여 충 · 방전되어 ③점과 같은 파형이 나타나고, C_3에 의해서 직류성분이 제거되어 ④점과 같은 신호 성분만이 출력되어 저주파 증폭기로 보내지게 된다.

12.1.2 자승 검파

DSB파의 입력진폭이 작으면 그림 (b)와 같이 특성 곡선의 하부 만곡부에서 동작하기 때문에 입력전압의 자승에 비례하는 자승검파가 된다. 여기서 다이오드의 특성을 $i = a_1 v_i + a_2 {v_i}^2 (a_1, a_2:$ 정수), DSB파를 $v_i = V_c(1+m\cos pt)\sin\omega t$ 라고 하면

$$
\begin{aligned}
i &= a_1 V_c(1+m\cos pt)\sin\omega t + a_2 {V_c}^2(1+m\cos pt)^2 \sin^2\omega t \\
&= \frac{1}{2}a_2 {V_c}^2(1+\frac{m^2}{2}) + a_2 {V_c}^2 m\cos pt + \frac{1}{4}a_2 {V_c}^2 m^2 \cos 2pt \\
&+ \frac{1}{2}a_1 V_c m\sin(\omega - p)t + a_1 V_c \sin\omega t + \frac{1}{2}a_1 V_c m\sin(\omega + p)t \\
&- \frac{1}{8}a_2 {V_c}^2 m^2 \cos(2\omega - 2p)t - \frac{1}{2}a_2 {V_c}^2 m\cos(2\omega - p)t \\
&- \frac{1}{2}a_2 {V_c}^2(1+\frac{m^2}{2})\cos 2\omega t - \frac{1}{2}a_2 {V_c}^2 m\cos(2\omega + p)t \\
&- \frac{1}{8}a_2 {V_c}^2 m^2 \cos(2\omega + 2p)t
\end{aligned}
$$

로 된다. 이 식에서 고조파 성분은 아래 그림에서의 바이패스 콘덴서 C_1, C_2로 제거되고, 직류 성분은 결합 콘덴서 C_3에 의해 제거된다. 검파 출력 v_0는 i에 비례하므로 v_0에는 신호파 성분 p와 신호의 제2 고조파 성분 $2p$가 나타나고, 일그러짐이 발생하게 된다. 이때의 오율은 다음 식과 같다.

$$
D = \frac{\frac{a_2 {V_c}^2 m^2}{4}}{a_2 {V_c}^2 m} = \frac{m}{4}
$$

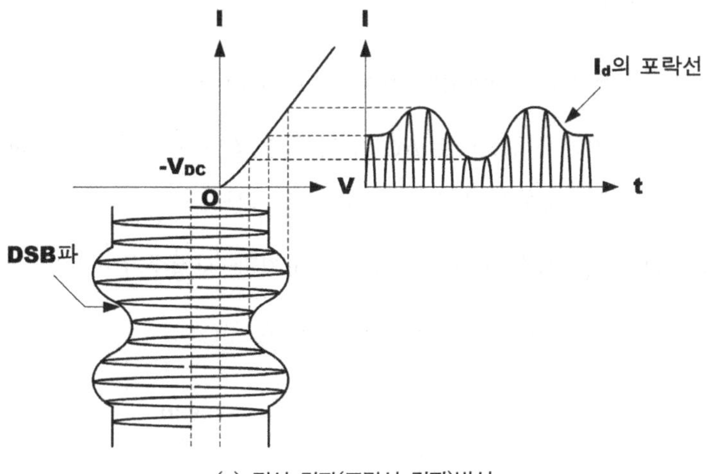

(a) 직선 검파(포락선 검파)방식

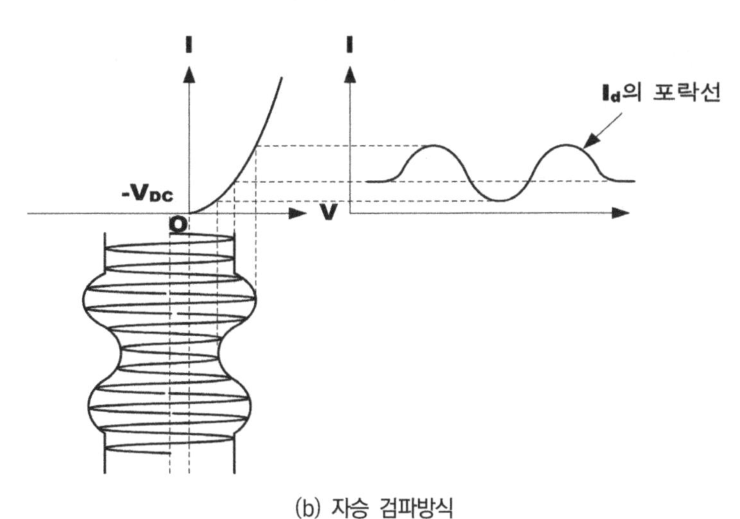

(b) 자승 검파방식

[다이오드 검파기의 특성]

제2 고조파 성분의 진폭은 변조도(m)의 크기에 비례하는 왜곡 성분이다. 이와 같이 비선형 복조회로의 복조출력은 왜곡성분을 갖고 있어 양질의 신호파를 얻으려고 해도 깊은 변조는 걸지 못하는 단점이 있다. 그러나 피 변조파의 진폭이 작아도 복조를 할 수 있고, 복조 출력은 입력 전압의 제곱에 비례하므로 감도가 좋은 장점이 있다.

12.1.3 검파 왜곡

(1) 다이애거널 클리핑 왜곡(Diagonal Clipping Distortion)

그림 (a)와 같이 검파기의 시정수($\tau = RC$)가 커서 즉, $C \cdot R$값이 커서 검파출력이 포락선의 변화에 따라가지 못하여 발생하는 일그러짐을 말한다.

이를 방지하기 위해서는 시정수(τ)를 작게 해야 하지만, 시정수가 작으면 검파효율이 떨어지기 때문에 시정수는 가능한 크게 하는 것이 좋다.

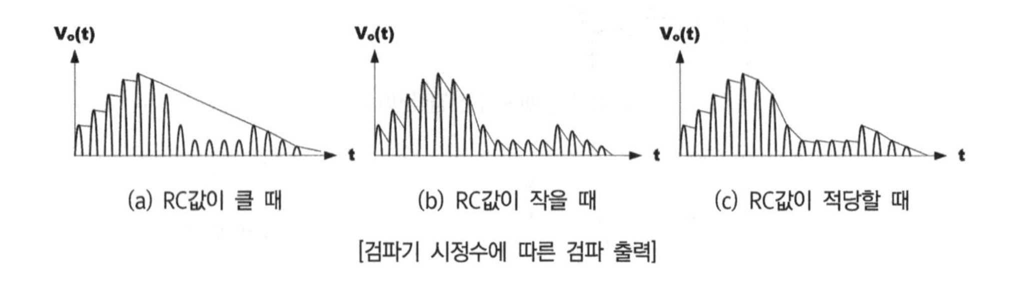

(a) RC값이 클 때 (b) RC값이 작을 때 (c) RC값이 적당할 때

[검파기 시정수에 따른 검파 출력]

위의 그림은 시정수에 따른 검파 출력 파형을 보여주고 있다. 여기서 일그러짐이 발생하지 않도록 하기 위한 시정수(τ)값의 한계는 변조 도를 m, 신호의 최고 주파수를 f_m이라 할 경우 다음의 수식으로 표현할 수 있다.

$$\tau \leq \frac{\sqrt{1 - m^2}}{2\pi f_m m}$$

(2) 네거티브 피크 클리핑 왜곡(Negative Peak Clipping Distortion)

검파기에서의 부하 값이 직류 시와 교류 시가 서로 상이하기 때문에 발생하는 왜곡을 말한다.

포락선 검파기(Envelope Detector)의 각부 파형 회로에서 직류분 저항은 $R_{DC} = R_1 + R_2$ 이고, 교류분 저항은 $R_{AC} = R_1 + R_2 // R_3$ 로 되어 교류분 저항은 직류분 저항보다 작다. 따라서 네거티브 피크 클리핑 왜곡(Negative Peak Clipping Distortion) 그림과 같이 교류 부하선의 경사보다 크게 되어 포락선 부(-)의 첨두 부분이 잘리게 된다.

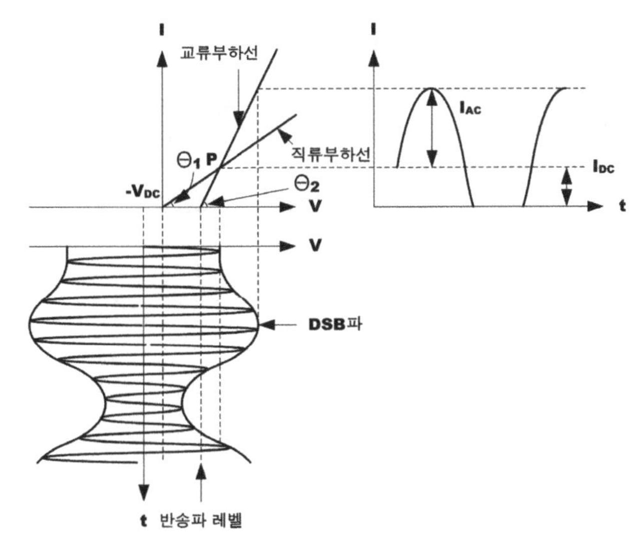

[네거티브 피크 클리핑 왜곡(Negative Peak Clipping Distortion)]

12.2 SSB 복조 방법

12.2.1 다이오드 검파기에 의한 방법

① 아래 그림 (a)와 같이 AM 수신기의 검파기와 같아 보이지만 입력부에 SSB파와 동기 반송파를 동시에 가하게 되어 있다는 점이 서로 다르다.

② 중간 주파 증폭부에서 얻은 SSB파에 이것보다 충분히 큰 동기 반송파 $e_l(t) = V_l \sin\omega_l t$를 가하면 합성파 $e(t)$는 근사적으로 다음과 같이 된다.

$$e(t) \fallingdotseq E_l(1 + m\cos pt)\sin\omega_l t$$

③ 여기서, E_l은 동기 반송파의 진폭을, m은 $\dfrac{E_r}{E_l}$로서 변조도를 나타내고 E_r은 SSB파의 진폭, p는 $p = 2\pi f_s$로서 변조 신호의 각주파수를 나타낸다. 이것은 근사적으로 진폭 변조된 파형의 모양으로 다이오드 검파기에 입력시켜서 포락선 검파를 할 수 있다.

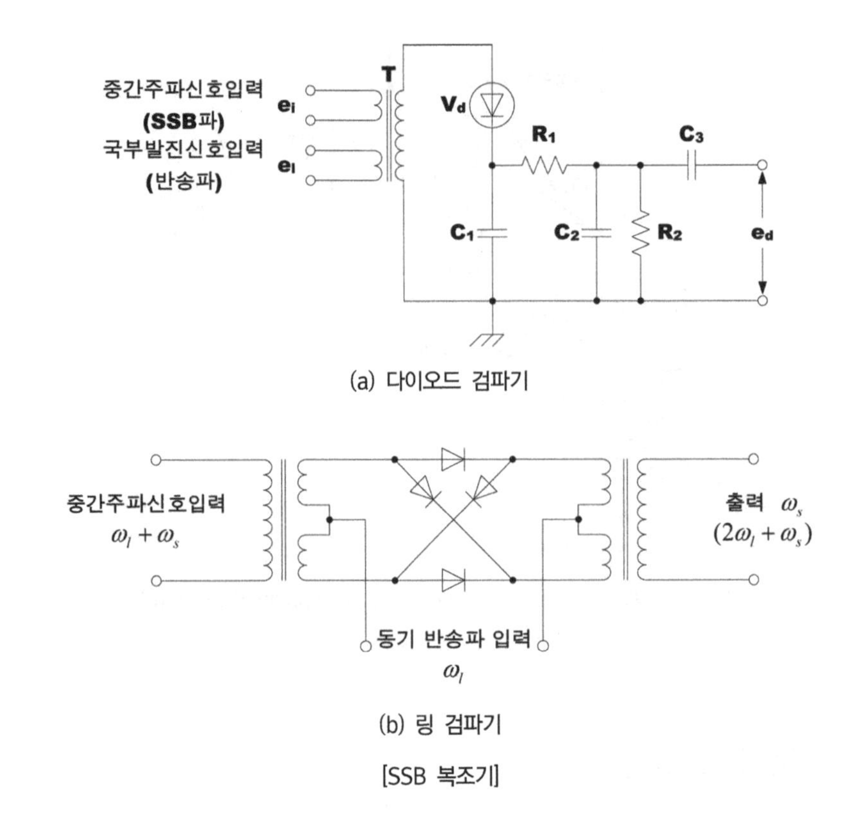

(a) 다이오드 검파기

(b) 링 검파기

[SSB 복조기]

12.2.2 링 복조기에 의한 방법

① 위 그림 (b)와 같이 입력과 출력 단자에서 보면 어느 방향으로 신호를 가하여도 동작 원리는 링 변조기와 같다.

② 입력 측에 중간 주파 증폭기로부터 받은 SSB파 $f_i + f_s$를 가하고, 동기 반송파 f_i를 중간 단자 사이에 가하면 출력 측에서는 두 주파수의 합성분인 $2f_i + f_s$와 차 성분인 변조파 성분 f_s가 나타나므로, 출력 단에 저역 통과 필터를 연결하여 높은 주파수 성분을 제거하고 낮은 주파수 성분만을 얻어낸다.

③ 전반송파 방식의 SSB(CSSB : Compatible Single Side Band 라고 한다.)통신의 경우, 수신기에서 발생하여 공급해야 할 반송파가 수신 전파에 포함되어 있으므로, 반송파 발생 장치가 없는 AM 수신기와 통신을 할 수 있다.

12.3 FM 복조기 = 주파수 변별기(Frequency Discriminator)

주파수 변별기는 FM파의 주기 변화를 진폭변화로 바꾸는 회로로 판별 감도와 직선성이 중요시 되며, 주파수 변화에 따른 출력의 비율[V/㎑]을 변별 감도라 한다.

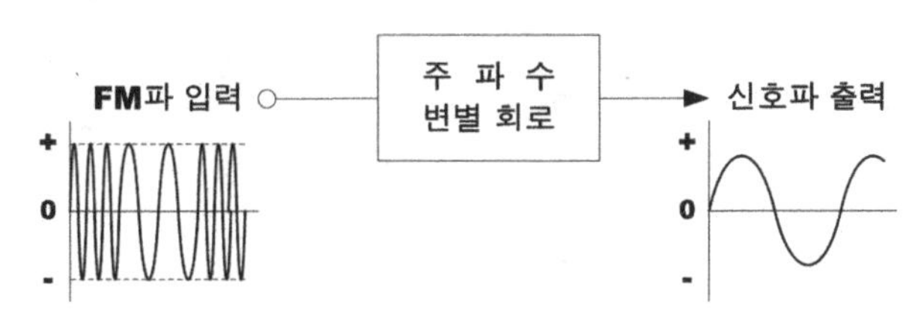

[주파수 변별기의 원리]

변별기의 종류는

① 경사 형 검파, 복 동조형, 포스터 실리, 비 검파기

② 게이트 빔, 쿼드러처 검파기

③ PLL 검파기

등으로 나눌 수 있다.

12.3.1 포스트 실리형 검파기(Foster-Seeley Detector)

아래 그림 (a)와 같이 2개의 다이오드를 대칭으로 접속하고, 1차와 2차 동조 회로는 중심 주파수에 동조하도록 하며, 1차와 2차 결합은 소결 합으로 한다.

입력 주파수를 f, 중심 주파수를 f_0라 하면

① $f = f_0$일 때는 저항성을 나타내며 이때 $V_{AB} = 0[V]$이다. 그림 (b)

② $f > f_0$일 때는 유도성을 나타내며 이때 $V_{AB} > 0[V]$이다. 그림 ©

③ $f < f_0$일 때는 용량성을 나타내며 이때 $V_{AB} < 0[V]$이다. 그림 (d)

④ 그러므로 입력 주파수 f의 변화에 따라 V_{AB}의 진폭이 변화하여 신호를 복조한다.

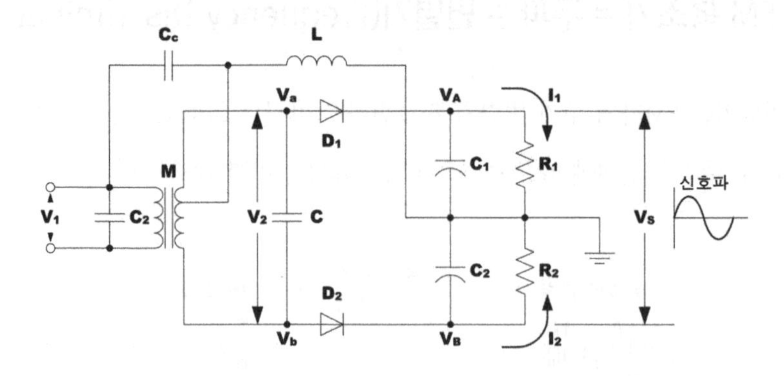

(a) 검파회로

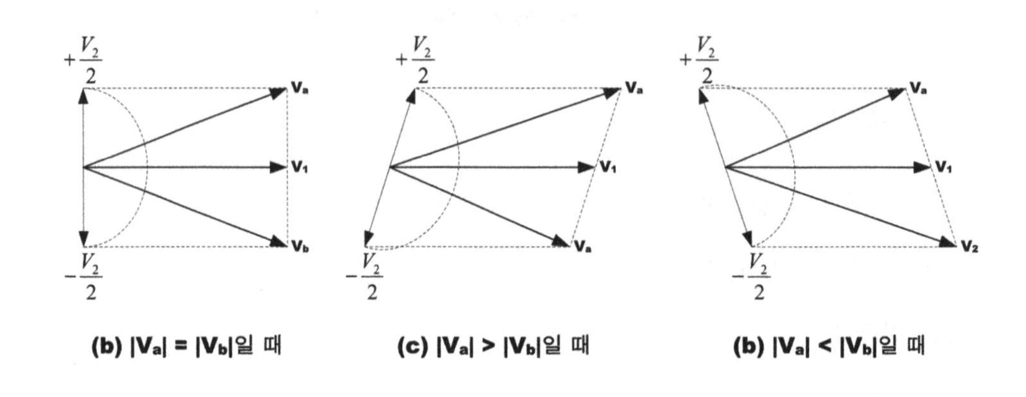

(b) |Va| = |Vb|일 때 (c) |Va| > |Vb|일 때 (b) |Va| < |Vb|일 때

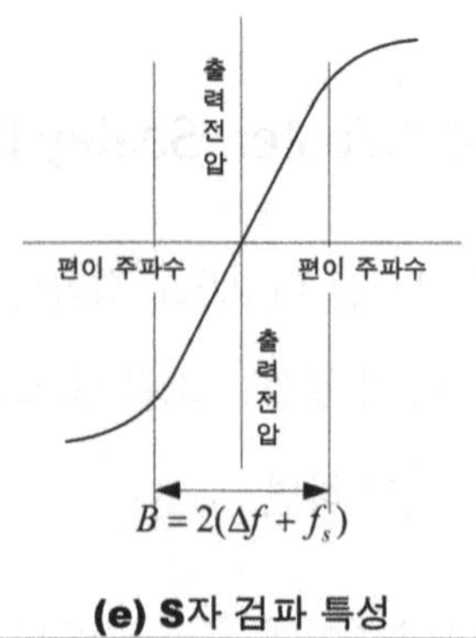

(e) S자 검파 특성

[포스터 실리형 FM 검파기 회로의 특성]

12.3.2 비 검파기(Ratio Detector)

비 검파기는 포스터 실리 형과 다이오드의 극성이 다르고, 출력단의 중심점이 접지되어 대지에 대하여 회로가 평형하며, 또 출력 측에 대용량의 콘덴서가 접지되어 있다.

아래그림의 C_5는 용량이 커 충격성, 펄스성 잡음에 대한 리미터 작용을 하므로 FM 수신기에 리미터를 생략할 수 있다.

비 검파기와 포스터 실리형 검파기의 검파 비는 1 : 2 이다.

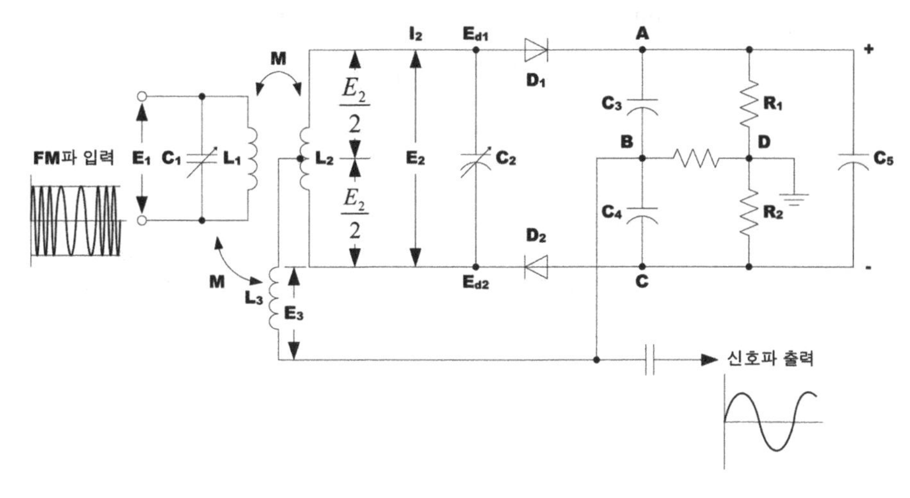

[비 검파기 회로]

(1) 포스터 실리 검파기에 대한 비 검파기의 특징

① 비 검파기는 부하 저항과 병렬로 대용량 콘덴서가 접속된다.

② 비 검파기는 감도가 약하여 Limiter 단수를 적게 할 수 있다.

③ 출력 감도는 포스트 실리형이 비 검파기에 비해 2배로 크다.

④ 비 검파기는 진폭 제한 기능이 있다.

⑤ 다이오드 접속 방향이 다르다.

⑥ 출력 단자가 다르다.

(2) S-특성 곡선의 분류

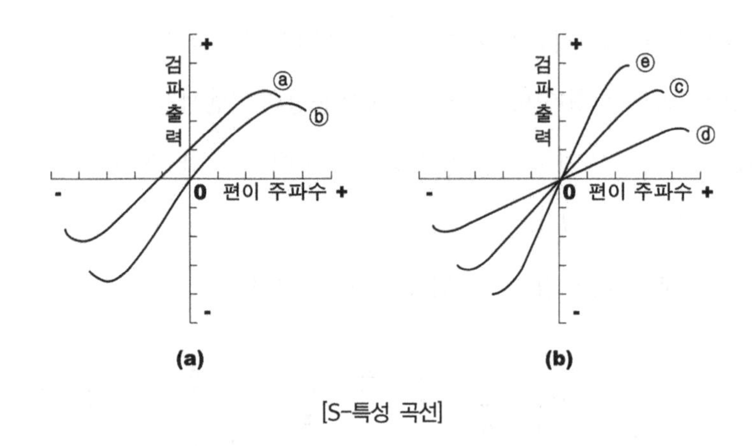

[S-특성 곡선]

① **곡선**

- 원인 : 동조 회로의 동조가 벗어났을 때
- 대책 : C_1과 C_2를 조정하여 중심 주파수에서 출력이 0이 되도록 정확히 동조를 잡는다.

② **곡선**

- 원인 : L_2의 중성점이 벗어났을 때
- 대책 : 탭(Tab)의 위치를 정확히 중성점에 위치하도록 조정한다.

③ **곡선** : 가장 이상적인 경우의 곡선으로 직선 부분이 대칭적이며 길수록 이상적이다.

④ **곡선**

- 원인 : L_1과 L_2가 소결합(Loose Coupling)일 경우
- 특징 : 경사가 완만하며 직선성도 길고 주파수 편이를 넓게 잡을 수 있어 좋지만 상대적으로 출력이 적어진다.

⑤ **곡선**

- 원인 : L_1과 L_2가 밀결합(Close Coupling)일 경우
- 특징 : 감도는 좋지만 주파수 편이가 좁고, 직선 범위가 짧아 왜곡이 발생하기 쉽다.

(3) PLL(Phase Locked Loop) 검파기

FM 입력 신호와 전압 제어 발진기(VCO)의 위상과 주파수가 위상비교기(Phase Comparator)에 의해 비교되어 그 오차에 비례한 직류전압이 발생하게 되는데 이 오차 전압은 저역통과필터(LPF)를 거쳐 증폭되고 전압 제어 발진기(VCO)의 발진 주파수 및 위상차를 저감시키는 방향으로 전압 제어 발진기의 주파수를 변화시켜 FM 신호를 검파하게 된다.

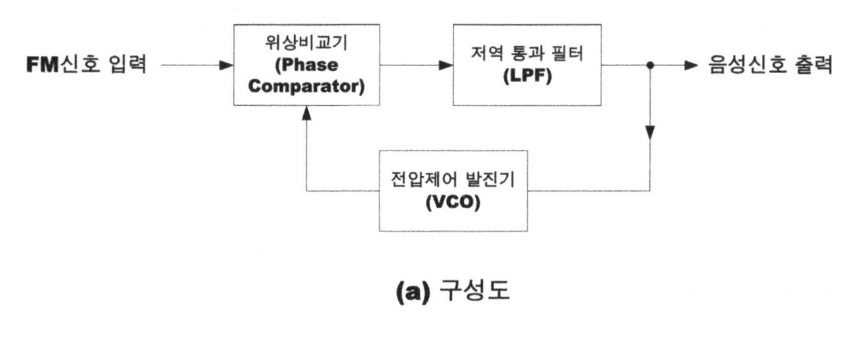

(a) 구성도

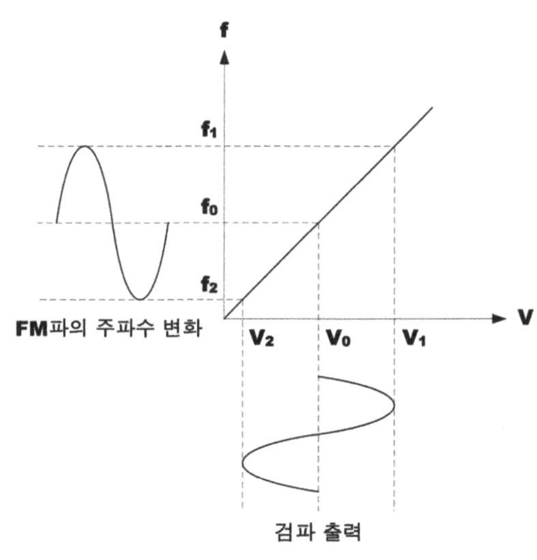

(b) V/F 변환 특성

[PLL 검파기]

핵심기출문제

1. 다음 중 FM 복조회로가 아닌 것은?

가. Slope detector
나. Foster-seeley detector
다. Ratio detector
라. De-emphasis detector

2. 다음 중 FM 검파기의 종류가 아닌 것은?

가. 비 검파기
나. 복동조형 검파기
다. Foster-Seeley형 검파기
라. 다이오드 검파기

3. 그림의 검파회로에서 입력 V_i에 피변조파가 가해지는 경우 다음 설명 중 옳은 것은?

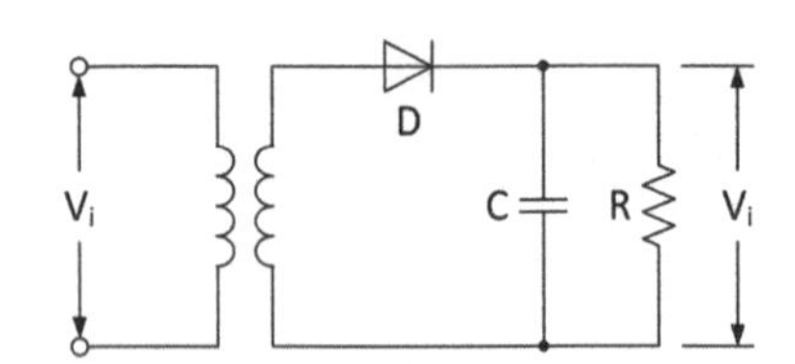

가. FM의 동기 검파회로이다.
나. 시정수 RC의 값은 매우 작아야 한다.
다. 다이오드의 순방향 전압 전류의 특성이 직선적 일수록 좋다.
라. 위상 변조시 복조회로에 주로 사용된다.

4. Diode 직선검파 회로에서 변조도 60[%], 진폭 10[V]인 피변조파(AM)가 인가되었을 때 출력 부하에 나타나는 실효치는? (단, 검파효율은 73[%]이다.)

가. 약 3.2[V]　　나. 약 1.64[V]
다. 약 0.32[V]　　라. 약 0.16[V]

5. 다이오드 직선검파회로에서 변조도 50[%], 진폭 $10\sqrt{2}$[V]인 AM 피변조파가 인가되었을 때 부하저항 R_L에 나타나는 변조 신호파의 실효치는? (단, 검파효율은 80[%]이다.)

가. 4[V]　　나. 5[V]
다. 8[V]　　라. 10[V]

6. 다음 중 PLL(phase-locked loop)의 구성과 관계없는 것은?

가. 위상검출기　　나. 저역통과 필터
다. 고역통과 필터　　라. 전압제어발진기

정답 1. 라　2. 라　3. 다　4. 가　5. 가　6. 다

13 펄스회로

13.1 펄스회로

펄스란 충격적인 전압이나 전류 등과 같은 짧은 시간동안만 크기가 존재하는 신호를 말한다. τ

13.1.1 이상적 Pulse의 파형

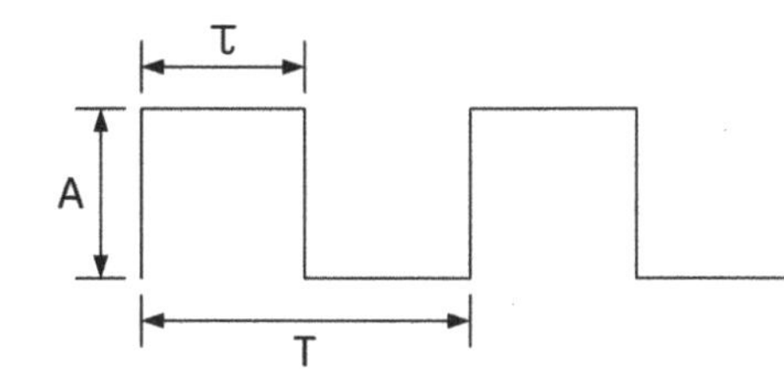

(1) Duty Cycle(충격계수 : D)

$$D = \frac{\tau}{T} \times 100[\%], \begin{cases} \tau : \text{펄스폭} \\ T : \text{펄스의 반복주기} \end{cases}$$

13.1.2 실제의 펄스

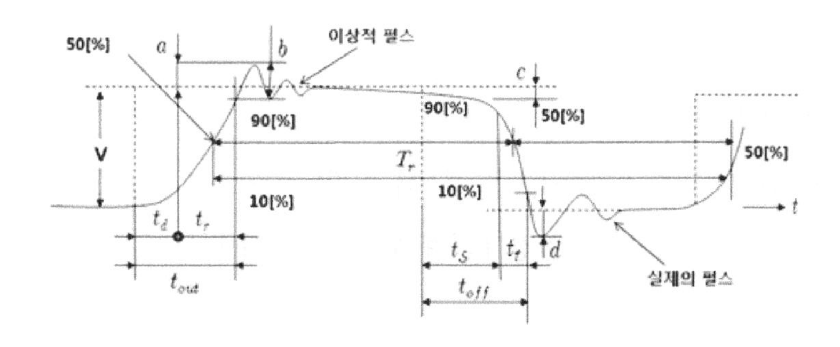

(1) 지연 시간(t_d)

그림에서 출력 전류 i_c는 입력 신호의 변화에 즉시 응답하지 못하고 일정 시간이 걸리는데, 이때 걸리는 시간을 지연 시간(delay time)이라고 하며, 펄스 출력이 최대 진폭의 10%가 되기까지의 시간으로 t_d로 나타낸다.

(2) 상승 시간(t_r)

베이스 전류가 트랜지스터를 포화 상태로 만들거나 포화 상태에 있던 트랜지스터를 차단시키기 위해서는 활성 영역을 거쳐야 하는데, 이때 걸리는 시간을 상승 시간(rise time)이라고 하며, 펄스 출력이 최대 진폭의 10%에서 90%까지 상승하는데 걸리는 시간으로 t_r로 나타낸다.

→ 상승시간은 2.2τ (τ: 시정수)로 구할 수 있다.

(3) 축적 시간(t_s)

그림과 같이 입력 신호가 t=0에서 다시 처음 상태로 돌아가려면 출력 전류가 0이 되어야 하지만 출력 전류가 0으로 돌아가는데 시간이 걸린다. 즉, 출력 전류가 최댓값을 유지하는데, 이 시간을 축적 시간(storage time)이라고 하며, 펄스 출력이 최대 진폭의 90%까지 하강하는데 걸리는 시간으로 t_s로 나타낸다.

(4) 하강 시간(t_f)

펄스 출력이 최대 진폭의 90[%]에서 10[%]로 감소하는데 걸리는 시간을 하강 시간(fall time)이라고 하며, t_f로 나타낸다.

(5) Turn on 시간

펄스 출력이 최대 진폭의 90%까지 상승하는데 걸리는 시간으로 그림에서와 같이 지연 시간(t_d)와 상승 시간(t_r)의 합으로 정의 되며, T_{ON}으로 나타낸다.

(6) Turn off 시간

펄스 출력이 최대 진폭의 10%까지 하강하는데 걸리는 시간으로 그림에서와 같이 축적 시간(t_s)와 하강 시간(t_f)의 합으로 정의 되며, T_{OFF}로 나타낸다.

13.2 펄스의 형태 및 분석

13.2.1 R-C 직렬 회로의 충 · 방전

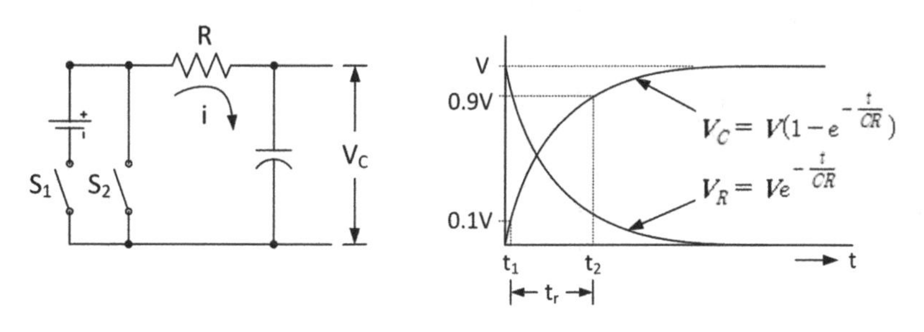

[R-C 직렬 회로]

(1) 충전의 경우 : $S_1 \rightarrow ON,\ S_2 \rightarrow OFF$

- 전류 : $i = \dfrac{dq}{dt} = \dfrac{V}{R}e^{-\frac{t}{RC}}$
- 시정수(time constant) : $\tau = RC[\text{sec}]$

(2) 방전의 경우 : $S_1 \rightarrow OFF,\ S_2 \rightarrow ON$

- 전류 : $i = -\dfrac{V}{R}e^{-\frac{t}{RC}}$

13.2.2 R-L 직렬 회로의 충•방전

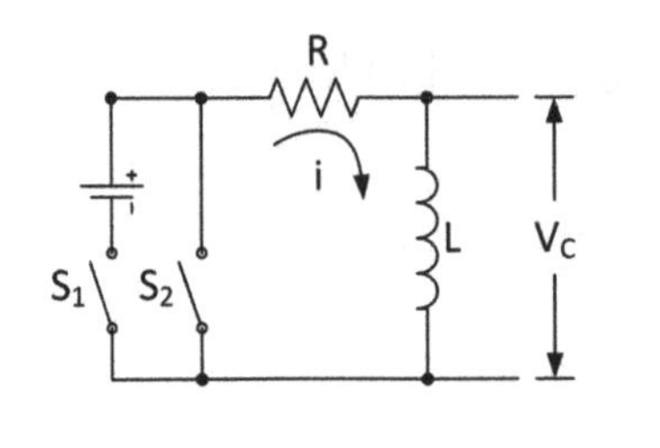

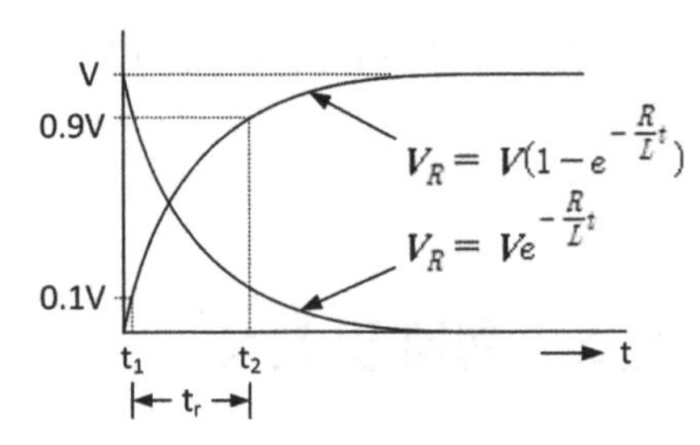

[R-L 직렬 회로]

(1) **충전의 경우 :** $S_1 \rightarrow ON, \ S_2 \rightarrow OFF$

- 충전시 전류 : $i = \frac{V}{R}(1 - e^{-\frac{R}{L}t})$
- 시정수(time constant) : $\tau = \frac{L}{R}$[sec]

(2) **방전의 경우 :** $S_1 \rightarrow OFF, \ S_2 \rightarrow ON$

- 방전시 전류 : $i = \frac{V}{R}e^{-\frac{R}{L}t}$

13.3 미분회로 및 적분회로

13.3.1 RC 미분 회로 : 고역 통과 회로(HPF)

$V_o = RC\frac{dV_i}{dt}$ 즉, 출력 전압 v_o가 입력 전압 v_i의 미분에 비례한 값을 갖는 것을 미분 회로라고 한다.

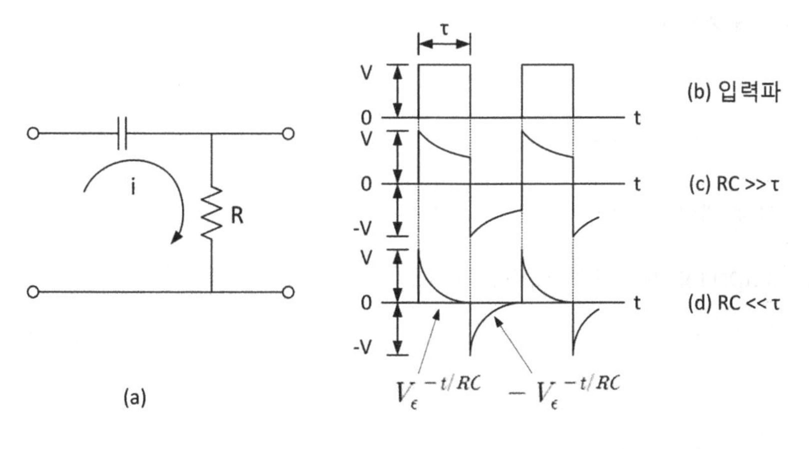

[RC 미분 회로]

13.3.2 RC 적분 회로 : 저역 통과 회로(LPF)

적분 회로는 시간에 비례하는 전압 또는 전류 파형, 즉 톱날파의 신호를 발생하거나 신호를 지연시키는 회로에 사용된다.

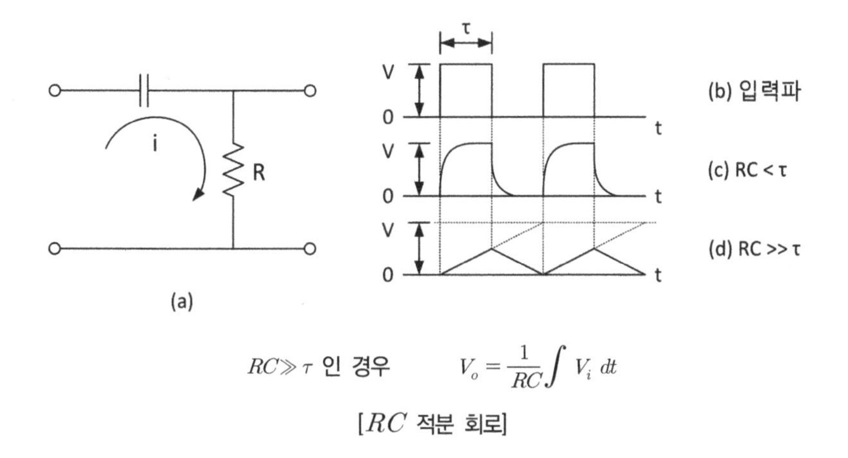

$RC \gg \tau$ 인 경우 $\qquad V_o = \frac{1}{RC}\int V_i \, dt$

[RC 적분 회로]

13.4 파형 정형회로

13.4.1 클리퍼(Clipper)

임의의 파형에 대하여 어떤 기준 전압 레벨의 이상 또는 이하의 파형만을 잘라내는 작업을 클리핑(clipping)이라 하며 이러한 회로를 클리핑 회로 또는 클리퍼(clipper)라고 한다. 또한 회로는 peak clipper, base clipper, slicer (또는 limitter)등으로 구분된다.

(1) 피크 클리퍼(peak clipper)

파형의 윗부분을 잘라내어 버리는 회로이다.

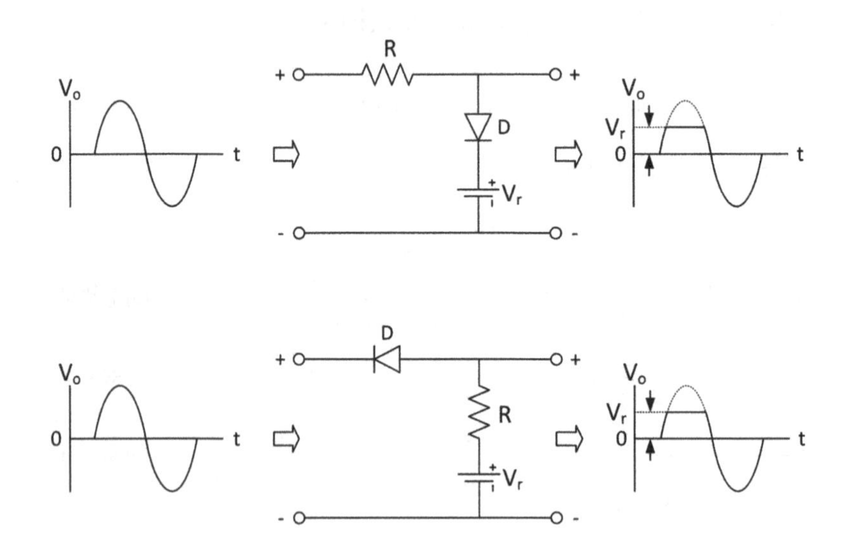

(2) 베이스 클리퍼(base clipper)

파형의 아래 부분을 잘라내어 버리는 회로이다.

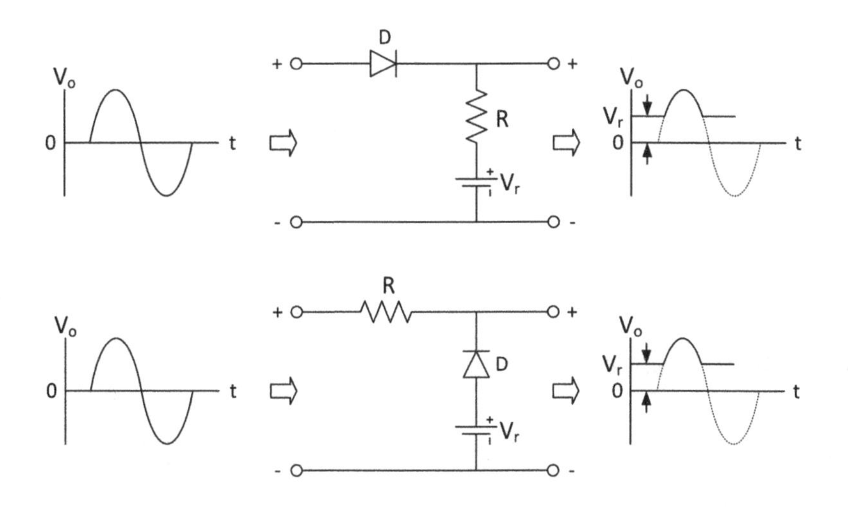

[베이스 클리퍼(Clipper)]

입력	회로	출력	입력	회로	출력
V_i	R, V_i, V_o	(a)	V_i	R, V_i, V_o	(b)
V_i	R, V_i, V, V_o	(c)	V_i	R, V_i, V, V_o	(d)
V_i	R, V_i, V, V_o	(e)	V_i	R, V_i, V, V_o	(f)

13.4.2 리미터(limitter)

클리퍼를 결합한 것으로 출력 파형은 기준 레벨 V_1과 V_2의 위 아래 양쪽을 잘라낸 파형이 된다. 이를 리미터 혹은 진폭제한회로라고 한다.

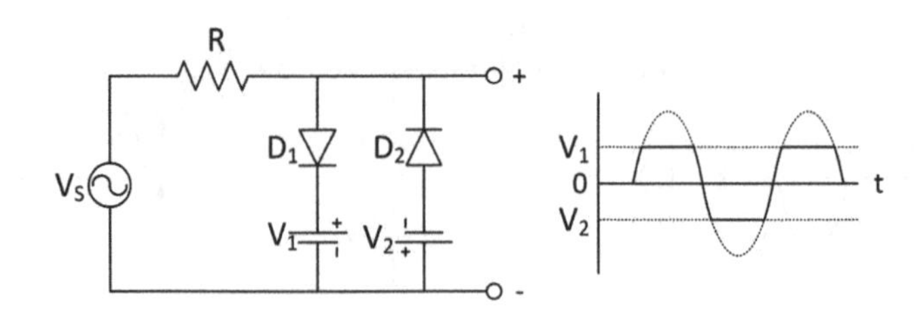

13.4.3 슬라이서(slicer)

리미터의 특별한 경우로서 클리핑 레벨의 위와 아래 레벨 사이의 간격을 좁게 하여 잘라낸 회로를 슬라이서라고 한다.

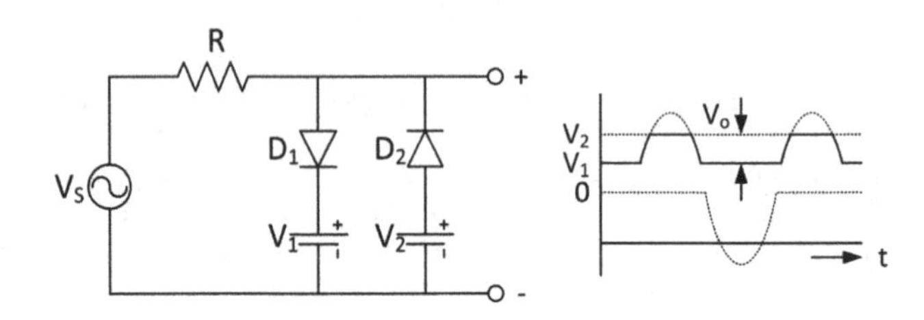

13.4.4 클램퍼(Clamper)

입력 신호의 (+) 또는 (-)의 피크(peak)를 어느 기준 레벨로 바꾸어 고정시키는 회로를 클램핑회로(clamping circuit) 또는 클램퍼라한다. 또, 직류 분 재생을 목적으로 할 때는 직류 재생 회로(DC restorer)라고도 한다.

입력파형의 형태는 변화하지 않는다.

⑴ 정(+) 클램퍼(plus clamper)

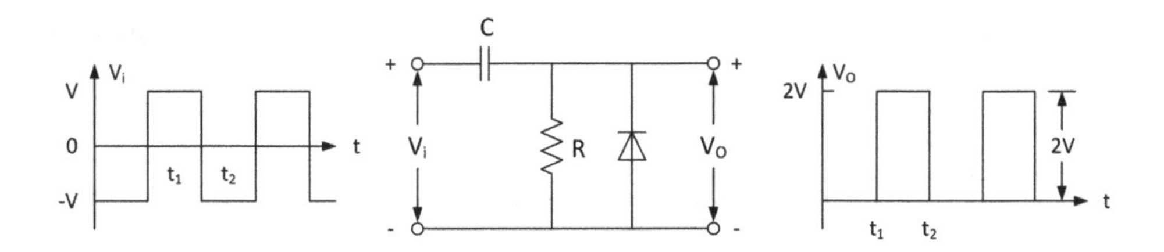

⑵ 부(−) 클램퍼(minus clamper)

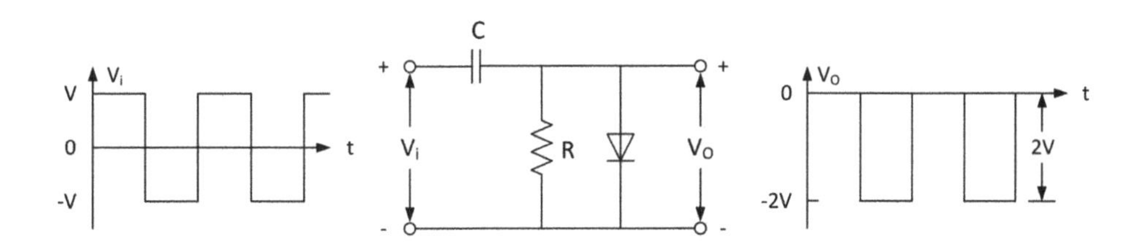

⑶ 직류 부가 clamper

다이오드에 직류 전압을 접속한 것으로 임의의 레벨로 추이시키는 회로이다.

[클램퍼(Clamper)]

명칭	입력	회로	출력
직류부가 클램퍼 (순 bias)	V, 0, -V, Vi, t	C, +, -, Vi, R, V, Vo	Vo, V, 0, 2V, t
직류 부가 클램퍼 (역 bias)	V, 0, -V, Vi, t	C, +, -, Vi, R, V, Vo	Vo, V, 0, 2V, t

13.5 펄스발생회로

펄스 발생회로는 외부에서 입력신호를 가하지 않고도 스스로 펄스를 발생시키는 회로이다.

13.5.1 멀티바이브레이터(Multivibrator)

스위칭 회로의 기본이 되는 회로로서 구형파 발생회로 등에 널리 사용된다.

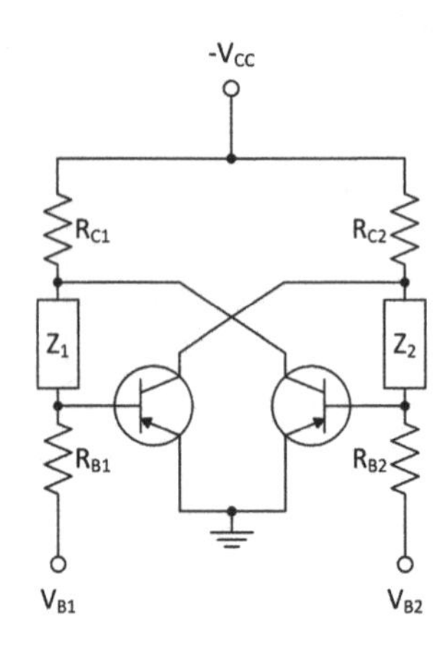

[MV의 기본구성]

결합소자	종류	안정상태수
C1 C2 AC결합만으로 구성	비안정 멀티바이브레이터	없다
C1 C2 R3 AC결합과 DC결합으로 구성	단안정 멀티바이브레이터	1개
C1 C2 R2 R3 DC결합만으로 구성	쌍안정 멀티바이브레이터	2개

(1) 비안정 멀티바이브레이터(Astable MV.)

① 결합 소자 Z_1 및 Z_2가 모두 캐패시터 C 이고 각각 R_{B1} 및 R_{B2}와 AC 결합 회로를 형성한다.

② 비안정 멀티바이브레이터는 안정 상태 없이 주기적으로 구형파를 발생한다.

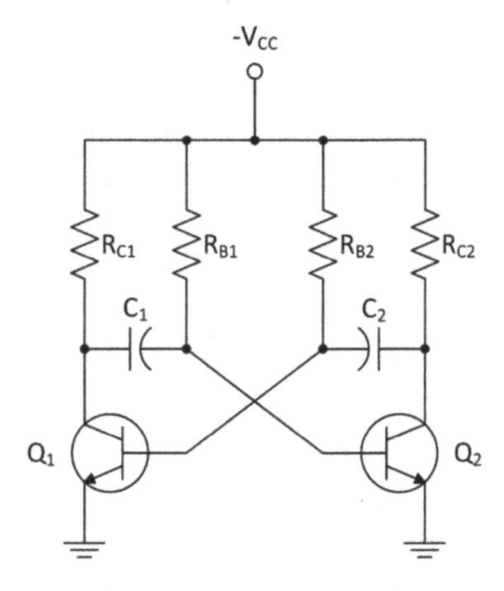

[비안정 멀티바이브레이터]

(2) 단안정 멀티바이브레이터(Monostable MV.)

① 결합 소자 Z_1이 저항, Z_2가 캐패시터이고, 각각 R_{B1} 및 R_{B2}와 $AC-DC$ 결합 회로를 형성한다.

② 단안정 멀티바이브레이터는 입력펄스가 들어 올 때마다 특정한 폭의 펄스를 발생한다.

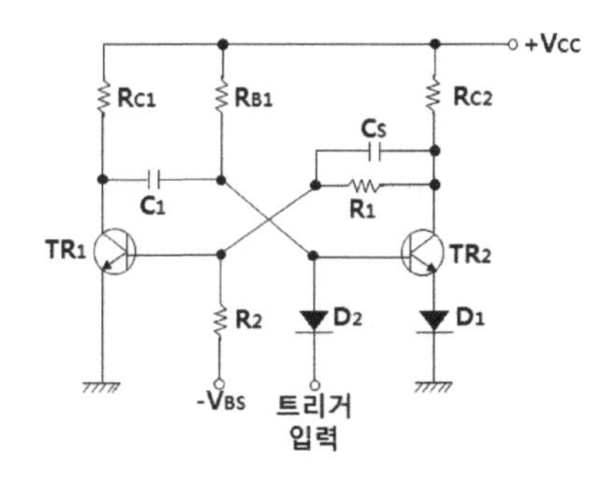

[단안정 멀티바이브레이터]

(3) 쌍안정 멀티바이브레이터(Bistable MV.)

① 결합 소자 Z_1와 Z_2가 모두 저항이고 DC 결합 회로를 형성하고 V_{B1} 및 V_{B2}가 모두 정으로 bias 될 경우는 쌍안정으로 동작한다.

② 쌍안정 멀티바이브레이터는 2개의 안정 상태를 유지한다.

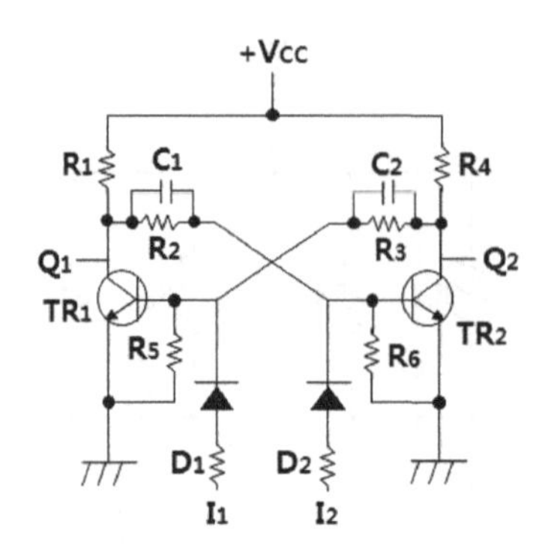

[쌍안정 멀티바이브레이터]

13.5.2 Schmitt 트리거

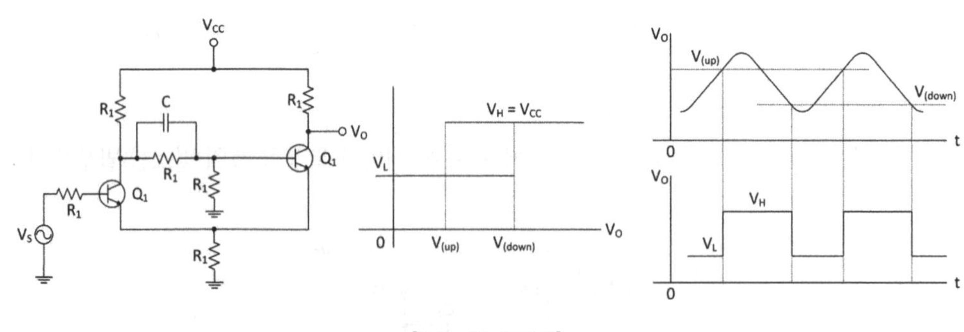

[Schmitt 트리거]

Schmitt 트리거는 이미터 결합 쌍안정 멀티바이브레이터의 일종이다. 콘덴서 C는 반전 콘덴서이며 스위칭 속도를 높이는 효과가 있다.

(1) 쌍안정 회로와 비교시 회로상의 차이점

① Q_2의 콜렉터(출력)와 Q_1의 베이스(입력)가 서로 연결되어 있지 않다.

② Q_1과 Q_2의 결합은 R_e로 이루어져 있으며 이것이 재생 스위칭 동작을 일으키는 원인이 된다.

(2) Schmitt 트리거 회로의 응용

① 전압 비교 회로(voltage comparator)

② 구형파 발생회로(squaring circuit)

③ 쌍안정 회로(bistable circuit)

④ A/D 변환기

핵심기출문제

1. 듀티 사이클(duty cycle)이 0.1 이고, 주기가 40㎲인 경우 펄스폭은 몇 ㎲인가?

가. 10　　나. 4　　다. 3　　라. 1

2. 듀티 사이클(duty cycle)이 0.1이고 주기가 30[ms]인 펄스의 폭은?

가. 0.3[ms]　　나. 1[ms]
다. 3[ms]　　라. 10[ms]

3. 다음 펄스 파형에서 펄스의 Duty Cycle은 몇 [%]인가? (단, τ=0.5[㎲], T=10[㎲])

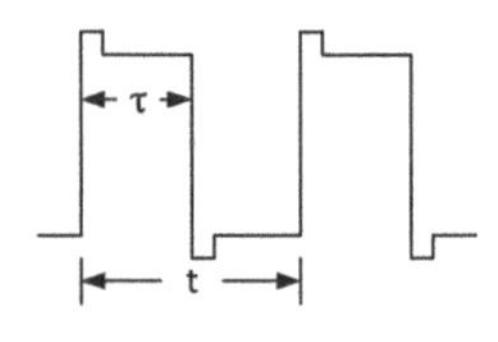

가. 5[%]　　나. 10[%]
다. 20[%]　　라. 25[%]

4. 듀티 사이클(duty cycle)이 0.1이고 주기가 30[㎲]인 펄스의 폭은 얼마인가?

가. 10[㎲]　　나. 6[㎲]
다. 3[㎲]　　라. 1[㎲]

5. RC 회로에 스텝전압 입력 시 발생 파형의 상승시간(rise time) t_r와 관계없는 것은?(단, f_H : 상측 3dB 주파수, B : 대역폭, τ : 시정수)

가. $tr = 2.2RC$　　나. $tr = \frac{0.35}{f_H}$

다. $tr = \frac{1}{B}$　　라. $tr = 1.1\tau$

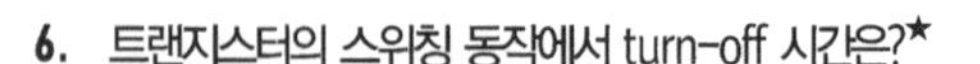

6. 트랜지스터의 스위칭 동작에서 turn-off 시간은?★

가. 지연시간(t_d)
나. 지연시간(t_d)+ 상승시간(t_r)
다. 축적시간(t_s)
라. 축적시간(t_s)+ 하강시간(t_f)

7. 다음 중 펄스파가 상승해 가는 기간의 10[%]에서 90[%]까지 걸리는 시간을 무엇이라 하는가?

가. 지연시간　　나. 하강시간
다. 축적시간　　라. 상승시간

8. 그림의 회로에 입력으로 단위 계단함수를 입력하였더니 응답이 그림과 같았다. 다음 중 상승시간(t_r)으로 적합한 것은?

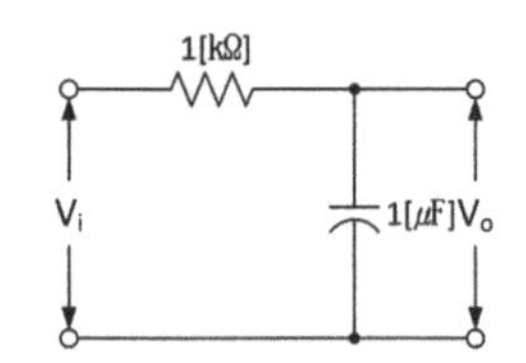

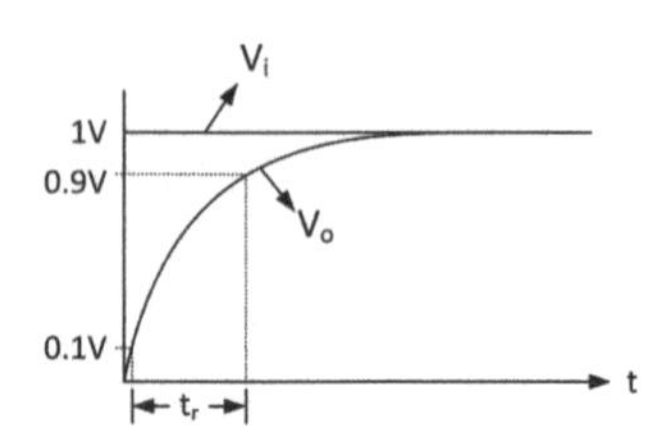

가. 0.8[msec]　　나. 1[msec]
다. 2.2[msec]　　라. 9[msec]

정답　1. 나　2. 다　3. 가　4. 다　5. 라　6. 라　7. 라　8. 다

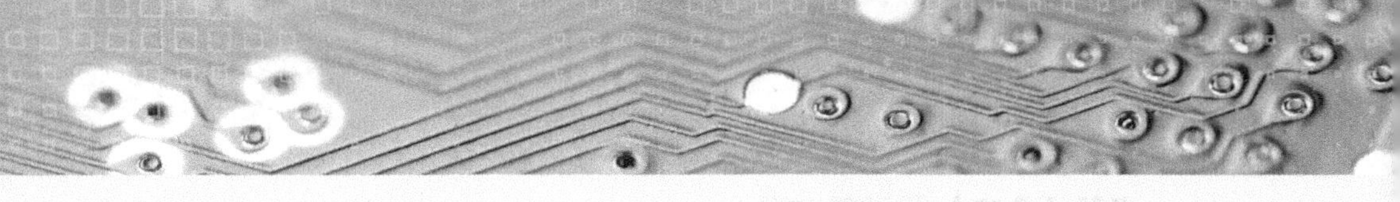

9. 저역통과 RC 회로에 양의 스텝(step) 전압 입력을 공급할 때 출력 파형에 가까운 것은?

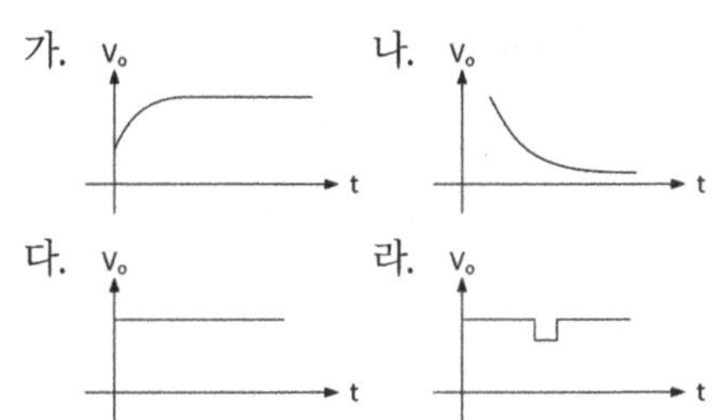

10. 다음 그림과 같은 회로의 시정수(time constant)는?

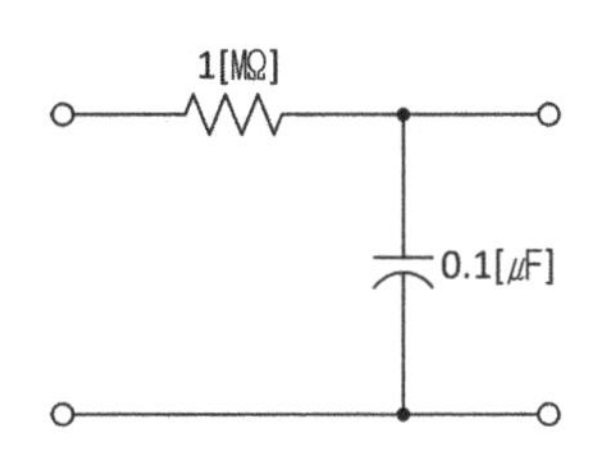

가. 0.1초　　　　나. 0.22초
다. 0.42초　　　　라. 0.62초

11. 그림과 같은 회로에 대한 설명 중 틀린 것은?

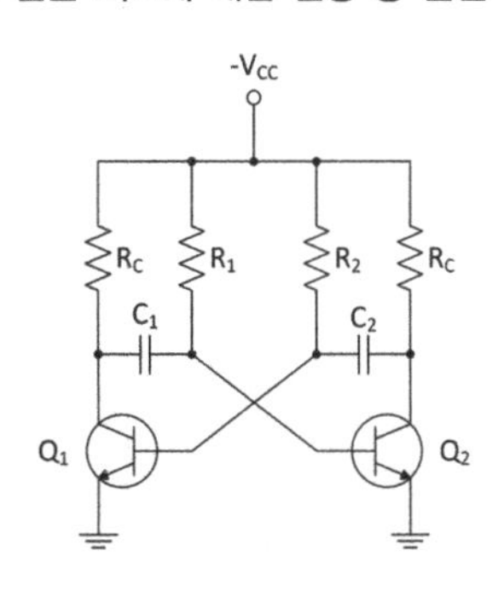

가. Q_1이 도통 상태이면 Q_2는 차단상태이다.
나. 비안정 멀티바이브레이터 회로이다.
다. 발진의 주기(T)는 약 $0.7 \times (R_1 \cdot C_1 + R_2 \cdot C_2)$ 초이다.
라. Q_2의 컬렉터 출력으로 정현파가 발생된다.

12. 다음 중 DC 결합과 AC 결합이 함께 사용되는 발진기는?

가. 비안정 멀티바이브레이터
나. 단안정 멀티바이브레이터
다. 쌍안정 멀티바이브레이터
라. 블로킹 발진기

13. 다음 중 TR, R 및 C 등을 이용한 멀티바이브레이터 회로에서 무안정, 단안정, 쌍안정의 구별은 무엇으로 결정되는가?

가. 바이어스 전류의 크기
나. 전원전압
다. 콘덴서의 크기
라. 결합회로의 구성

14. 외부 트리거 입력신호가 인가되는 경우에만 폭이 0.1[ms]이고 전압이 5[V]인 펄스를 발생시켜 출력 하고자 한다. 이러한 목적에 가장 적합한 것은?

가. 시미트 트리거 회로
나. 비안정 멀티바이브레이터
다. 쌍안정 멀티바이브레이터
라. 단안정 멀티바이브레이터

정답 9. 가　10. 가　11. 라　12. 나　13. 라　14. 라

핵심기출문제

15. 그림과 같은 회로의 명칭이 옳은 것은?

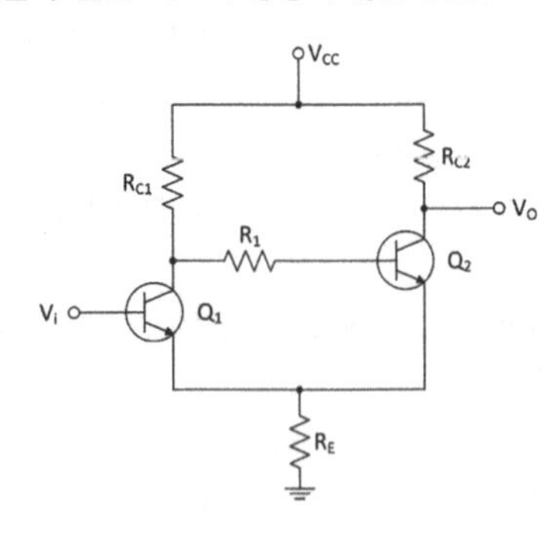

가. 시미트 트리거회로 나. 차동 증폭회로
다. 푸시풀 증폭회로　라. 부트스트랩회로

16. 다음 중 슈미트 트리거 회로에 대한 설명으로 가장 적합한 것은?★

가. 주로 선형 증폭기로 사용한다.
나. 계단파 발진기로 사용한다.
다. 삼각파의 입력으로 정현파가 출력된다.
라. 히스테리시스 특성을 갖는 비교기이다.

17. 다음 RL 회로에서 기전력이 E일 때, SW를 닫는 순간 t초 후에 흐르는 전류(i)는?

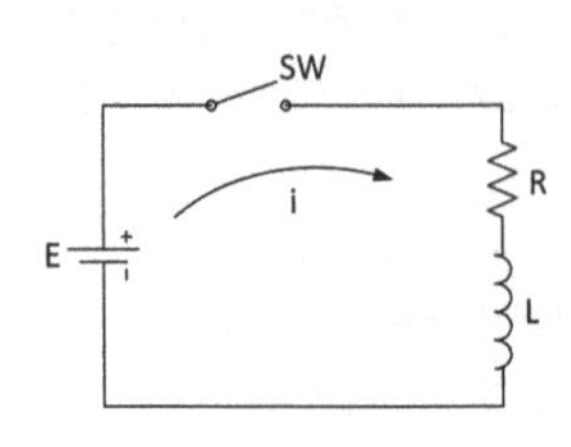

가. $\frac{E}{R}e^{-\frac{R}{L}t}$　나. $\frac{E}{R}(1+e^{\frac{R}{L}t})$
다. $Ee^{-\frac{R}{L}t}$　라. $\frac{E}{R}(1-e^{-\frac{R}{L}t})$

18. 그림과 같은 회로에서 기전력 E를 가하고 SW를 ON하였을 때 저항 양단의 전압 VR은 t초 후에 어떻게 되는가?

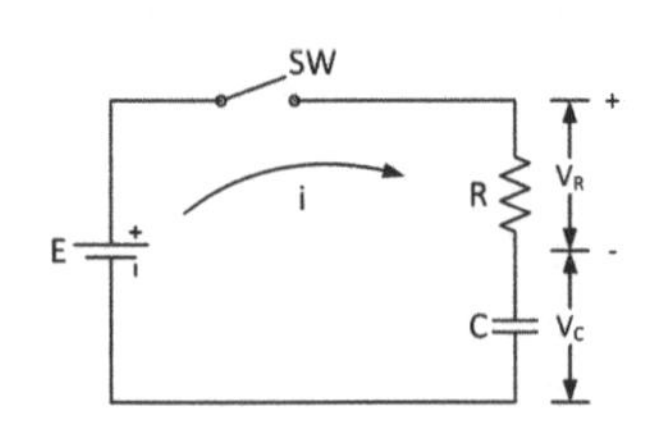

가. $Ee^{-\frac{t}{CR}}$　나. $E(1-e^{-\frac{t}{CR}})$
다. $Ee^{-\frac{Ct}{R}}$　라. $\frac{E}{e}$

19. 다음 회로에서 출력 파형으로 가장 적합한 것은? (단, 펄스의 폭 $\tau \gg$RC 이다.)

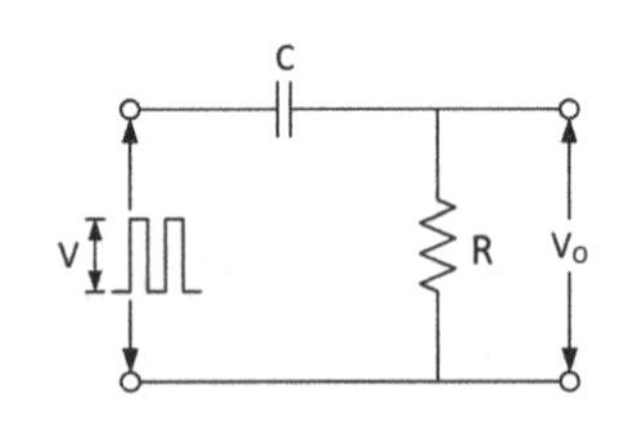

가.
나.
다.
라.

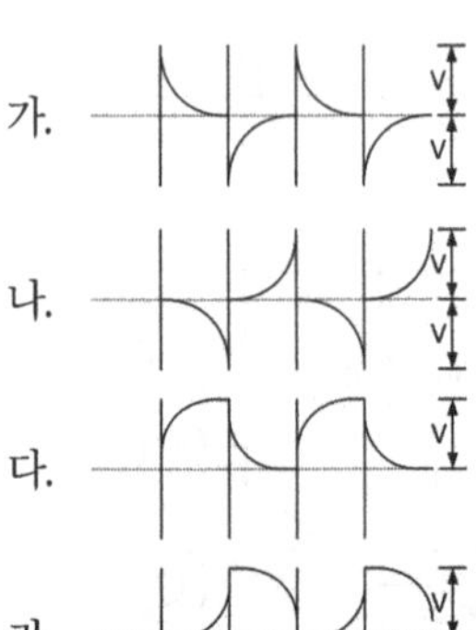

정답 15. 가　16. 라　17. 라　18. 가　19. 가

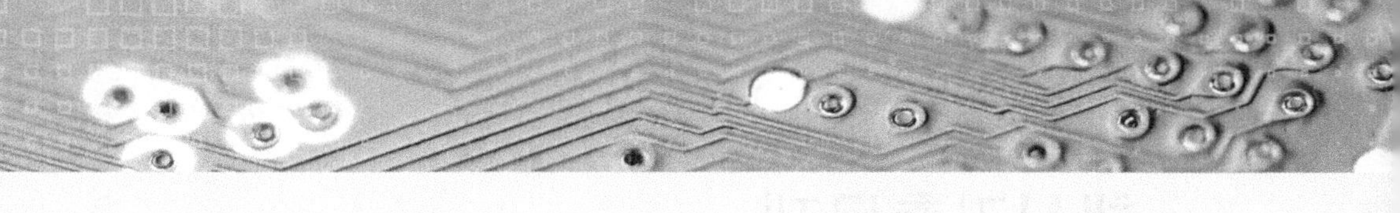

20. 그림의 회로에서 스위치 A가 1인 위치에 있을 때, 콘덴서C 양단의 전압이 V로 충전되었고 이 때의 전류는 0이다. 만일 t = 0 에서 스위치 A를 위치 2로 전환한다면 t>0 에서 전류i(t)는?

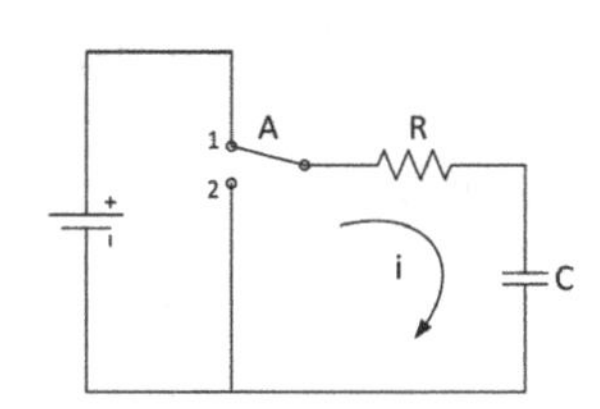

가. $i(t) = -\frac{V}{R}e^{-t/RC}$

나. $i(t) = \frac{V}{R}e^{-t/RC}$

다. $i(t) = \frac{V}{R}(1-e^{-t/RC})$

라. $i(t) = -\frac{V}{R}(1-e^{-t/RC})$

21. 그림과 같은 회로에서 스위치가 2의 위치에서 t=0일 때, 1의 위치로 옮겨지는 경우에 회로에 흐르는 전류 I를 나타낸 것은?

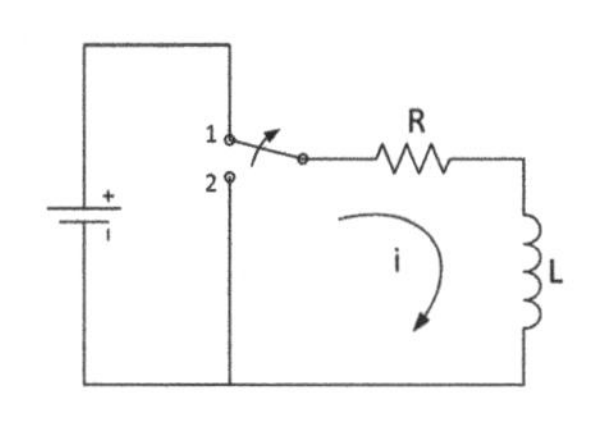

가. $i = \frac{V}{R}(1+e^{-\frac{R}{L}t})$ 나. $i = \frac{V}{R}(1+e^{-\frac{t}{RL}})$

다. $i = \frac{V}{R}(1-e^{-\frac{R}{L}t})$ 라. $i = \frac{V}{R}(1-e^{-\frac{t}{RL}})$

22. 그림과 같은 clipping 회로에 정현파 전압을 가하면 출력 파형은?

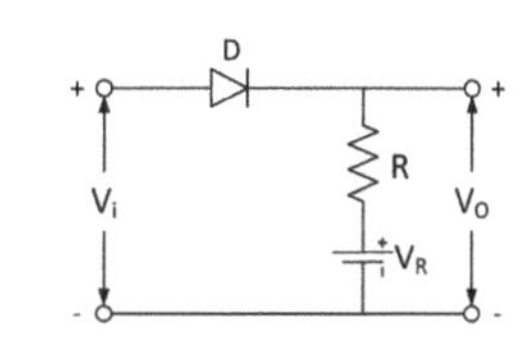

가.

나.

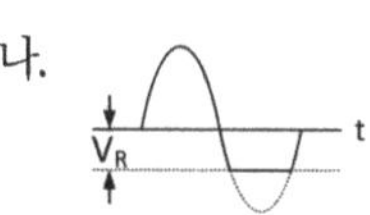

다.

라.

23. 그림 (a)의 회로망에 그림 (b)의 입력파를 인가 시 출력 파형으로 옳은 것은?(단, 다이오드는 이상적인 특성을 갖는다.)

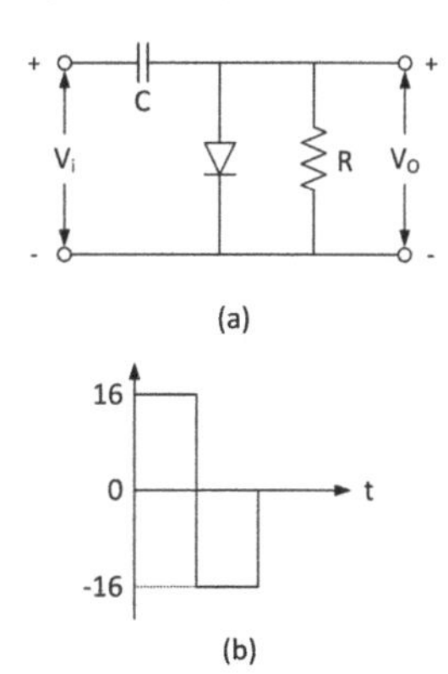

가. 0[V]와 +16[V]에 클램프 된다.
나. 0[V]와 -16[V]에 클램프 된다.
다. 0[V]와 +32[V]에 클램프 된다.
라. 0[V]와 -32[V]에 클램프 된다.

정답 20. 가 21. 다 22. 라 23. 라

핵심기출문제

24. 다음 그림에서 펄스의 반복 주파수 f[MHz]는?
(단, 시간축 단위는 [μs]이다.)

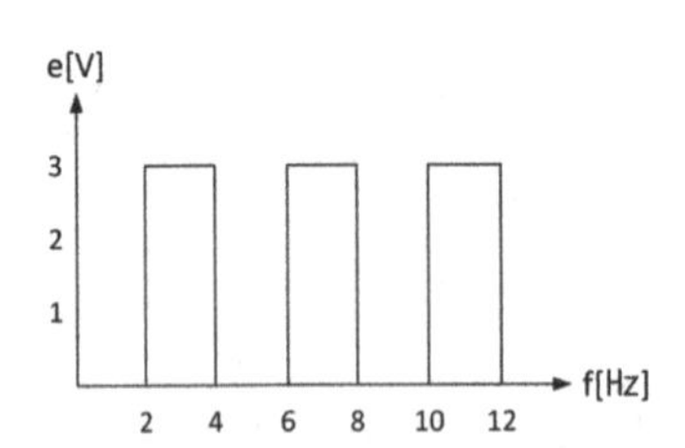

가. 0.0625　　나. 0.125
다. 0.25　　라. 0.5

25. 다음 그림의 회로 용도로 적합한 것은?
(단, 다이오드는 이상적이고, $V_{R1} < V_{R2}$ 이다.)

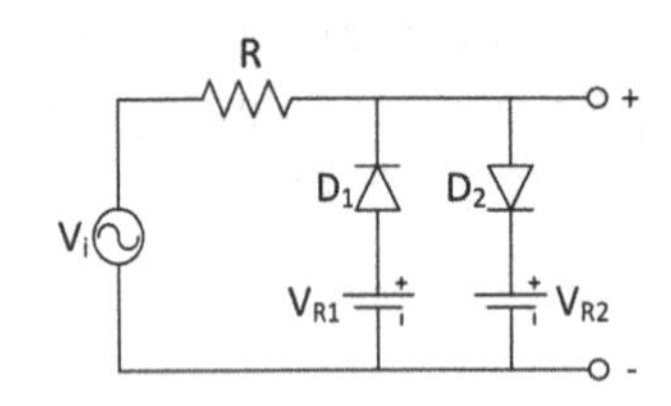

가. 클리퍼　　나. 전압배율기
다. 정류기　　라. 피크검출기

26. 다음 중 시미트 트리거 회로와 가장 거리가 먼 것은?

가. 전압비교회로　　나. 구형파회로
다. 쌍안정회로　　라. 증폭회로

27. 다음 중 클립핑 회로에 대한 설명으로 틀린 것은?

가. 파형 변환회로의 일종이다.
나. 직렬형과 병렬형이 있다.
다. 적분기의 일종이다.
라. 진폭 조작회로의 일종이다.

28. 그림과 같은 회로의 입력에 정현파(V_i)를 인가했을 때, 회로의 전달 특성은?(단, 다이오드의 컷인 전압은 무시하며, 순방향 저항은 R_f 이고, $R_f < R$ 이다.)

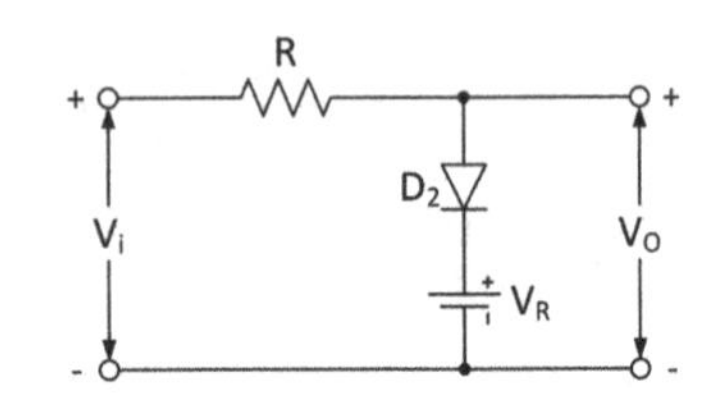

가.
Vo
VR
0
VR
Vi

나.
Vo
VR
0
VR
Vi

다.
Vo
VR
-VR 0
Vi

라.
Vo
VR
-VR 0
Vi

29. 전원이 인가된 상태에서 연속적으로 펄스를 발생시키고자 할 때, 사용되는 것은?

가. 비안정 멀티바이브레이터
나. 쌍안정 멀티바이브레이터
다. 단안정 멀티바이브레이터
라. 클램프 회로

정답 24. 다　25. 가　26. 라　27. 다　28. 나　29. 가

30. 그림과 같이 입력측 V_i에 진폭이 8[V]인 정현파를 가했을 때 출력파형(V_o)은?

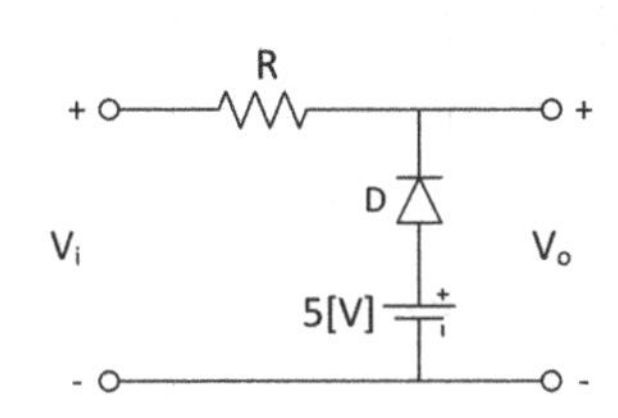

가. 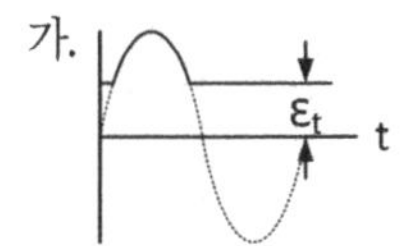

나. 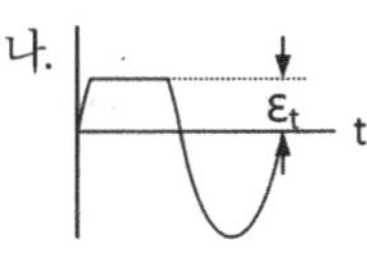

다. 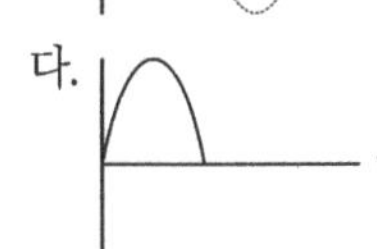

라. 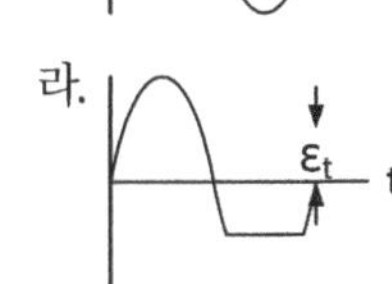

31. 다음 중 클리퍼 회로의 설명으로 옳은 것은?

가. 입력 파형을 주어진 기준전압 레벨 이상 또는 이하로 잘라내는 회로
나. 일정한 레벨 내에서 신호를 고정 시키는 회로
다. 특정 시각에 발진 동작을 시키는 회로
라. 안정 상태와 준안정 상태를 번갈아 동작하는 회로

32. 트랜지스터의 스위칭 동작에서 turn-off 시간은?

가. 지연시간(t_d)
나. 지연시간(t_d) + 상승시간(t_r)
다. 축적시간(t_s)
라. 축적시간(t_s)+하강시간(t_f)

33. 쌍안정 멀티바이브레이터의 결합저항에 병렬로 부가한 콘덴서의 주사용 목적은?

가. 증폭 도를 높인다.
나. 스위칭 속도를 높인다.
다. 베이스 전위를 일정하게 유지시킨다.
라. 이미터 전위를 일정하게 유지시킨다.

34. RC 회로에서 스텝전압 입력시 발생 파형의 상승시간(rise time) t_r과 관계없는 것은?(단, f_H : 상층 3[dB] 주파수, B : 대역폭, τ : 시정수)

가. $t_r = 2.2RC$ 나. $t_r = \frac{0.35}{f_H}$
다. $t_r = \frac{1}{B}$ 라. $t_r = 1.1\tau$

35. 슈미트 트리거(Schmitt trigger) 회로의 용도 설명 중 틀린 것은?

가. 구형파 펄스 발생회로로 사용된다.
나. 임의의 파형에서 그 크기에 해당하는 펄스 폭의 구형파를 얻기 위해서 사용된다.
다. A-D 변환회로로 사용된다.
라. D-A 변환회로로 사용된다.

36. 다음 그림의 회로 용도로 적합한 것은? (단, 다이오드는 이상적이고, $V_{R1} < V_{R2}$이다.)

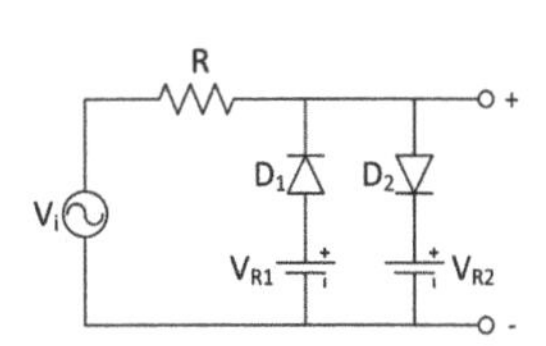

가. 클리퍼 나. 전압배율기
다. 정류기 라. 피크검출기

정답 30. 가 31. 가 32. 라 33. 나 34. 라 35. 라 36. 가

37. 시미트 트리거(schmitt trigger) 회로의 설명 중 옳지 않은 것은?

가. 쌍안정 멀티바이브레이터의 일종이다.
나. 구형파 발생기의 일종이다.
다. 입력 전압의 크기로서 회로의 ON, OFF를 결정해 준다.
라. 외부 클럭 펄스가 필요하다.

38. 다음 중 회로에 구형파 입력 e_i가 인가될 때 출력 e_o의 파형으로 가장 적합한 것은?(단, RC≪tp 이다.)

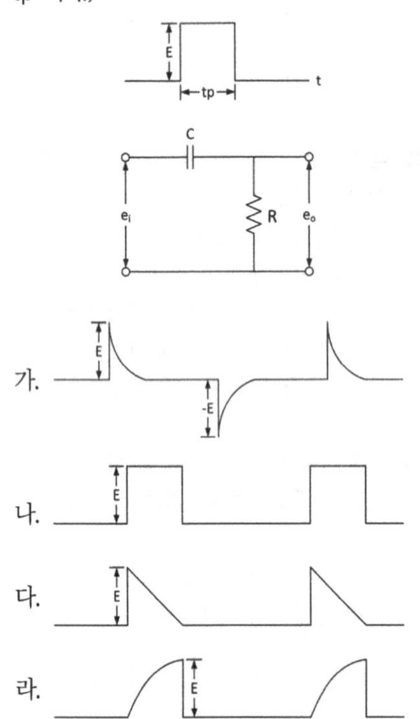

39. 다음 중 그림 (B)와 같은 회로에 그림 (A)와 같은 파형의 전압을 인가할 경우 출력에 나타나는 전압 파형으로 가장 적합한 것은?

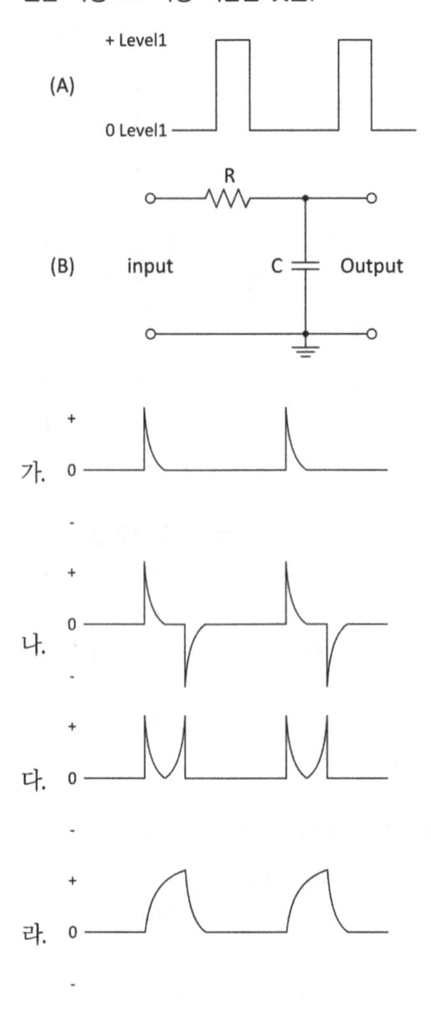

정답 37. 라 38. 가 39. 라

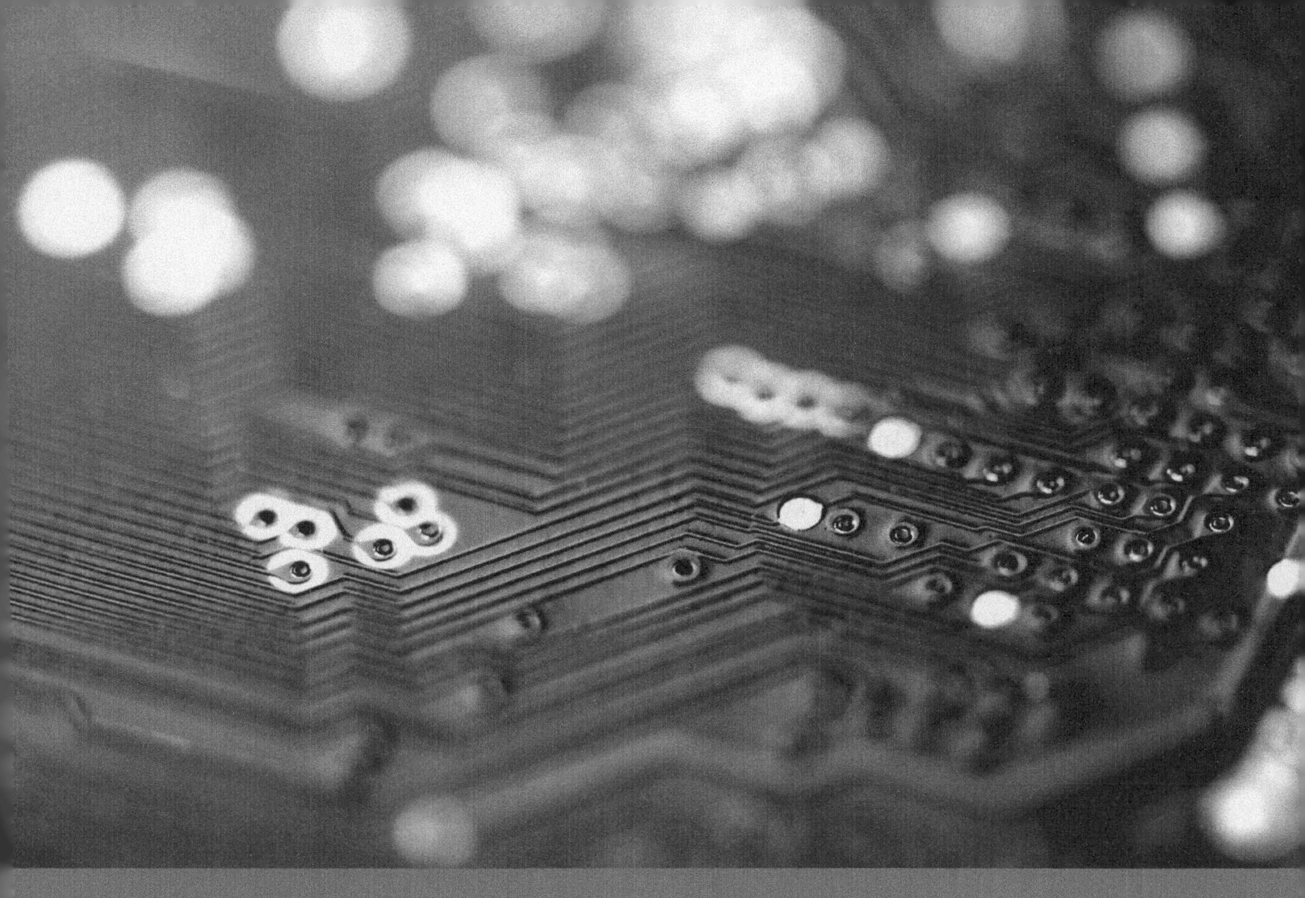

CHAPTER 2

논리회로

1 수의 표현과 연산

1.1 수치적 연산

① 10진법(decimal number system) : 10진법은 0~9까지 10개의 숫자를 사용하여 모든 수를 표현하며, 밑수는 10으로 표현하되 생략 가능하다.

② 2진법(binary number system) : 2진법은 0과 1의 2개의 숫자를 사용하여 모든 수를 표현하며, 밑수는 2로 표현(생략 불가)한다.

③ 8진법(octal number system) : 8진법은 0~7까지 8개의 숫자를 사용하여 모든 수를 표현하며, 밑수는 8로 표현(생략 불가)한다.

④ 16진법(hexadecimal number system) : 0~15까지 16개의 숫자를 사용하여 모든 수를 표현하며, 밑수는 16로 표현(생략 불가)한다. 단, 16개의 숫자 중에서 0~9까지는 그대로 사용하되 나머지 6개인 10~15까지는 다른 진법의 수와 혼동을 피하기 위하여 A(=10), B(=11), C(=12), D(=13), E(=14), F(=15)로 각각 표현한다.

[진수 표현법]

10진법	2진법	8진법	16진법	10진법	2진법	8진법	16진법
0	0	0	0	8	1000	10	8
1	1	1	1	9	1001	11	9
2	10	2	2	10	1010	12	A
3	11	3	3	11	1011	13	B
4	100	4	4	12	1100	14	C
5	101	5	5	13	1101	15	D
6	110	6	6	14	1110	16	E
7	111	7	7	15	1111	17	F

1.1.1 진수 변환

(1) 10진수를 2진수로 변환

진수(2)로 계속 나누어 나머지를 아래에서 위순으로 표현한 후 진수표시를 한다.

예제 10진수 27을 2진수로 변환하면 다음과 같다.

```
2) 27
2) 13 ··· 1  ↑
2)  6 ··· 1  |      ⇨ (27)10 = (11011)2
2)  3 ··· 0  |
2)  1 ··· 1  |
    0 ··· 1  |
   몫   나머지
```

$\Rightarrow (27)_{10} = (11011)_2$

(2) $(0.1875)_{10}$를 2진수로 변환하면

① 10진수의 소수 부분만을 변환하려는 진수(2)로 소수점 이하자리가 0이 될 때까지 계속 곱한다.(단, 진수(2)로 계속 곱하여도 나머지가 0이 안될 경우에는 근사값을 구한다.)

② 발생되는 정수만을 순서대로 정리하여 해당하는 진수표현법에 맞게 표현한다.

0.1875	0.3750	0.7500	0.5000
× 2	× 2	× 2	× 2
0.3750	0.7500	1.5000	1.0000
↓	↓	↓	↓
0	0	1	0

$(0.1875)_{10} = (0.0011)_2$이 된다.

예제 10진수 27을 2진수로 변환하면 다음과 같다.

10진수 0.625을 2진수로 변환하면 다음과 같다.

```
0.625×2 = ①.25 ··· 1 |
 0.25×2 = ⓪.5  ··· 0 |    ⇨ (0.625)10 = (0.101)2
  0.5×2 = ①.0  ··· 1 ▼
```

$\Rightarrow (0.625)_{10} = (0.101)_2$

(3) 10진수를 8진수로 변환

예제 $(49)_{10}$를 8진수로 변환하면

```
8 | 49
  ------
8 |  6  →  1  ↑
     0  →  6
```

$(49)_{10}=(61)_8$

(4) 10진수를 16진수로 변환

예제 $(248)_{10}$을 16진수로 변환하면

```
16 | 248
   -------
16 |  15  →  8
       0  →  F(15)   ↑
```

15는 16진수에서 F이므로 $(248)_{10}=(F8)_{16}$이 된다.

예제 10진수 123을 16진수로 변환하면 다음과 같다.

```
16) 123
      7 ⋯→ 11(B)      ⇨    (123)10 = (7B)16
      몫   나머지
```

$(123)_{10} = (7B)_{16}$

(5) 2진수, 8진수, 16진수에서 각각 10진수로의 변환

변환하는 수의 계수와 각 자리에 해당하는 가중치를 곱하여 이를 더하면 된다.

예제 $(10101)_2 = 1\times2^4+0\times2^3+1\times2^2+0\times2^1+1\times2^0$

$= 16+0+4+0+1$

$= (21)_{10}$

$(163)_8 = 1\times8^2+6\times8^1+3\times8^0$

$= 64+48+3$

$= (115)_{10}$

$$(1F)_{16} = 1\times16^1+15\times16^0$$
$$= 16+15$$
$$= (31)_{10}$$

(6) 2진수에서 8진수, 16진수로 변환

① **2진수에서 8진수로 변환** : 소숫점을 중심으로 정수부는 왼쪽으로 세 자리씩 묶어서 8진수 한 자리로 표시하고, 소수부는 오른쪽으로 세 자리씩 묶어서 8진수 한 자리로 표시한다.(단, 세 자리가 부족할 때는 0으로 채워서 묶는다.)

② **2진수에서 16진수로 변환** : 소숫점을 중심으로 정수부는 왼쪽으로 네 자리씩 묶어서 16진수 한 자리로 표시하고, 소수부는 오른쪽으로 네 자리씩 묶어서 16진수 한 자리로 표시한다.(단, 네 자리가 부족할 때는 0으로 채워서 묶는다.)

예제 $(1101100.0011)_2$을 8진수로 변환하면 다음과 같다.

$(1101100.0011)_2$ ⇒ **0**01 101 100 . 001 1**00** ⇒ $(154.14)_8$

1 5 4 . 1 4

예제 $(1101100.0011)_2$을 16진수로 변환하면 다음과 같다.

$(1101100.0011)_2$ ⇒ **0**110 1100 . 0011 ⇒ $(6C.3)_{16}$

6 C . 3

(7) 8진수, 16진수에서 2진수로 변환

① **8진수에서 2진수로 변환** : 소숫점을 중심으로 정수부는 왼쪽으로 8진수 한 자리를 2진수 세 자리로 표시하고, 소수부는 오른쪽으로 8진수 한 자리를 2진수 세 자리로 표시한다.

② **16진수에서 2진수로 변환** : 소숫점을 중심으로 정수부는 왼쪽으로 16진수 한 자리를 2진수 네 자리로 표시하고, 소수부는 오른쪽으로 16진수 한 자리를 2진수 네 자리로 표시한다.

예제 $(154.14)_8$을 2진수로 변환하면 다음과 같다.

$(154.14)_8$ ⇒ 1 5 4 . 1 4 ⇒ $(1101100.0011)_2$

001 101 100 . 001 100

예제 $(6C.3)_{16}$을 2진수로 변환하면 다음과 같다.

$(6C.3)_{16}$ ⇒ 6 C . 3 ⇒ $(1101100.0011)_2$

0110 1100 . 0011

1.2 2진 연산

0+0=0	1+0=1
0+1=1	1+1=10(자리올림)
0-0=0	1-0=1
1-1=0	10-1=1(자리빌림)
0×0=0	1×0=0
0×1=0	1×1=1
0÷0=불능	1÷0=불능
0÷1=0	1÷1=1

실전문제 1 $(45)_{10}$를 2진수로 바꾸시오.

답 $(101101)_2$

실전문제 2 $(666.6)_8$를 10진수로 바꾸시오.

답 $(438.75)_{10}$

실전문제 3 2진법 10100101을 16진법으로 고치면?

답 A5

2 논리적 연산(비수치적 연산)

2.1 논리적 연산

2.1.1 보수(complement)

대부분의 컴퓨터에서는 보수를 이용한 덧셈만으로 뺄셈을 처리하는 방법을 사용하는데 2진수의 보수에는 1의 보수와 2의 보수가 있다.

(1) 1의 보수

어떤 수의 1의 보수는 주어진 2진수를 모두 부정을 취하면 된다. 즉 1은 0으로, 0은 1로 바꾸면 된다.

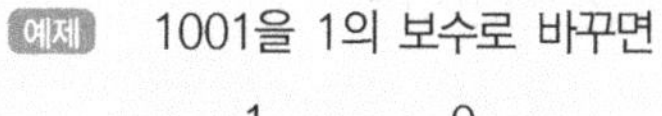
예제 1001을 1의 보수로 바꾸면

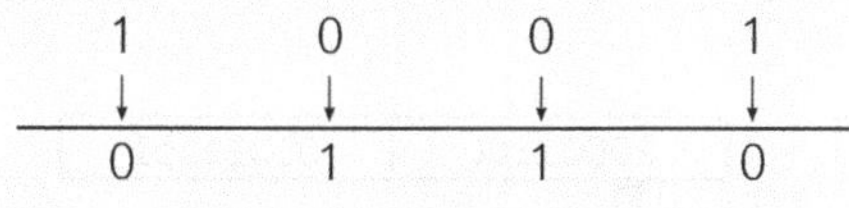

1001의 1의 보수는 0110이 된다.

(2) 2의 보수

2의 보수는 주어진 2진수를 모두 부정을 위하여 1의 보수로 바꾼다. 1의 보수에 1을 더하면 2의 보수가 된다. 즉 2의 보수는 1의 보수보다 1이 크다.

예제 1001을 2의 보수로 바꾸면

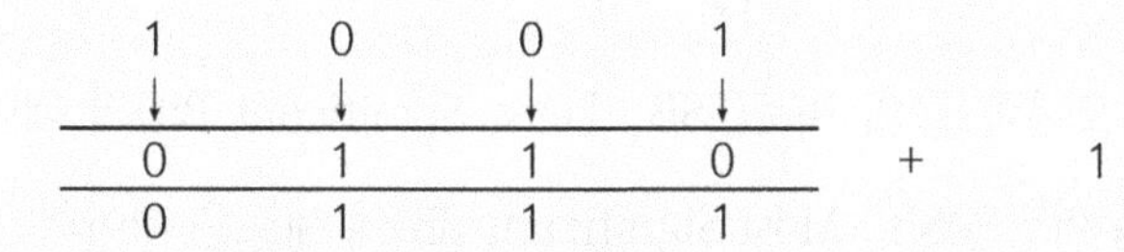

1001의 2의 보수는 0111이 된다.

2.1.2 AND(논리곱) : 비트, 문자 삭제

데이터 중 일부의 불필요 비트 및 문자를 삭제하고, 나머지 비트를 데이터로 사용하기 위해 사용되는 연산이다.

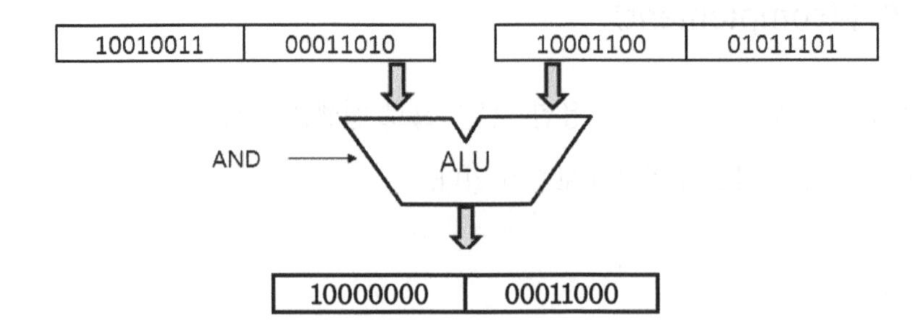

2.1.3 OR(논리합) : 비트, 문자 삽입

2개의 데이터를 논리합하여 비트나 문자의 삽입에 사용하는 연산이다.

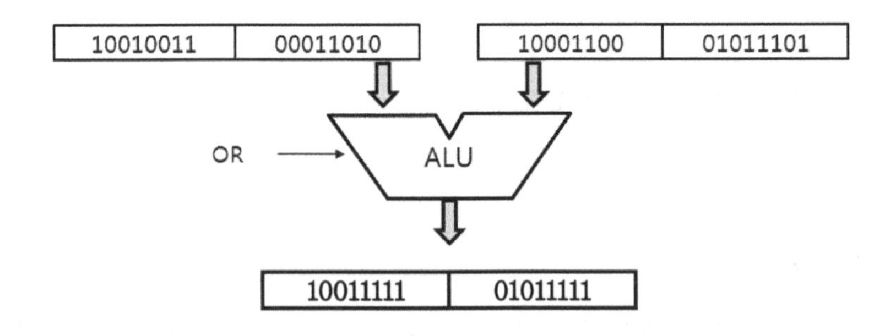

2.1.4 시프트(Shift)

데이터의 모든 비트를 좌측 또는 우측으로 자리를 이동

① **우 시프트(Right Shift)** : 오른쪽 끝의 비트(LSB : Least Significant Bit)의 데이터는 밀려서 나가고, 왼쪽 끝의 비트(MSB : Most Significant Bit)에 새로운 데이터가 들어온다.

② **좌 시프트(Left Shift)** : 왼쪽 끝의 비트(MSB : Most Significant Bit)의 데이터는 밀려서 나가고, 오른쪽 끝의 비트(LSB : Least Significant Bit)에 새로운 데이터 들어온다.

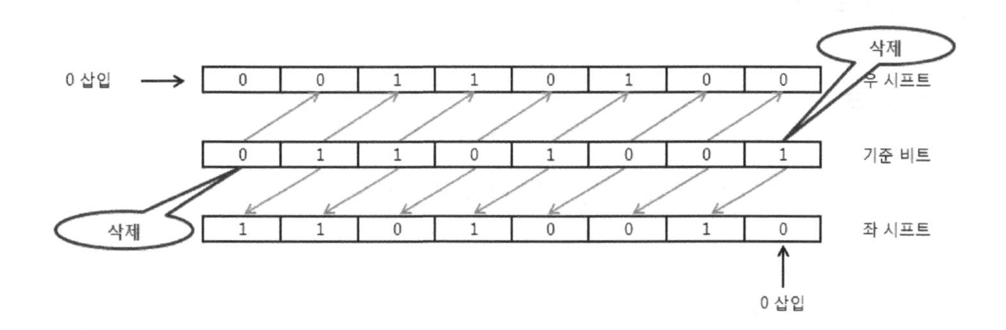

2.1.5 로테이트(Rotate)

데이터의 위치 변환에 사용되는 것으로, 한쪽 끝에서 밀려서 나가는 데이터가 반대편의 데이터로 들어오는 것을 말한다.

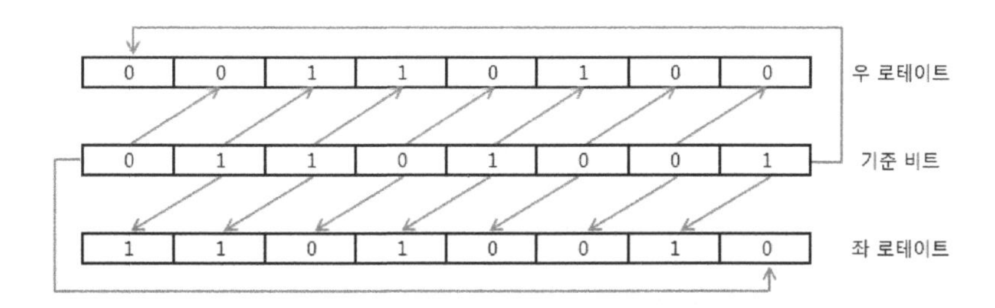

3 자료의 표현

3.1 자료의 종류

3.1.1 자료

컴퓨터에서 취급하는 정보 및 데이터를 의미하며 모든 자료는 2진 코드로 표현한다.

3.1.2 자료의 구성

① **비트(Bit)** : binary digit의 약자이며 0과 1로 표현되는 데이터(정보)의 최소단위이다.

② **바이트(Byte)** : 8bit로 구성되며 1개의 문자나 수를 기억하는 단위 즉, 정보를 저장하는 최소단위라 한다.

③ **워드(Word)** : 몇 개의 데이터가 모인 단위

㉠ 반 워드(Half Word) : 2Byte로 구성

㉡ 전 워드(Full Word) : 4Byte로 구성, 일반적으로 워드라고 하면 전워드를 의미한다.

㉢ 배 워드(Double Word) : 8Byte로 구성

④ **필드(Field)** : 특정문자의 의미를 나타내는 논리적 데이터의 최소단위

⑤ **레코드(Record)** : 관련성 있는 필드들의 집합

⑥ **파일(File)** : 레코드들의 집합

⑦ **데이터베이스(Database)** : 상호 관련성이 있는 파일들의 집합

정보의 단위 비교

비트 〈 바이트 〈 워드 〈 필드 〈 레코드 〈 파일 〈 데이터베이스

실전문제 1 1Byte는 몇 bit로 이루어지는가?

가. 2개　　나. 4개　　다. 8개　　라. 16개

답 다

실전문제 2 주기억 장치에서 번지(address)를 부여하는 최소단위는?

가. nibble　　나. word　　다. byte　　라. bit

답 다

실전문제 3 일반적인 정보 단위의 구성에 nibble은 몇 bit인가?

가. 2　　나. 4　　다. 8　　라. 16

답 나

실전문제 4 다음 bit에 관한 설명 중 틀린 것은?

가. 10진수의 한 자릿수를 말한다.

나. 2진수를 나타내는 둘 중의 하나이다.

다. 정보량을 표현하는 것 중 최소단위이다.

라. binary digit의 약자이다.

답 가

3.1.3 자료의 구조

자료	선형 리스트 (데이터가 연속하여 순서적인 선형으로 구성)	스택(Stack)
		큐(Queue)
		데큐(Deque)
	비선형 리스트	트리(Tree)
		그래프(Graph)

(1) 스택(Stack)

기억장치에 데이터를 일시적으로 겹쳐 쌓아 두었다가 필요시에 꺼내서 사용할 수 있게 주기억장치 또는 레지스터의 일부를 할당하여 사용하는 일시기억 장치로, 데이터는 위(top)라고 불리는 한쪽 끝에서만 새로운 항목이 삽입(push)될 수 있고 삭제(pop)되는 후입선출(LIFO : last in first out)의 자료구조이다.

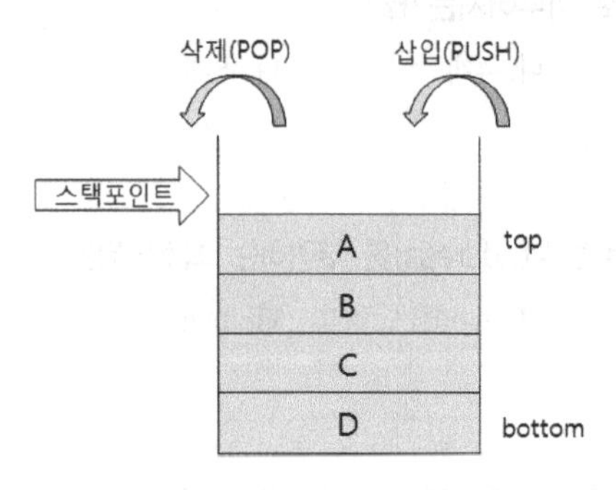

[스택(STACK)의 구조]

(2) 큐(queue)

뒷부분(rear)에 해당되는 한쪽 끝에서는 항목이 삽입되고 다른 한쪽 끝(front)에서는 삭제가 가능토록 제한된 구조로, 먼저 입력된 데이터가 먼저 삭제되는 선입선출(FIFO : first-in first-out)의 자료 구조이다.

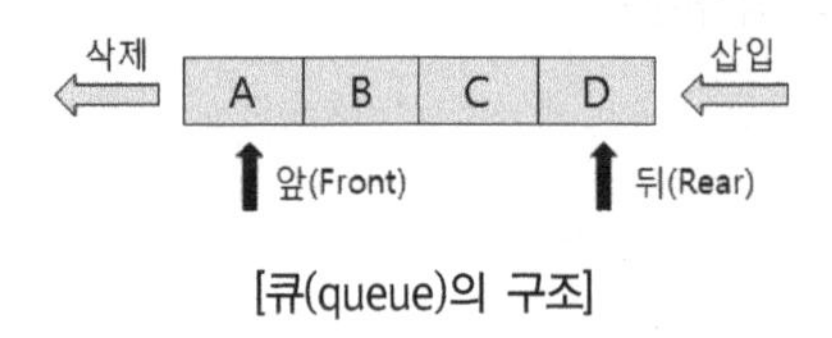

[큐(queue)의 구조]

(3) 데큐(deque)

선형 리스트의 가장 일반적인 형태로 스택과 큐의 동작을 복합한 방식으로 수행되는 자료구조이다.

(4) 트리(tree)

계층적으로 구성된 데이터의 논리적 구조를 표시하고, 항목들이 가지(branch)로 연관되어서 데이터를 구성하는 자료 구조이다.

(5) 그래프(graph)

원으로 표시되는 정점과 정점을 잇는 선분으로 표시되는 간선으로 구성되며, 정점과 정점을 연결해 놓은 것을 말한다.

3.2 자료의 표현 종류

3.2.1 숫자의 코드화(Numeric Code)

(1) 2진화 10진수(BCD : Binary Coded Decimal)

10진수 1자리의 수를 2진수 4비트로 표시하는 것으로, 각 비트는 고유한 값 8, 4, 2, 1의 고정 값을 갖는다. 그래서 8421코드라고도 한다.

표 3-1 2진화 10진 코드

10진수	2진화 10진 코드	10진수	2진화 10진 코드
0	0000	5	0101
1	0001	6	0110
2	0010	7	0111
3	0011	8	1000
4	0100	9	1001

실전문제 1 8421코드 010000100001의 10진수 값은 ?

답 421

실전문제 2 BCD연산 6+7 ?

답 0001 0011

(2) 3초과 코드(Excess-3Code)

BCD 코드에 3($0011_{(2)}$)을 더하여 만든 코드로, 자기보수 코드(self complement code)라고도 한다. 3초과 코드는 비트마다 일정한 값을 갖지 않으며, 연산동작이 쉽게 이루어지는 특징이 있는 코드이다.

① 3초과 코드의 특징

- BCD코드 + $(0011)_2$ 이다.
- 자기보수화 코드(self-complementing code)이다.
- unweighted code이다.
- 연산 동작이 쉽게 이루어진다.
- 0000, 0001, 0010, 1101, 1110, 1111 등은 사용되지 않는다.

실전문제 1 10진수 9를 3-초과 코드(Excess-3 code)로 표현한 것 중 옳은 것은?

가. 0011 나. 1111 다. 1100 라. 1010

답 다

실전문제 2 3의 BCD코드와 4의 BCD코드를 더한 3초과 코드는?

답 1010

(3) 그레이 코드(Gray Code)

인접한 각 코드 간에는 한 개의 bit만이 변화함으로 아날로그 데이터를 디지털 데이터로 변환하는 A/D변환 장치에 널리 쓰인다.

① 그레이 코드의 특징

- 1비트 변환 코드이다.
- 연산으로는 부적합하다.
- unweighted code이다.

예제 $1001_{(2)}$를 그레이 코드로 변환하면

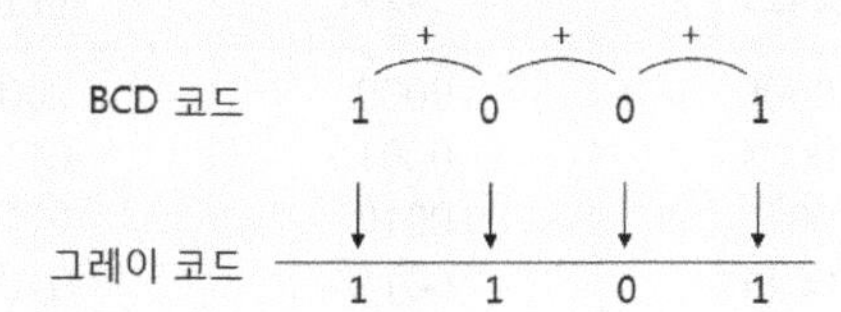

예제 그레이 코드 1101을 2진수로 변환하면

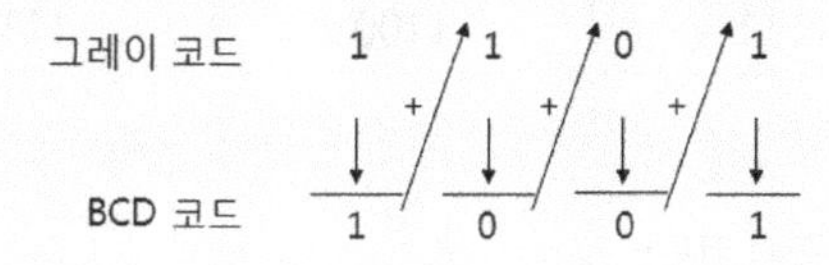

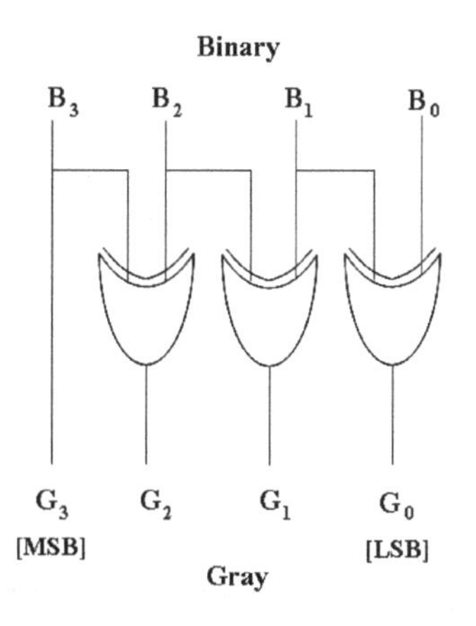

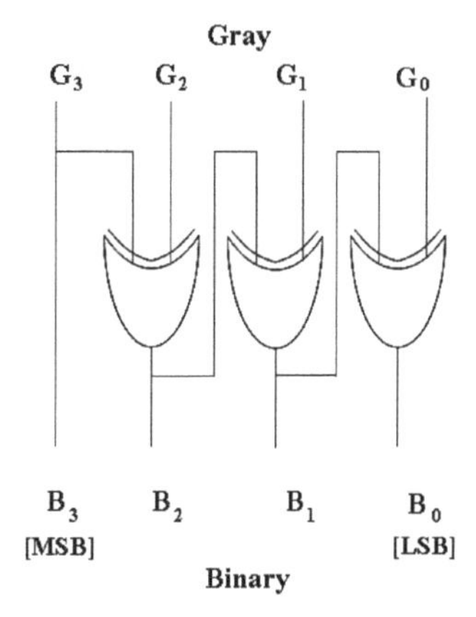

reference

가중치 코드(weighted code) : 각 2진수의 자릿수가 일정한 값(weight)을 갖는 코드

예 8421, 2421, 5421 코드 등

비가중치 코드(unweighted code) : 각 2진수의 자릿수가 일정한 값(weight)을 갖지 않는 코드

예 Excess-3, Gray, 2 out of 5 코드 등

자기 보수 코드(self-complementing code) : 모든 코드를 1의 보수를 취했을 때 그 코드 안에 보수가 존재하는 코드

예 Excess-3, 8421 코드 등

[가중치 코드]

10 진수	BCD(8421)	2421	5421	$84\bar{2}\bar{1}$
0	0000	0000	0000	0000
1	0001	0001	0001	0111
2	0010	0010	0010	0110
3	0011	0011	0011	0101
4	0100	0100	0100	0100
5	0101	1011	1000	1011
6	0110	1100	1001	1010
7	0111	1101	1010	1001
8	1000	1110	1011	1000
9	1001	1111	1100	1111

[비가중치 코드]

10 진수	Excess - 3코드	Gray코드	2 - out - of - 5코드
0	0011	0000	00011
1	0100	0001	00101
2	0101	0011	00110
3	0110	0010	01001
4	0111	0110	01010
5	1000	0111	01100
6	1001	0101	10001
7	1010	0100	10010
8	1011	1100	10100
9	1100	1101	11000

실전문제 1 3초과코드 0111의 10진수 값과 그레이코드 0111의 10진수 값은?

답 4, 5

실전문제 2 2진코드를 gray code로 변환하여 주는 논리식은?

답 XOR

실전문제 3 다음 중 가중치를 갖지 않는 코드는?

가. BCD 코드　　나. 8421 코드　　다. 5421 코드　　라. Gray 코드

답 라

3.2.2 문자의 표현

(1) 표준 BCD 코드(Binary Coded Decimal Code)

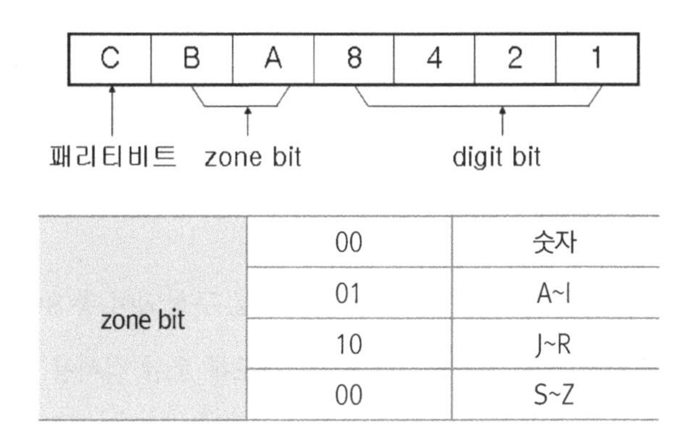

zone bit	00	숫자
	01	A~I
	10	J~R
	00	S~Z

표준 BCD 코드에서는 문자를 표현하기 위해 존(zone) 2비트와 디지트(digit)비트 4비트로 구성되어 총 6비트로 표현되는 코드이다. 단, 데이터 전송 시에는 오류를 검사할 수 있도록 오류 검사용 패리티 비트(parity bit) 1비트를 추가하게 되면 총 7비트 코드화가 된다.

(2) ASCII 코드(American Standard Code for Information Interchange Code)

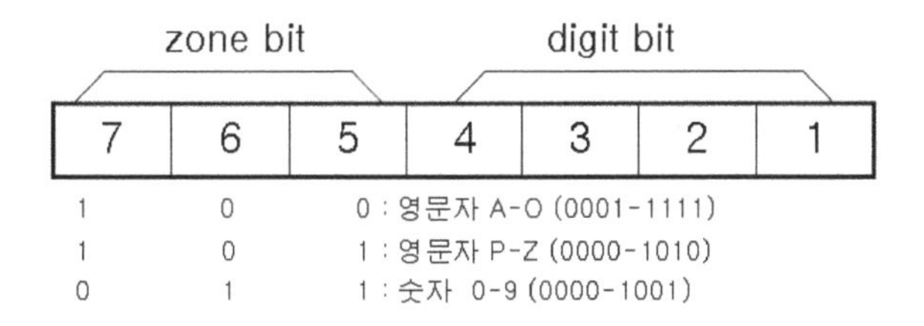

미국 문자 표준 코드로서 존(zone) 3비트와 디지트(digit)비트 4비트로 구성되어 총 7비트로 표현되는 코드이다. 단, 데이터 전송 시에는 오류를 검사할 수 있도록 오류 검사용 패리티 비트(parity bit) 1비트를 추가하게 되면 총 8비트 코드화가 된다. 현재, PC(personal computer)나 마이크로(Micro) 컴퓨터에 가장 많이 쓰이는 코드이다.

⑶ EBCDIC 코드(Extended Binary Code Decimal Interchange Code : 확장형 2진화 10진 코드)

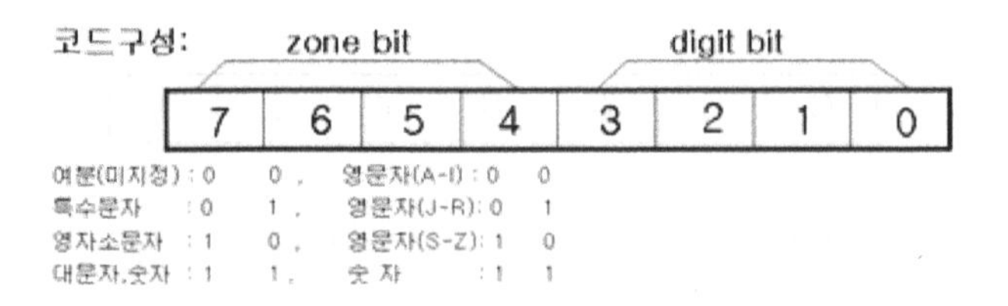

2개의 존 비트(총 4비트)와 디지트(digit)비트 4비트로 구성되어 총 8비트로 표현되는 코드이다. 단, 데이터 전송시에는 오류를 검사할 수 있도록 오류 검사용 패리티 비트(parity bit) 1비트를 추가하게 되면 총 9비트 코드화가 된다. 현재, 대형 컴퓨터에 이용된다.

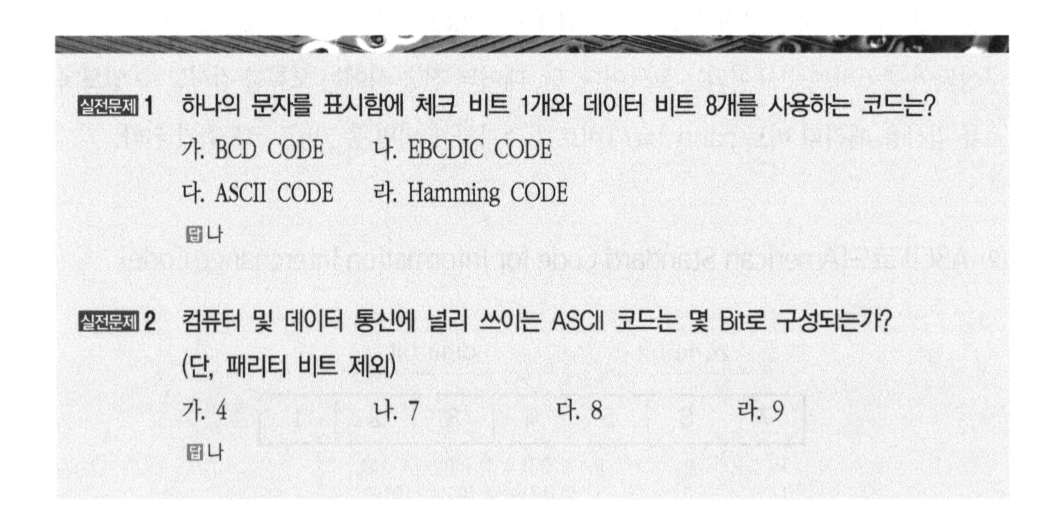

실전문제 1 하나의 문자를 표시함에 체크 비트 1개와 데이터 비트 8개를 사용하는 코드는?

가. BCD CODE 나. EBCDIC CODE

다. ASCII CODE 라. Hamming CODE

답 나

실전문제 2 컴퓨터 및 데이터 통신에 널리 쓰이는 ASCII 코드는 몇 Bit로 구성되는가? (단, 패리티 비트 제외)

가. 4 나. 7 다. 8 라. 9

답 나

3.2.3 10진 데이터 표현 방법

고정 소수점 데이터를 표현하는 방법 중의 하나로 10진수를 2진수로 변환하지 않고 10진수 상태로 표현하는 것이다. 10진 데이터 형식에는 팩 10진 데이터 형식과 언팩 10진 데이터 형식 그리고 2진화 10진 코드(BCD : binary coded decimal) 형식이 있다.

(1) 팩 10진 데이터 형식

10진수 한 자리수를 4개의 비트로 표현하는 방법으로 맨 오른쪽 4개의 비트는 부호 비트로 사용한다.(단, 양수이면 C(1100)로, 음수이면 D(1101)로 나타낸다.)

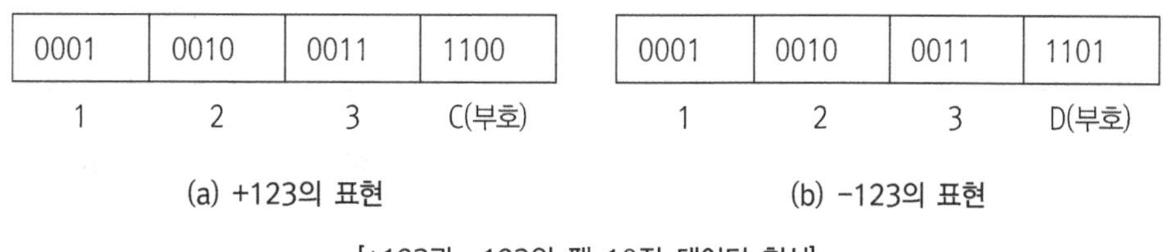

0001	0010	0011	1100
1	2	3	C(부호)

(a) +123의 표현

0001	0010	0011	1101
1	2	3	D(부호)

(b) -123의 표현

[+123과 -123의 팩 10진 데이터 형식]

(2) 언팩 10진 데이터 형식

10진수 한 자리수를 8개의 비트로 표현하는 방법으로 8비트 중에서 왼쪽 4개의 비트는 존(zone), 나머지 4비트는 숫자(digit)로 사용한다. 이 때, 맨 마지막 존(zone) 비트는 부호 비트로 사용하며, 양수이면 C(1100)로, 음수이면 D(1101)로 나타낸다.

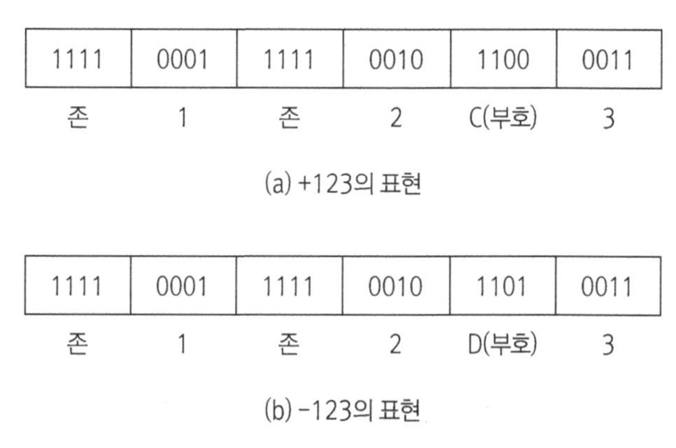

1111	0001	1111	0010	1100	0011
존	1	존	2	C(부호)	3

(a) +123의 표현

1111	0001	1111	0010	1101	0011
존	1	존	2	D(부호)	3

(b) -123의 표현

[+123과 -123의 언팩 10진 데이터 형식]

3.2.4 에러 검출 및 정정 코드

(1) 패리티 체크(Parity Check)

패리티 비트는 패리티 검사 방식에서 에러를 검출하기 위해 추가되는 비트로 전송되는 각 문자에 한 비트를 더하여 전송하고 수신측에서는 송신측에서 추가하여 보내진 패리티 비트를 이용하여 에러를 검출하게 된다. 이러한 패리티 비트는 정보 전달과정에서 일어나는 전송 에러를 검사하기 위해 사용되며 1의 개수를 짝수개로 만드는 짝수 패리티 비트와 "1"의 개수를 홀수 개로 만드는 홀수 패리티 비트가 있다.

① **우수 패리티 체크**(even parity check : **짝수 패리티**)

전송되는 각 문자를 나타내는 데이터 비트들 중에서 "1"인 비트의 총수가 항상 짝수개가 되도록 잉여분의 한 비트를 부가하는 것으로 정보의 내용에서 "1"인 비트의 총수를 점검하여 에러를 검출 하게 된다.

② **기수 패리티 체크**(odd parity check : **홀수 패리티**)

전송되는 각 문자를 나타내는 데이터 비트들 중에서 "1"인 비트의 총수가 항상 홀수개가 되도록 잉여분의 한 비트를 부가하는 것으로 정보의 내용에서 "1"인 비트의 총수를 점검하여 에러를 검출 하게 된다.

데이터 비트(7비트)	패리티 비트		패리티 비트 포함 데이터(8비트)	
	짝수	홀수	짝수 패리티 포함	홀수 패리티 포함
0000000	0	1	0000000 0	0000000 1
1010001	1	0	1010001 1	1010001 0
1101001	0	1	1101001 0	1101001 1
1111111	1	0	1111111 1	1111111 0

(2) 해밍 코드(Hamming Code)

해밍코드는 R.W Hamming에 의해서 개발된 코드로서 에러 검출 방식 중 비트수가 적고 가장 단순한 형태의 parity bit를 여러 개 이용하여 수신측에서 에러의 체크는 물론 에러가 발생한 비트를 수정까지 할 수 있는 에러 정정코드이다.

① 해밍 코드의 패리티 비트(해밍 비트)생성 절차

해밍 코드는 전송 데이터의 에러를 검출 및 정정하기 위해 해밍비트가 사용되며 해밍비트는 여러 개의 패리티 비트들로 구성되고 데이터 비트열에 따라 다음의 수식을 통해서 구해진다.

$$2^p \geq m + P + 1$$

여기서 m은 데이터 비트수를 의미하며 P는 해밍 비트의 수를 나타낸다. 따라서 위의 수식을 이용하여 데이터 비트수와 해밍 비트 수, 해밍 코드를 포함한 전체 데이터 비트 수를 구할 수 있다.

예를 들어 송신 측에서 전송할 데이터 비트가 8비트 일 경우 해밍 비트수와 전체 비트 수를 구하면 다음과 같다.

$$2^p \geqq m + P + 1 = 8 + P + 1$$

위의 수식을 통해서 해밍 비트 수(P)를 구하기 위해 P에 1부터 차례대로 대입시켜 위의 수식을 풀어보면 $P = 4$가 된다.

즉 $P = 3$일 경우에는 $2^3 \geqq 8 + 3 + 1$ 되고 $8 \geqq 12$ 되므로 위의 수식을 만족시키지 못하지만 $P = 4$가 될 경우에는 $2^4 \geqq 8 + 4 + 1 \therefore 16 \geqq 13$ 되므로 위의 수식을 만족시키게 되는 것이다.

$$2^p \geqq m + P + 1 = 2^4 \geqq 8 + 4 + 1$$

결국 데이터 비트수가 8일 경우에는 해밍 코드 비트는 4비트를 가지게 되고 해밍 코드를 포함한 전송 데이터 비트는 12비트가 된다.

(3) 해밍 거리(Hamming Distance)

해밍 거리란 같은 비트 수를 가지는 2진 부호 사이에 대응되는 비트 값이 일치하지 않는 개수를 의미하는 것이다. 즉 한 데이터 비트 열을 다른 데이터 비트 열로 바꾸기 위해 몇 비트를 바꿔주어야 하는가를 나타내는 것이다.

예를 들어 1011101비트 열과 1001001비트 열이 있을 경우 서로 다른 비트가 두 개 이므로 해밍 거리는 2가 된다.

이러한 해밍 거리는 전송로를 통해 전송되는 데이터의 비트가 변경되어 에러가 발생한 경우 원래의 데이터 비트와 변경된 데이터 비트의 사이에서 일치하지 않는 비트의 개수를 3차원 공간에서의 두 점 사이의 거리 개념을 도입하여 해밍 코드를 이용한 에러 검출 및 정정 능력을 결정하는 요소로서 일반적으로 해밍 거리는 거리(Distance)의 약자 d로 표시하며 해밍 거리와 오류 검출 및 정정 능력간의 관계는 다음과 같은 수식으로 표현할 수 있다.

해밍거리(d)와 에러 검출 능력 관계

$d-1$개

해밍거리(d)와 에러 정정 능력 관계

d가 홀수이면 $\frac{d-1}{2}$개, d가 짝수이면 $\frac{d-2}{2}$개

(4) 순환 잉여 검사 코드(CRC : Cyclic Redundancy check Code)

CRC방식은 데이터 통신과정에서 전송되는 데이터의 신뢰성을 높이기 위한 에러 검출 방식의 일종으로 CRC검사 방식은 높은 신뢰성을 가지며 에러 검출에 의한 오버헤드가 적고 랜덤 에러나 집단적 에러를 모두 검출할 수 있어 매우 좋은 성능을 가지는 에러 검출 방식이다. 이 방식은 이진수를 기본으로 해서 모든 연산 동작이 이루어지며 전송할 데이터 비트와 CRC다항식을 나눗셈 하여 나온 나머지를 보낼 데이터의 에러 검출의 잉여 비트로 덧붙여 보내고 수신 측에서는 수신된 데이터와 함께 온 잉여분의 비트를 나누어서 나머지가 "0"이 되는지를 검사해서 에러를 검출하는 방식이다.

3.3 수치 데이터의 표현 방법

3.3.1 고정 소수점 데이터 형식

① 컴퓨터 내부에서 소수점이 없는 정수를 표현할 때 사용하는 형식으로 2바이트(16비트)와 4바이트(32비트) 형식이 있다.

② 가장 왼쪽 비트는 부호(sign) 비트로서 양수(+)이면 0으로, 음수(-)이면 1로 표시한다.

③ 부호 비트 이외의 나머지는 정수부로서 2진수로 표현하며, 소수점은 가장 오른쪽에 고정된 것으로 가정한다.

④ 음수의 표현 방법은 컴퓨터 기종에 따라 다르며, 부호화 절대값 표현법과 부호화 1의 보수 표현법, 부호화 2의 보수 표현법이 있다. 일반적으로 부호화 2의 보수 표현법이 연산을 쉽게 할 수 있어 가장 많이 이용되고 있다.

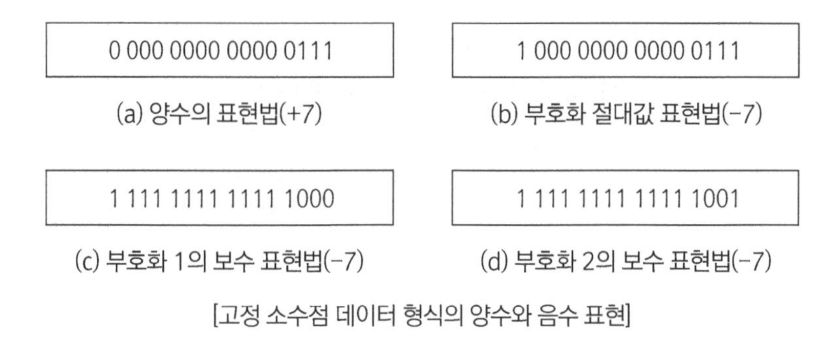

[고정 소수점 데이터 형식의 양수와 음수 표현]

3.3.2 IEEE745 방식에서의 부동 소수점 데이터 형식

① 컴퓨터 내부에서 소수점이 있는 실수를 표현할 때 사용하는 형식으로 4바이트(32비트)와 8바이트(64비트) 형식이 있다.

② 가장 왼쪽 비트는 부호(sign) 비트로서 양수(+)이면 0으로, 음수(-)이면 1로 표시한다.

③ 다음 8비트는 지수부로서 지수를 2진수로 표현한다. (단, 기준값(127)+지수값을 표현한다.)

④ 나머지 비트는 가수부로서 소수점 아래 10진 유효숫자를 2진수로 변환하여 표기한다.

정규화의 목적

① 수의 정밀도를 높이기 위함
② 유효자릿수가 최대가 되게함
③ 소수 부분의 자릿수를 서로 같도록 조정하여 수의 비교를 쉽게 할 수 있게 함

실전문제 1 10진 데이터 13.625를 IEEE745 방식의 부동 소수점 데이터 형식으로 총 32bit로 표현하시오.

[풀이]

① 10진 데이터를 2진수로 변환한다. $(1101.101)_2$

② 정규화 한다. (1.101101×2^3)

③ 부호를 표현한다. 총 1bit(양수 : 0, 음수 : 1)

④ 지수를 기준 값과 더하여 2진수로 표시한다. 총 8bit($127+3=130 \rightarrow 1000\,0010$)

⑤ 가수를 표시한다. 총 23bit(1011 0100 0000 0000 0000 000)

답

<table>
<tr><td>0</td><td>1</td><td>0</td><td>0</td><td>0</td><td>0</td><td>0</td><td>1</td><td>0</td><td>1</td><td>0</td><td>1</td><td>1</td><td>0</td><td>1</td><td>0</td><td>0</td><td>0</td><td>0</td><td>0</td><td>0</td><td>0</td><td>0</td><td>0</td><td>0</td><td>0</td><td>0</td><td>0</td><td>0</td><td>0</td><td>0</td><td>0</td></tr>
<tr><td>부호</td><td colspan="8">지수부</td><td colspan="23">가수부</td></tr>
</table>

4 디지털 논리회로

4.1 집적회로(Integrated Circuit) 설계

4.1.1 불 대수(Boolean algebra)

컴퓨터에 사용되는 전자 회로는 입력된 정보를 논리적으로 처리하는 회로로 구성되어 있는데 이러한 기본 논리 소자를 논리 게이트(logic gate)라고 한다. 이러한 논리 게이트의 동작을 수학적 표시법으로표현한 것이 불 대수(Boolean algebra)이다.

(1) 논리식과 불 대수값의 표현

논리 0	논리 1
False(거짓)	True(참)
Off	On
Low	High
No	Yes
스위치 열림	스위치 닫힘

(2) 불 대수의 덧셈

불 대수의 덧셈
0 + 0 = 0, 0 + 1 = 1
1 + 0 = 1, 1 + 1 = 1

(3) 불 대수의 곱셈

불 대수의 곱셈
$0 \cdot 0 = 0$, $0 \cdot 1 = 0$
$1 \cdot 0 = 0$, $1 \cdot 1 = 1$

(4) 불 대수의 기본 정리

논리 회로를 수학적으로 표현한 것이 불 대수이며, 논리 회로를 수식으로 나타내고 간소화하기 위해서 필요한 것이 불 대수의 기본 정리이다.

[표 불 대수의 기본 정리]

논리합의 기본 정리	논리곱의 기본 정리
$X+0=X$ $X+1=1$ $X+X=X$ $X+\overline{X}=1$ $\overline{\overline{X}}=X$ $X+Y=Y+X$(교환법칙) $X+(Y+Z)=(X+Y)+Z$(결합법칙) $X\bullet(Y+Z)=X\bullet Y+X\bullet Z$(배분법칙) $(\overline{X+Y})=\overline{X}\bullet\overline{Y}$(드모르강의 법칙) $X+X\cdot Y=X$	$X\cdot 0=0$ $X\cdot 1=X$ $X\cdot X=X$ $X\cdot\overline{X}=0$ $X\bullet Y=Y\bullet X$(교환법칙) $X\bullet(Y\bullet Z)=(X\bullet Y)\bullet Z$(결합법칙) $X+Y\bullet Z=(X+Y)(X+Z)$ (배분법칙) $(\overline{X\bullet Y})=\overline{X}+\overline{Y}$(드모르강의 법칙) $X\cdot(X+Y)=X$

$(\overline{X+Y})=\overline{X}\bullet\overline{Y}$(드모르강의 법칙) $(\overline{X\bullet Y})=\overline{X}+\overline{Y}$(드모르강의 법칙)

실전문제 1 드모르강(De Morgans)의 정리에 해당되는 식은?

가. $A\bullet B=\overline{\overline{A}\bullet\overline{B}}$ 나. $\overline{A+B}=\overline{A}\bullet\overline{B}$

다. $A+B=\overline{(\overline{A}+B)}+\overline{(A+B)}$ 라. A+AB=A

답 나

실전문제 2 불 대수의 기본 법칙으로 틀린 것은?

가. A+(B+C)=(A+B)+C   나. A+(B · C)=(A+B) · (A+C)

다. A+(A · B)=A   라. A · (A+B)=B

답 라

실전문제 3 a(a+b)를 간단히 하면?

답 a

⑸ 불 대수의 응용

실전문제 1 다음 불 대수를 간략화 하여 보자.

$$X(\overline{X}+Y) = X\overline{X}+XY$$
$$= 0+XY$$
$$= XY$$

$$\overline{X}Y\overline{Z}+\overline{X}YZ+X\overline{Y}Z+XYZ = \overline{X}Y(\overline{Z}+Z)+XZ(\overline{Y}+Y)$$
$$= \overline{X}Y+XZ$$

$$XY+\overline{X}Z+YZ = XY+\overline{X}Z+YZ(X+\overline{X})$$
$$= XY+\overline{X}Z+XYZ+\overline{X}YZ$$
$$= XY(1+Z)+\overline{X}Z(1+Y)$$
$$= XY+\overline{X}Z$$

$$A+A \cdot B = A \cdot 1 + A \cdot B$$
$$= A(1+B)$$
$$= A$$

$$A \cdot (A+B) = AA+AB$$
$$= A+AB$$
$$= A \cdot 1 + A \cdot B$$
$$= A(1+B)$$
$$= A$$

4.1.2 카르노 맵(Karnaugh map)에 의한 논리식의 간략화

주어진 논리식을 간략화하기 위해서는 카르노 맵을 이용하는 것이 효율적이다.

간략화 하는 방법과 절차는 다음과 같다.

① 변수를 센다. (2변수, 3변수, 4변수 · · ·)

② 카르노 맵(map)을 그린다.

③ 특성 방정식이나 진리표를 보고 해당되는 곳에 1을 표시한다.

④ 인접한 1의 수를 2^n(1, 2, 4, 8, 16, · · ·)개로 완전 중복되지 않는 범위에서 중복을

허용하며, 가장 큰 단위로 가장 작은 횟수로 묶는다.

⑤ 묶여진 곳을 논리식의 합으로 표현한다.

(1) 2변수의 간략화

예제 $AB+\overline{A}B$를 간략화하면

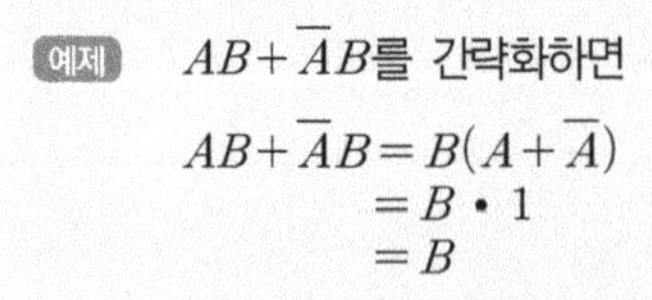

$$AB+\overline{A}B=B(A+\overline{A})$$
$$=B\cdot 1$$
$$=B$$

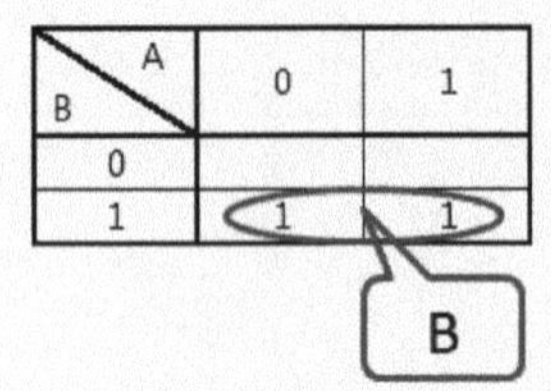

[2변수의 간략화]

(2) 3변수의 간략화

예제 $\overline{A}B\overline{C}+AB\overline{C}+\overline{A}BC+ABC+A\overline{B}C$를 간략화하면

$$\overline{A}B\overline{C}+AB\overline{C}+\overline{A}BC+ABC+A\overline{B}C$$
$$=B\overline{C}(\overline{A}+A)+BC(\overline{A}+A)+AC(B+\overline{B})$$
$$=B\overline{C}+BC+AC$$
$$=B(\overline{C}+C)+AC$$
$$=B+AC$$

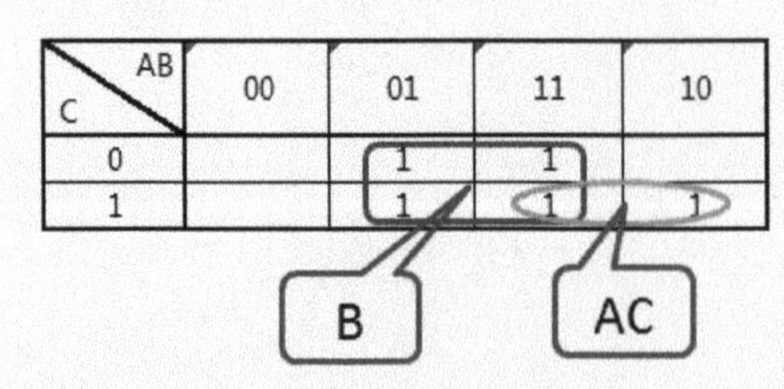

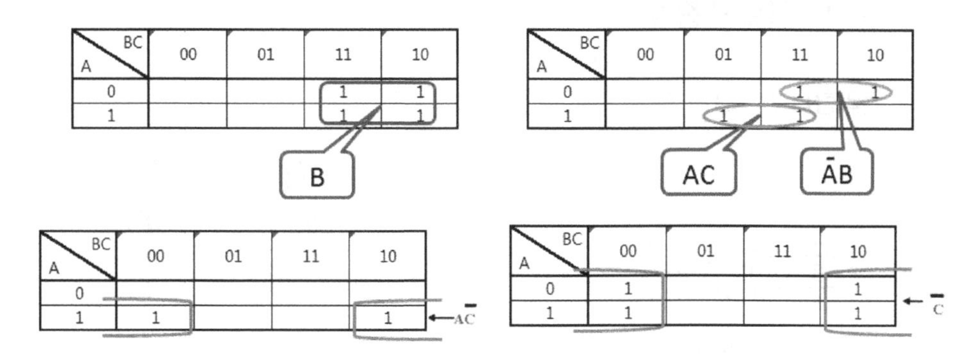

A \ BC	00	01	11	10
0			1	1
1			1	1

A \ BC	00	01	11	10
0			1	1
1		1	1	

A \ BC	00	01	11	10
0				
1	1			1

A \ BC	00	01	11	10
0	1			1
1	1			1

[3변수의 간략화]

(3) 4변수의 간략화

예제 $\overline{A}B\overline{C}\overline{D}+AB\overline{C}\overline{D}+\overline{A}B\overline{C}D+AB\overline{C}D+\overline{A}BCD+ABCD$

$+\overline{A}\overline{B}C\overline{D}+\overline{A}BC\overline{D}+ABC\overline{D}+A\overline{B}C\overline{D}$ 를 간략화하면

$=B(\overline{A}\,\overline{C}\overline{D}+A\overline{C}\overline{D}+\overline{A}\,\overline{C}D+A\overline{C}D+\overline{A}CD+ACD+\overline{A}C\overline{D}+AC\overline{D})$

$\quad+C\overline{D}(\overline{A}\,\overline{B}+\overline{A}B+AB+A\overline{B})$

$=B\overline{A}\,\overline{C}(D+\overline{D})+A\overline{C}(D+\overline{D})+\overline{A}C(D+\overline{D})+C\overline{D}(\overline{A}(A+\overline{B})+A(B+\overline{B})$

$=B(\overline{A}\,\overline{C}+A\overline{C}+\overline{A}C+AC)+C\overline{D}(\overline{A}+A)$

$=B(\overline{C}(\overline{A}+A)+C(\overline{A}+A)+C\overline{D}$

$=B(\overline{C}+C)+C\overline{D}$

$=B+C\overline{D}$

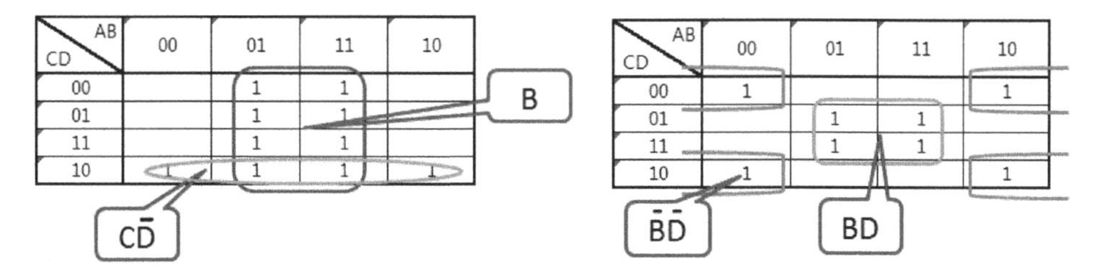

CD \ AB	00	01	11	10
00		1	1	
01		1	1	
11		1	1	
10	1	1	1	1

CD \ AB	00	01	11	10
00	1			1
01		1	1	
11		1	1	
10	1			1

[4변수의 간략화]

4.1.3 논리게이트의 종류

(1) OR(논리합) : $F = A + B$

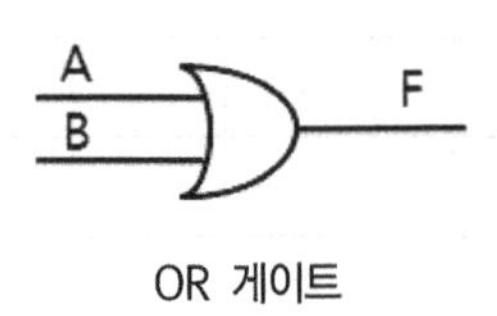

OR 게이트

OR 게이트의 진리치표

입력		출력
A	B	F
0	0	0
0	1	1
1	0	1
1	1	1

(2) AND(논리곱) : $F = A \cdot B$

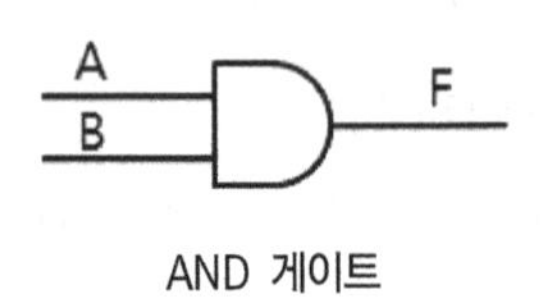

AND 게이트

AND 게이트의 진리치표

입력		출력
A	B	F
0	0	0
0	1	0
1	0	0
1	1	1

(3) NOT : $F = \overline{F}$

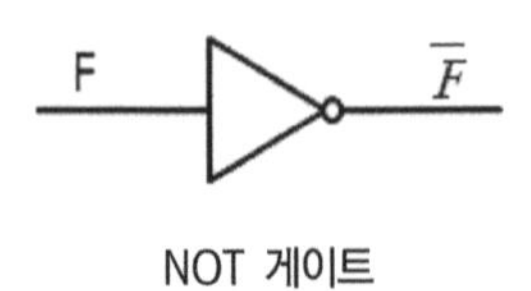

NOT 게이트

NOT 게이트의 진리치표

입력	출력
F	$\overline{F}$
0	1
1	0

(4) NOR : $F = \overline{A + B}$

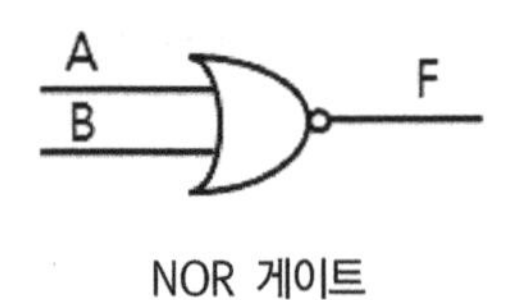

NOR 게이트

NOR 게이트의 진리치표

입력		출력
A	B	F
0	0	1
0	1	0
1	0	0
1	1	0

(5) NAND : $F=\overline{A \cdot B}$

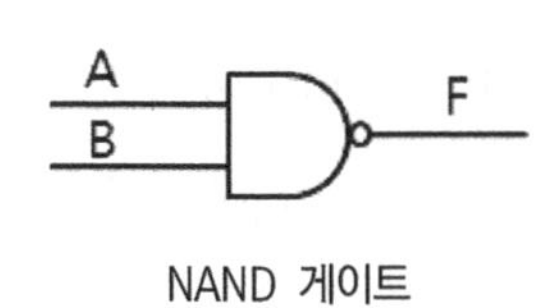

NAND 게이트

NAND 게이트의 진리치표

입력		출력
A	B	F
0	0	1
0	1	1
1	0	1
1	1	0

(6) EXCLUSIVE-OR(배타적 논리합) : $F=A\oplus B=A\overline{B}+\overline{A}B$

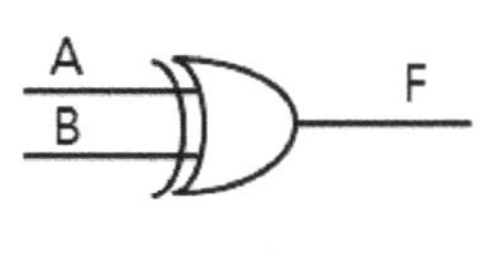

EX-OR 게이트

EX-OR 게이트의 진리치표

입력		출력
A	B	F
0	0	0
0	1	1
1	0	1
1	1	0

(7) EXCLUSIVE-NOR(배타적 논리곱) : $F=\overline{A\oplus B}=\overline{A}\,\overline{B}+AB$

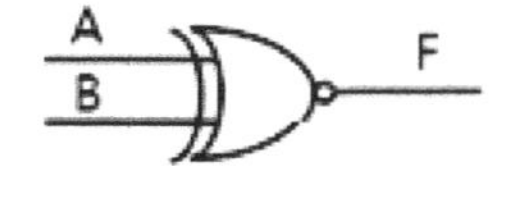

EX-OR 게이트

EX-NOR 게이트의 진리치표

입력		출력
A	B	F
0	0	1
0	1	0
1	0	0
1	1	1

실전문제 1 입력 A,B가 서로 다른 경우에만 1의 출력을 갖는 Gate는?

가. EX-NOR　　나. NOR　　다. EX-OR　　라. NAND

답 다

4.1.4 조합논리회로 설계

과거의 입력 조합에 관계없이 현재의 입력 상태에 의해서만 출력이 결정되며, 논리게이트(AND, OR, NOT, XOR, XNOR 게이트 등)로 구성된다. 컴퓨터 내부에서 사용되는 조합 논리 회로는 가산기, 감산기, 인코더, 디코더, 멀티플렉서, 디멀티플렉서 등 많은 조합 논리 회로가 사용되고 있다.

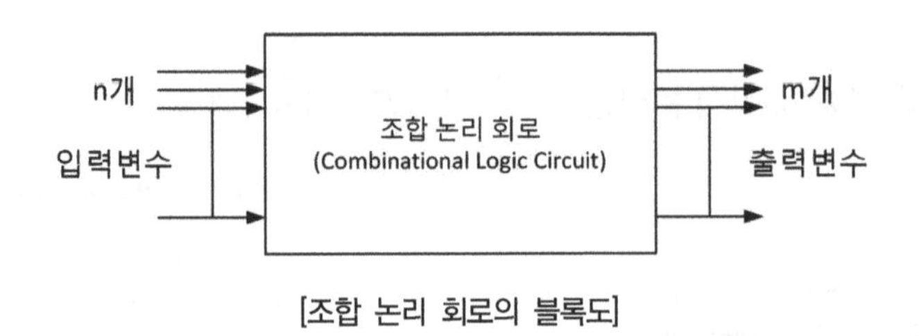

[조합 논리 회로의 블록도]

(1) 가산기(Adder)와 감산기(Subtracter)

① 반 가산기(HA : Half Adder)

반 가산기는 하위자리의 자리 올림수를 고려하지 않는 가산기로서, 2개의 2진수 입력과 2개의 2진수 출력을 가지는 논리 회로이다. 두 입력은 피가수(A)와 가수(B)이고, 두 출력은 합(S:sum)과 자리올림수(C:carry)이다.

$$S = A \oplus B = A\overline{B} + \overline{A}B, \quad C = A \cdot B$$

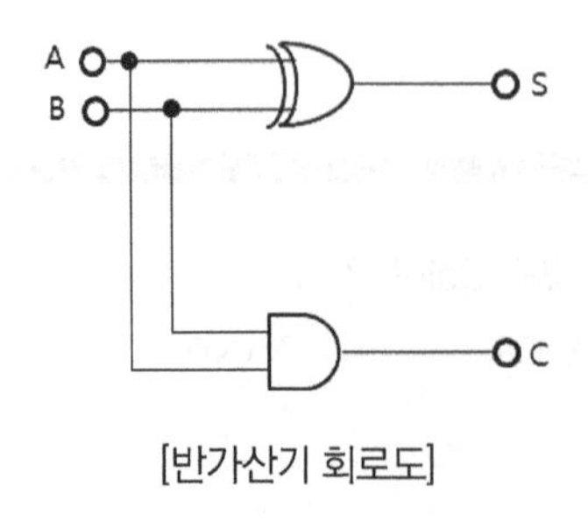

[반가산기 회로도]

진리치표

입력	출력
A B	S C
0 0	0 0
0 1	1 0
1 0	1 0
1 1	0 1

실전문제 1 반가산기(half adder)는 어떤 회로의 조합인가?

가. AND와 OR회로 나. AND와 NOT회로
다. EX-OR와 AND회로 라. EX-OR와 OR회로

답 다

실전문제 2 반가산기 회로에서 입력 A=1이고, B=1이면 출력의 합(S)과 자리올림수(C)는?

가. S=0, C=0 나. S=1, C=0
다. S=0, C=1 라. S=1, C=1

답 다

② 전가산기(FA : Full Adder)

전 가산기는 하위자리의 자리 올림수를 고려한 가산기로서, 3개의 2진수 입력과 2개의 2진수 출력을 가지는 논리 회로이다. 세 입력은 피가수(A)와 가수(B), 전단의 두 비트의 합에 의한 입력 자리 올림수(C_i)이고, 두 출력은 합(S)과 자리올림수(C_o)이다.

$$\begin{aligned} S &= \overline{A}\,\overline{B}C_i + \overline{A}B\overline{C_i} + A\overline{B}\,\overline{C_i} + ABC_i \\ &= \overline{A}(\overline{B}C_i + B\overline{C_i}) + A(\overline{B}\,\overline{C_i} + BC_i) \\ &= \overline{A}(B \oplus C_i) + A\overline{(B \oplus C_i)} \\ &= (A \oplus B) \oplus C_i \end{aligned}$$

$$\begin{aligned} C_o &= \overline{A}BC_i + A\overline{B}C_i + AB\overline{C_i} + ABC_i \\ &= \overline{A}BC_i + A\overline{B}C_i + AB \\ &= (\overline{A}B + A\overline{B})C_i + AB \\ &= (A \oplus B)C_i + AB \end{aligned}$$

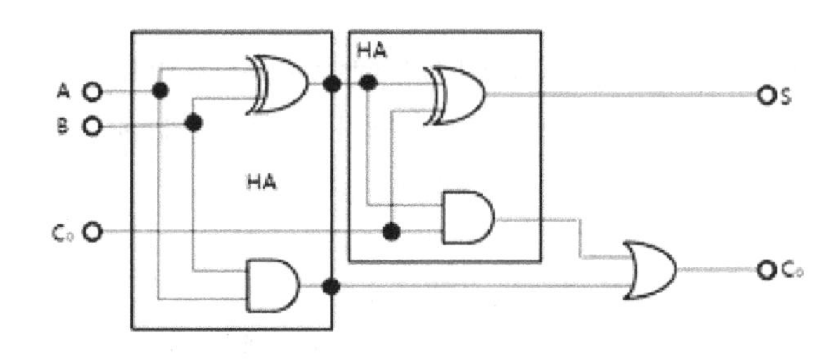

[전가산기의 회로도]

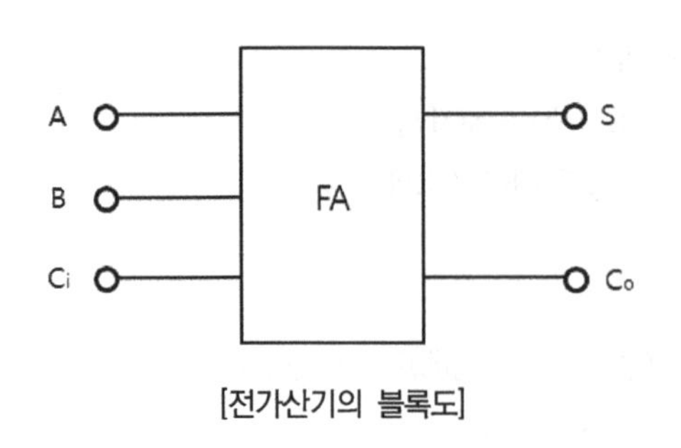

[전가산기의 블록도]

전가산기의 진리치표

입력			출력	
A	B	C_i	C_o	S
0	0	0	0	0
0	0	1	0	1
0	1	0	0	1
0	1	1	1	0
1	0	0	0	1
1	0	1	1	0
1	1	0	1	0
1	1	1	1	1

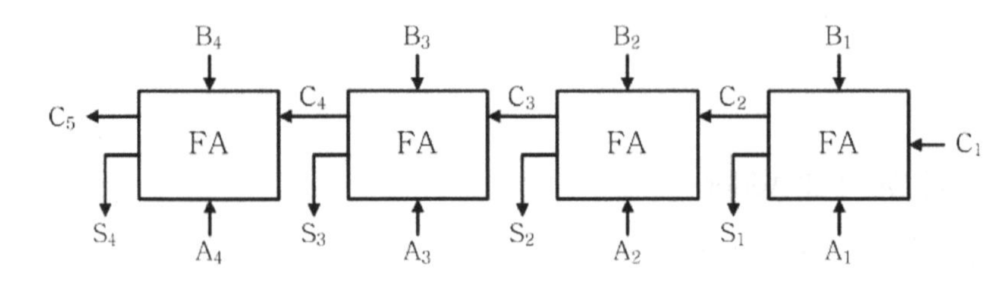

[4비트 병렬 가산기]

실전문제 1 전가산기(Full Adder)는 어떤 회로로 구성 되는가?

가. 반가산기 2개와 AND 게이트로 구성된다.
나. 반가산기 2개와 OR 게이트로 구성된다.
다. 반가산기 1개와 AND 게이트로 구성된다.
라. 반가산기 1개와 OR 게이트로 구성된다.

답 나

실전문제 2 AND gate와 EX-OR gate, 그리고 OR gate를 이용하여 3비트를 가산하는 전가산기 회로를 구성하려고 한다. 이 전가산기를 만들기 위하여 각각의 gate는 몇 개씩 필요한가?

가. AND gate : 1개, EX-OR gate : 1개, OR gate : 1개
나. AND gate : 2개, EX-OR gate : 1개, OR gate : 1개
다. AND gate : 2개, EX-OR gate : 2개, OR gate : 1개
라. AND gate : 2개, EX-OR gate : 2개, OR gate : 2개

답 다

③ **반감산기(HS : Half Subtracter)**

반감산기는 두 bit의 뺄셈을 수행하여 그 차(Difference)와 빌림수가 있는지를 나타내는 자리내림(Borrow)을 가진 논리회로이다.

- B(Borrow)와 차 D(Difference)를 나타내는 논리회로
- $D(\text{차}) = A \oplus B = A\overline{B} + \overline{A}B$, $B(\text{자리내림수}) = \overline{A}B$

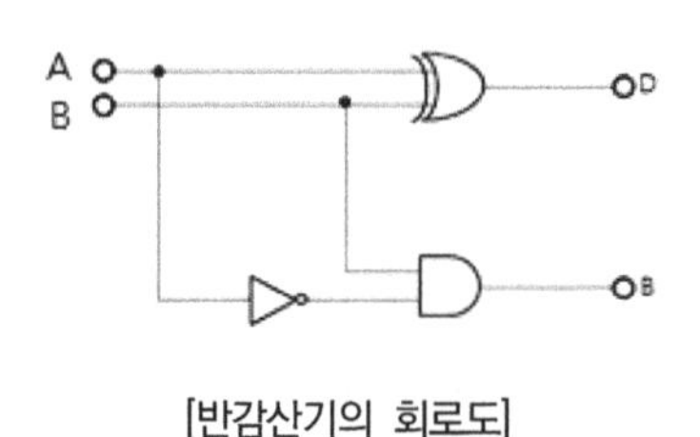

[반감산기의 회로도]

반감산기의 진리치표

A	B	B(자리내림수)
0	0	0
0	1	1
1	0	0
1	1	0

④ **전감산기(FS : Full Subtracter)**

전감산기는 두 bit와 아랫자리에서의 자리내림수(B_i)를 모두 고려한 뺄셈을 수행하는 논리회로이다.

- B(Borrow)를 감산하여 자리내림수 B와 차 D(Difference)를 나타내는 논리회로
- $D = \overline{A}\,\overline{B_i}C + \overline{A}B_iC + A\overline{B_i}\,\overline{C} + AB_iC$

  $B_o = \overline{A}\,\overline{B_i}C + \overline{A}B_i\overline{C} + \overline{A}B_iC + AB_iC$

  $= \overline{A}B_i + \overline{A}C + B_iC$

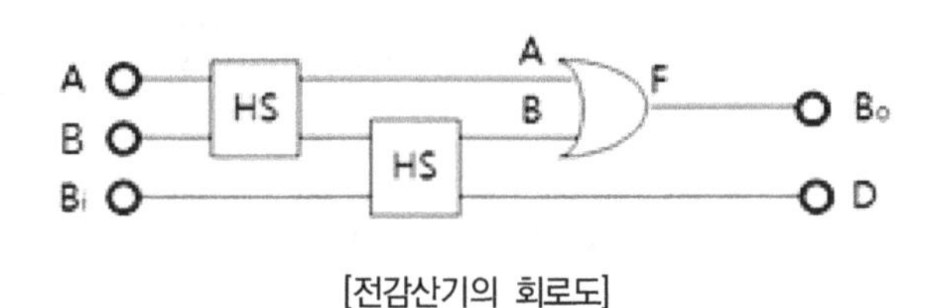

[전감산기의 회로도]

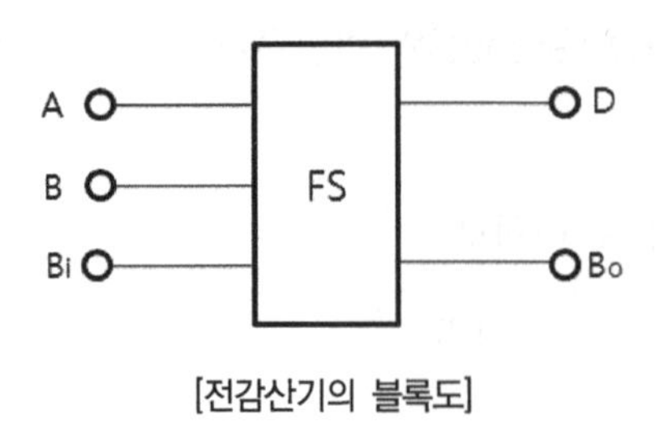

[전감산기의 블록도]

전감산기의 진리치표

A	B	B_i	B_o	D
0	0	0	0	0
0	0	1	1	1
0	1	0	1	1
0	1	1	1	0
1	0	0	0	1
1	0	1	0	0
1	1	0	0	0
1	1	1	1	1

(2) 인코더(Encoder : 부호기)

① 10진수 입력(2^n개)을 받아 부호화된 2진수로 출력(n개)하는 회로로 일명 부호기라고 한다.

② 인코더는 OR gate들로 구성된다.

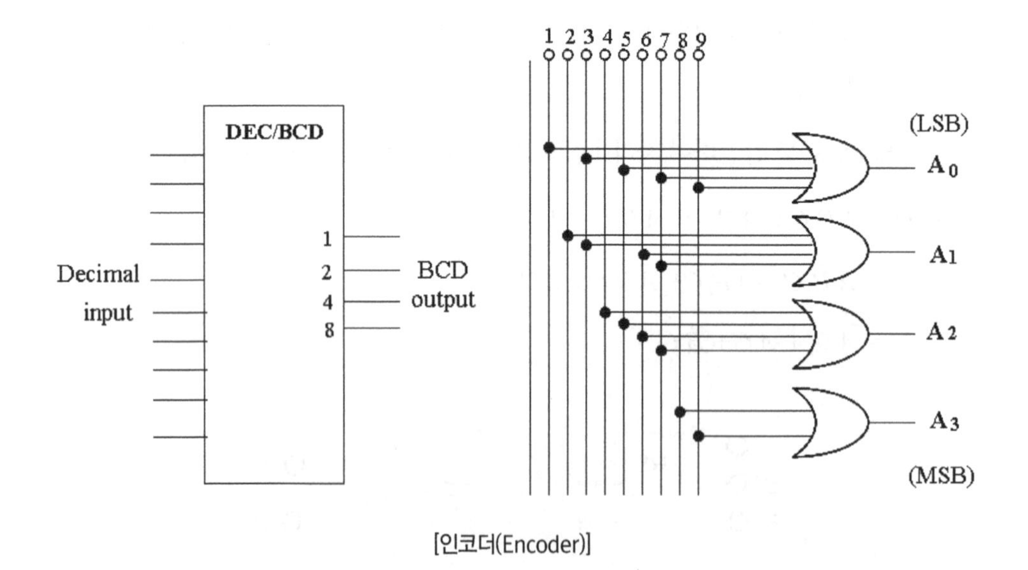

[인코더(Encoder)]

실전문제 1 Encoder에 대한 설명으로 적합한 것은?

가. 입력 신호를 2진수로 부호화하는 회로이다.

나. 2진 부호를 10진 부호로 변환하는 회로이다.

다. 출력 단자에 신호를 보내는 회로이다.

라. 입력 신호를 해독하는 해독기이다.

답 가

(3) 디코더(Decoder : 복호기)

① 부호화된 n비트의 2진 코드를 입력받아 10진수 2^n개의 출력을 갖는 회로이다.

② 디코더는 AND gate들로 구성된다.

③ 명령어 해독이나 번지를 해독할 때 사용되어 일명 해독기라고 한다.

④ 디코더에 Enable 입력이 있을 때는 디멀티플렉서로 사용할 수 있다.

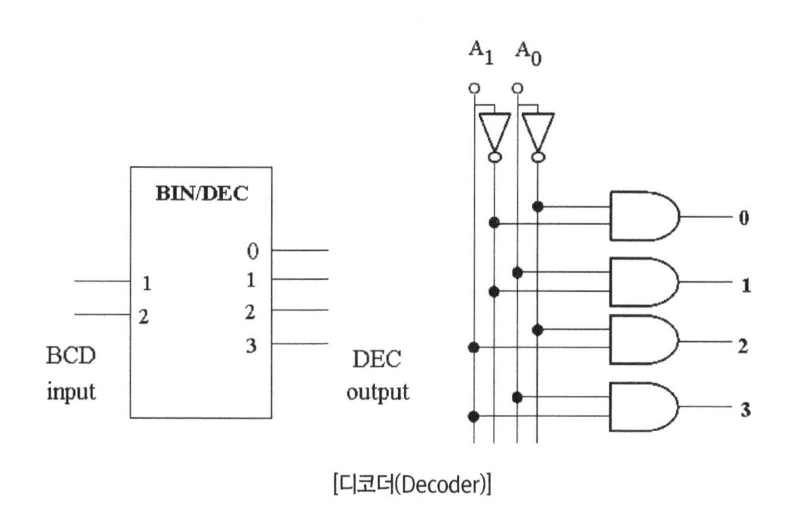

[디코더(Decoder)]

(4) 멀티플렉서(Multiplexer : MUX)

① 여러 개의 입력선 중에서 어느 하나의 입력선을 선택하여, 입력선의 데이터를 출력하는 데이터 선택기이다.

② 2^n개의 입력 선을 선택하여 출력으로 연결시키기 위한 n개의 선택 선을 갖게 되며, 한 개의 출력선으로 구성된다.

③ n개의 선택선이 있을 때 입력선의 수가 2^n 보다 작거나 같아야 한다.

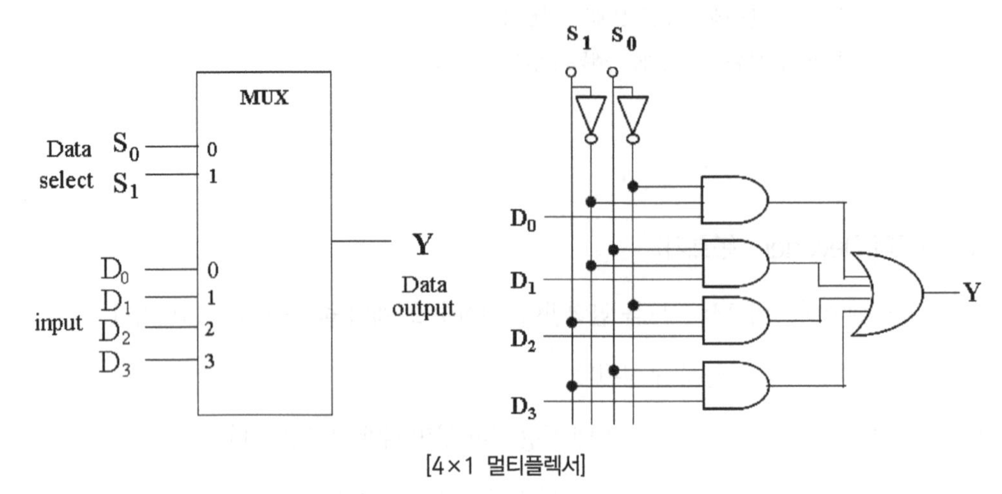

[4×1 멀티플렉서]

[4×1 멀티플렉서의 진리치표]

선택선		입력
S_1	S_0	
0	0	D_0
0	1	D_1
1	0	D_2
1	1	D_3

(5) 디멀티플렉서(Demultiplexer : DEMUX)

① 하나의 입력선으로 데이터를 입력받아 다수의 출력선 중에서 선택된 출력 선으로 데이터를 출력하는 일명 데이터 분배기라 하며, 멀티플렉서의 반대의 동작을 한다.

② 1개의 입력과 2^n 개의 출력선과 n개의 선택선으로 구성된다.

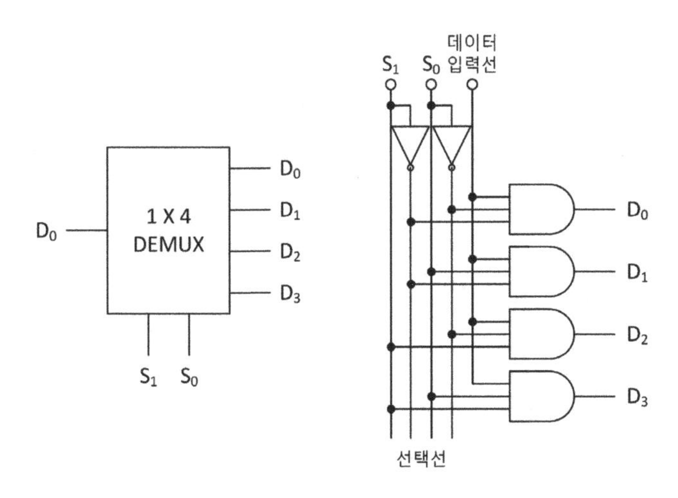

[1×4 디멀티플렉서]

[1×4 디멀티플렉서의 진리치표]

선택선		출력
S_1	S_0	
0	0	D_0
0	1	D_1
1	0	D_2
1	1	D_3

실전문제 1 다음 중 조합논리회로의 특성에 해당되지 않는 것은?

가. 출력은 입력신호의 값에 따라 결정된다.

나. 기억 능력이 없다.

다. 출력은 입력신호와 이전의 입력신호에 따라 결정된다.

라. 논리 게이트의 조합으로 구성된다.

답 다

실전문제 2 다음 중 조합 논리회로가 아닌 것은?

가. encoder　　나. counter　　다. multiplexer　　라. full adder

답 나

(6) 크기 비교기

두 수 A, B를 비교하여 상대적인 크기를 결정하기 위한 조합 논리 회로를 크기비교기 (Comparator)라 한다.

A	B	$X(A>B)$	$Y(A=B)$	$Z(A<B)$
0	0	0	1	0
0	1	0	0	1
1	0	1	0	0
1	1	0	1	0

$$X = A\overline{B}$$

$$Y = \overline{A}\,\overline{B} + AB$$

$$Z = \overline{A}B$$

[크기비교기의 진리치표]

4.1.5 순서논리회로 설계

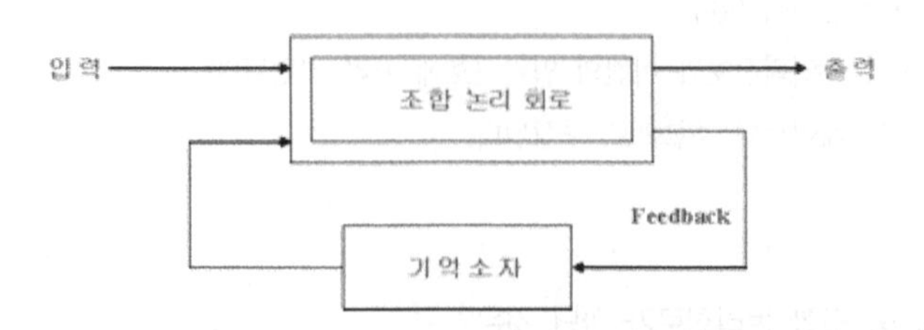

[순서 논리 회로의 블록도]

조합 논리 회로와 피드백 기능을 결합하여 메모리 기능을 수행하는 논리 회로로서 과거의 입력 상태와 현재의 입력 상태의 조합에 의해서 출력이 결정되는 회로로서 기억소자가 반드시 필요하다.

(1) 플립플롭((Flip-Flop)

- 플립플롭은 2진 부호 0 또는 1을 기억하는 1bit의 정보를 저장하는 최소 기억 소자로 전원이 인가되어 있을 때는 데이터를 유지하다가 전원이 상실되면 기억된 데이터도 지워져 버리기 때문에 일명 임시 기억장소라고도 한다.
- 쌍안정 멀티바이브레이터이다.

① RS 플립플롭

가장 기본적 플립플롭으로 S(set)와 R(Reset)의 두 입력과 Q_n와 $\overline{Q_n}$의 출력을 갖는다.

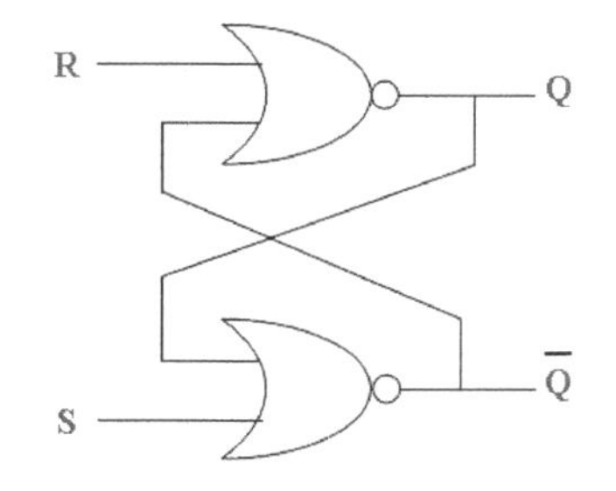

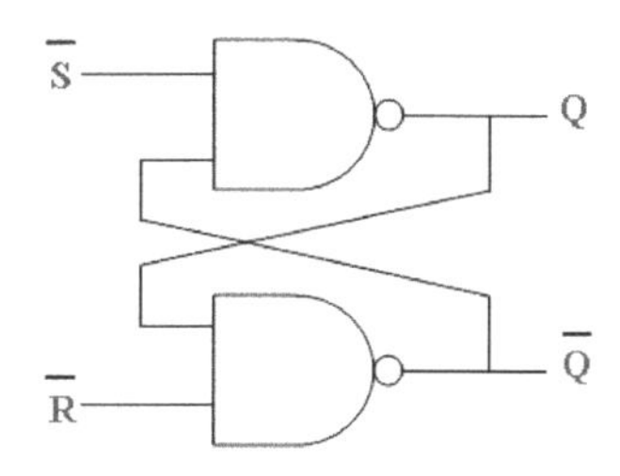

[RS 플립플롭의 회로]

RS F/F의 도형과 진리치표

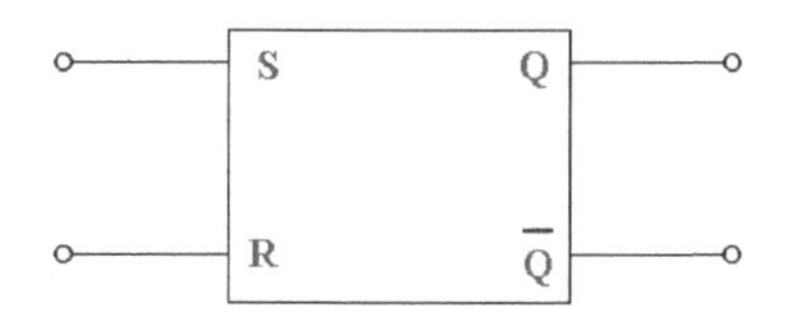

R	S	Q_{n+1}
0	0	Q_n
0	1	1
1	0	0
1	1	부정

② JK 플립플롭

JK 플립플롭은 RS 플립플롭에 AND gate 2개를 추가하여 만들었으며 두 입력이 동시에 1이 입력되었을 때 Toggle현상이 출력된다.

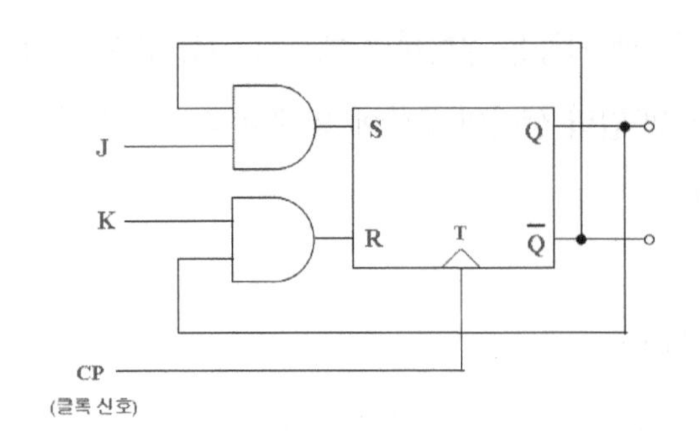

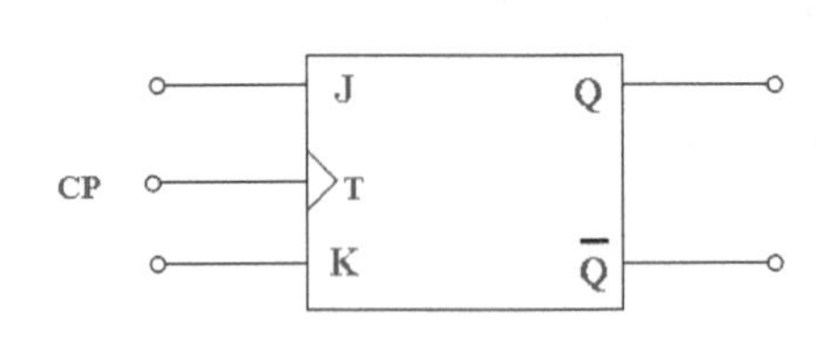

[JK F/F의 도형]

JK F/F의 진리치표

J	K	Q_{n+1}
0	0	Q_n(유지상태)
0	1	0
1	0	1
1	1	toggle

[JK F/F의 특성표]

Q_n	J	K	
0	0	0	0
0	0	1	0
0	1	0	1
0	1	1	1
1	0	0	1
1	0	1	0
1	1	0	1
1	1	1	0

※ 특성방정식

$$Q_{n+1} = J\overline{Q_n} + \overline{K}Q_n$$

③ T 플립플롭

T 플립플롭은 JK 플립플롭의 두 입력을 하나로 묶어 항상 입력이 동일하게 들어가게 한 플립플롭으로 0 입력 때 유지상태, 1 입력 때 Toggle현상이 출력된다.

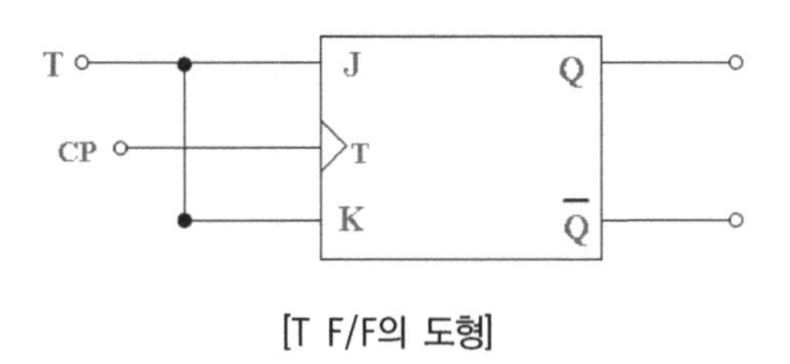

[T F/F의 도형]

T F/F의 진리치표

T	Q_n	Q_{n+1}
0	0	0
1	0	1
0	1	1
1	1	0

④ D 플립플롭

D 플립플롭은 JK 플립플롭의 두 입력을 하나로 묶고 K입력 앞에는 인버터(inverter)를 달아 놓은 형태로 두 입력에 항상 다른 입력이 들어가 0 입력 때 J=0, K=1, 1 입력 때 J=1, K=0이 출력된다.

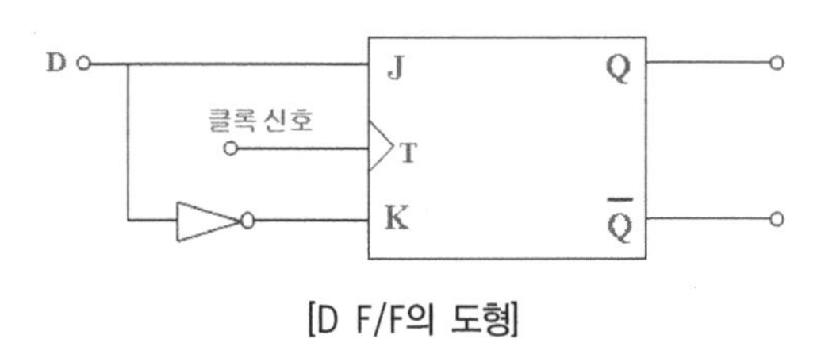

[D F/F의 도형]

D F/F의 진리치표

TD	Q_n	Q_{n+1}
0	0	0
1	0	1
0	1	0
1	1	1

실전문제 1 RS플립플롭을 변형한 것으로서, 입력이 1일 경우 클록펄스가 있을 때마다 출력이 번갈아 바뀌는 것은?

가. D플립플롭 나. JK플립플롭
다. M/S플립플롭 라. T플립플롭

답 라

⑤ 마스터-슬레이브(Master-Slave) 플립플롭

JK 플립플롭 회로에서 J, K, T의 각 입력이 "1"일 때 출력이 안정하지 않은 경우가 있으므로 클록 입력 T가 "1"에서 "0"으로 변화하기까지 출력 Q를 변화시키지 않도록 하여 출력을 안정시킨 플립플롭 회로이다. 즉, JK 플립플롭 회로에서 발생되는 레이스(race)현상을 방지할 목적으로 2개의 플립플롭의 동작시점에 차이를 두어 구성한 플립플롭이다.

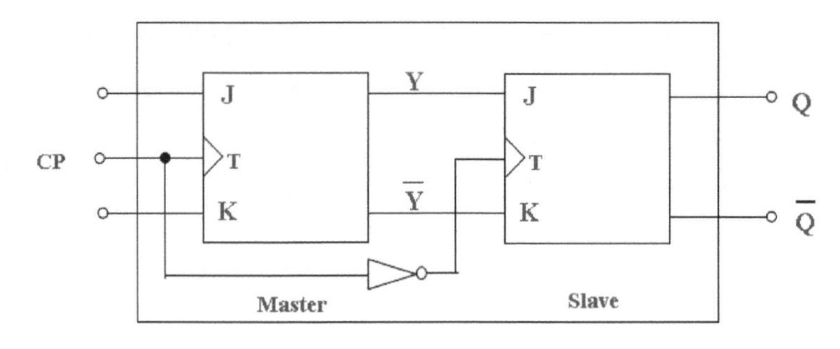

[마스터-슬레이브(Master-Slave)플립플롭]

(2) 카운터(Counter)

입력 신호에 따라 미리 정해진 순서대로 출력의 상태가 변하는 순서논리회로로서, 펄스의 트리거(trigger)방법에 따라 동기형 카운터와 비동기형 카운터로 분류된다.

① 동기형 카운터(synchronous counter)

㉠ 모든 플립플롭의 클록이 병렬로 연결되어 한 번의 클록 펄스에 대하여 모든 플립플롭이 동시에 동작(트리거)되는 카운터를 말하며, 비동기형 카운터보다 동작속도가 빠르므로 고속회로에 이용한다.

㉡ 특징

- 모든 플립플롭에 클록 펄스가 동시에 인가된다.
- 각 플립플롭이 동시에 동작하기 때문에 플립플롭 단수와 속도는 무관하며 동작속도가 빠르다.
- 비동기 카운터에 비해 설계가 까다롭다.

㉢ 링(ring) 카운터의 특징

- 링 카운터는 마지막 플립플롭의 값을 처음 플립플롭으로 시프트 할 수 있도록 연결된 순환 시프트 카운터이다.
- 다른 카운터에 비해 플립플롭의 사용이 효율적이지 못하지만 디코딩 회로를 사용하지 않고도 디코딩할 수 있기 때문에 많이 사용되고 있다.

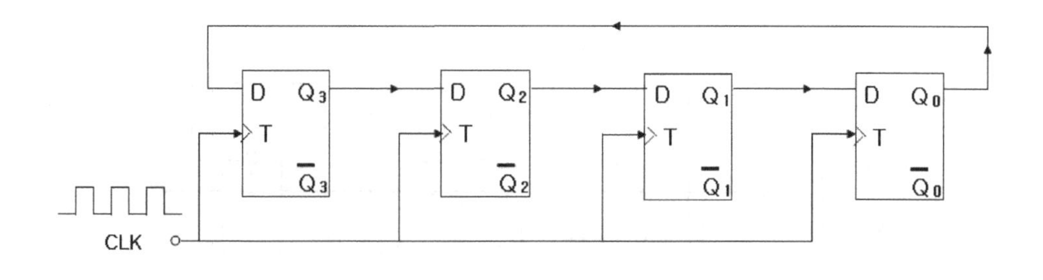

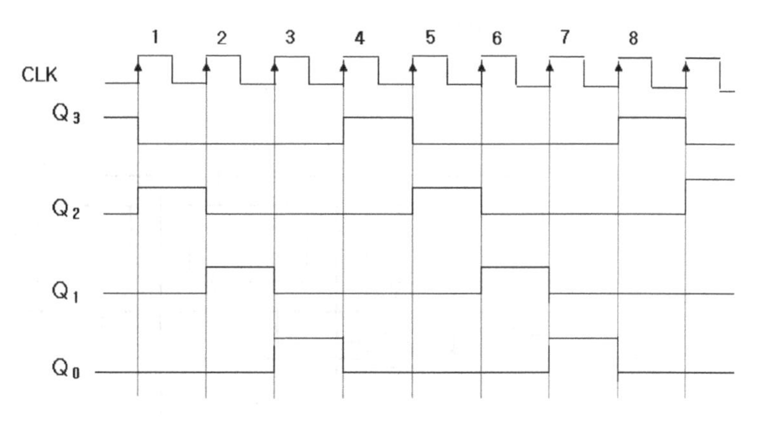

[4비트 링(ring) 카운터 회로]

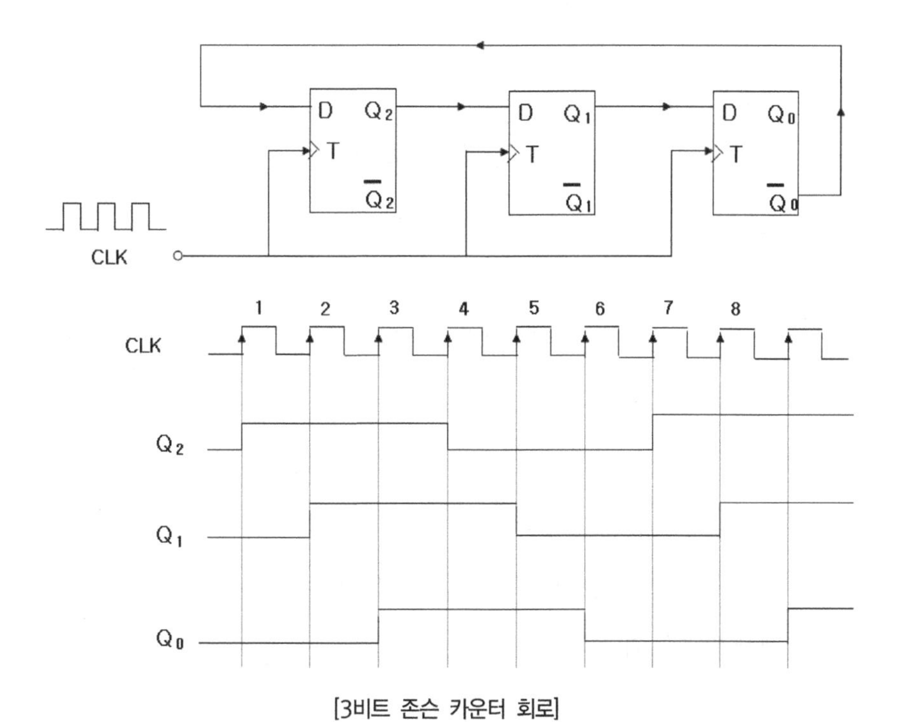

[3비트 존슨 카운터 회로]

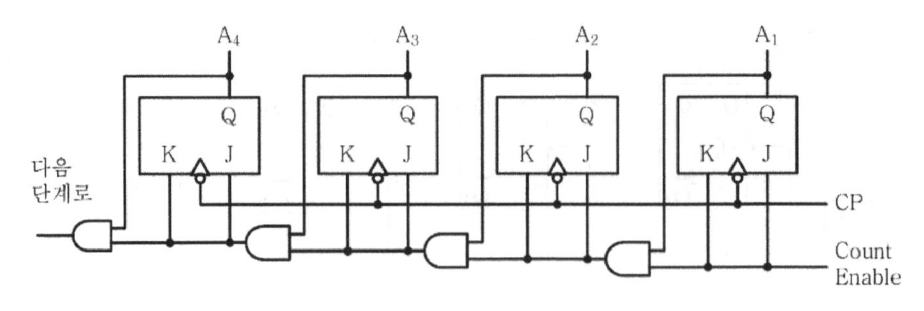

[4비트 동기식 2진 카운터]

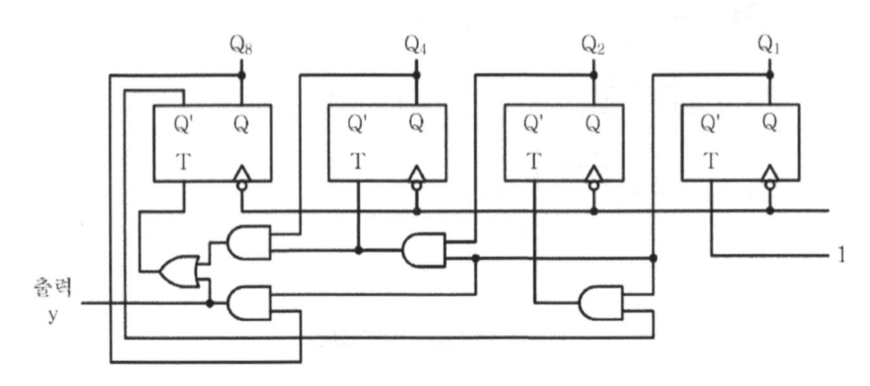

[4비트 동기식 BCD 카운터]

② **비동기형 카운터**(asynchronous counter)

모든 플립플롭이 전단의 출력 변화를 클록으로 이용하는 카운터로서 일명 리플카운터라 하며, 동작지연이 발생하므로 동기형보다 속도는 느리나 회로의 구성이 간단하다.

㉠ 특징

- 첫 번째 플립플롭에만 클록 펄스가 인가되고 이후에는 전단의 출력이 클록 펄스로 이용된다.
- 전단의 출력을 받아서 각 플립플롭을 차례로 동작시키므로 플립플롭 단수가 많아질수록 속도가 느려진다.
- 일명 리플 카운터(ripple counter)라고 한다.
- 설계가 비교적 쉽다.

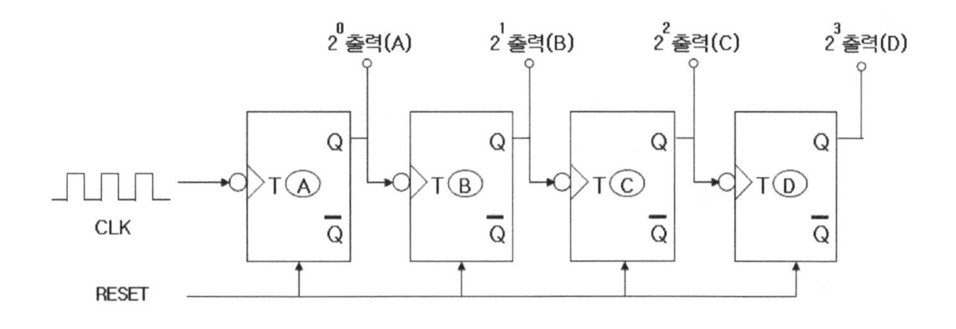

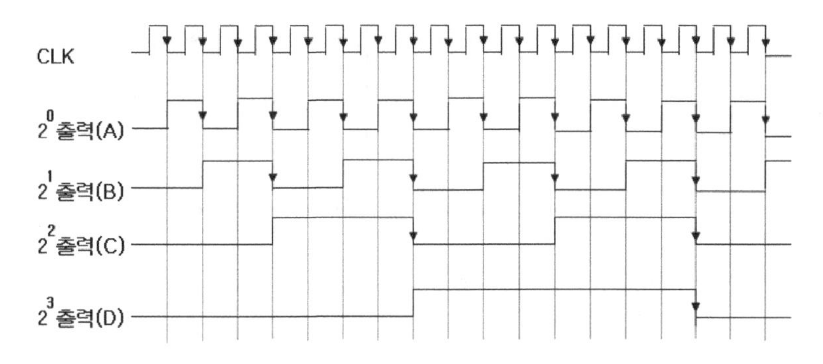

[4비트 2진 상향 리플 카운터]

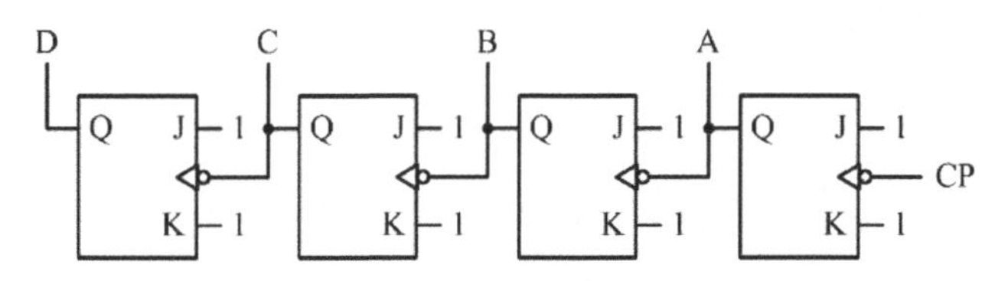

[비동기식 4비트 2진 UP 카운터]

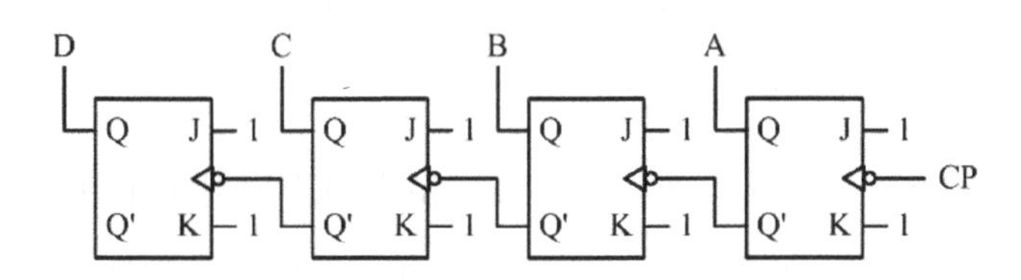

[비동기식 4비트 2진 Down 카운터]

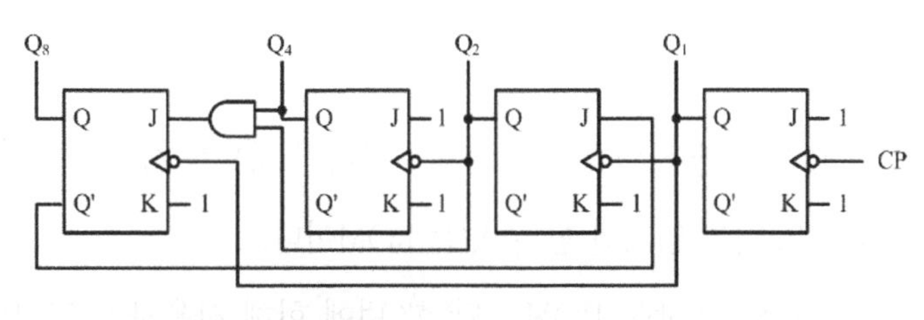

[비동기식 BCD 카운터]

(3) 레지스터(Resister)

중앙처리장치가 적은 양의 데이터나 처리 과정에 필요한 데이터를 일시적으로 저장하기 위해 사용되는 고속의 기억회로이며, 명령 레지스터, 주소 레지스터, 색인 레지스터 등 보통 플립플롭으로 구성한다.

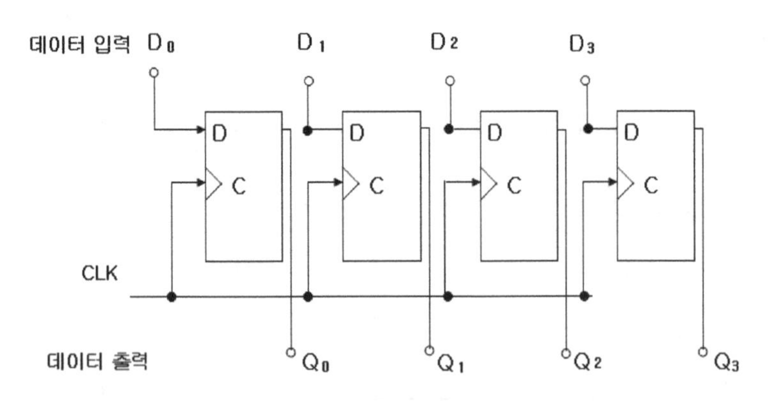

[4비트 병렬입력/병렬출력 시프트 레지스터]

(4) 기억장치의 종류와 특징

① 주 기억장치

컴퓨터 내부에 존재하여 작업 수행에 필요한 운영체제, 처리할 프로그램과 데이터 및 연산 결과를 기억하는 장치이며 종류에는 자성체와 반도체가 있는데 지금은 거의 반도체를 널리 사용하고 있다. 종류로 크게 ROM과 RAM으로 나뉜다.

㉠ 롬(ROM : Read Only Memory)

- 주로 시스템이 필요한 내용(ROM BIOS)을 제조 단계에서 기억시킨 후 사용자는 오직 기억된 내용을 읽기만 하는 장치(변경이나 수정 불가)이다.
- 전원 공급이 중단되어도 기억된 내용을 그대로 유지하는 비휘발성 메모리이다.
- 롬의 종류

  Masked ROM : 제조 단계에서 한번 기록시킨 내용을 사용자가 임의로 변경시킬 수 없으며 단지 읽기만 할 수 있는 ROM이다.

  PROM(Programmable ROM) : 단 한 번에 한해 사용자가 임의로 기록할 수 있는 ROM이다.

EPROM(Erasable PROM) : 자외선을 이용해 기억된 내용을 여러번 임의로 지우고 쓸 수 있는 메모리이다.

EEPROM(Electrical EPROM) : 전기적으로 기록된 내용을 삭제하여 여러 번 기록할 수 있다.

실전문제 1 여러 번 읽고 쓰기가 가능한 ROM을 전기적인 방법으로 수정과 삭제가 가능하여 현재 플래시 메모리에 응용되고 있는 ROM은 무엇인가?

가. PROM 나. EPROM 다. EEPROM 라. MASK ROM

답 다

㉡ 램(RAM : Random Access Memory)

- 일반적인 PC의 메모리로 현재 사용중인 프로그램이나 데이터를 기억한다.
- 전원 공급이 끊기면 기억된 내용을 잃어버리는 휘발성 메모리이다.
- 각종 프로그램이나 운영체제 및 사용자가 작성한 문서 등을 불러와 작업할 수 있는 공간으로 주기억 장치로 사용되는 DRAM(dynamic RAM)과 캐시 메로리로 사용되는 SRAM(static RAM)의 두 종류가 있다.

[DRAM과 SRAM의 비교]

구 분	동적 램 (DRAM : Dynamic RAM)	정적 램 (SRAM : Static RAM)
구 성	대체로 간단 (MOS1개+Capacitor1개로 구성)	대체로 복잡 (플립프롭(flip-flop)으로 구성)
기억용량	대용량	소용량
특 징	• 기억한 내용을 유지하기 위해 주기적인 재충전(Refresh)이 필요한 메모리 • 소비전력이 적음 • SRAM보다 집적도가 크기 때문에 대용량 메모리로 사용되나 속도가 느림	• DRAM보다 집적도가 작음 • 재충전(Refresh)이 필요없는 메모리 • DRAM보다 속도가 빨라 주로 고속의 캐시메모리에 이용됨

실전문제 1 플래시 메모리(flash memory)에 대한 설명으로 옳지 않은 것은?

가. 데이터의 읽고 쓰기가 자유롭다.

나. DRAM과 같은 재생(refresh) 회로가 필요하다.

다. 전원을 꺼도 데이터가 지워지지 않는 비휘발성 메모리이다.

라. 소형 하드 디스크처럼 휴대용 기기의 저장 매체로 널리 사용된다.

답 나

실전문제 2 다음 ROM(Read Only Memory)에 대한 설명 중 옳지 않은 것은?

가. Mask ROM : 사용자에 의해 기록된 데이터의 수정이 가능하다.

나. PROM : 사용자에 의해 기록된 데이터의 1회 수정이 가능하다.

다. EPROM : 자외선을 이용하여 기록된 데이터를 여러 번 수정할 수 있다.

라. EEPROM : 전기적인 방법으로 기록된 데이터를 여러 번 수정할 수 있다.

답 가

실전문제 3 DRAM과 SRAM을 비교할 때 SRAM의 장점은?

가. 회로구조가 복잡하다.　　나. 가격이 비싸다.

다. 칩의 크기가 크다.　　라. 동작속도가 빠르다.

답 라

실전문제 4 다음 기억장치 중 주기적으로 재충전(refresh)하여 기억된 내용을 유지시키는 것은?

가. programmable ROM　　나. static RAM

다. dynamic RAM　　라. mask ROM

답 다

② **보조 기억장치**

주기억장치를 보조해주는 기억장치로 대량의 데이터를 저장할 수 있으며 주기억장치에 비해 처리속도는 느리지만 반영구적으로 저장이 가능하다.

㉠ 순차접근 기억장치 : 기록 매체의 앞부분에서부터 뒤쪽으로 차례차례 접근하여 찾으려는 위치까지 접근해가는 장치로서, 데이터가 기억된 위치에 따라 접근되는 시간이 달라진다.

• 자기 테이프(magnetic tape) : 기억된 데이터의 순서에 따라 내용을 읽는 순차적 접근만 가능하며 속도가 느려 데이터 백업용으로 사용, 가격이 저렴하여 보관할 데이터가 많은 대형 컴퓨터의 보조기억장치에 주로 사용된다.

실전문제 1 **자기테이프에서의 기록밀도를 나타내는 것은?**

가. Second per inch　　나. Block per second

다. Bits per inch　　라. Bits per second

답 다

• 카세트 테이프(cassette tape) : 일반적으로는 휴대용 카세트를 가리킨다. 3.81mm의 자기 테이프와 두 개의 릴을 하나의 카트리지에 넣은 것.

• 카트리지 테이프(cartridge tape) : 자기 테이프를 소형으로 만들어 카세트테이프와 같이 고정된 집에 넣어서 만든 것.

실전문제 1 **다음에 열거한 장치 중에서 순차처리(sequential access)만 가능한 것은?**

가. 자기 드럼　　나. 자기 테이프

다. 자기 디스크　　라. 자기 코어

답 나

ⓛ 직접 접근 기억장치 : 물리적인 위치에 영향을 받지 않으므로 순차적 접근 장치보다 빨리 데이터를 처리한다.

• 자기 디스크(magnetic disk) : 데이터의 순차접근과 직접 접근이 모두 가능하며, 다른 보조기억장치에 비해 비교적 속도가 빠르므로 보조기억장치로 널리 사용된다.

- 하드 디스크(hard disk) : 컴퓨터의 외부 기억장치로 사용되며 세라믹이나 알루미늄 등과 같이 강성의 재료로 된 원통에 자기재료를 바른 자기기억장치이다. 직접 접근 기억 장치로 기억 용량은 비교적 크고 간편하지만, 디스크 팩을 교환할 수 없어 해당 디스크의 기억 용량 범위에서만 사용해야 한다.
- 플로피 디스크(floppy disk) : 자성 물질로 입혀진 얇고 유연한 원판으로 개인용 컴퓨터의 가장 대표적인 보조기억 장치로서 적은 비용과 휴대가 간편하여 널리 사용된다.
- CD-ROM(compact disk read only memory) : 오디오 데이터를 디지털로 기록하는 광디스크(optical disk)의 하나로 알루미늄이나 동판으로 만든 원판에 레이저 광선을 사용하여 데이터를 기록하거나 기억된 내용을 읽어내는 것.
- 자기 드럼(magnetic drum) : 자성재료로 피막된 원통형의 기억매체로 이 원통을 자기헤드와 조합하여 자기기록을 하는 자기 드럼 기억장치를 구성함. 드럼이 한 바퀴 회전하는 동안에 원하는 데이터를 찾을 수 있는 속도가 매우 빠른 기억장치로 제1세대 컴퓨터의 주기억장치로 사용하였으나, 기억 용량이 적은 것이 단점이다.

실전문제 1 다음 중 자료 처리를 가장 고속으로 할 수 있는 장치는?

가. 자기 테이프　　　나. 종이테이프

다. 자기디스크　　　라. 천공카드

답 다

5 논리 게이트 설계

5.1 논리군(Logic Family)

디지털 IC의 대표적인 논리군은 다음과 같다.

5.1.1 다이오드

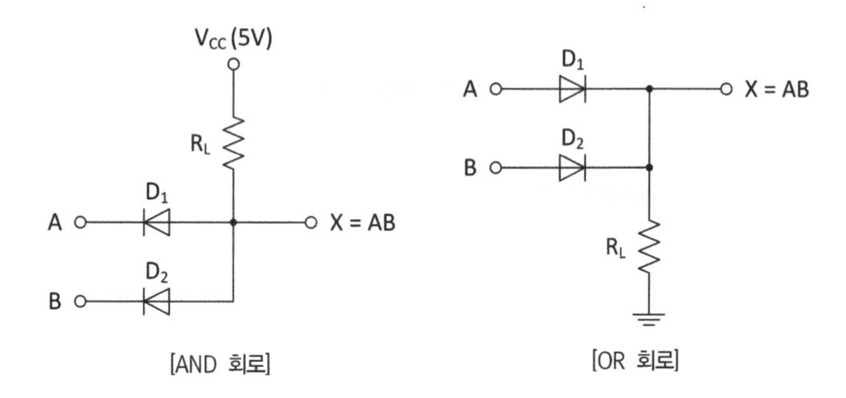

[AND 회로] [OR 회로]

5.1.2 트랜지스터

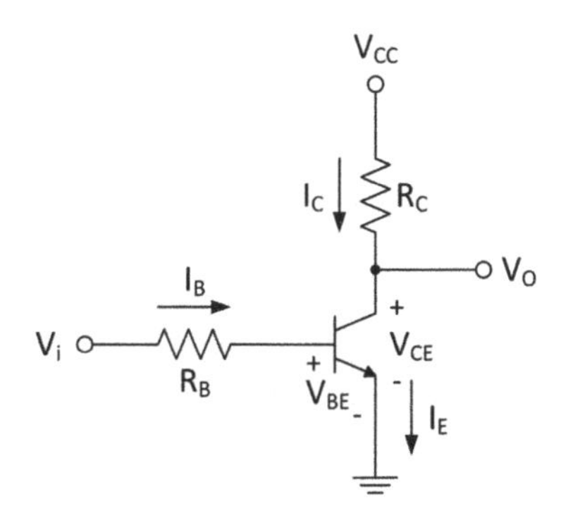

[인버터(inverter) 회로]

(1) DCTL(Direct Coupled Transistor Logic)

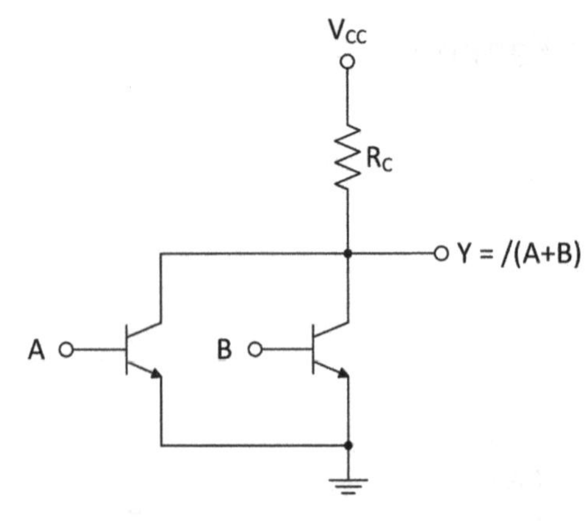

[DCTL에 의한 NOR 회로]

(2) RTL(Resistor Transistor Logic)

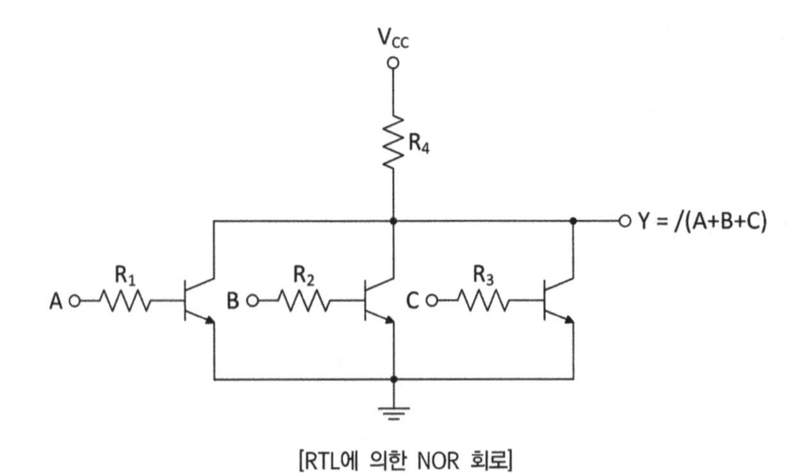

[RTL에 의한 NOR 회로]

(3) DTL(Diode Transistor Logic)

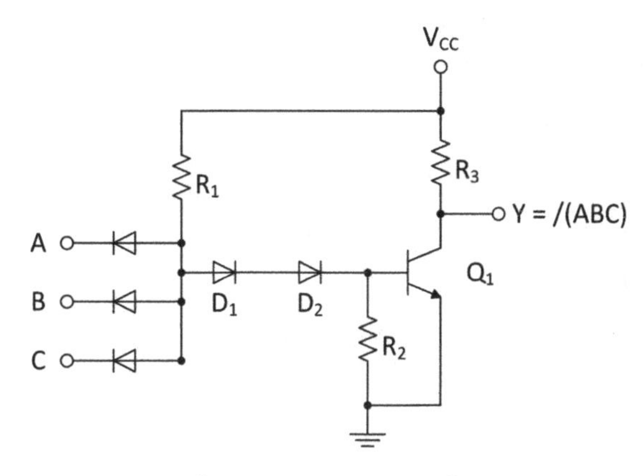

[DTL에 의한 NAND 회로]

(4) TTL(Transistor Transistor Logic)

① **특징**

- 집적도가 높다
- 동작속도가 빠르다.
- 소비전력이 비교적 적다.
- 잡음 여유도가 작아 온도의 영향을 많이 받는다.

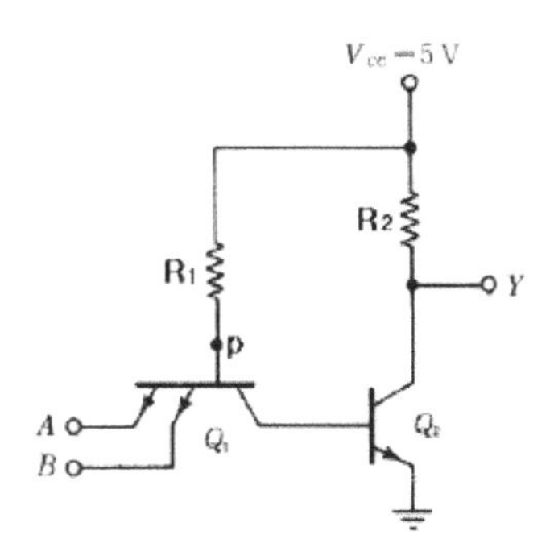

[TTL에 의한 NAND 회로]

(5) ECL(Emitter Coupled Logic)

① **특징**

- 비포화형이므로 동작속도가 가장 빠르다.
- 처리속도 : ECL 〉 TTL 〉 …

5.1.3 MOS FET

① PMOS

② NMOS

③ CMOS : PMOS와 NMOS의 장점을 이용하여 상호 대칭적으로 접속한 것이 CMOS이다.

㉠ 특징

- 집적도가 높다.
- 전력소모가 적다.
- 팬 인(fan-in)과 팬 아웃(fan-out)의 개수가 많다.
  → 팬 인(fan-in) : 디지털 IC의 정상 동작을 손상시키지 않으면서 입력에 접속할 수 있는 입력 가능개수를 말한다.
  → 팬 아웃(fan-out) : 디지털 IC의 정상 동작에 영향을 주지 않고 게이트 출력부에 연결할 수 있는 표준 부하의 숫자를 말한다.

5.1.4 논리회로의 비교

기본 회로	TTL	CMOS	ECL	DTL
Fan-out	CMOS 〉 TTL 〉 ECL			
동작속도	ECL 〉 TTL 〉 RTL 〉 CMOS			
소비전력	CMOS 〈 TTL 〈 DTL 〈 RTL 〈 ECL			

핵심기출문제

1. 다음 중 10진수 342를 BCD코드로 변환하면?

가. 0101 0100 0010
나. 0011 0100 0011
다. 0101 0101 0010
라. 0011 0100 0010

2. 2진수 $(11010)_2$을 그레이코드(gray code)로 변환하면?

가. $(10011)_G$　　나. $(11011)_G$
다. $(11110)_G$　　라. $(10111)_G$

3. 그림과 같은 논리회로와 등가적인 스위치 회로는?

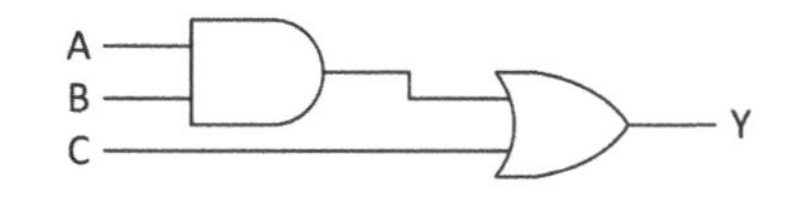

가. 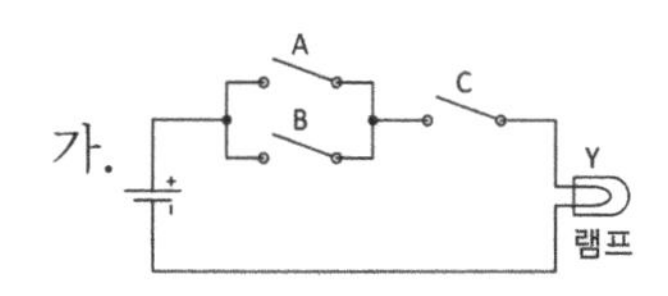

나. 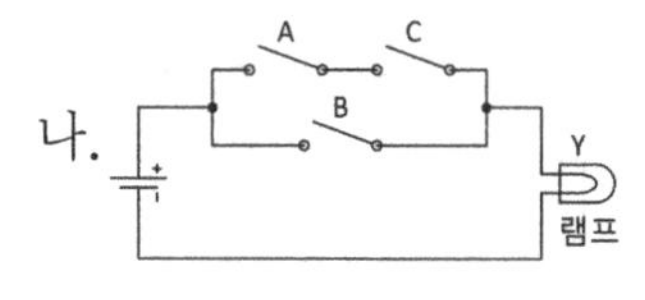

다. 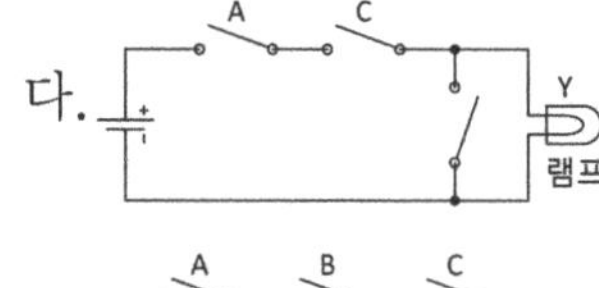

라. 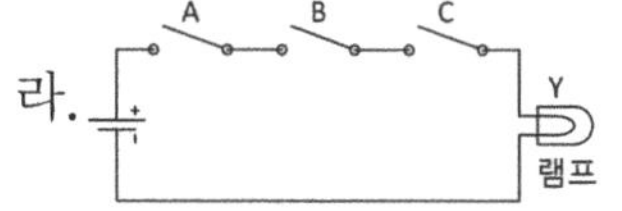

4. 그림의 논리회로는 어떤 논리작용을 하는가?

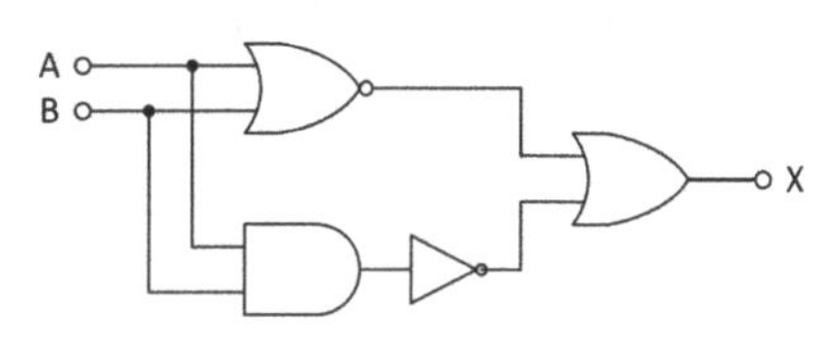

가. AND　　나. OR
다. NAND　　라. EX-OR

5. 그림의 논리회로에서 3개의 입력단자에 각각 1의 입력이 들어오면 출력 A와 B의 값은?

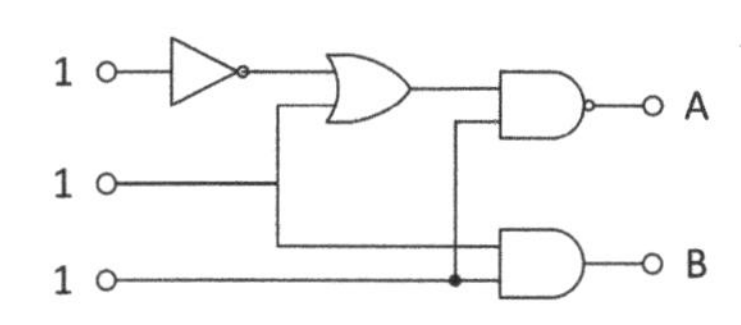

가. A=1, B=0　　나. A=1, B=1
다. A=0, B=0　　라. A=0, B=1

6. 그림의 논리회로에서 출력 X의 논리식은?

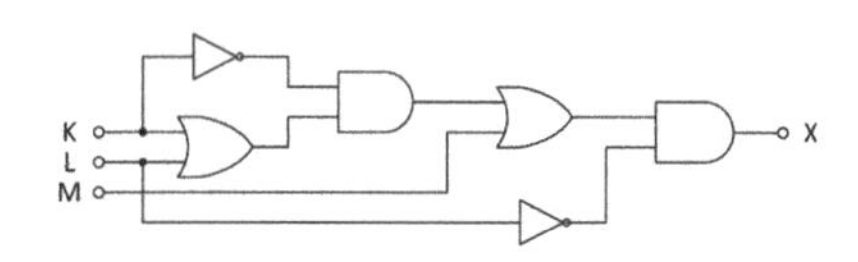

가. $X=\overline{L}M$
나. $X=LK+\overline{K}M$
다. $X=M+\overline{L}+K$
라. $X=\overline{K}(K+L)+\overline{L}$

정답 1. 라　2. 라　3. 나　4. 라　5. 라　6. 가

핵심기출문제

7. 다음 그림과 같이 NAND 게이트가 연결되어 있다. 이 회로와 등가인 게이트는?

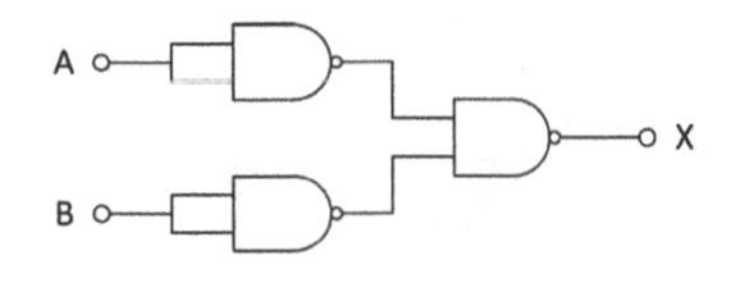

가. OR 게이트　　　나. AND 게이트
다. NOR 게이트　　라. NAND 게이트

8. 다음 논리회로의 출력 C를 진리표 내에서 바르게 나타낸 것은?

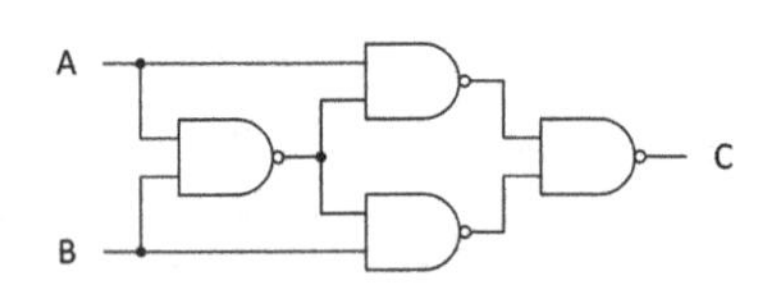

입력	출력C			
A B	①	②	③	④
0 0	1	0	0	0
0 1	0	1	1	0
1 0	1	1	1	0
1 1	0	1	0	1

가. ①　　나. ②　　다. ③　　라. ④

9. 그림의 논리회로에서 3개의 입력단자에 각각 1의 입력이 들어오면 출력 A와 B의 값은?

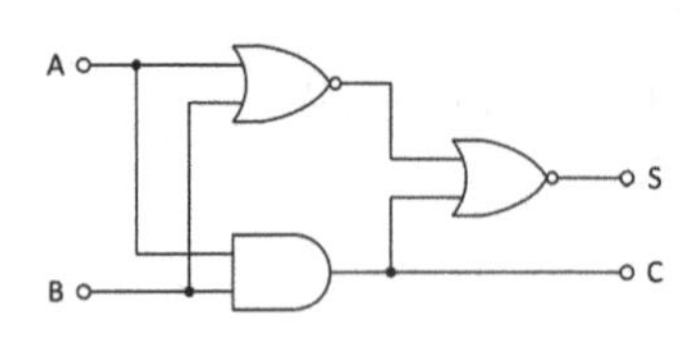

가. A = 1, B = 0　　나. A = 1, B = 1
다. A = 0, B = 0　　라. A = 0, B = 1

10. 다음 논리식은 무슨 법칙을 활용하여 전개한 것인가?

$$F = \overline{C}(\overline{AB}) = \overline{C}(\overline{A}+\overline{B}) = \overline{C+AB}$$

가. 보수와 병렬의 법칙
나. 드모르간(De Morgan)의 법칙
다. 교차와 병렬의 법칙
라. 적(積)과 화(和)의 분배의 법칙

11. 그림과 같은 논리회로의 출력 D는?

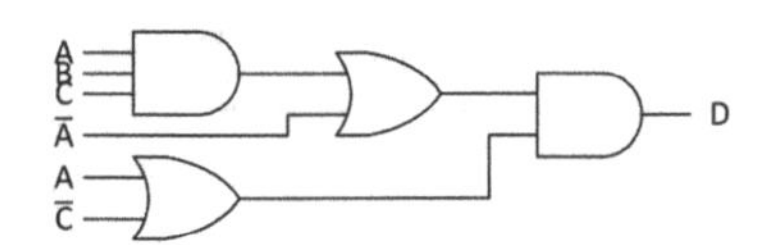

가. $B+\overline{C}$　　나. ABC
다. $AB+BC$　　라. $ABC+\overline{A}\,\overline{C}$

12. 다음 중 논리식 $\overline{A}+\overline{B}$와 등가인 회로는?

가. A B　　나. A B
다. A B　　라. A B

정답 7. 가　8. 다　9. 라　10. 다　11. 라　12. 가

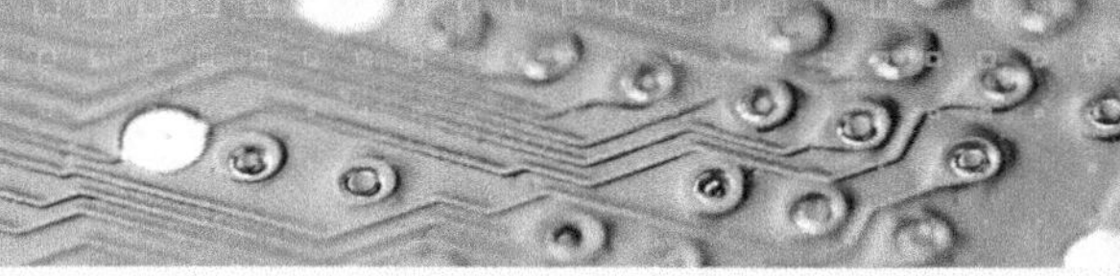

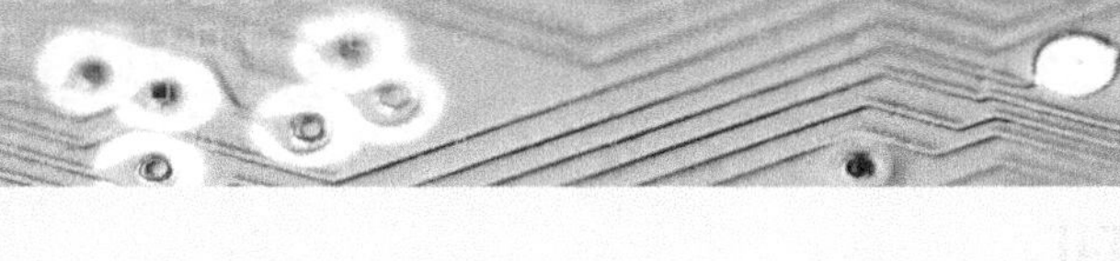

13. 다음 중 그림과 등가인 Gate 회로는?

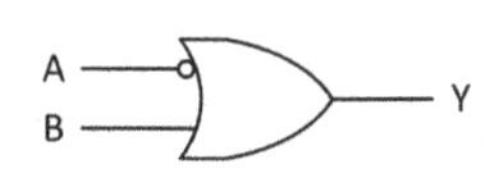

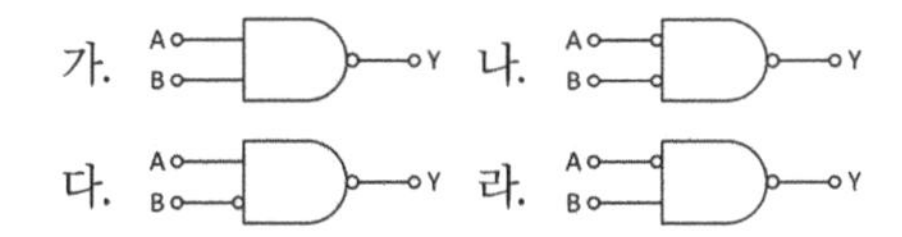

14. 그림과 같은 논리회로의 출력 X는?

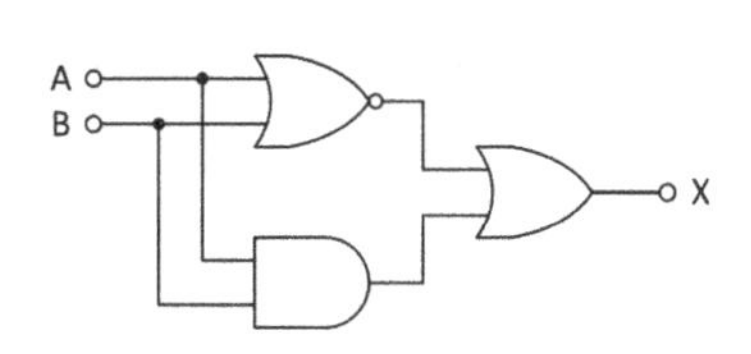

가. $X=(\overline{A+B})\cdot(\overline{A\cdot B})$

나. $X=(A+B)\cdot(\overline{A\cdot B})$

다. $X=(\overline{A+B})+(A\cdot B)$

라. $X=(A\cdot B)+(A+B)$

15. 다음 논리식을 간략히 하면 어떻게 되는가?

$$Y=\overline{A}+\overline{B}+A\cdot B$$

가. $Y=\overline{A}$　　나. $Y=1$

다. $Y=\overline{B}$　　라. $Y=\overline{A}\cdot\overline{B}$

16. 다음의 논리함수를 간략화한 결과는?

$$ABC+\overline{A}B+AB\overline{C}+A\overline{B}C$$

가. $\overline{A}B+BC+A\overline{B}C$　　나. $A\overline{C}+BC+AC$

다. $B+AC$　　라. ABC

17. 다음 중 불 대수식 A+BC 와 등가인 것은?

가. $AB(A+C)$　　나. $(A+B)(A+C)$

다. $(A+B)AC$　　라. $(A+B)(\overline{A}+\overline{C})$

18. 다음 중 논리식 $AB+AC+\overline{B}C$을 간단히 하면?

가. $AC+\overline{B}C$　　나. $AB+\overline{B}C$

다. $AC+B$　　라. $AB+C$

19. 다음 중 불 함수(A+B)(A+C)와 같은 것은?

가. A+BC　　나. B+C

다. A+B+C　　라. A+B

20. 다음 중 논리식 $(A+B)(\overline{A}+B)$를 간단히 하면?

가. $\overline{A}B+AC$　　나. $\overline{A}C+BC$

다. $AC+BC$　　라. $\overline{A}+ABC$

21. 다음 논리식 중 서로 관계가 틀린 것은?

가. $(A+B)(\overline{A}+\overline{B})=A\overline{B}+\overline{A}B$

나. $AB=\overline{A}+\overline{B}$

다. $(A+B)\overline{AB}=A\overline{B}+\overline{A}B$

라. $A\oplus B=A\overline{B}+\overline{A}B$

22. 다음 중 불 대수식을 간략화 하면?

$$RST+RS(\overline{T}+V)$$

가. $RS\overline{T}$　　나. RSV

다. RST　　라. RS

정답 13. 다 14. 다 15. 나 16. 다 17. 나 18. 가 19. 가 20. 가 21. 나 22. 라

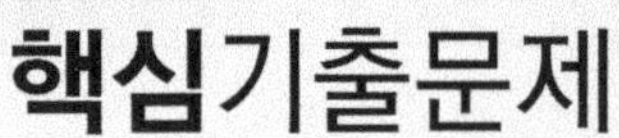

핵심기출문제

23. 다음 중 논리식 $Y=\overline{A}\,\overline{B}+A\overline{B}+\overline{A}B$을 간략히 하면?

가. $Y=\overline{A}B$　　나. $Y=\overline{A}$
다. $Y=B$　　라. $Y=\overline{AB}$

24. 다음 중 배타적 논리합(EX-OR)을 나타내는 논리식이 아닌 것은?

가. $Y=(A+B)\overline{AB}$
나. $Y=AB+\overline{AB}$
다. $Y=A\oplus B$
라. $Y=(A+B)(A+\overline{B})$

25. 다음 카르노 맵을 간략화한 결과는?

X_2 \ X_1	0	1
0	1	1
1	1	0

가. $X_1+\overline{X_1}\cdot X_2$　　나. X_1+X_2
다. $\overline{X_1}+X_1\cdot\overline{X_2}$　　라. $\overline{X_1}+\overline{X_2}$

26. 아래와 같은 4변수 카르노도를 간단히 했을 때 논리식은?

CD \ AB	00	01	11	10
00	1			1
01		1	1	
11		1	1	
10	1			1

가. $A\overline{C}+\overline{A}C$　　나. $A\overline{D}+\overline{B}C$
다. $A\overline{B}+AC$　　라. $BD+\overline{B}\,\overline{D}$

27. 다음과 같은 카르노도를 간략화한 것은?

AB \ CD	00	01	11	10
00	1	1	0	0
01	1	1	0	1
11	1	1	0	1
10	1	1	0	0

가. $A+BC$　　나. $B+AC$
다. $B+CD$　　라. $\overline{C}+B\overline{D}$

28. 다음 카르노도의 논리함수를 간략화 할 때 옳은 것은?

	$\overline{C}\,\overline{D}$	$\overline{C}D$	CD	$C\overline{D}$
$\overline{A}\,\overline{B}$	0	0	0	0
$\overline{A}B$	0	0	0	0
AB	1	1	1	1
$A\overline{B}$	1	1	1	1

가. $B+\overline{A}B\overline{C}D$　　나. $B+A\overline{C}D$
다. $A+\overline{A}B\overline{C}$　　라. A

29. 그림과 같은 카르노 맵에서 얻어지는 불 대수식은?

구분	$\overline{C}\,\overline{D}$	$\overline{C}D$	CD	$C\overline{D}$
$\overline{A}\,\overline{B}$	0	0	0	0
$\overline{A}B$	1	0	0	1
AB	1	0	0	1
$A\overline{B}$	0	0	0	0

가. $y=B\overline{D}$　　나. $y=\overline{B}D$
다. $y=AB$　　라. $y=\overline{A}\,\overline{B}$

정답 23. 라　24. 나　25. 라　26. 라　27. 나　28. 라　29. 가

30. 다음과 같은 카르노 도표를 간략화한 것은?

AB \ CD	00	01	11	10
00	1	1	0	0
01	1	1	0	1
11	1	1	0	0
10	1	1	0	1

가. $A+BC$　　나. $\overline{B}+AC$
다. $\overline{B}+C\overline{D}$　　라. $\overline{C}+B\overline{D}$

31. 아래와 같은 4변수 카르노도를 간략화 했을 때 논리식은?

CD \ AB	00	01	11	10
00	1			1
01		1	1	
11		1	1	
10	1			1

가. $A\overline{B}+\overline{A}C$　　나. $A\overline{D}+\overline{B}C$
다. $A\overline{B}+AC$　　라. $BD+\overline{B}\overline{D}$

32. 다음의 논리식을 최소의 NAND 게이트만으로 구성하기 위해 필요로 하는 NAND 게이트의 종류와 개수가 옳은 것은? (단, 인버터는 2입력 NAND 게이트를 사용함)

$$Y=A\cdot B\cdot C+A\cdot \overline{B}\cdot C+\overline{A}\cdot \overline{B}$$

가. 2입력 NAND 3개, 3입력 NAND 4개
나. 2입력 NAND 3개, 3입력 NAND 3개
다. 2입력 NAND 4개, 3입력 NAND 3개
라. 2입력 NAND 2개, 3입력 NAND 4개

33. 다음 중 반가산 논리회로의 게이트 구성이 옳은 것은?

가. AND 게이트와 OR 게이트
나. AND 게이트와 EX-OR 게이트
다. OR 게이트와 EX-OR 게이트
라. OR 게이트와 NOR 게이트

34. 다음 그림의 회로도에 해당되는 것은?

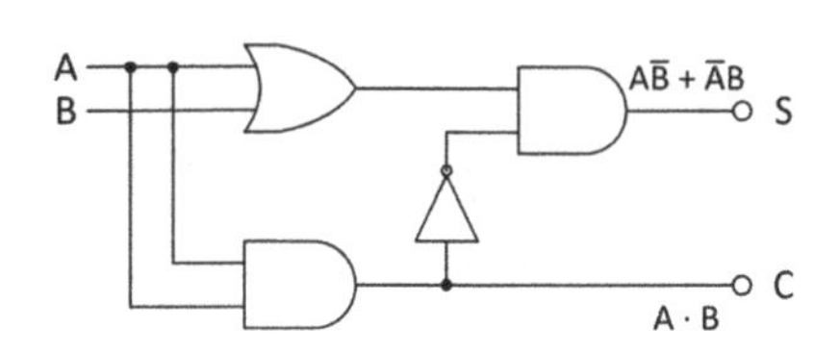

가. 반가산기　　나. 전가산기
다. 반감산기　　라. 전감산기

35. 그림과 같은 회로의 명칭은?
(단, S는 합, C는 자리울림이다.)

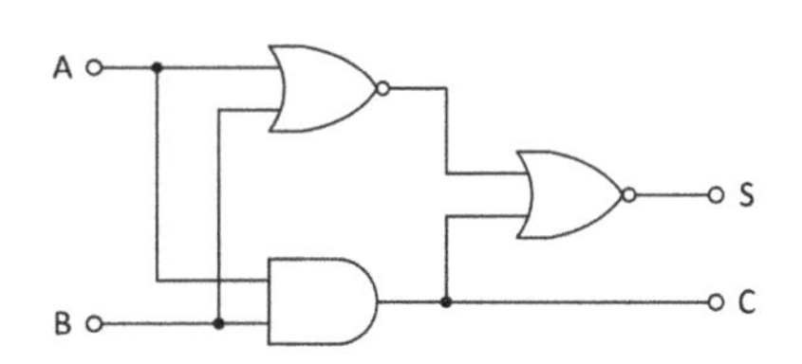

가. Counter　　나. Full Adder
다. Exclusive　　라. Half Adder

정답　30. 라　31. 라　32. 나　33. 나　34. 가　35. 라

핵심기출문제

36. 다음은 반가산기(Half Adder)의 블록도이다. 출력 단자 S(sum) 및 C(carry)에 나타나는 논리식은?

가. $S = XY + \overline{X}Y, C = XY$
나. $S = XY + \overline{X}Y, C = \overline{X}Y$
다. $S = \overline{X}Y + X\overline{Y}, C = XY$
라. $S = XY + X\overline{Y}, C = X\overline{Y}$

37. 전가산기(full adder)의 입·출력 구조는?

가. 입력 2개, 출력 2개
나. 입력 3개, 출력 2개
다. 입력 2개, 출력 3개
라. 입력 3개, 출력 3개

38. 다음 그림에서 합(s)에 대한 논리식이 옳은 것은?

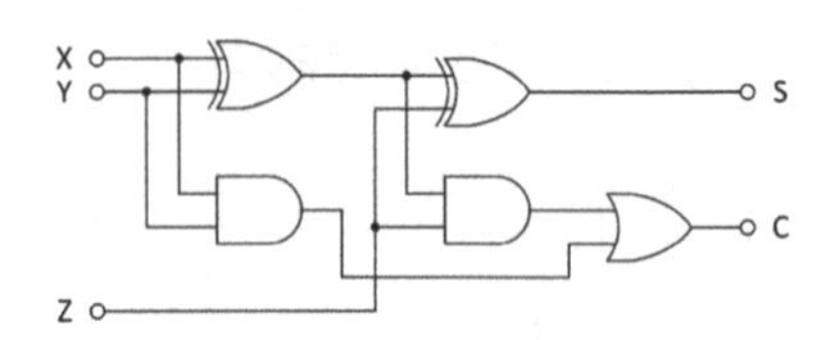

가. (X+Y)⊕Z　　나. (X⊕Y)⊕Z
다. XZ+Y　　라. XY⊕YZ

39. 두 입력을 비교하여 $A > B$이면 출력이 1이고, $A \leq B$이면, 출력이 0이 되는 논리회로를 설계하고자 한다. 이 조건을 만족하는 논리식은?

가. $A\overline{B}$　　나. AB
다. $A + B$　　라. $A + \overline{B}$

40. 다음 중 2진 비교기의 구성요소로 옳은 것은?

A B	A=B	A〉B	A〈B
0 0	1	0	0
0 1	0	0	1
1 0	0	1	0
1 1	1	0	0

가. 인버터 2개, NAND 게이트 2개, NOR 게이트 1개
나. 인버터 2개, AND 게이트 1개, NOR 게이트 2개
다. 인버터 2개, AND 게이트 2개, EX-NOR 게이트 1개
라. 인번터 2개, NAND 게이트 1개, EX-OR 게이트 1개

41. 다음 중 디코더(decoder)에 대한 설명이 아닌 것은?

가. AND 회로의 집합으로 구성되어 있다.
나. 2진수를 10진수로 변환하는 회로이다.
다. 10진수를 BCD로 표현할 때 사용한다.
라. 명령 해독이나 번지를 해독할 때 사용한다.

42. 여러 개의 입력 신호 가운데 하나를 선택하여 출력하는 동작을 하는 것은?

가. 디멀티플렉서　　나. 멀티플렉서
다. 레지스터　　라. 디코더

43. EX-OR 게이트(2입력, 1출력)를 사용하여 8비트 패리티 검사를 할 때 최소로 필요한 EX-OR 게이트의 수는?

가. 9개　나. 8개　다. 7개　라. 6개

정답 36. 다　37. 나　38. 나　39. 가　40. 다　41. 다　42. 나　43. 다

44. 아래 논리회로에서 각 입력에 대한 출력(Y_1 Y_2 Y_3 Y_4)은?

가. 1000　　나. 1111
다. 1100　　라. 1101

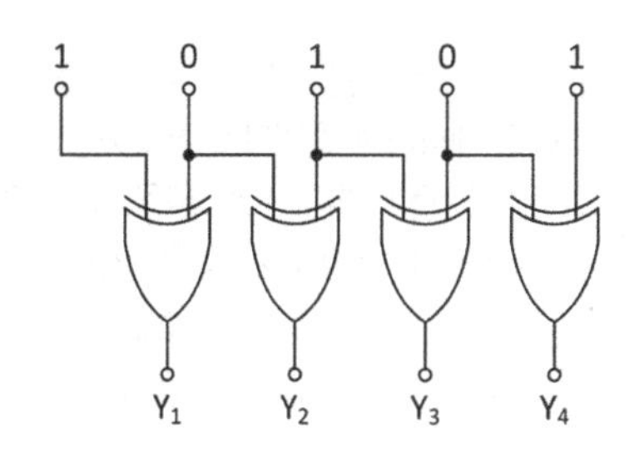

45. 다음 중 레지스터(register)의 용도로 가장 적합한 것은?

가. 펄스(pulse)를 발생하는데 사용한다.
나. 카운터의 대용으로 사용한다.
다. 회로를 동기 시키는데 사용한다.
라. 데이터(data)를 일시 저장하는데 사용한다.

46. 다음 중 Flip-Flop과 가장 관계없는 것은?

가. RAM　　나. Decoder
다. Counter　　라. Register

47. 다음 그림과 같은 논리회로의 기능은?

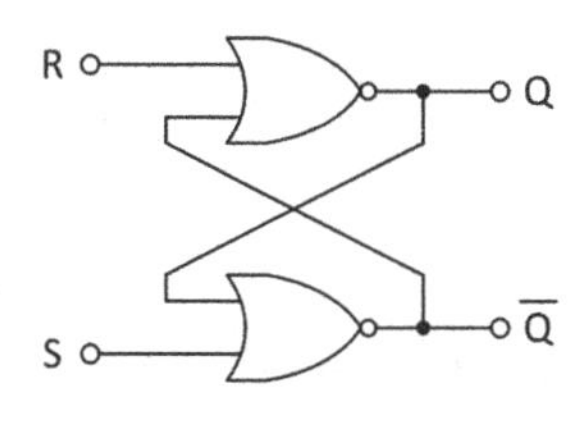

가. 무안정 멀티바이브레이터
나. 단안정 멀티바이브레이터
다. 쌍안정 멀티바이브레이터
라. 시미트 트리거

48. 다음 회로에서 S=1, R=0이 인가되었을 때 Q와 $\overline{Q}$의 출력 상태는?

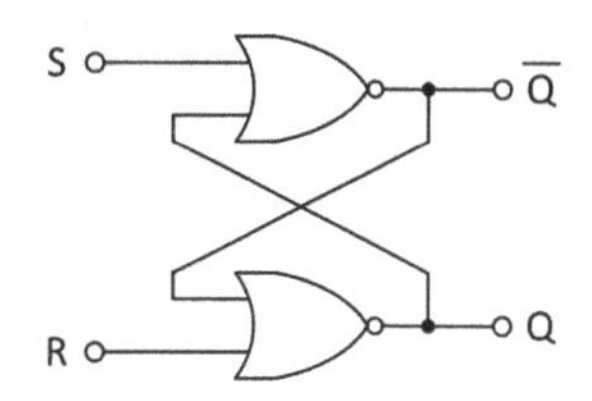

가. $Q=0, \overline{Q}=1$　　나. $Q=1, \overline{Q}=1$
다. $Q=0, \overline{Q}=0$　　라. $Q=1, \overline{Q}=0$

49. 다음 중 RS 플립플롭에 대한 설명으로 틀린 것은?

가. S=0, R=0이면 출력은 변하지 않는다.
나. S=1, R=0이면 출력은 1이 된다.
다. S=0, R=1이면 출력은 0이 된다.
라. S=1, R=1이면 출력은 전상태와 반대가 된다.

50. JK 플립플롭의 2개의 입력이 똑같이 1이고, 클록 펄스가 계속 들어오면 출력은 어떤 상태가 되는가?

가. Set　　나. Reset
다. Toggle　　라. 동작불능

정답　44. 나　45. 라　46. 나　47. 라　48. 라　49. 라　50. 다

핵심기출문제

51. 1[KHz]의 주파수를 500[Hz]로 변환하여 사용하고자 할 때 사용되는 Flip-Flop 회로는?

가. RS F-F　　나. JK F-F
다. T F-F　　라. D F-F

52. JK 플립플롭을 사용하여 D형 플립플롭을 만들려면 외부 결선은 어떻게 하는 것이 옳은가?

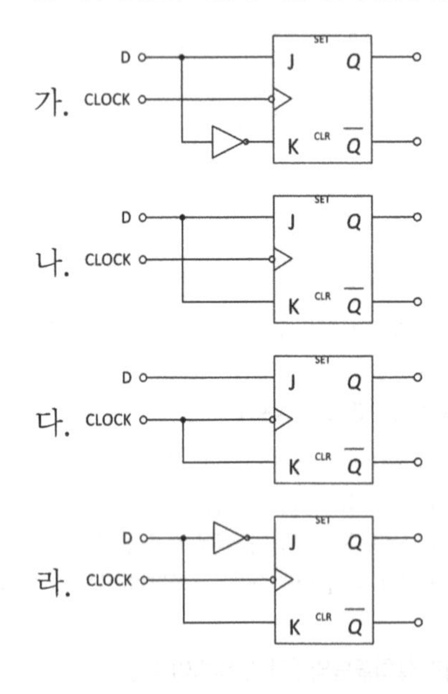

53. 다음 중 JK 플립플롭의 논리식으로 옳은 것은? (단, Q_n은 시간(t)에서의 출력상태이고, Q_{n+1}은 시간(t+1)에서의 출력 상태임)

가. $JQ_n + KQ_n$　　나. $\bar{J}Q_n + K\overline{Q_n}$
다. $J\overline{Q_n} + \bar{K}Q_n$　　라. $JQ_n + K\overline{Q_n}$

54. JK 플립플롭에서 토글(Toggle) 기능이 되기 위한 J, K의 각각 입력은?

가. J=0, K=0　　나. J=0, K=1
다. J=1, K=0　　라. J=1, K=1

55. 듀얼 J-K 플립플롭인 74HC76을 이용한 카운터 회로를 제작하여 출입문을 통과하는 인원을 파악하려고 한다. 최대 1000명을 계수하기 위해서 최소한 몇 개의 IC가 필요한가?

가. 4개　　나. 5개
다. 8개　　라. 10개

56. J-K 플립플롭에서 2개의 입력이 똑같이 1이고 클록펄스가 계속 들어오면 출력은 어떤 상태가 되는가?

가. Set　　나. Reset
다. Toggling　　라. 동작불능

57. 다음 중 D형 Latch 회로의 주 용도는?

가. 10진 계수기　　나. 논리 연산기
다. 일시 기억장치　　라. 정수 연산장치

58. 그림과 같은 D형 플립플롭으로 구성된 카운터 회로의 명칭은?

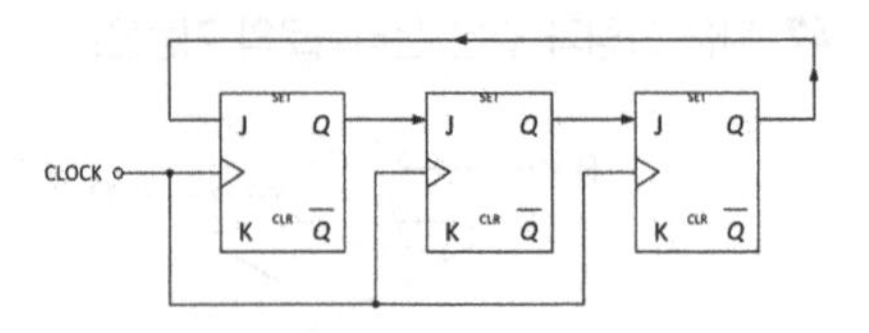

가. 3진 링카운터　　나. 6진 링카운터
다. 7진 시프트카운터　　라. 8진 시프트카운터

정답　51. 다　52. 가　53. 다　54. 라　55. 나　56. 다　57. 가　58. 가

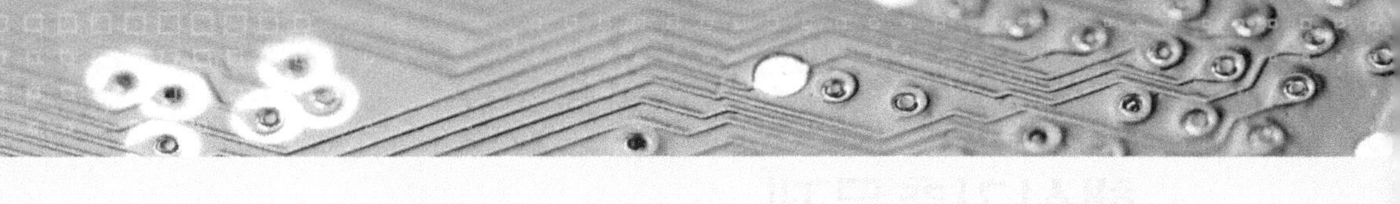

59. T형 플립플롭에 대한 설명으로 틀린 것은?

가. 토글 플립플롭(toggle flip-flop)이라고도 한다.
나. 클록이 들어올 때마다 상태가 반전된다.
다. 출력파형의 주파수는 입력파형의 주파수와 동일하다.
라. 1/2 분주회로 또는 계수회로에 많이 쓰인다.

60. 다음 중 레이스(race) 현상을 방지하기 위하여 사용되는 플립플롭은?

가. JK　　나. T
다. M/S　　라. D

61. 25 : 1의 리플 카운터를 설계하고자 한다. 최소한 몇 개의 플립플롭이 필요한가?

가. 4개　　나. 5개
다. 6개　　라. 7개

62. 3개의 T 플립플롭이 직렬로 연결되어 있다. 첫단에 1000[㎐]의 입력신호를 인가하면 마지막 단 플립플롭의 출력신호는?

가. 3000[㎐]　　나. 333[㎐]
다. 167[㎐]　　라. 125[㎐]

63. 5비트 리플 카운터(ripple counter)의 입력에 4[㎒]의 구형파를 인가할 때, 최종단 플립플롭의 주파수는?

가. 125[㎑]　　나. 250[㎑]
다. 500[㎑]　　라. 800[㎑]

64. 시프트 레지스터 출력을 입력에 되먹임 시킴으로써 클록펄스가 가해지면 같은 2진수가 레지스터 내부에서 순환하도록 만든 계수기는?

가. 링 계수기　　나. 2진 리플 계수기
다. 동기형 계수기　　라. 업/다운 계수기

65. 다음 중 비동기식 카운터와 관계없는 것은?

가. 고속 계수회로에 적합하다.
나. 리플 카운터라고도 한다.
다. 회로 설계가 동시식보다 비교적 용이하다.
라. 전단의 출력이 다음 단의 트리거 입력이 된다.

66. 다음은 리플 카운터(ripple counter)이다. 초기 상태 A=0, B=0, C=0 이었다면 클록 펄스가 12개 인가된 후의 상태는?

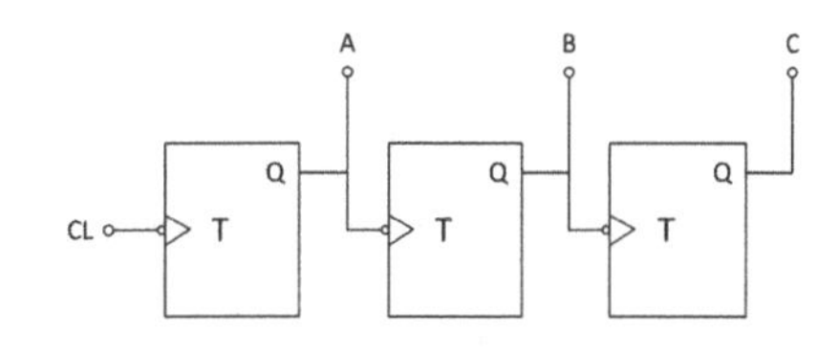

가. A=0, B=0, C=1　　나. A=0, B=1, C=1
다. A=1, B=1, C=0　　라. A=1, B=0, C=0

67. 다음 중 카운터에 관한 설명으로 틀린 것은?

가. 토글(T) 플립플롭의 원리를 이용한다.
나. MOD-N 카운터는 모듈러스가 N이다.
다. 동기식 카운터는 고속에 주로 사용된다.
라. 플립플롭이 4개라면 계수는 4가지의 경우가 존재한다.

정답　59. 다　60. 다　61. 나　62. 라　63. 가　64. 가　65. 가　66. 가　67. 라

핵심기출문제

68. 다음 중 비동기식 카운터와 관계없는 것은?

가. 고속계수 회로에 적합하다.
나. 리플 카운터라고도 한다.
다. 회로 설계가 동기식보다 비교적 용이하다.
라. 전단의 출력이 다음 단의 트리거 입력이 된다.

69. 다음 중 동기식 카운터(synchronous counter)의 설명으로 옳지 않은 것은?

가. 비동기식보다 최종 플립플롭의 변화 지연 시간을 단축시킬 수 있다.
나. 입력펄스가 플립플롭의 모든 클록에 동시에 가해지는 구조이다.
다. 저속의 카운터가 되지만 플립플롭의 회로가 간단하다.
라. 모든 플립플롭이 동시에 동작한다.

70. 다음 중 동기식 카운터의 설명으로 옳은 것은?

가. 리플 카운터라고도 한다.
나. 플립-플롭의 단수와 동작 속도와는 무관하다.
다. 단수의 증가함에 따라 최종 단 플립-플롭에서 변화의 지연이 커진다.
라. 전단의 출력이 후단의 트리거 입력이 된다.

71. 다음 중 논리 IC의 전력소모가 일반적으로 가장 적은 것은?

가. TTL　　나. ECL
다. CMOS　　라. DTL

72. 다음 중 TTL gate에서 스위칭 속도를 높이기 위해 사용되는 다이오드는?

가. 바랙터 다이오드　　나. 제너 다이오드
다. 쇼트키 다이오드　　라. 터널 다이오드

73. TTL NAND gate에서 totem-pole형 출력 TR이 사용되는 주된 이유는?

가. 팬-아웃(Fan-out) 수를 늘리기 위해서이다.
나. 잡음 여유를 크게 하기 위함이다.
다. 오동작을 방지하기 위함이다.
라. 고속 스위칭 동작을 시키기 위해서이다.

74. 다음 중 외부로부터 트리거(trigger) 신호 없이 스스로 준안정 상태에서 다른 준안정 상태로 변화를 되풀이 하는 것은?

가. 비안정 멀티바이브레이터
나. 쌍안정 멀티바이브레이터
다. 단안정 멀티바이브레이터
라. 시미트 트리거

75. 다음 중 TTL 게이트에서 스위칭 속도를 높이기 위해 사용되는 다이오드는?

가. 바랙터 다이오드　　나. 제너 다이오드
다. 쇼트키 다이오드　　라. 정류 다이오드

76. 하나의 논리 게이트 출력이 정상적인 동작 상태를 유지하면서 구동할 수 있는 표준 부하의 수를 의미하는 것은?

가. 팬 아웃(fan-out)
나. 전력소모(power dissipation)
다. 전파지연시간(propagation)
라. 잡음 여유도(noise margin)

정답 68. 가　69. 다　70. 가　71. 다　72. 다　73. 라　74. 가　75. 다　76. 가

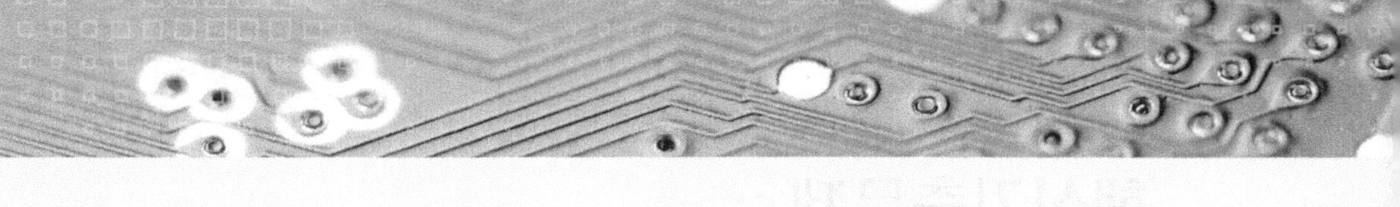

77. 기억된 정보를 보존하기 위하여 주기적으로 리플레시(refresh)를 해주어야만 하는 기억소자는?

가. Dynamic ROM　　나. Static ROM
다. Dynamic RAM　　라. Static RAM

78. 정논리(positive logic)에서 입력이 A, B일 때 회로의 출력(Y)을 나타내는 논리식은?

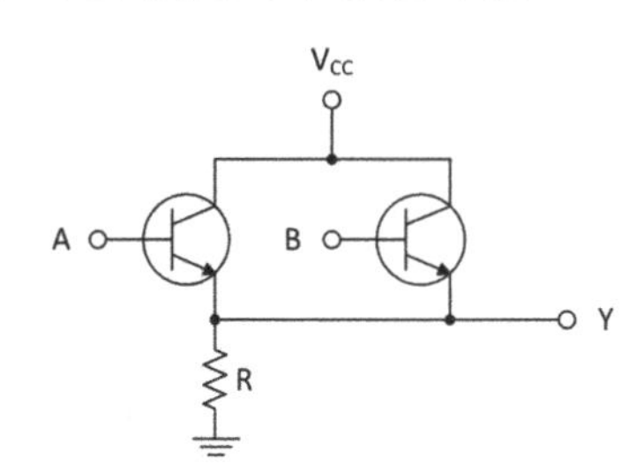

가. AB　　나. $A+B$
다. $\overline{AB}$　　라. $\overline{A+B}$

79. 그림과 같은 회로가 수행할 수 있는 논리 동작은?(단, 부논리이며 A, B는 입력단자이다.)

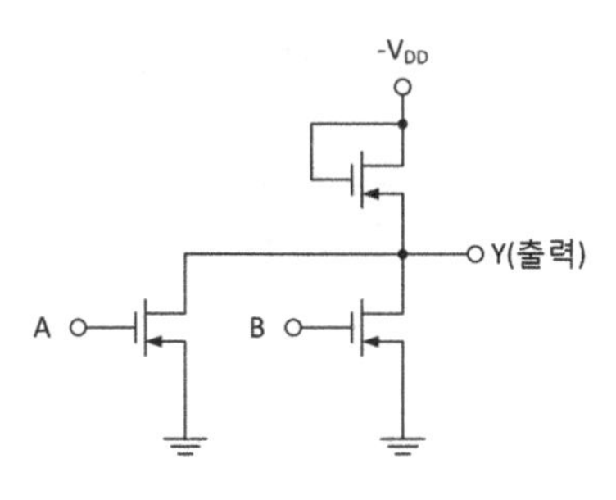

가. $Y=\overline{AB}$　　나. $Y=AB$
다. $Y=A+B$　　라. $Y=\overline{A+B}$

80. 그림과 같은 회로에서 $V_1 = V_2 = 20[V]$이면 V_o [V]는? (단, 다이오드는 이상적이다.)

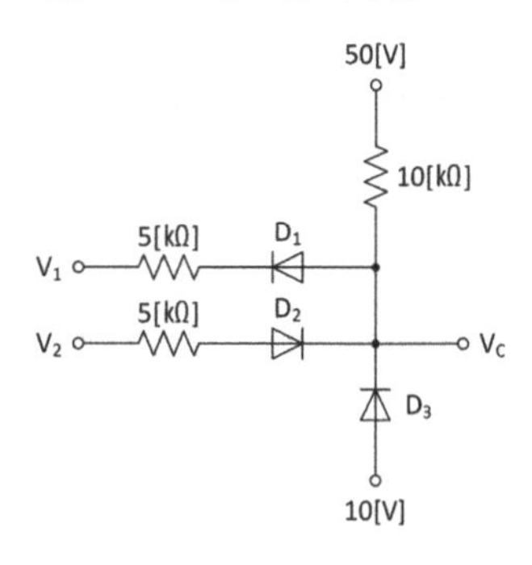

가. 50　　나. 40　　다. 30　　라. 20

81. 다음 그림의 다이오드회로와 등가인 논리 게이트는?(단, 정 논리회로이다.)

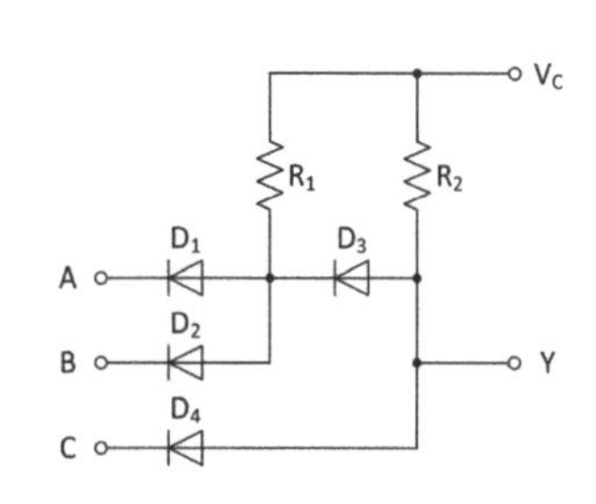

가. A B C → Y
나. A B C → Y
다. A B C → Y
라. A B C → Y

정답　77. 다　78. 나　79. 라　80. 다　81. 다

핵심기출문제

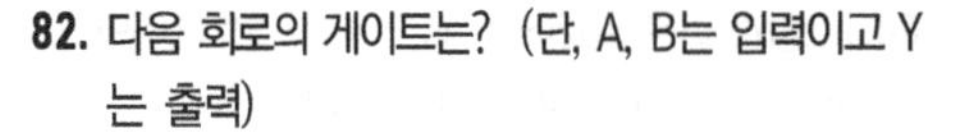

82. 다음 회로의 게이트는? (단, A, B는 입력이고 Y는 출력)

가. AND　　나. OR
다. NAND　　라. NOR

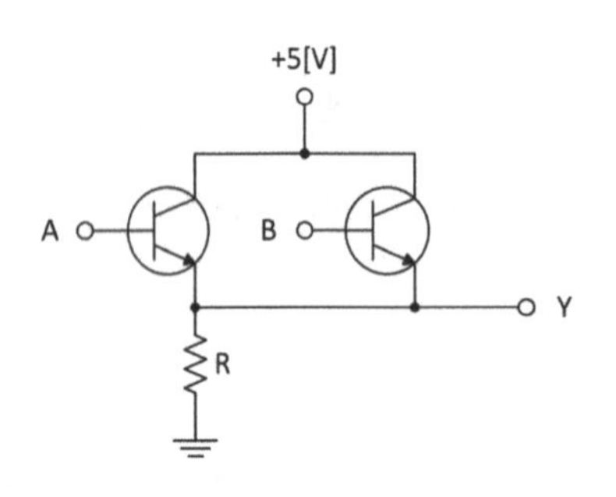

83. 정논리(Positive Logic)의 다음 회로에서 A, B, C를 입력, Y를 출력이라고 하면 이는 어떤 논리 게이트인가?

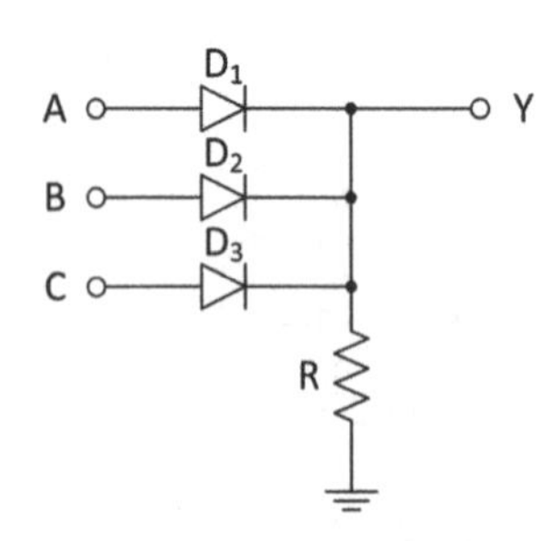

가. AND 게이트　　나. OR 게이트
다. EX-OR 게이트　　라. NAND 게이트

84. 그림의 회로는 어떤 논리 동작을 하는가?(단, X_1, X_2 : 입력, Y : 출력이며 정논리인 경우이다.)

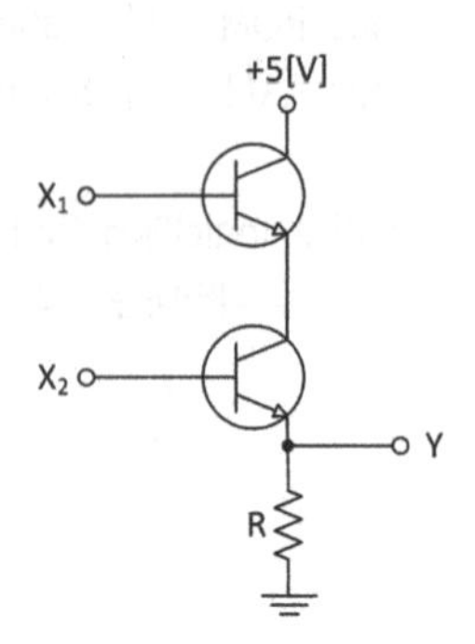

가. AND　　나. OR
다. NOR　　라. NAND

85. 그림의 회로가 정 논리 일 때, 이는 어떤 게이트인가?

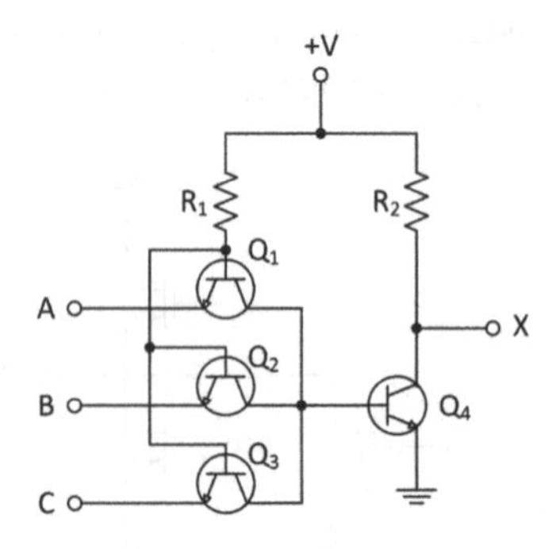

가. AND　　나. OR
다. NAND　　라. NOR

정답 82. 나　83. 나　84. 가　85. 다

PART 2

전자계산기 일반

CHAPTER 1

전자계산기의 기본 구조와 기능

1 컴퓨터의 개요

1.1 컴퓨터의 이해

1.1.1 전자계산기

입력된 데이터(Data)를 정해진 프로그램(Program)순서에 의해 산술 및 논리 연산, 비교, 판단, 기억 등을 수행함으로써 원하는 결과를 신속, 정확하게 처리하여 출력해내는 시스템을 말한다.

※ (EDPS : Electronic Data Processing System) : 전자 데이터 처리 시스템

1.1.2 전자계산기의 특징

① **자동성** : 컴퓨터에 프로그램과 데이터가 주어지면 그 목적에 따라 자동적으로 처리한다.

② **고속성(신속성)** : 많은 양의 업무도 빨리 처리한다.

③ **정확성** : 처리결과가 정확하다.

④ **대용량성** : 대량의 자료를 기억하고 처리할 수 있다.

⑤ **범용성** : 수치자료만이 아니라 문자처리 등 다양한 분야에서 널리 사용한다.

⑥ **호환성** : 같은 소프트웨어를 컴퓨터 제조회사의 기종과 관계없이 사용한다.

⑦ **신뢰성** : 핵심 장치는 반영구적이고, 회로 적으로 안정된 반도체로 구성되어 신뢰도가 높다.

⑧ **응용성** : 특정 분야에 사용되는 컴퓨터도 있지만, 대부분의 컴퓨터는 다양한 분야에 응용된다.

실전문제 1 컴퓨터의 특징과 그에 대한 설명으로 옳지 않은 것은?

가. 자동처리 : 프로그램 내장 방식에 의한 순서적 처리가 가능하다.

나. 대용량성 : 대량의 자료를 저장하며 저장된 내용의 즉시 재생이 가능하다.

다. 신속, 정확성 : 처리에 소요되는 시간이 다른 기계와 비교할 수 없을 정도로 신속, 정확하다.

라. 동시 사용, 호환성 : 다른 장비와 결합하여 사용할 수 있다.

답 라

1.1.3 전자계산기 발달 과정

(1) 전자계산기의 역사

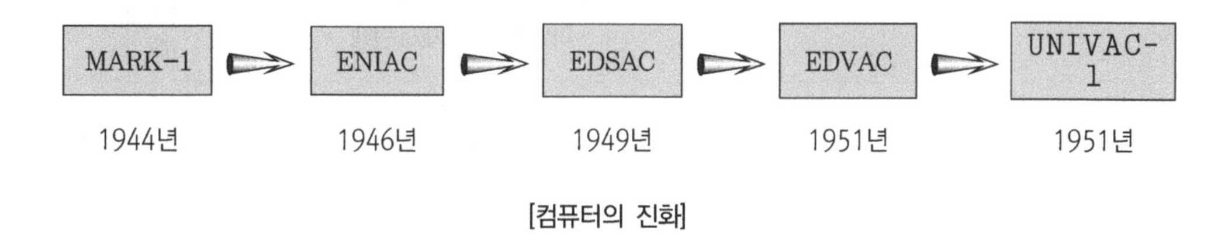

[컴퓨터의 진화]

① MARK-1(마크-1) : 세계 최초의 전기 기계식 자동계산기

② ENIAC(에니악) : 진공관을 사용한 최초의 전자식 계산기

③ EDSAC(에드삭) : 프로그램 내장방식을 채용한 최초의 컴퓨터

프로그램 내장 방식(폰 노이만 방식) : 계산에 필요한 명령을 컴퓨터 내부에 미리 기억시켜 두고, 자료만 입력하면 기억된 명령에 의해 자동으로 처리하는 방식

④ EDVAC(에드박) : 에니악을 프로그램 내장방식으로 개조한 최초로 컴퓨터(2진법을 적용)

⑤ UNIVAC-1 : 최초의 상업용 컴퓨터(2진 연산방식을 채택)

(2) 전자계산기의 세대별 구분

[표 1-1 컴퓨터의 발전과정]

내용 세대	기억소자	주 기억장치	처리속도	특 징	사용언어
제 1 세대 (1946년~ 1959년)	진공관 (Tube)	자기드럼	ms(10^{-3})	• 하드웨어 중심 / 대형화 • 높은 전력소모 신뢰성이 낮음 • 과학계산 및 통계 처리용으로 사용	저급 언어 (기계어, 어셈블리)
제 2 세대 (1959년~ 1963년)	트랜지스터(Tr)	자기코어	µs(10^{-6})	• 소프트웨어 중심 • 운영체제개발 • 전력소모 감소 • 일괄처리 • 신뢰도 향상, 소형화 • 다중프로그래밍(Multiprograming)기법	고급 언어 (FORTRAN, ALGOL, COBOL)
제 3 세대 (1963년~ 1975년)	집적회로 (IC)	반도체 기억소자	ns(10^{-9})	• 기억용량 증대 • 시분할 처리 • 다중처리 방식 • 온라인 처리 • OCR, OMR, MICR를 사용 • 마이크로프로세서 탄생	고급 언어 (LISP, PASCAL, BASIC, PL/I)
제 4 세대 (1975년 이후)	고밀도 집적 회로(LSI)	LSI	ps(10^{-12})	• 전문가 시스템 • 종합정보 통신망 • 마이크로 컴퓨터	문제지향적 언어
제 5 세대 (1980년 중반~)	초고밀도 집적회로 (VLSI)	VLSI	fs(10^{-15})	• 문제해결 방법추론 • 데이터 관리 기능 향상 • 음성,그래픽,영상,문서를 통한 입.출력 • 자연언어 처리 • 인공 지능(AI)	인공지능, 객체 지향언어, 자연어(Prolog)

실전문제 1 사용소자에 따라 컴퓨터의 세대를 구분한다면 집적회로를 채용한 세대는?

가. 제 3세대 나. 제 4세대 다. 제 1세대 라. 제 2세대

답 가

실전문제 2 전자계산기의 구성 재료로서 세대를 구분할 때 제4세대에 해당하는 것은?

가. 트랜지스터(TR) 나. 집적화 회로(IC)

다. 고집적화 회로(LSI) 라. 진공관(VT)

답 다

실전문제 3 Computer에서의 세대라는 말은 제작 년대가 아닌 변화된 Computer의 주 구성요소가 분류의 기준이 된다. 이러한 Computer의 주 구성요소가 발달한 순서대로 정리된 항을 고르시오.

가. Transistor - 진공관 - 집적회로
나. 집적회로 - 진공관 - Transistor
다. 진공관 - Transistor - 집적회로
라. 진공관 - 집적회로 - Transistor

답 다

실전문제 4 H/W 중심에서 S/W로 옮겨지고 컴파일 언어가 개발된 단계는 어느 세대인가?

가. 제1세대　나. 제2세대　다. 제3세대　라. 제4세대

답 나

1.2 컴퓨터의 분류

1.2.1 데이터 처리 방식에 따른 분류

① **디지털(Digital)컴퓨터** : 코드화된 숫자나 문자를 처리하는 컴퓨터로서, 현재는 음성과 동영상 등 코드화되지 않은 다양한 정보도 처리할 수 있다.

② **아날로그(Analog) 컴퓨터** : 계측 기기로부터 전압, 전류, 길이, 온도, 습도, 압력 등과 같이 연속적인 물리량을 그대로 입력시켜 처리하고, 그 결과도 아날로그 형태로 출력하는 컴퓨터이다.

③ **하이브리드(Hybrid) 컴퓨터** : 디지털 컴퓨터와 아날로그 컴퓨터의 기능을 혼합한 컴퓨터로서, 아날로그 데이터를 입력하여 디지털 방식의 처리를 하고자 할 때에 매우 유용한 컴퓨터이다.

[**표 1-2** 디지털 컴퓨터와 아날로그 컴퓨터의 비교]

구분 \ 분류	디지털 컴퓨터	아날로그 컴퓨터
입력	이산 데이터(문자, 숫자 등)	연속 데이터(전압, 전류, 온도 등)
출력	숫자, 문자, 부호	곡선, 그래프
연산형식	사칙연산, 논리연산 등	미 · 적분연산
회로	논리회로	증폭회로
처리대상	이산 데이터	연속 데이터
연산속도	고속이다	저속이다
기억기능	있다	없다
정 밀 도	필요한 한도까지 가능	제한적이다.
가격	비교적 고가	비교적 저가

1.2.2 사용 목적에 따른 분류

① **특수용 컴퓨터** : 특수 분야의 일을 수행하기 위해 제작된 컴퓨터로서, 특수 분야(공장 자동화, 우주 탐험, 미사일 궤도 추적용 등)에 적합한 프로그램이 계속하여 컴퓨터 내에 존재한다.

② **범용 컴퓨터** : 과학 기술이나 사무 처리 등 광범위한 분야에 적용할 수 있는 다목적 컴퓨터이다.

③ **개인용 컴퓨터** : 가정이나 학교, 사무실 등에서 개인의 사무 처리나 교육, 오락 등으로 사용되는 컴퓨터이다.

1.2.3 처리 능력에 따른 분류

① **슈퍼컴퓨터** : 복잡한 계산을 초고속으로 처리하는 초대형 컴퓨터로 대용량의 컴퓨터로 원자력 개발, 항공우주, 기상예측, 환경공해문제, 예측시뮬레이션, 자원탐색, 유체해석, 구조해석, 계량경제모델, 화상처리, 에너지 관리, 핵분열, 암호해독 등에 사용

② **대형 컴퓨터** : 용량이 큰 컴퓨터로 대기업, 은행 등에서 사용

③ **소형 컴퓨터** : 다중 사용자 시스템으로 기업체, 학교, 연구소 등에서 많이 사용

④ **마이크로컴퓨터** : 일반 PC를 의미하는 것으로 한개의 칩(chip)으로된 마이크로프로세서를 CPU로 사용하는 컴퓨터이다.

ms(밀리/초 : milli second) : 10^{-3}

μs(마이크로/초 : micro second) : 10^{-6}

ns(나노/초 : nano second) : 10^{-9}

ps(피코/초 : pico second) : 10^{-12}

fs(펨토/초 : femto second) : 10^{-15}

as(아토/초 : atto second) : 10^{-18}

기억용량단위

1 Bit : 정보표현의 최소단위(0,1)

1 Byte(8 Bit) : 문자표현의 최소단위

KB(Kilo Byte) : 2^{10} = 1024byte

MB(Mega Byte) : 2^{20} = 1048576byte

GB(Giga Byte) : 2^{30} = 1073741824byte

TB(Tera Byte) : 2^{40} = 1099511627776byte

실전문제 1 컴퓨터에서 사이클 타임 등에 사용되는 나노(nano)의 단위는?

가. 10^{-6}　　나. 10^{-9}

다. 10^{-12}　　라. 10^{-15}

답 나

1.3 컴퓨터의 기본구조

전자계산기 (하드웨어)	중앙처리장치	주변장치
	제어장치, 연산장치, 주기억장치	입력장치, 출력장치, 보조기억장치

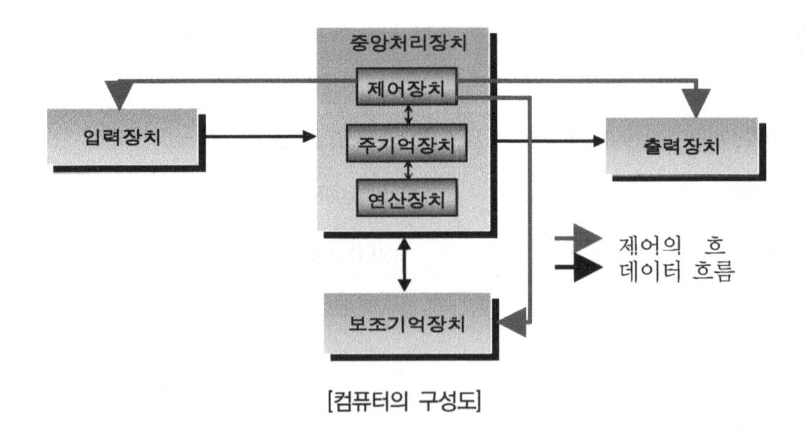

[컴퓨터의 구성도]

① **입·출력장치** : 각종 자료들을 컴퓨터 내부로 읽어 들이거나 작업한 결과를 화면이나 그 밖의 장치를 통해 표시해준다.

실전문제 1 컴퓨터에서 처리하는데 필요한 데이터를 읽어 들이는 장치를 무엇이라 하는가?

가. 기억 장치　　나. 연산장치　　다. 입력장치　　라. 출력장치

답 다

② **중앙처리장치**(CPU : Central Process Unit) : 인간의 두뇌에 해당하며 제어장치와 연산장치, 주기억장치를 중앙처리장치(CPU)의 3대요소라고 하며, 각종 프로그램을 해독한 내용에 따라 명령(연산)을 수행하고 컴퓨터 내의 각 장치들을 삭제, 지시, 감독하는 기능을 수행한다.

③ **보조 기억장치** : 주 기억장치의 한정된 기억용량을 보조하기 위해 사용하는 것이며 전원이 차단되어도 기억된 내용이 상실되지 않는다.

컴퓨터의 5대 기본요소

① 기억 장치　　② 연산 장치　　③ 제어 장치
④ 입력 장치　　⑤출력 장치

실전문제 1　다음은 컴퓨터의 하드웨어 구성표이다. 잘 못 채워진 것은?

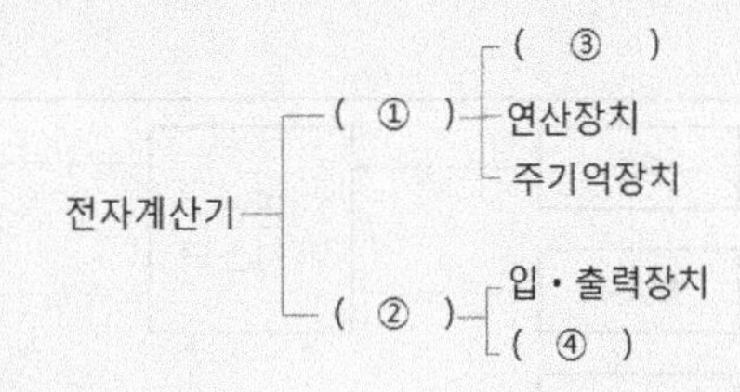

가. ① 중앙처리장치　　나. ② 신호장치
다. ③ 제어장치　　라. ④ 보조기억장치

답 나

2 중앙처리장치의 구성 요소와 특징

2.1 중앙처리장치(CPU : Central Process Unit)

인간의 두뇌와 같은 역할을 담당하는 컴퓨터의 핵심 장치이며 프로그램을 해독하여 실제 연산 및 논리적인 판단을 수행하고, 컴퓨터의 각 장치들을 지시·감독한다.

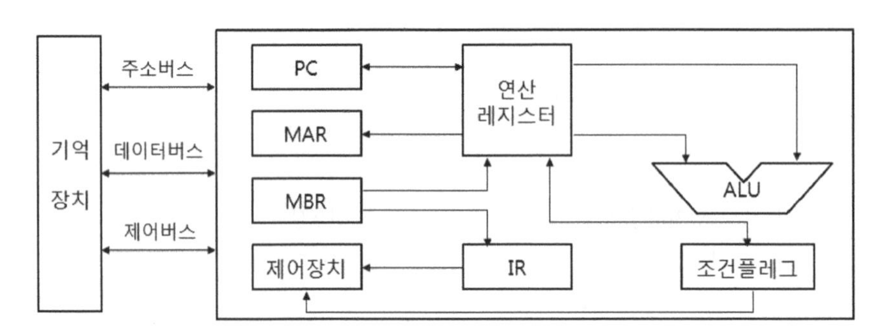

[중앙처리장치의 구성요소]

2.1.1 제어장치(Control Unit)

컴퓨터를 구성하는 모든 장치가 효율적으로 운영되도록 통제하는 장치이며, 주기억 장치에 저장되어 있는 프로그램의 명령들을 차례대로 수행하기 위하여 기억장치와 연산장치 또는 입력장치, 출력장치에 제어 신호를 보내거나 이들 장치로부터 신호를 받아서 다음에 수행할 동작을 결정하는 장치이다.

(1) 제어장치의 기능

① 주기억 장치에 기억되어 있는 프로그램의 명령들을 해독한다.

② 해독된 명령에 따라 각 장치(입출력, 기억, 연산)들에 신호를 보내어 유기적으로 결합시켜 데이터를 처리한다.

③ 처리된 결과를 기억장치에 기억시키고, 내용을 출력한다.

④ 프로그램을 실행하는 도중 사고가 발생하면 동작을 잠시 중단하고 사고가 치료되면 다시 계속 프로그램을 수행한다.

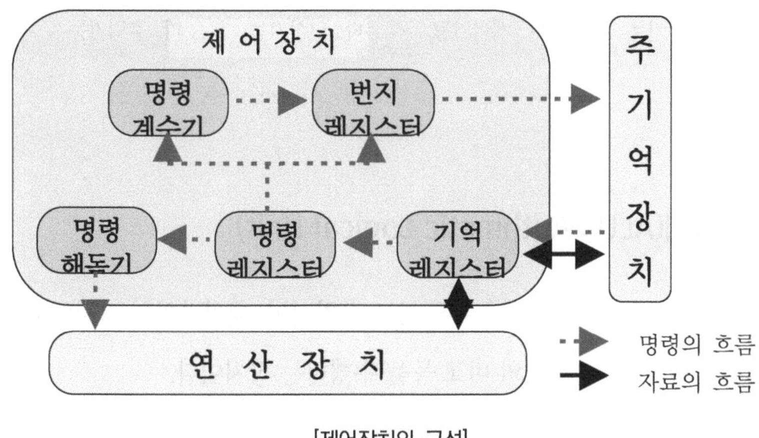

[제어장치의 구성]

(2) 각 장치의 역할

① **명령 계수기** (IC:instruction counter) : 다음에 수행할 명령이 기억되어 있는 주기억 장치 내의 주소를 계산하여 번지 레지스터에 제공한다. 한 개의 명령이 실행될 때마다 번지 값이 1씩 증가되어 다음에 실행해야 할 명령이 기억된 번지를 지정한다.

② **번지 레지스터** (MAR:memory address register) : 주기억 장치 내의 명령이나 자료가 기억되어 있는 주소를 보관한다.

③ **기억 레지스터** (MBR:memory buffer register) : 번지 레지스터가 보관하고 있는 주기억 장치 내의 주소에 기억된 명령이나 자료를 읽어 들여 보관한다.

④ **명령 레지스터** (IR:instruction register) : 실행할 명령을 기억 레지스터로부터 받아 임시 보관하며, 명령부에는 실행할 명령 코드가 기억되어 있고 이 명령 코드는 명령 해독기로 보내져 해독되며, 처리할 데이터의 번지가 기억되어 있는 번지부의 번지는 번지 해독기로 보내져 데이터가 보관되어 있는 번지가 해독된다.

⑤ **명령 해독기** (ID:instruction decoder) : 명령 레지스터의 명령부에 보관되어 있는 명령을 해독하며 필요한 장치에 신호를 보내어 동작하도록 한다.

실전문제 1 전자계산기의 기능 중 프로그램을 해독하고 필요한 장치에 보내며, 검사, 통제 역할을 하는 기능은?

가. 기억기능 나. 제어기능 다. 연산기능 라. 출력기능

답 나

2.1.2 연산장치(ALU : Arithmetic Logical Unit)

컴퓨터가 처리하는 모든 연산활동을 수행하는 장치이며, 제어장치의 지시에 따라 산술연산, 논리연산, 자리 이동 및 크기의 비교 등을 수행하는 장치이다.

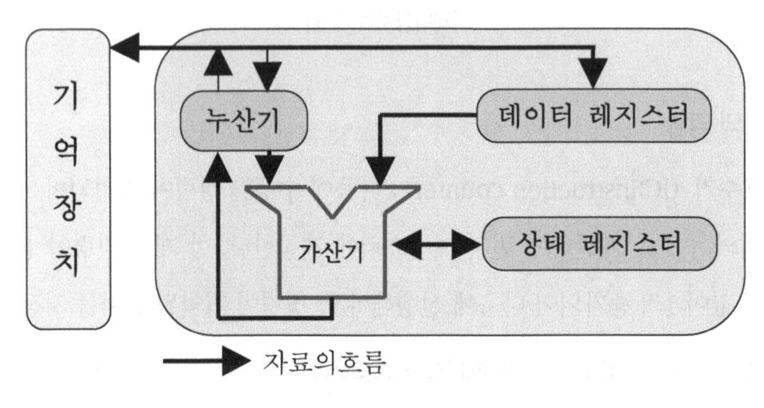

[연산장치의 구성]

① **누산기**(accumulator) : 연산장치에서 가장 중요한 부분이며 산술 연산 및 논리 연산의 결과를 일시적으로 보관한다.

② **데이터 레지스터**(data register) : 연산해야 할 자료를 보관한다.

③ **가산기**(adder) : 누산기와 데이터 레지스터에 보관된 자료를 더하여 그 결과를 누산기에 보관한다.

④ **상태 레지스터**(status register) : 컴퓨터의 연산결과를 나타내는데 사용되는 레지스터이며 부호, 자리올림, 오버 플로어 등의 발생여부와 인터럽트 신호 등을 기억한다.

오버 플로어(over flow) : 연산의 결과가 지정된 자릿수보다 큰 상태
인터럽트(interrupt) : 긴급한 상황에서 수행중인 작업을 강제로 중단시키는 현상

⑤ **프로그램 카운터**(program counter : PC) : CPU가 다음에 처리해야 할 명령이나 데이터의 메모리 주소를 지시한다.

⑥ **메모리 어드레스 레지스터**(memory address register : MAR) : 어드레스를 가진 기억 장치를 중앙 처리 장치가 이용할 때 원하는 정보의 어드레스를 넣어 두는 레지스터이다.

⑦ **메모리 버퍼 레지스터**(memory buffer register : MBR) : 기억 장치로부터 불러낸 정보나 또는 저장할 정보를 넣어 두는 레지스터이다.

⑧ **명령 레지스터**(instruction register : IR) : 메모리에서 인출된 내용 중 명령어를 해석하기 위해 명령어만 보관하는 레지스터이다.

⑨ **스택 포인터**(stack pointer : SP) : 레지스터의 내용이나 프로그램 카운터의 내용을 일시 기억시키는 곳을 스택이라 하며 이 영역의 최상위 번지를 지정하는 것을 스택 포인터라 한다.

⑩ **누산기**(accumulator : ACC) : ALU에서 처리한 결과를 저장하며, 또한 처리하고자 하는 데이터를 일시적으로 기억 하는 레지스터이다.

실전문제 1 다음은 컴퓨터의 기능을 나열하였다. 이 중 중앙처리장치에 들어가는 것만을 묶어 놓은 것은?

가. 입력 기능, 기억 기능, 연산 기능　　나. 제어 기능, 연산 기능, 기억 기능
다. 입력 기능, 기억 기능, 출력 기능　　라. 제어 기능, 연산 기능, 출력 기능

답 나

실전문제 2 다음 그림과 같이 A, B 레지스터에 있는 2개의 자료에 대해 ALU에 의한 OR 연산이 이루어졌을 때 그 결과가 출력되는 C레지스터는?

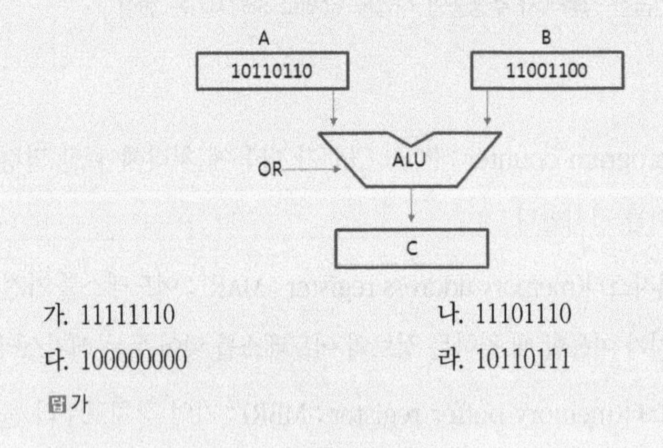

가. 11111110　　　　나. 11101110
다. 100000000　　　　라. 10110111

답 가

2.1.3 주기억장치(Main Memory Unit)

수행되고 있는 프로그램과 이의 수행에 필요한 데이터를 기억하는 장치로, 데이터를 저장하고 인출하는 데 드는 시간이 빨라야 하며, 보조기억장치보다 기억용량 대비 비용이 비싸다. ROM(read only memory)과 RAM(random access memory)이 주기억장치에 속한다.

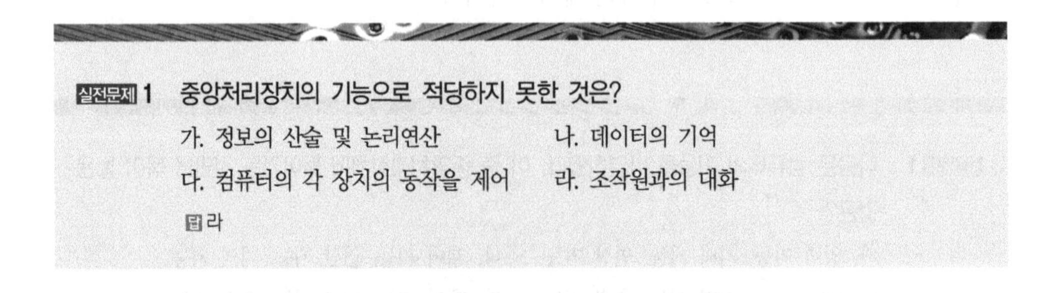

실전문제 1 중앙처리장치의 기능으로 적당하지 못한 것은?

가. 정보의 산술 및 논리연산　　　　나. 데이터의 기억
다. 컴퓨터의 각 장치의 동작을 제어　　　　라. 조작원과의 대화

답 라

3 기억장치의 종류와 특징

3.1 주 기억장치

컴퓨터 내부에 존재하여 작업 수행에 필요한 운영체제, 처리할 프로그램과 데이터 및 연산 결과를 기억하는 장치이며 종류에는 자성체와 반도체가 있는데 지금은 거의 반도체를 널리 사용하고 있다. 종류로 크게 ROM과 RAM으로 나뉜다.

3.1.1 롬(ROM : Read Only Memory)

① 주로 시스템이 필요한 내용(ROM BIOS)을 제조 단계에서 기억시킨 후 사용자는 오직 기억된 내용을 읽기만 하는 장치(변경이나 수정 불가)이다.

② 전원 공급이 중단되어도 기억된 내용을 그대로 유지하는 비휘발성 메모리이다.

③ **롬의 종류**

㉠ Masked ROM : 제조 단계에서 한번 기록시킨 내용을 사용자가 임의로 변경시킬 수 없으며 단지 읽기만 할 수 있는 ROM이다.

㉡ PROM(Programmable ROM) : 단 한 번에 한해 사용자가 임의로 기록할 수 있는 ROM이다.

㉢ EPROM(Erasable PROM) : 자외선을 이용해 기억된 내용을 여러번 임의로 지우고 쓸 수 있는 메모리이다.

㉣ EEPROM(Electrical EPROM) : 전기적으로 기록된 내용을 삭제하여 여러 번 기록할 수 있다.

실전문제 1 여러 번 읽고 쓰기가 가능한 ROM을 전기적인 방법으로 수정과 삭제가 가능하여 현재 플래시 메모리에 응용되고 있는 ROM은 무엇인가?

가. PROM　　나. EPROM　　다. EEPROM　　라. MASK ROM

답 다

3.1.2 램(RAM : Random Access Memory)

① 일반적인 PC의 메모리로 현재 사용중인 프로그램이나 데이터를 기억한다.

② 전원 공급이 끊기면 기억된 내용을 잃어버리는 휘발성 메모리이다.

③ 각종 프로그램이나 운영체제 및 사용자가 작성한 문서 등을 불러와 작업할 수 있는 공간으로 주기억 장치로 사용되는 DRAM(dynamic RAM)과 캐시 메로리로 사용되는 SRAM(static RAM)의 두 종류가 있다.

[표 1-3 DRAM과 SRAM의 비교]

구분	동적 램 (DRAM : Dynamic RAM)	정적 램 (SRAM : Static RAM)
구성	대체로 간단 (MOS1개+Capacitor1개로 구성)	대체로 복잡 (플립프롭(flip-flop)으로 구성)
기억용량	대용량	소용량
특징	• 기억한 내용을 유지하기 위해 주기적인 재충전(Refresh)이 필요한 메모리 • 소비전력이 적음 • SRAM보다 집적도가 크기 때문에 대용량 메모리로 사용되나 속도가 느림	• DRAM보다 집적도가 작음 • 재충전(Refresh)이 필요없는 메모리 • DRAM보다 속도가 빨라 주로 고속의 캐시메모리에 이용됨

실전문제 1 플래시 메모리(flash memory)에 대한 설명으로 옳지 않은 것은?

가. 데이터의 읽고 쓰기가 자유롭다.

나. DRAM과 같은 재생(refresh) 회로가 필요하다.

다. 전원을 꺼도 데이터가 지워지지 않는 비휘발성 메모리이다.

라. 소형 하드 디스크처럼 휴대용 기기의 저장 매체로 널리 사용된다.

답 나

실전문제 2 다음 ROM(Read Only Memory)에 대한 설명 중 옳지 않은 것은?

가. Mask ROM : 사용자에 의해 기록된 데이터의 수정이 가능하다.

나. PROM : 사용자에 의해 기록된 데이터의 1회 수정이 가능하다.

다. EPROM : 자외선을 이용하여 기록된 데이터를 여러 번 수정할 수 있다.

라. EEPROM : 전기적인 방법으로 기록된 데이터를 여러 번 수정할 수 있다.

답 가

실전문제 3 DRAM과 SRAM을 비교할 때 SRAM의 장점은?

가. 회로구조가 복잡하다.　　나. 가격이 비싸다.
다. 칩의 크기가 크다.`　　라. 동작속도가 빠르다.

답 라

실전문제 4 다음 기억장치 중 주기적으로 재충전(refresh)하여 기억된 내용을 유지시키는 것은?

가. programmable ROM　　나. static RAM
다. dynamic RAM　　라. mask ROM

답 다

3.2 보조 기억 장치

주기억장치를 보조해주는 기억장치로 대량의 데이터를 저장할 수 있으며 주기억장치에 비해 처리속도는 느리지만 반영구적으로 저장이 가능하다.

3.2.1 순차접근 기억장치

기록 매체의 앞부분에서부터 뒤쪽으로 차례차례 접근하여 찾으려는 위치까지 접근해가는 장치로서, 데이터가 기억된 위치에 따라 접근되는 시간이 달라진다.

① **자기 테이프(magnetic tape)** : 기억된 데이터의 순서에 따라 내용을 읽는 순차적 접근만 가능하며 속도가 느려 데이터 백업용으로 사용, 가격이 저렴하여 보관할 데이터가 많은 대형 컴퓨터의 보조기억장치에 주로 사용된다.

실전문제 1 자기테이프에서의 기록밀도를 나타내는 것은?

가. Second per inch　　나. Block per second
다. Bits per inch　　라. Bits per second

답 다

② **카세트 테이프**(cassette tape) : 일반적으로는 휴대용 카세트를 가리킨다. 3.81mm의 자기 테이프와 두 개의 릴을 하나의 카트리지에 넣은 것.

③ **카트리지 테이프**(cartridge tape) : 자기 테이프를 소형으로 만들어 카세트테이프와 같이 고정된 집에 넣어서 만든 것.

실전문제 1 다음에 열거한 장치 중에서 순차처리(sequential access)만 가능한 것은?

가. 자기 드럼　　나. 자기 테이프

다. 자기 디스크　　라. 자기 코어

답 나

3.2.2 직접 접근 기억장치

물리적인 위치에 영향을 받지 않으므로 순차적 접근 장치보다 빨리 데이터를 처리한다.

① **자기 디스크**(magnetic disk) : 데이터의 순차접근과 직접 접근이 모두 가능하며, 다른 보조기억장치에 비해 비교적 속도가 빠르므로 보조기억장치로 널리 사용된다.

② **하드 디스크**(hard disk) : 컴퓨터의 외부 기억장치로 사용되며 세라믹이나 알루미늄 등과 같이 강성의 재료로 된 원통에 자기재료를 바른 자기기억장치이다. 직접 접근 기억 장치로 기억 용량은 비교적 크고 간편하지만, 디스크 팩을 교환할 수 없어 해당 디스크의 기억 용량 범위에서만 사용해야 한다.

③ **플로피 디스크**(floppy disk) : 자성 물질로 입혀진 얇고 유연한 원판으로 개인용 컴퓨터의 가장 대표적인 보조기억 장치로서 적은 비용과 휴대가 간편하여 널리 사용된다.

④ CD-ROM(compact disk read only memory) : 오디오 데이터를 디지털로 기록하는 광디스크(optical disk)의 하나로 알루미늄이나 동판으로 만든 원판에 레이저 광선을 사용하여 데이터를 기록하거나 기억된 내용을 읽어내는 것.

⑤ **자기 드럼**(magnetic drum) : 자성재료로 피막된 원통형의 기억매체로 이 원통을 자

기헤드와 조합하여 자기기록을 하는 자기 드럼 기억장치를 구성함.

드럼이 한 바퀴 회전하는 동안에 원하는 데이터를 찾을 수 있는 속도가 매우 빠른 기억장치로 제1세대 컴퓨터의 주기억장치로 사용하였으나, 기억 용량이 적은 것이 단점이다.

실전문제 1 다음 중 자료 처리를 가장 고속으로 할 수 있는 장치는?

가. 자기 테이프 나. 종이테이프
다. 자기디스크 라. 천공카드

답 다

3.2.3 메모리의 구조

① **캐시 기억장치(cache Memory)** : 캐시 메모리는 CPU와 주기억장치 사이에 위치하여 두 장치의 속도 차이를 극복하기 위해 CPU에서 가장 빈번하게 사용되는 데이터나 명령어를 저장하여 사용되는 메모리로 주로 SRAM을 사용한다.

실전문제 1 다음 기억소자 중 가장 빠른 호출 시간을 갖는 것은?

가. 가상 메모리 나. 버퍼 메모리
다. 캐시 메모리 라. 보조 메모리

답 다

② **가상 기억장치(virtual memory)** : 하드디스크와 같은 보조기억장치의 일부분을 마치 주기억장치처럼 사용하는 공간을 말한다.

③ **연관 기억장치(associative Memory)** : 검색된 자료의 내용 일부를 이용하여 자료에 직접 접근할 수 있는 기억장치이다.

4 입 · 출력장치

4.1 입 · 출력장치

4.1.1 입력 장치

(1) 화면이용 입력 장치

① **키보드(Keyboard)** : 컴퓨터에 가장 많이 사용하는 입력 장치이다.

② **마우스(Mouse)** : 흔히 사용되는 볼 마우스나 휠 마우스 이외에 광학 마우스, 트랙볼 마우스 등이 있으며 키보드처럼 컴퓨터에서 반드시 필요한 입력 장치이다.

③ **스캐너** : 사진이나 그림을 컴퓨터로 읽어 들이는 입력장치이며 포토샵과 같은 그래픽 프로그램이 컴퓨터 내에 있어야 사용가능하다.

④ **디지털 카메라** : 렌즈를 통하여 들어온 빛을 CCD라는 반도체를 이용하여 전기적 신호로 바꾸어 메모리에 저장하는 장치

⑤ **라이트 펜(Light Pen)** : 펜에 달린 센서에 의해 좌표의 선을 그리거나, 점을 찍어 그림을 그리는 등의 컴퓨터를 이용한 그래픽 작업에 주로 이용하는 입력 장치.

⑥ **터치스크린(touch screen)** : 말 그대로 스크린 즉 모니터를 접촉함으로써 컴퓨터와 교신할 수 있는 방법으로 터치스크린은 사람이 컴퓨터와 상호 대화하는 가장 단순하고 가장 직접적인 방식이다. 터치스크린은 누구나 어떠한 훈련을 받지 않더라도 컴퓨터를 사용할 수 있고, 사용자가 명확히 한정된 메뉴에서 선정하므로 사용자의 오류를 제거한다는 장점이 있다.

(2) 광학적 입력장치

① **카드 판독기(Card Reader)** : 카드 천공기로 천공된 카드는 입력시킬 카드를 쌓아 놓는 곳(호퍼 : hopper)에서 판독기를 거쳐 판독이 끝난 카드가 보내지는 곳(스태커 : staker)에 모여지면서 천공된 숫자나 문자를 판독하는 장치이다.

② **광학 마크 판독기(OMR : Optical Mark Reader)** : 특수한 재료가 포함된 잉크나 연필

로 표시한 데이터를 광학적으로 판독하는 장치이다.

③ **광학 문자 판독기**(OCR : Optical Character Reader) : 특정한 모양의 글자를 종이에 인쇄하여, 그 인쇄된 글자를 광학적으로 판독하는 장치이다.

④ **디지타이저**(Digitizer) : 그림, 챠트, 도표, 설계도면 등의 아날로그 측정값을 읽어 들여 이를 디지털 화하여 컴퓨터에 입력시키는 장치이다.

⑤ **바코드 판독기**(Bar Code Reader) : 슈퍼마켓이나 서적 등에서 볼 수 있는 입력 장치로 상품에 인쇄된 바코드를 광학적으로 읽어 들여, 신뢰성 높은 자료의 입력을 가능하게 한다.

(3) 자기 입력장치

① **자기 디스크**(Magneticdisk) : 데이터의 순차접근과 직접 접근이 모두 가능하며, 다른 보조기억장치에 비해 비교적 속도가 빠르므로 보조기억장치로 널리 사용된다.

② **자기 테이프**(Magnetic tape) : 기억된 데이터의 순서에 따라 내용을 읽는 순차적 접근만 가능하며 속도가 느려 데이터 백업용으로 사용, 가격이 저렴하여 보관할 데이터가 많은 대형 컴퓨터의 보조기억장치에 주로 사용된다.

[입력장치의 예]

③ **자기 잉크 문자 판독기(MICR : Magnetic Ink Character Reader)** : 자성을 띤 특수한 잉크로 기록된 숫자나 기호를 직접 판독하는 장치.

4.1.2 출력 장치

① **모니터** : 주기억장치의 자료를 모니터 화면에 문자나 숫자, 도형 등으로 나타내 주는 장치로서 음극선관(CRT:cathode ray tube), 액정 화면(LCD:liquid crystal display), 플라즈마 디스플레이(PDP:plasma display panel) 방식등이 있다.

② **프린터** : 컴퓨터에서 처리된 결과를 용지에 활자로 인쇄하여 보여주는 장치이며 도트 매트릭스 프린터, 잉크젯 프린터, 레이저 프린터 등이 있다.

③ **스피커** : 사운드 카드를 통해 소리를 들을 수 있도록 해 주는 장치

④ **빔 프로젝터** : 컴퓨터 화면의 내용을 스크린으로 비추어 표시해 주는 장치

⑤ **플로터(plotter)** : 장치에 붙어있는 펜이 X축 Y축 즉, 상하좌우로 이동해서 용지에 도형이나 그래프를 그려주는 장치로 CAD의 표준 출력장치로 이용된다.

모니터

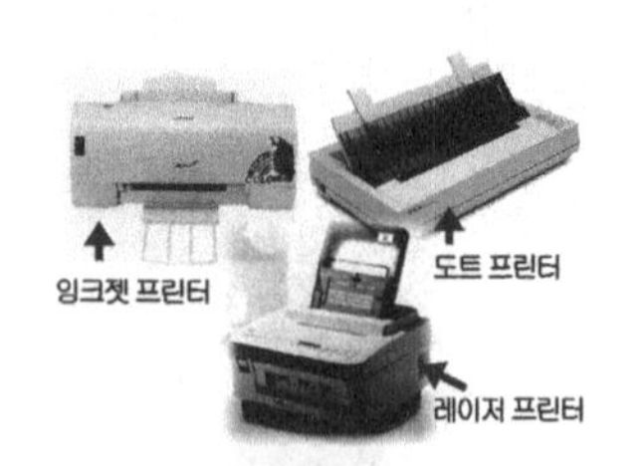

프린터

스피커

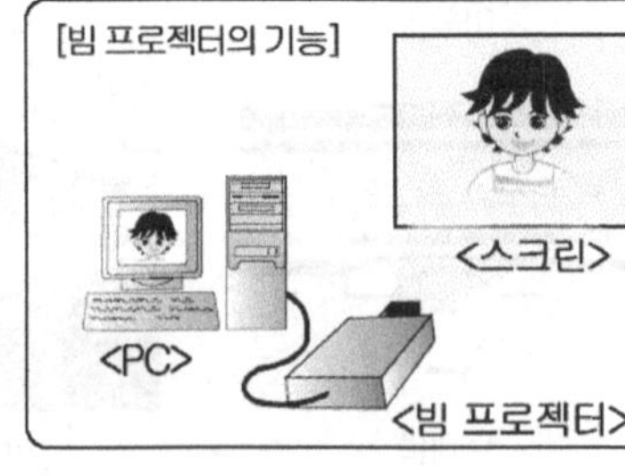

빔 프로젝터

플로터

[출력장치의 예]

4.1.3 입 · 출력 병용장치

① **콘솔(consol)** : 모니터와 키보드로 이루어져 있으며, 대형 컴퓨터에서 업무의 시작이나 일의 일시 중단 및 컴퓨터의 모든 상황을 조정 통제하는 제어 터미널을 말한다.

실전문제 1 입력장치와 출력장치로 올바르게 짝지은 것은?

가. 입력장치 : Scanner, 출력장치 : OCR

나. 입력장치 : Printer, 출력장치 : X-Y Plotter

다. 입력장치 : OCT, 출력장치 : X-Y Plotter

라. 입력장치 : 디지타이저, 출력장치 : Scanner

답 다

실전문제 2 출력장치에 해당되지 않는 것은?

가. 카드리더 나. 모니터 다. 라인프린터 라. X-Y 플로터

답 가

4.2 인터페이스

2개 이상의 장치나 소프트웨어 사이에서 정보나 신호를 주고받을 때 그 사이를 연결하는 연결 장치나 소프트웨어를 말한다.

4.3 입 · 출력 제어방식

(1) 중앙처리장치(CPU)에 의한 입 · 출력

중앙처리장치가 입 · 출력 과정을 명령하여 수행하게 한다.

① 프로그램에 의한 입 · 출력 제어(폴링 : polling)

② 인터럽트에 의한 입 · 출력 제어(인터럽트 방식)

(2) 직접기억장치 접근(DMA : Direct Memory Access)에 의한 입 · 출력

데이터의 입 · 출력 전송이 중앙처리장치(CPU)를 거치지 않고 직접 기억장치와 입 · 출력장치 사이에서 이루어진다.

(3) 채널 제어기에 의한 입 · 출력

CHAPTER 2

자료 표현 및 연산

1 자료의 구성과 표현 방식

1.1 자료의 표현

1.1.1 자료

컴퓨터에서 취급하는 정보 및 데이터를 의미하며 모든 자료는 2진 코드로 표현한다.

1.1.2 자료의 구성

① **비트(Bit)** : 0과 1로 표현되는 데이터(정보)의 최소단위이다.

니블(Nibble)

4개의 비트를 묶어 하나의 단위로 나타낸 것으로 보통 16진수 표현 단위로 사용된다.

② **바이트(Byte)** : 8bit로 구성되며 1개의 문자나 수를 기억하는 단위

실전문제 1 1Byte는 몇 bit로 이루어지는가?

가. 2개　　나. 4개　　다. 8개　　라. 16개

답 다

③ **워드(Word)** : 몇 개의 데이터가 모인 단위

㉠ 반 워드(Half Word) : 2Byte로 구성

㉡ 전 워드(Full Word) : 4Byte로 구성

㉢ 배 워드(Double Word) : 8Byte로 구성

실전문제 1 주기억 장치에서 번지(address)를 부여하는 최소단위는?

가. nibble　　나. word　　다. byte　　라. bit

답 다

④ **필드(Field)** : 특정문자의 의미를 나타내는 논리적 데이터의 최소단위

⑤ **레코드(Record)** : 관련성 있는 필드들의 집합

⑥ **파일(File)** : 레코드들의 집합

⑦ **데이터베이스(Database)** : 상호 관련성이 있는 파일들의 집합

정보의 단위 비교

비트 〈 바이트 〈 워드 〈 필드 〈 레코드 〈 파일 〈 데이터베이스

실전문제 1 다음 bit에 관한 설명 중 틀린 것은?

가. 10진수의 한 자릿수를 말한다.
나. 2진수를 나타내는 둘 중의 하나이다.
다. 정보량을 표현하는 것 중 최소단위이다.
라. binary digit의 약자이다.

답 가

실전문제 2 일반적인 정보 단위의 구성에 nibble은 몇 bit인가?

가. 2　　나. 4　　다. 8　　라. 16

답 나

1.1.3 자료의 구조

자료	선형 리스트 (데이터가 연속하여 순서적인 선형으로 구성)	스택(Stack)
		큐(Queue)
		데큐(Deque)
	비선형 리스트	트리(Tree)
		그래프(Graph)

① **스택(Stack)** : 기억장치에 데이터를 일시적으로 겹쳐 쌓아 두었다가 필요시에 꺼내서 사용할 수 있게 주기억장치 또는 레지스터의 일부를 할당하여 사용하는 일시기억 장치로, 데이터는 위(top)라고 불리는 한쪽 끝에서만 새로운 항목이 삽입(push)될 수 있고 삭제(pop)되는 후입선출(LIFO : last in first out)의 자료구조이다.

② **큐(queue)** : 뒷부분(rear)에 해당되는 한쪽 끝에서는 항목이 삽입되고 다른 한쪽 끝(front)에서는 삭제가 가능토록 제한된 구조로, 먼저 입력된 데이터가 먼저 삭제되는 선입선출(FIFO : first-in first-out)의 자료 구조이다.

③ **데큐(deque)** : 선형 리스트의 가장 일반적인 형태로 스택과 큐의 동작을 복합한 방식으로 수행되는 자료구조이다.

④ **트리(tree)** : 계층적으로 구성된 데이터의 논리적 구조를 표시하고, 항목들이 가지(branch)로 연관되어서 데이터를 구성하는 자료 구조이다.

⑤ **그래프(graph)** : 원으로 표시되는 정점과 정점을 잇는 선분으로 표시되는 간선으로 구성되며, 정점과 정점을 연결해 놓은 것을 말한다.

1.2 자료의 외부표현

1.2.1 문자의 표현

(1) 영문자, 숫자, 특수 문자의 코드

① **표준 2진화 10진 코드(BCD:binary coded decimal)** : 문자코드를 2진수로 나타내기 위해서 BCD(binary coded decimal)코드에다 2개의 비트를 더 할당하여 정보의 형태를 구분하는 존(zone)비트와 정보를 나타내는 디지트(digit)비트로 표현된다.

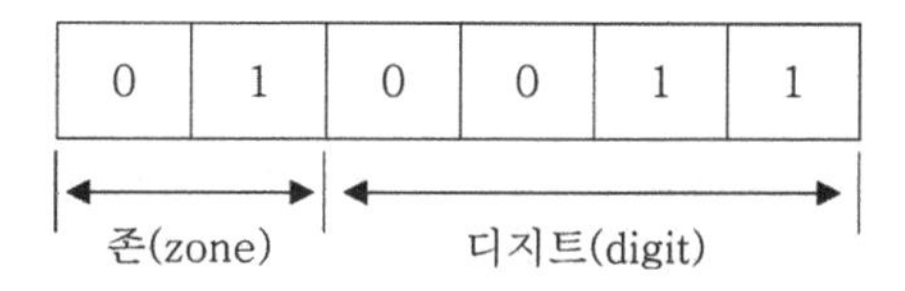

② **아스키 코드(ASCII:American Standard Code for Information Interchange)** : 미국 문자 표준 코드로서 존(zone) 3비트와 디지트(digit)비트 4비트로 구성되어 총 7비트로 표현되는 코드이다. 단, 데이터 전송시에는 오류를 검사할 수 있도록 오류 검사용 패리티 비트(parity bit) 1비트를 추가하게 되면 총 8비트 코드화가 된다. 현재, PC(personal computer)나 마이크로(Micro) 컴퓨터에 가장 많이 쓰이는 코드이다.

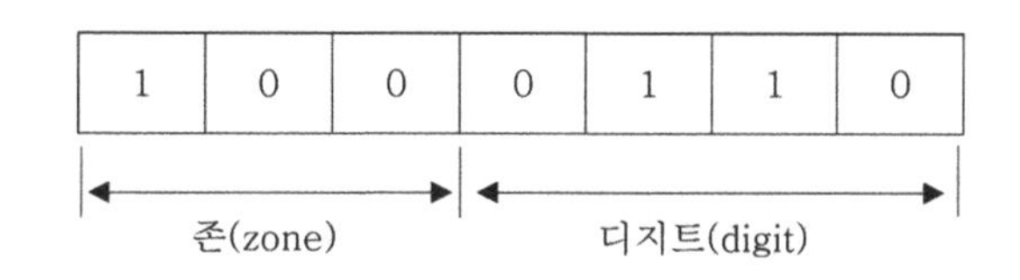

100	A~O 까지 표현
101	P~Z 까지 표현
011	숫자 표현

③ **확장 2진화 10진 코드**(EBCDIC:extended binary coded decimal interchange code) : 2개의 존 비트(총 4비트)와 디지트(digit)비트 4비트로 구성되어 총 8비트로 표현되는 코드이다. 단, 데이터 전송시에는 오류를 검사할 수 있도록 오류 검사용 패리티 비트(parity bit) 1비트를 추가하게 되면 총 9비트 코드화가 된다. 현재, 대형 컴퓨터에 이용된다.

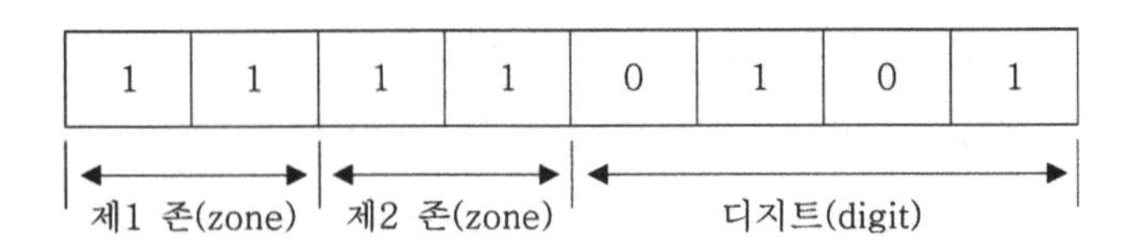

제1 존(zone)	제2 존(zone)
1 1 : 영문자의 대문자와 숫자 1 0 : 영문자의 소문자 0 1 : 특수문자	0 0 : A~I 까지 표현 0 1 : J~R 까지 표현 1 0 : S~Z 까지 표현 1 1 : 숫자 표현

실전문제 1 하나의 문자를 표시함에 체크 비트 1개와 데이터 비트 8개를 사용하는 코드는?

가. BCD CODE　　나. EBCDIC CODE
다. ASCII CODE　　라. Hamming CODE

답 나

실전문제 2 컴퓨터 및 데이터 통신에 널리 쓰이는 ASCII 코드는 몇 Bit로 구성되는가? (단, 패리티 비트 제외)

가. 4　　나. 7　　다. 8　　라. 9

답 나

(2) 한글 코드

한글은 자음과 모음의 조합으로 구성되어 있으며, 초성 19자, 중성 21자, 종성 27자를 가지고 11,172자의 한글을 만들어 낸다. 대표적 한글 데이터 코드에는 완성형, 조합형, 유니 코드 등이 있다.

① **완성형 한글 코드** : 완성된 글자 하나하나에 2바이트(16비트)를 사용하여 순서대로 고유의 코드를 부여한 것이 2바이트 완성형 한글 코드이다. 그러나, 모든 문자를 표현할 수 없다는 단점이 있다. 예) 똠, 쌰 등

② **조합형 한글 코드** : 완성형 한글 코드의 단점인 한글의 모든 문자를 표현할 수 없다는 문제점을 해결한 코드이며, 현재 많이 사용되고 있는 코드이다. 2바이트 조합형 코드는 한글을 초성, 중성, 종성으로 나누어 각각 5비트씩 배정하여 코드를 부여하고, 이를 조합하여 만든 코드이다. 그러나 조합형 한글 코드는 모든 한글 표현은 가능하나 국제 통신 코드와 중복가능성이 있으므로 주로 내부 처리용으로 사용되고 있다.

③ **유니코드** : 유니코드는 2바이트를 사용하여 전세계 모든 언어와 문자의 완전 코드화와 코드 체계의 단일화, 코드의 등가성, 코드 간 호환성 등을 목적으로 하고 있는 세계 통합 코드 체계이다. 즉, 영어, 숫자, 특수문자 등은 1바이트로 표현될 수 있으나, 한글, 한자, 일어 등은 2바이트를 조합해야 표현할 수 있다.

2 수의 체계 및 진법 변환

2.1 수의 체계

① **10진법**(decimal number system) : 10진법은 0~9까지 10개의 숫자를 사용하여 모든 수를 표현하며, 밑수는 10으로 표현하되 생략 가능하다.

② **2진법**(binary number system) : 2진법은 0과 1의 2개의 숫자를 사용하여 모든 수를 표현하며, 밑수는 2로 표현(생략 불가)한다.

③ **8진법**(octal number system) : 8진법은 0~7까지 8개의 숫자를 사용하여 모든 수를 표현하며, 밑수는 8로 표현(생략 불가)한다.

④ **16진법**(hexadecimal number system) : 0~15까지 16개의 숫자를 사용하여 모든 수를 표현하며, 밑수는 16로 표현(생략 불가)한다. 단, 16개의 숫자 중에서 0~9까지는 그대로 사용하되 나머지 6개인 10~15까지는 다른 진법의 수와 혼동을 피하기 위하여 A(=10), B(=11), C(=12), D(=13), E(=14), F(=15)로 각각 표현한다.

[표 2-1] 진수 표현법

10진법	2진법	8진법	16진법	10진법	2진법	8진법	16진법
0	0	0	0	8	1000	10	8
1	1	1	1	9	1001	11	9
2	10	2	2	10	1010	12	A
3	11	3	3	11	1011	13	B
4	100	4	4	12	1100	14	C
5	101	5	5	13	1101	15	D
6	110	6	6	14	1110	16	E
7	111	7	7	15	1111	17	F

2.2 진법 변환

2.2.1 진수 변환

(1) 10진수를 2진수로 변환

예제 10진수 27을 2진수로 변환하면 다음과 같다.

```
2) 27
2) 13 ··· 1  ↑
2)  6 ··· 1  |        ⇨  (27)10 = (11011)2
2)  3 ··· 0  |
2)  1 ··· 1 ─┘
   몫   나머지
```

$\Rightarrow (27)_{10} = (11011)_2$

(2) $(0.1875)_{10}$를 2진수로 변환하면

0.1875	0.3750	0.7500	0.5000
× 2	× 2	× 2	× 2
0.3750	0.7500	1.5000	1.0000
↓	↓	↓	↓
0	0	1	0

$(0.1875)_{10} = (0.0011)_2$이 된다.

예제 10진수 27을 2진수로 변환하면 다음과 같다.

0.625×2 = ①.25 ··· 1

0.25×2 = ⓪.5 ··· 0

0.5×2 = ①.0 ··· 1

$\Rightarrow (0.625)_{10} = (0.101)_2$

소수 부분의 변환법

① 10진수의 소수 부분만을 변환하려는 진수의 밑수로 소수점 이하자리가 0이 될 때까지 계속 곱한다. (단, 진수의 밑수로 계속 곱하여도 나머지가 0이 안될 경우에는 근사값을 구한다.)

② 발생되는 정수만을 순서대로 정리하여 해당하는 진수표현법에 맞게 표현한다.

(3) 10진수를 8진수로 변환

예제 $(49)_{10}$를 8진수로 변환하면

```
8 | 49
  -----
8 |  6   →  1  ↑
  -----
     0   →  6
```

$(49)_{10} = (61)_8$

(4) 10진수를 16진수로 변환

예제 10진수 123을 16진수로 변환하면 다음과 같다.

```
16) 123
      7 ···→ 11(B)
      몫     나머지
```

⇨ $(123)_{10} = (7B)_{16}$

예제 $(248)_{10}$을 16진수로 변환하면

```
16 | 248
   ------
16 |  15   →  8
   ------
       0   →  F(15)   ↑
```

15는 16진수에서 F이므로 $(248)_{10} = (F8)_{16}$이 된다.

(5) 2진수, 8진수, 16진수에서 각각 10진수로의 변환

변환하는 수의 밑수와 각 자리에 해당하는 가중치를 곱하여 이를 더하면 된다.

예제 $(10101)_2 = 1\times2^4+0\times2^3+1\times2^2+0\times2^1+1\times2^0$
$= 16+0+4+0+1$
$= (21)_{10}$

$(163)_8 = 1\times8^2+6\times8^1+3\times8^0$
$= 64+48+3$
$= (115)_{10}$

$(1F)_{16} = 1\times16^1+15\times16^0$
$= 16+15$
$= (31)_{10}$

(6) 2진수에서 8진수, 16진수로 변환

① **2진수에서 8진수로 변환** : 소숫점을 중심으로 정수부는 왼쪽으로 세 자리씩 묶어서 8진수 한 자리로 표시하고, 소수부는 오른쪽으로 세 자리씩 묶어서 8진수 한 자리로 표시한다. (단, 세 자리가 부족할 때는 0으로 채워서 묶는다.)

② **2진수에서 16진수로 변환** : 소숫점을 중심으로 정수부는 왼쪽으로 네 자리씩 묶어서 16진수 한 자리로 표시하고, 소수부는 오른쪽으로 네 자리씩 묶어서 16진수 한 자리로 표시한다. (단, 네 자리가 부족할 때는 0으로 채워서 묶는다.)

예제 $(1101100.0011)_2$을 8진수로 변환하면 다음과 같다.

$(1101100.0011)_2 \Rightarrow$ **0**01 101 100 . 001 1**00** $\Rightarrow (154.14)_8$
1 5 4 . 1 4

예제 $(1101100.0011)_2$을 16진수로 변환하면 다음과 같다.

$(1101100.0011)_2 \Rightarrow$ **0**110 1100 . 0011 $\Rightarrow (6C.3)_{16}$
6 C . 3

실전문제 1 2진법 10100101을 16진법으로 고치면?

가. A4 나. B4 다. A5 라. B5

답 다

(7) 8진수, 16진수에서 2진수로 변환

① **8진수에서 2진수로 변환** : 소숫점을 중심으로 정수부는 왼쪽으로 8진수 한 자리를 2진수 세 자리로 표시하고, 소수부는 오른쪽으로 8진수 한 자리를 2진수 세 자리로 표시한다.

② **16진수에서 2진수로 변환** : 소숫점을 중심으로 정수부는 왼쪽으로 16진수 한 자리를 2진수 네 자리로 표시하고, 소수부는 오른쪽으로 16진수 한 자리를 2진수 네 자리로 표시한다.

예제 $(154.14)_8$을 2진수로 변환하면 다음과 같다.

$(154.14)_8$ ⇒ 1 5 4 . 1 4 ⇒ $(1101100.0011)_2$

001 101 100 . 001 100

예제 $(6C.3)_{16}$을 2진수로 변환하면 다음과 같다.

$(6C.3)_{16}$ ⇒ 6 C . 3 ⇒ $(1101100.0011)_2$

0110 1100 . 0011

2.2.2 2진수의 연산

0+0=0	1+0=1
0+1=1	1+1=10(자리올림)
0-0=0	1-0=1
1-1=0	10-1=1(자리빌림)
0×0=0	1×0=0
0×1=0	1×1=1
0÷0=불능	1÷0=불능
0÷1=0	1÷1=1

3 수치 데이터의 표현 방법

3.1 고정 소수점 데이터 형식

① 컴퓨터 내부에서 소수점이 없는 정수를 표현할 때 사용하는 형식으로 2바이트(16비트)와 4바이트(32비트) 형식이 있다.

② 가장 왼쪽 비트는 부호(sign) 비트로서 양수(+)이면 0으로, 음수(-)이면 1로 표시한다.

③ 부호 비트 이외의 나머지는 정수부로서 2진수로 표현하며, 소수점은 가장 오른쪽에 고정된 것으로 가정한다.

④ 음수의 표현 방법은 컴퓨터 기종에 따라 다르며, 부호화 절대값 표현법과 1의 보수 표현법, 2의 보수 표현법이 있다. 일반적으로 2의 보수 표현법이 연산을 쉽게 할 수 있어 가장 많이 이용되고 있다.

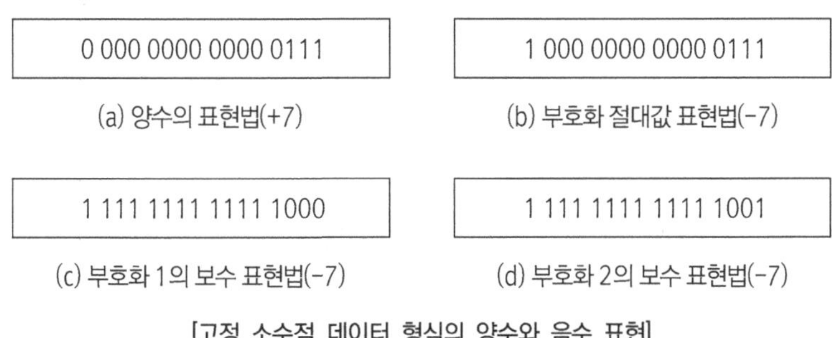

[고정 소수점 데이터 형식의 양수와 음수 표현]

3.2 부동 소수점 데이터 형식

부동소수점 수는 소수점위치를 변경시킴으로서 극히 작은 수에서 큰 수를 표현하는 방법이다.

(1) 일반 부동 소수점 표현 방법

0	1 … 7	8 … 31
부호	지수	가수(소수)

① 컴퓨터 내부에서 소수점이 있는 실수를 표현할 때 사용하는 형식으로 4바이트(32비트)와 8바이트(64비트) 형식이 있다.

② 가장 왼쪽 비트는 부호(sign) 비트로서 양수(+)이면 0으로, 음수(-)이면 1로 표시한다.

③ 다음 7비트는 지수부로서 지수를 2진수로 표현한다.(단, 기준값(64)+지수 값을 표현한다.)

④ 나머지 비트는 가수부로서 소숫점 아래 10진 유효숫자를 16진수로 변환하여 표기한다.

(2) IEEE754 표준 부동 소수점 표현 방법

0	1 … 8	9 … 31
부호	지수	가수(소수)

① 가장 왼쪽 비트는 부호(sign) 비트로서 양수(+)이면 0으로, 음수(-)이면 1로 표시한다.

② 다음 8비트는 지수부로서 지수를 2진수로 표현한다.(단, 기준값(127)+지수 값을 표현한다.)

③ 나머지 비트는 가수부(23bit)로서 소숫점 아래 10진 유효숫자를 2진수로 변환하여 표기한다.

(3) 정규화

정규화를 하는 이유는 유효숫자를 늘리기 위해서이다.

3.3 10진 데이터 표현 방법

고정 소수점 데이터를 표현하는 방법 중의 하나로 10진수를 2진수로 변환하지 않고 10진수 상태로 표현하는 것이다. 10진 데이터 형식에는 팩 10진 데이터 형식과 언팩 10진 데이터 형식 그리고 2진화 10진 코드(BCD : binary coded decimal) 형식이 있다.

(1) 팩 10진 데이터 형식

10진수 한 자리수를 4개의 비트로 표현하는 방법으로 맨 오른쪽 4개의 비트는 부호 비트로 사용한다.(단, 양수이면 C(1100)로, 음수이면 D(1101)로 나타낸다.)

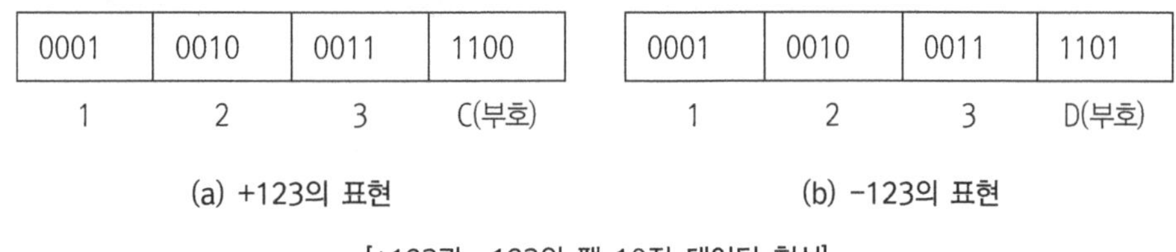

[+123과 −123의 팩 10진 데이터 형식]

(2) 언팩 10진 데이터 형식

10진수 한 자리수를 8개의 비트로 표현하는 방법으로 8비트 중에서 왼쪽 4개의 비트는 존(zone), 나머지 4비트는 숫자(digit)로 사용한다. 이 때, 맨 마지막 존(zone) 비트는 부호 비트로 사용하며, 양수이면 C(1100)로, 음수이면 D(1101)로 나타낸다.

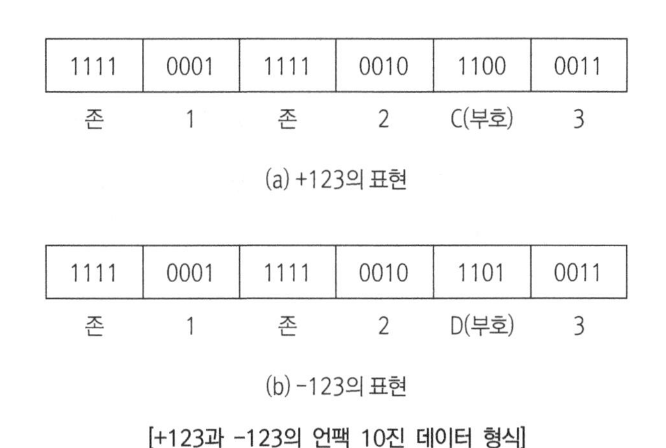

[+123과 −123의 언팩 10진 데이터 형식]

4 코드의 표현 형식

4.1 숫자의 코드화(Numeric Code)

(1) 2진화 10진수(BCD : Binary Coded Decimal)

10진수 1자리의 수를 2진수 4비트로 표시하는 것으로, 각 비트는 고유한 값 8, 4, 2, 1의 고정 값을 갖는다. 그래서 8421코드라고도 한다.

[표 2-2] 2진화 10진 코드

10진수	2진화 10진 코드	10진수	2진화 10진 코드
0	0000	5	0101
1	0001	6	0110
2	0010	7	0111
3	0011	8	1000
4	0100	9	1001

(2) 3초과 코드(Excess-3Code)

BCD 코드에 $3(11_{(2)})$을 더하여 만든 코드로, 자기보수 코드(self complement code)라고도 한다. 3초과 코드는 비트마다 일정한 값을 갖지 않으며, 연산동작이 쉽게 이루어지는 특징이 있는 코드이다.

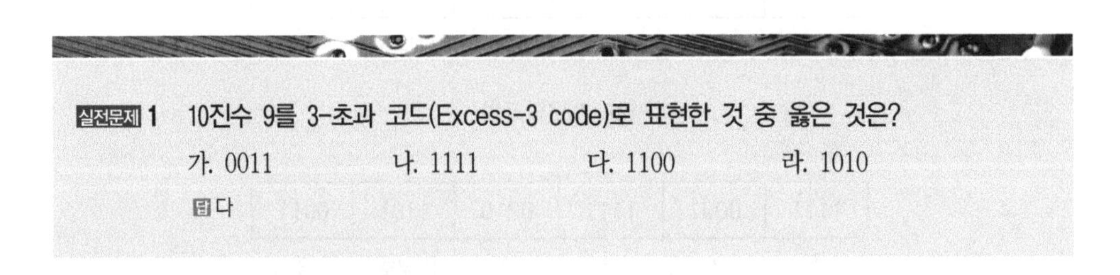

실전문제 1 10진수 9를 3-초과 코드(Excess-3 code)로 표현한 것 중 옳은 것은?

가. 0011 나. 1111 다. 1100 라. 1010

답 다

(3) 그레이 코드(Gray Code)

1비트 변화를 주어 아날로그 데이터를 디지털 데이터로 변환하는 데 사용하는 코드이다.

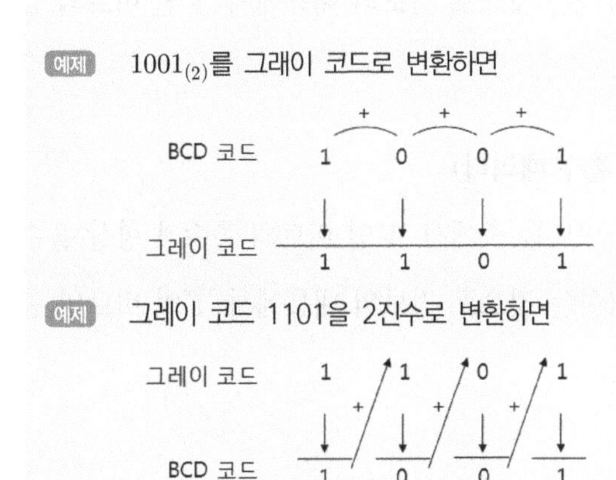

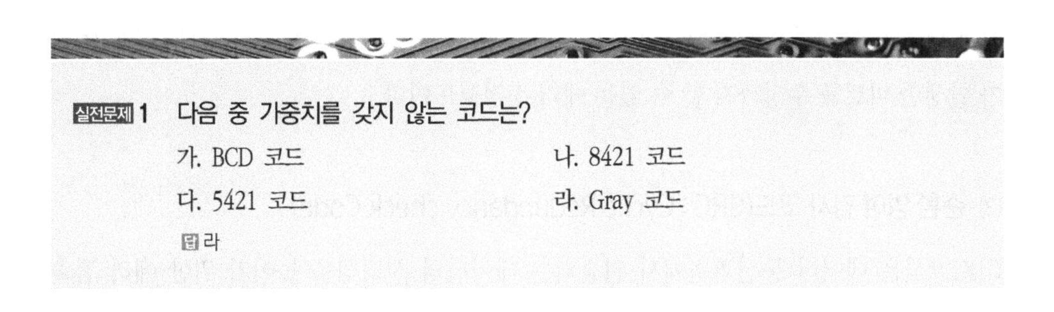

실전문제 1 다음 중 가중치를 갖지 않는 코드는?

가. BCD 코드 나. 8421 코드

다. 5421 코드 라. Gray 코드

답 라

4.2 에러 검출 및 정정 코드

(1) 패리티 체크(Parity Check)

패리티 비트는 패리티 검사 방식에서 에러를 검출하기 위해 추가되는 비트로 전송되는 각 문자에 한 비트를 더하여 전송하고 수신측에서는 송신측에서 추가하여 보내진 패리티 비트를 이용하여 에러를 검출하게 된다. 이러한 패리티 비트는 정보 전달과정에서 일어나는 전송 에러를 검사하기 위해 사용되며 1의 개수를 짝수개로 만드는 짝수 패리티 비트와 "1"의 개수를 홀수 개로 만드는 홀수 패리티 비트가 있다.

① **우수 패리티 체크**(even parity check : **짝수 패리티**)

전송되는 각 문자를 나타내는 데이터 비트들 중에서 "1"인 비트의 총수가 항상 짝수 개가 되도록 잉여분의 한 비트를 부가하는 것으로 정보의 내용에서 "1"인 비트의 총수를 점검하여 에러를 검출 하게 된다.

② **기수 패리티 체크**(odd parity check : **홀수 패리티**)

전송되는 각 문자를 나타내는 데이터 비트들 중에서 "1"인 비트의 총수가 항상 홀수 개가 되도록 잉여분의 한 비트를 부가하는 것으로 정보의 내용에서 "1"인 비트의 총수를 점검하여 에러를 검출 하게 된다.

(2) 해밍 코드(Hamming Code)

해밍코드는 R.W Hamming에 의해서 개발된 코드로서 에러 검출 방식 중 비트수가 적고 가장 단순한 형태의 parity bit를 여러 개 이용하여 수신측에서 에러의 체크는 물론 에러가 발생한 비트를 수정까지 할 수 있는 에러 정정코드이다.

(3) 순환 잉여 검사 코드(CRC : Cyclic Redundancy check Code)

CRC방식은 데이터 통신과정에서 전송되는 데이터의 신뢰성을 높이기 위한 에러 검출 방식의 일종으로 CRC검사 방식은 높은 신뢰성을 가지며 에러 검출에 의한 오버헤드가 적고 랜덤 에러나 집단적 에러를 모두 검출할 수 있어 매우 좋은 성능을 가지는 에러 검출 방식이다. 이 방식은 이진수를 기본으로 해서 모든 연산 동작이 이루어지며 전송할 데이터 비트와 CRC다항식을 나눗셈 하여 나온 나머지를 보낼 데이터의 에러 검출의 잉여 비트로 덧붙여 보내고 수신 측에서는 수신된 데이터와 함께 온 잉여분의 비트를 나누어서 나머지가 "0"이 되는지를 검사해서 에러를 검출하는 방식이다.

5 논리적 연산(비수치적 연산) 및 수치적 연산

5.1 논리적 연산(비수치적 연산)

5.1.1 보수(complement)

대부분의 컴퓨터에서는 보수를 이용한 덧셈만으로 뺄셈을 처리하는 방법을 사용하는데 2진수의 보수에는 1의 보수와 2의 보수가 있다.

(1) 1의 보수

어떤 수의 1의 보수는 주어진 2진수를 모두 부정을 취하면 된다. 즉 1은 0으로, 0은 1로 바꾸면 된다.

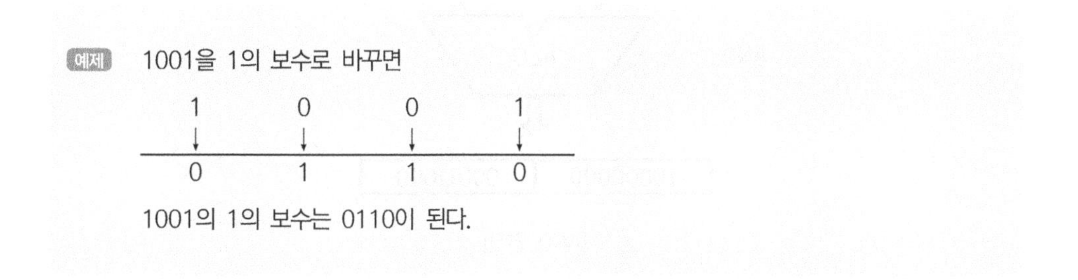

(2) 2의 보수

2의 보수는 주어진 2진수를 모두 부정을 위하여 1의 보수로 바꾼다. 1의 보수에 1을 더하면 2의 보수가 된다. 즉 2의 보수는 1의 보수보다 1이 크다.

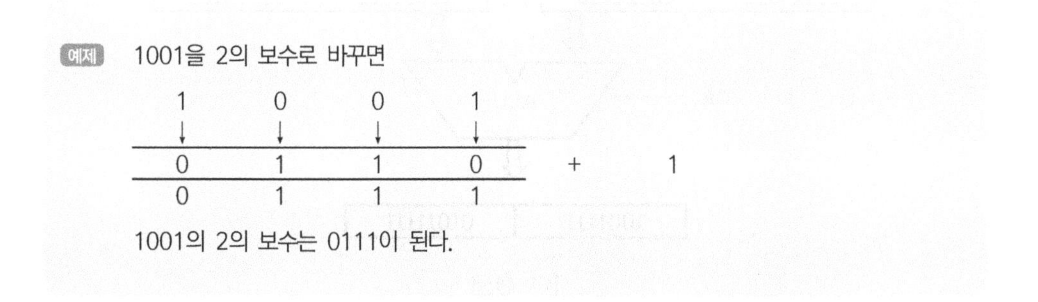

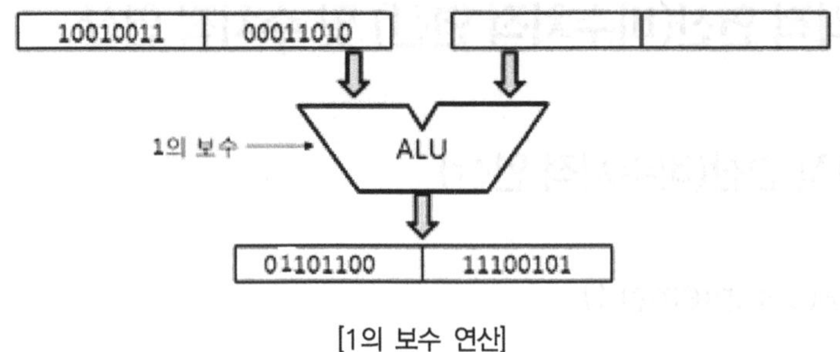

[1의 보수 연산]

5.1.2 AND(논리곱) : 비트, 문자 삭제

데이터 중 일부의 불필요 비트 및 문자를 삭제하고, 나머지 비트를 데이터로 사용하기 위해 사용되는 연산이다.

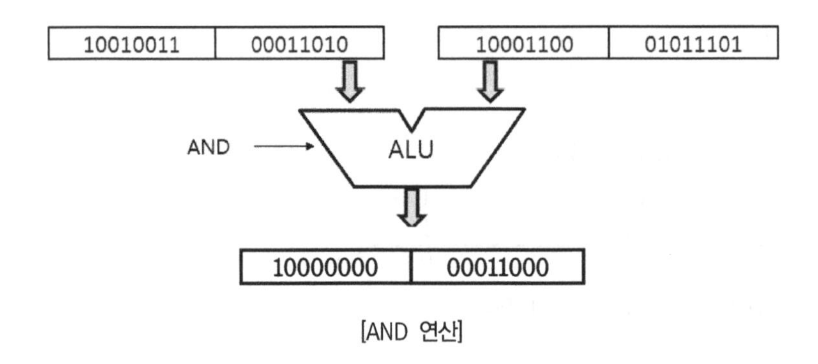

[AND 연산]

5.1.3 OR(논리합) : 비트, 문자 삽입

2개의 데이터를 논리합하여 비트나 문자의 삽입에 사용하는 연산이다.

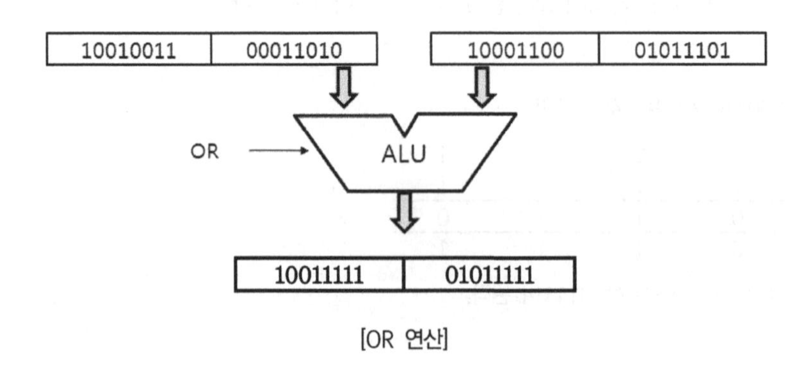

[OR 연산]

5.1.4 시프트(Shift)

데이터의 모든 비트를 좌측 또는 우측으로 자리를 이동

① **우 시프트(Right Shift)** : 오른쪽 끝의 비트(LSB : Least Significant Bit)의 데이터는 밀려서 나가고, 왼쪽 끝의 비트(MSB : Most Significant Bit)에 새로운 데이터가 들어온다.

② **좌 시프트(Left Shift)** : 왼쪽 끝의 비트(MSB : Most Significant Bit)의 데이터는 밀려서 나가고, 오른쪽 끝의 비트(LSB : Least Significant Bit)에 새로운 데이터 들어온다.

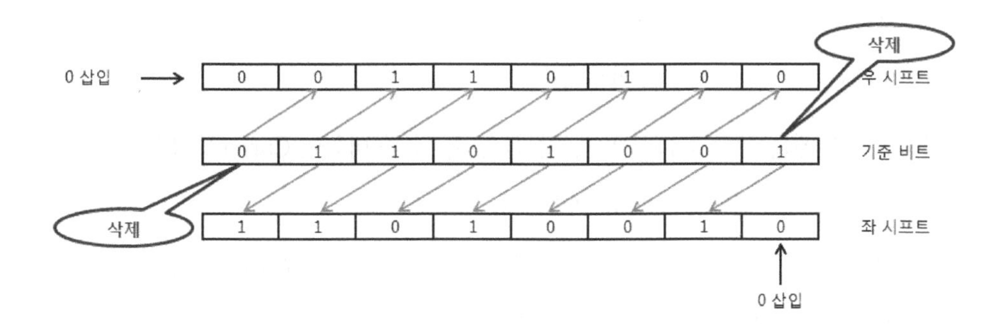

5.1.5 로테이트(Rotate)

데이터의 위치 변환에 사용되는 것으로, 한쪽 끝에서 밀려서 나가는 데이터가 반대편의 데이터로 들어오는 것을 말한다.

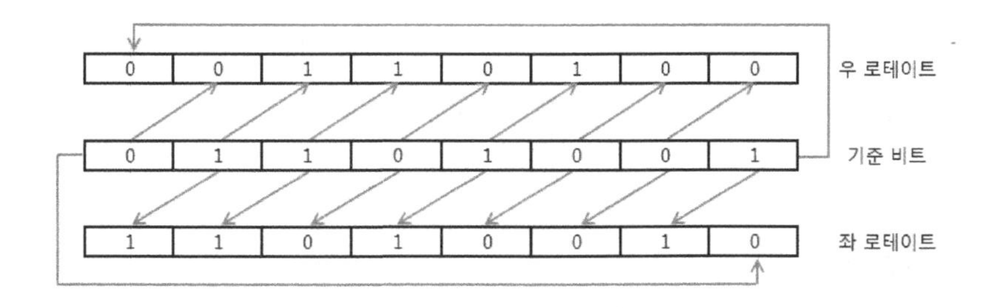

5.2 수치적 연산

5.2.1 고정 소수점 연산

(1) 부호와 절대치 연산

① 부호가 같은 경우 덧셈은 가산기로 연산한 후 같은 부호를 취한다.

② 부호가 다른 경우 덧셈은 두 수를 비교하여 큰 수에서 작은 수를 감산기로 연산한 후 큰 수에 대한 부호를 취한다.

(2) 1의 보수 연산

① 덧셈기만으로 덧셈과 뺄셈이 가능하다.

② 뺄셈인 경우에는 감수를 1의 보수를 취한 뒤 두 수를 더하여 Carry(올림수)가 발생하는 경우에는 1을 결과에 더해 주어야 한다.

③ 뺄셈인 경우에는 감수를 1의 보수를 취한 뒤 두 수를 더하여 Carry(올림수)가 발생하지 않았을 경우에는 1의 보수를 한 번 더 취해주며 부호는 음수가 된다.

(3) 2의 보수 연산

① 덧셈기만으로 덧셈과 뺄셈이 가능하다.

② 뺄셈인 경우에는 감수를 2의 보수를 취한 뒤 두 수를 더하여 Carry(올림수)가 발생하는 경우에는 올림수를 버린다.

③ 뺄셈인 경우에는 감수를 2의 보수를 취한 뒤 두 수를 더하여 Carry(올림수)가 발생하지 않았을 경우에는 2의 보수를 한 번 더 취해주며 부호는 음수가 된다.

5.2.2 부동 소수점 연산

부동 소수점 연산은 부호, 지수, 가수(소수)만 사용해서 연산한다.

(1) 덧셈과 뺄셈 과정

0인지조사 → 지수값 비교 → 가수의 정렬 → 가수 부분 덧셈(뺄셈) → 정규화

가수의 정렬

두 수를 더하거나 빼기 위해서는 두수의 지수가 같아야 한다. 이때 가수의 위치를 조정하여 지수 값은 큰 쪽에 맞추어 준다.

(2) 곱셈 과정

0인지조사 → 지수덧셈 → 가수곱셈 → 정규화

(3) 나눗셈 과정

0인지조사 → 부호 결정 → 피제수의 위치 조정 → 지수는 뺄셈, 가수는 나눗셈 → 정규화

예제 $0.64\times16^2+0.58\times16^3=0.064\times16^3+0.58\times16^3=0.5E4\times16^3$

예제 $(0.32\times16^2)\times(0.24\times16^3)=0.0708\times16^5=0.708\times16^4$

예제 $(0.24\times16^3)\times(0.12\times16^2)=(0.024\times16^4)\div(0.12\times16^2)=0.2\times16^2$

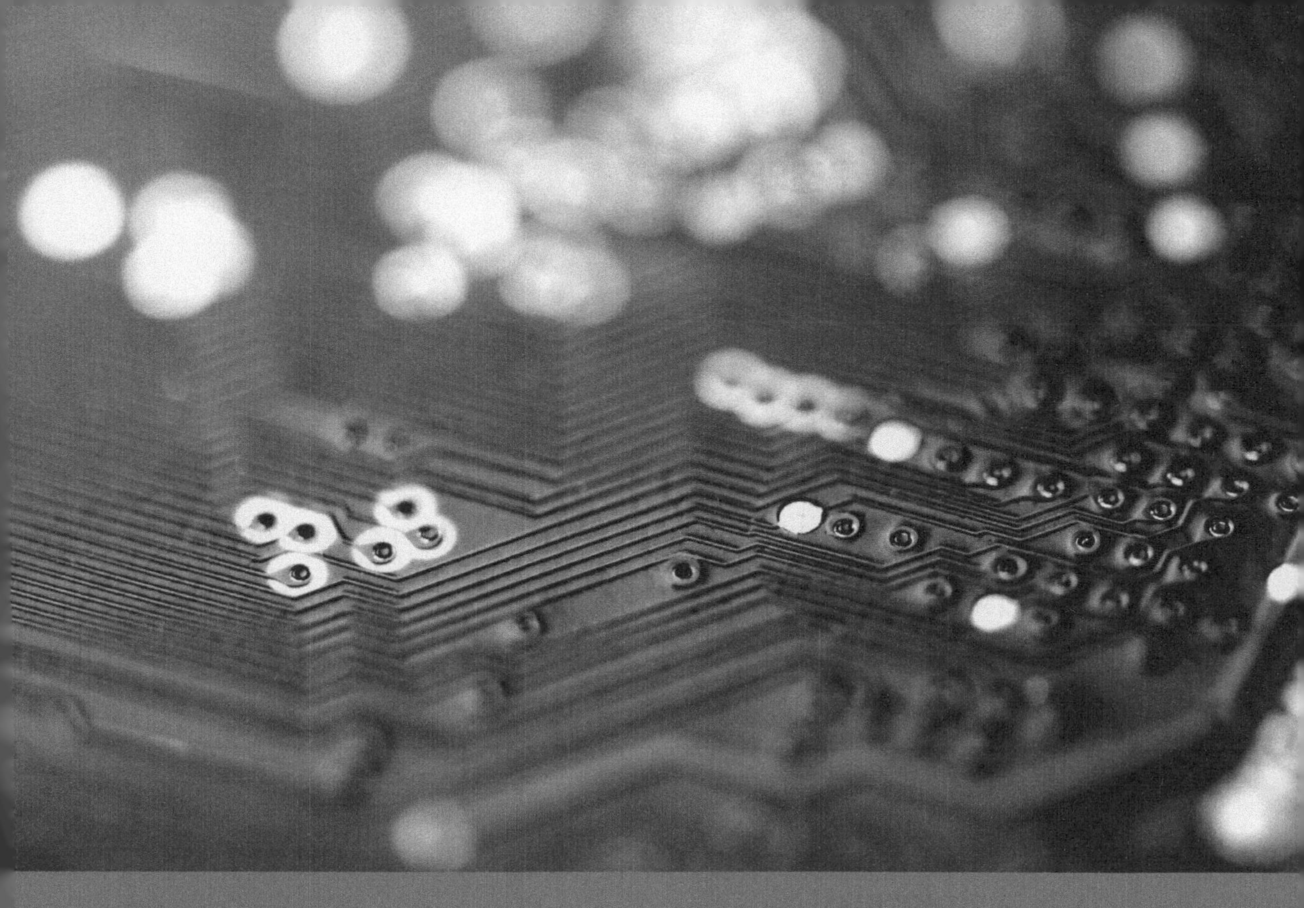

CHAPTER 3

명령어 및 프로세서

1 명령어의 구조와 형식

1.1 명령어의 구조

명령어의 형식은 연산자(Op code)와 하나 이상의 오퍼랜드(operand)로 구성된다.

① Op code(operation code) : 연산자나 명령어의 형식을 지정한다.

② 오퍼랜드(operand) : 자료나 자료의 주소를 나타내며, 명령의 순서를 지정한다.

③ 모드(MOD) : 대상체를 지정하는 방법으로 보통 직접 주소와 간접 주소로 구분된다.

Operation (OP code)	Operand	
	MOD	Address

1.2 명령어의 형식

(1) 0-주소 형식(0-address instruction)

인스트럭션에 나타난 연산자의 수행에 있어서 피연산자들의 출처와 연산의 결과를 기억시킬 장소가 고정되어 있거나 특수한 그 주소들을 항상 알 수 있으면 인스트럭션 내에서는 피연산자의 주소를 지정할 필요가 없으며 연산자만을 나타내 주면 되는데 이러한 형식의 인스트럭션을 0 주소 방식이라 한다.

연산을 위하여 스택을 갖고 있으며, 모든 연산은 스택에 있는 피연산자를 이용하여 수행하고 그 결과를 스택에 보존한다.

(2) 1-주소 형식(1-address instruction)

ACC(누산기)에 기억된 자료를 모든 인스트럭션에서 사용하며, 연산 결과를 항상 ACC에 기억하도록 하면 연산 결과의 주소를 지정해 줄 필요가 없으므로 인스트럭션에서는 하나의 입력 자료의 주소만을 지정해주면 되는 형식이다.

OP 코드	주소1

(3) 2-주소 형식(2-address instruction)

두 개의 주소 중에 한 곳에 연산결과를 기록하므로, 연산결과를 기억시킬 곳의 주소를 인스트럭션 내에 표시할 필요가 없는 형식으로 처리 시간을 절약할 수 있다.

OP 코드	주소1	주소2

(4) 3-주소 형식(3-address instruction)

여러 개의 범용 레지스터를 가진 컴퓨터에서 사용할 수 있는 형식으로 수행 시간이 길어서 특수한 목적 이외에는 사용하지 않는다.

OP 코드	주소1	주소2	주소3

1.3 주소 지정 방식(addressing mode)

주소 지정 방법(addressing mode)은 피연산자를 표시하는 방법이며, 프로세서마다 또는 컴퓨터마다 다양하다.

(1) 즉시 주소 지정 방식(immediate addressing mode)

명령문 속에 데이터가 존재하는 주소 지정 방식이다.

(2) 직접 주소 지정 방식(direct addressing mode)

명령어의 오퍼랜드에 실제 데이터가 들어 있는 주소를 직접 갖고 있는 방식이다.

(3) 간접 주소 지정 방식(indirect addressing mode)

① 오퍼랜드가 존재하는 기억 장치 주소를 내용으로 가지고 있는 기억 장소의 주소를 명령 속에 포함시켜 지정하는 주소 지정 방식이다.

② 메모리를 2회 접근하므로 속도는 느리지만 operand부를 적게 하여 큰 주소를 얻을 수 있는 방식이다.

(4) 인덱스 주소 지정 방식(indexed addressing mode)

인덱스 레지스터에 데이터가 스토어되어 있는 어드레스를 로드해 놓고 각 명령에서 이 어드레스 방식을 사용하면 인덱스 레지스터에 로드되어 있는 어드레스가 대상이 되는 주소 지정 방식이다.

(5) 상대 주소 지정 방식(relative addressing mode)

상태 레지스터 등의 내용을 점검하여 조건에 따라 프로그램의 처리를 변경하고자 하는 명령에만 사용되는 주소 지정 방식이다.

2 서브루틴(subroutine)과 스택(stack)

2.1 서브루틴(subroutine)

프로그램 안의 다른 루틴들을 위해서 특정한 기능을 수행하는 부분적 프로그램으로 메인 프로그램 메모리가 감소되어 프로그램이 효율적이다.

2.2 스택(stack)

메인 프로그램의 수행 중 서브루틴으로의 점프나 인터럽트 발생 시 레지스터 내용이나 메인 프로그램으로의 복귀하기 위한 정보를 보관 하는 메모리이다.

스택의 특징

ⓐ 주소를 디코딩하고 호출하는 과정이 없다.
ⓑ 기억장치에 접근하는 횟수가 줄어든다.
ⓒ 실행속도가 빠르다.
ⓓ 명령어 길이가 짧아진다

① **스택 포인터**(stack pointer) : 스택에 대한 주소를 갖는 레지스터이다.

② **후입선출**(LIFO : Last In First Out) : 마지막에 삽입된 데이터가 먼저 출력되는 메모리 구조를 말한다.

③ **푸시**(push) : 스택의 연산 중에서 삽입 연산을 말한다.

④ **팝**(pop) : 스택에서의 삭제 연산을 말한다.

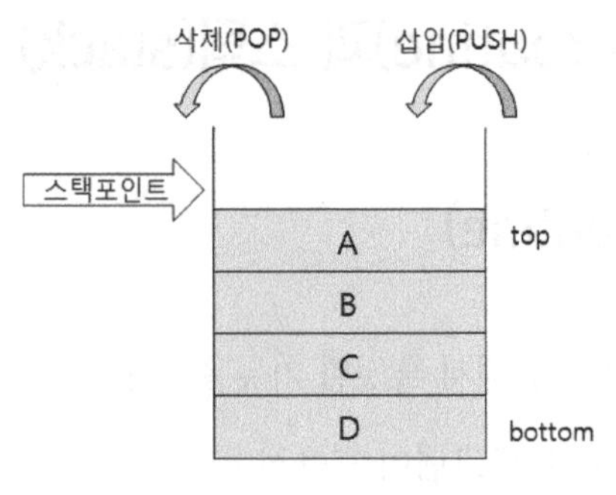

[스택(STACK)의 구조]

2.3 큐(Queue)

메모리에 먼저 삽입된 데이터가 먼저 삭제되는 자료구조로서, 한쪽 끝에서 삽입이 이루어지고, 다른 한쪽 끝에서 삭제가 이루어진다.

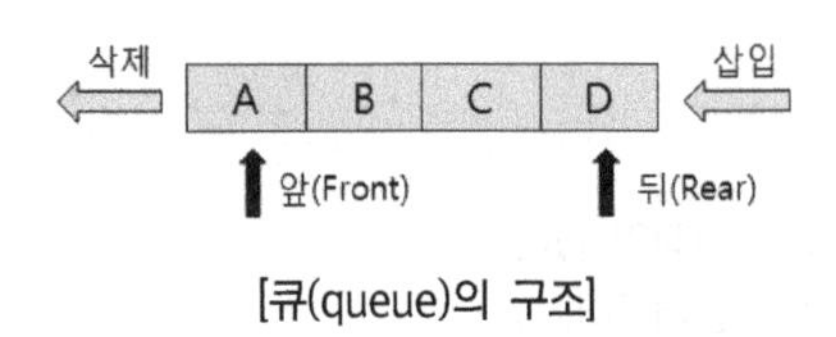

[큐(queue)의 구조]

① **선입선출(FIFO : First In First Out)** : 먼저 삽입된 데이터가 먼저 삭제되는 메모리 구조

② front(앞) : 큐에서 삭제가 일어나는 한쪽 끝

③ rear(뒤) : 큐에서 삽입이 일어나는 한쪽 끝

3 프로세서

3.1 프로세서(Processor)의 종류

(1) CISC(Complex Instruction Set Computer)

① 마이크로프로그램 제어방식을 사용한다.

② 명령어의 개수가 많은 편이다.

③ 메모리 참조 연산을 많이 한다.

(2) RISC(Reduced Instruction Set Computer)

① 하드 와이어드 제어 방식을 채택하고 있다.

② 명령어의 개수가 적은 편이다.

③ 레지스터 참조 연산을 많이 한다.

3.2 마이크로프로세서의 기본구조

마이크로프로세서(MicroProcessor)는 한 개의 IC칩으로 된 중앙처리장치(CPU)를 의미하며 CPU의 모든 내용이 하나의 작은 칩 속에 내장됨으로 해서 가격이 싸지고 부피가 줄어든다는 중요한 장점을 가지고 있다. 응용분야는 범용 컴퓨터의 CPU, 특수용 컴퓨터의 프로세서, 교통신호등 제어, 개인 가정용 컴퓨터, 계측 제어기기, 사업용 업무처리 등 다양하게 사용된다.

마이크로컴퓨터는 중앙처리장치(CPU), 기억장치, 입·출력 장치의 3가지 기본 장치로 구성된 작은 규모의 컴퓨터 시스템을 말한다.

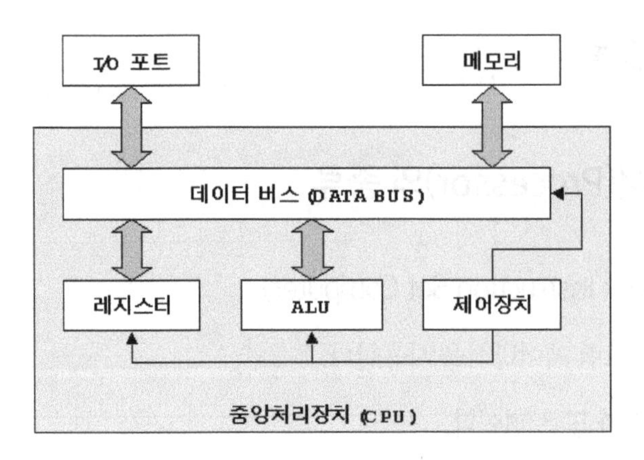

[마이크로프로세서의 구조]

3.2.1 중앙처리장치(CPU : Central Process Unit)

프로그램의 각 명령을 판독해 그것을 해석하고 이느 데이터에 어떤 처리를 해야 하는가 판단해서 그것을 실행하고, 다음에 실행해야 할 명령을 결정하는 곳으로 산술, 논리 연산 기능과 제어 기능을 가지고 있다.

① **연산 기능** : 덧셈과 뺄셈 같은 산술 연산과 AND, OR, NOT과 같은 논리 연산이 있다.

② **제어 기능** : 중앙 처리 장치, 입 · 출력 장치 그리고 기억 장치 사이의 자료 및 제어 신호의 교환이 이루어지도록 하며, 명령이 수행되도록 한다.

3.2.2 기억 장치

마이크로컴퓨터의 주기억장치는 마이크로프로세서와 직접 데이터를 주고받기 때문에 동작속도가 매우 빠른 메모리를 사용하며, 프로그램의 처리 대상이 되는 데이터 및 데이터의 처리 결과를 일시적으로 기억시킨다.

(1) 기억장치의 종류

① **롬(ROM : Read Only Memory)**

주로 시스템이 필요한 내용(ROM BIOS)을 제조 단계에서 기억시킨 후 사용자는 오직 기억된 내용을 읽기만 하는 장치(변경이나 수정 불가)로 전원 공급이 중단되어도 기억된 내용을 그대로 유지하는 비휘발성 메모리이다.

㉠ 롬의 종류

- Masked ROM : 제조 단계에서 한번 기록시킨 내용을 사용자가 임의로 변경시킬 수 없으며 단지 읽기만 할 수 있는 ROM이다.
- PROM(Programmable ROM) : 단 한 번에 한해 사용자가 임의로 기록할 수 있는 ROM이다.
- EPROM(Erasable ROM) : 자외선을 이용해 기억된 내용을 여러번 임의로 지우고 쓸 수 있는 메모리이다.
- EEPROM(Electrical EPROM) : 전기적으로 기록된 내용을 삭제하여 여러 번 기록할 수 있다.

② **램(RAM : Random Access Memory)**

일반적인 PC의 메모리로 현재 사용 중인 프로그램이나 데이터를 기억하는 곳으로 전원 공급이 끊기면 기억된 내용을 상실하는 휘발성 메모리이다.

㉠ 램의 종류

주기억장치로 사용되는 DRAM(dynamic RAM)과 캐시 메모리로 사용되는 SRAM (static RAM)의 두 종류가 있다.

[표 3-1] DRAM과 SRAM의 비교

구분	동적 램 (DRAM : Dynamic RAM)	정적 램 (SRAM : Static RAM)
구성	대체로 간단 (MOS1개+Capacitor1개로 구성)	대체로 복잡 (플립프롭(flip-flop)으로 구성)
기억용량	대용량	소용량
특징	• 기억한 내용을 유지하기 위해 주기적인 재충전(Refresh)이 필요한 메모리 • 소비전력이 적음 • SRAM보다 집적도가 크기 때문에 대용량 메모리로 사용되나 속도가 느림	• DRAM보다 집적도가 작음 • 재충전(Refresh)이 필요없는 메모리 • DRAM보다 속도가 빨라 주로 고속의 캐시메모리에 이용됨

3.2.3 입 · 출력 장치

① **입력 장치** : 10진수나 문자 및 기호 등을 컴퓨터가 이해할 수 있는 2진 코드로 변환한다.

② **출력 장치** : 컴퓨터로부터 출력되는 2진 코드를 사람이 이해할 수 있는 문자나 10진 숫자로 변환한다.

3.2.4 버스의 종류

CPU와 기억장치, 입 · 출력 인터페이스 간에 제어신호나 데이터를 주고받는 전송로를 말하며 주소버스(address bus), 제어버스(control bus), 데이터 버스(data bus)의 세 종류로 이루어진다.

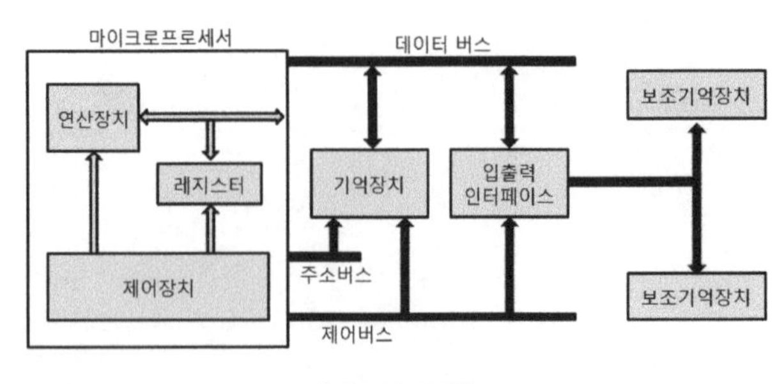

[버스의 종류]

(1) 주소 버스(address bus)

중앙 처리 장치(CPU)가 메모리나 입출력 기기의 주소를 지정할 때 사용되는 전송통로로서 이 버스는 CPU에서만 주소를 지정할 수 있기 때문에 단 방향 버스라 한다.

(2) 데이터 버스(data bus)

중앙 처리 장치(CPU)에서 기억 장치나 입출력 기기에 데이터를 송출하거나 반대로 기억 장치나 입출력 기기에서 CPU에 데이터를 읽어 들일 때 필요한 전송통로로서 이 버스는 CPU와 기억 장치 또는 입·출력기 간에 어떤 곳으로도 데이터를 전송할 수 있으므로 양방향 버스라고 한다.

(3) 제어 버스(Control bus)

중앙 처리 장치(CPU)가 기억 장치나 입출력 장치와 데이터 전송을 할 때나, 자신의 상태를 다른 장치들에 알리기 위해 사용하는 신호를 전달한다. 이러한 신호에는 기억 장치 동기 신호, 입출력 동기 신호, 중앙 처리 장치 상태 신호, 끼어들기 요구 및 허가 신호, 클록 신호 등이 있다. 이 버스는 단일 방향으로 동작하는 단 방향 버스이다.

실전문제 1 컴퓨터의 각 장치 간에 데이터, 주소, 제어 등의 신호를 서로 주고받을 수 있도록 하게 하는 전송로의 묶음을 일컫는 것은?

가. CPU　　나. 버스
다. 인터페이스　　라. 입 · 출력장치

답 나

실전문제 2 컴퓨터의 내부에서 발생된 데이터가 이동하는 통로로, 확장 슬롯과 중앙처리장치간의 연결통로 말하는 것은?

가. 포트(port)　　나. 인터페이스(interface)
다. 버스(bus)　　라. 슬롯(slot)

답 다

3.3 제어장치의 구현 방법

(1) 하드 와이어드(Hard Wired) 제어 방식

① 제어장치가 순서회로로 만들어져 미리 정해 놓은 제어 신호들이 순서대로 발생되도록 하드웨어적으로 구현된 방식으로 속도가 매우 빠르다는 장점과 한번 만들어진 것은 쉽게 변경할 수 없다는 단점을 갖는다.

② 제작이 어렵고 집적화가 어려워 비용이 많이 든다.

(2) 마이크로프로그램(Microprogram) 제어 방식

① 마이크로 명령어로 구성하여 작성되므로 설계 변경이 쉽고 유지보수 및 오류 수정이 용이하다는 장점과 속도가 비교적 느리다는 단점을 갖는다.

② 명령어 세트가 복잡하고 큰 컴퓨터에서 비용이 절감된다.

4 레지스터

4.1 중앙처리장치의 내부 구성

중앙처리장치의 내부는 레지스터와 산술 논리 연산 장치, 제어장치로 되어 있고 기억 장치와의 사이에 주소, 데이터, 제어 신호가 연결되어 있다.

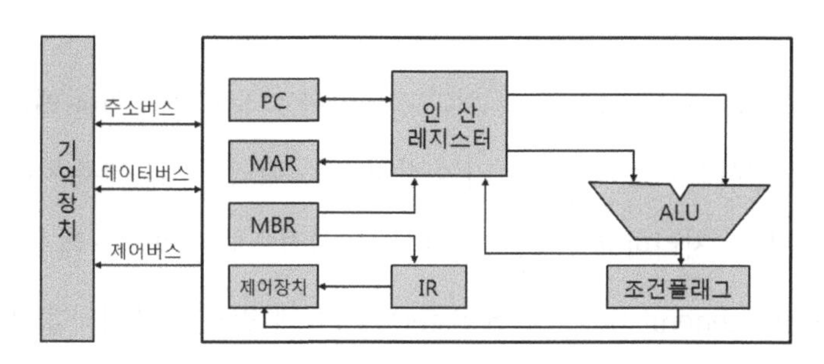

[중앙처리장치의 구성]

① **프로그램 카운터**(program counter : PC) : 컴퓨터에서 항상 다음에 실행할 명령이 기억되어 있는 어드레스가 입력되어 있는 레지스터를 말한다.

② **메모리 어드레스 레지스터**(memory address register : MAR) : 컴퓨터의 중앙 처리 장치(CPU) 내부에서 기억 장치 내의 정보를 호출하기 위해 그 주소를 기억하고 있는 제어용 레지스터.

③ **메모리 버퍼 레지스터**(memory buffer register : MBR) : 메모리로부터 읽게 해 낸 자료를 넣어두기 위한 일시 기억 회로.

④ **산술 논리 연산 장치**(ALU) : 컴퓨터 시스템의 중앙 처리 장치(CPU)를 구성하는 핵심 부분의 하나로, 산술 연산과 논리 연산을 수행하는 회로의 집합.

⑤ **상태 레지스터**(status register) : 마이크로프로세서나 처리기의 내부에 상태 정보를 간직하도록 설계된 레지스터. 일반적으로 마이크로프로세서는 올림수, 넘침, 부호, 제로 인터럽트를 나타내는 상태 레지스터를 가지고 있으며 패리티, 가능 상태, 인터럽트 등을 포함할 수 있다.

⑥ **명령 레지스터**(instruction register : IR) : 현재 실행 중인 명령어를 기억하고 있는 중앙 처리 장치 내의 레지스터. 중앙 처리 장치의 인출 주기에서 프로그램 계수 장치가 지정하는 주기억 장치의 주소에 있는 명령어를 명령어 레지스터로 옮기면, 실행 주기에서 명령어 해독기가 명령어 레지스터에 있는 명령어를 해독한다.

⑦ **스택 포인터**(stack pointer : SP) : 레지스터의 내용이나 프로그램 카운터의 내용을 일시 기억시키는 곳을 스택이라 하며 이 영역의 선두 번지를 지정하는 것을 스택 포인터라 한다.

⑧ **누산기**(accumulator : ACC) : 중앙 처리 장치(CPU) 내에 들어 있는 레지스터의 하나. 연산 결과를 일시적으로 저장하는 기억 장치 기능 이외에 ALU에서 처리한 결과를 항상 저장하며 또한 처리하고자 하는 데이터를 일시적으로 기억하는 레지스터이다.

⑨ **범용 레지스터**(general purpose register) : CPU에 필요한 데이터를 일시적으로 기억시키는 데 사용되는 레지스터이다.

CHAPTER 4

명령어 수행 및 제어

1 명령어 수행

1.1 명령어(Instruction) 수행 순서

컴퓨터의 명령어 실행 동작은 메모리에서 명령어를 읽어오는 페치 사이클(Fetch cycle)과 그 명령을 수행하는 실행 사이클(Execute cycle)의 반복으로 수행된다.

① IF(Instruction Fetch) : 주기억 장치에서 명령을 읽어냄.

② ID(Instruction Decoder) : 수행될 명령을 해독

③ OF(operand Fetch) : 주기억 장치에서 필요한 피연산자를 읽어냄

④ Ex(Execution) : 명령을 실행.

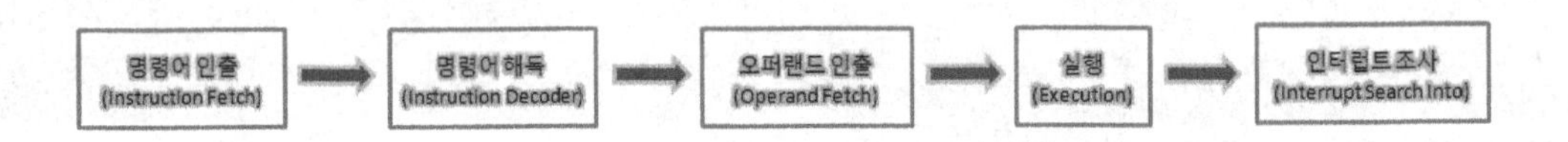

명령어의 성능 구하기

$$\text{명령어 성능} = \frac{\text{인스크럭션 수행 시간}}{\text{인스트럭션 패치 시간} + \text{인스트럭션 준비 시간}}$$

실전문제 1 명령어 수행 시간이 40ns이고, 명령어 패치 시간이 10ns, 명령어 준비 시간이 6ns이라면, 명령어의 성능은?

답 $$\text{명령어 성능} = \frac{\text{인스크럭션 수행 시간}}{\text{인스트럭션 패치 시간} + \text{인스트럭션 준비 시간}}$$

$$= \frac{40}{10+6} = 2.5$$

1.2 마이크로 오퍼레이션(Micro-Operation)

CPU에서 발생되는 하나의 클록 펄스(Clock Pulse) 동안 실행되는 기본 동작을 의미하며, 명령어의 수행은 마이크로 오퍼레이션의 수행으로 이루어진다.

1.3 마이크로 사이클 시간(Micro Cycle Time)

하나의 오퍼레이션을 수행하는데 걸리는 시간을 의미한다.

(1) 동기 고정식(Synchronous Fixed)

여러 개의 마이크로 오퍼레이션 동작 중에서 마이크로 사이클 시간(Micro Cycle Time)이 가장 긴 것을 선택하여 CPU의 클록 주기로 사용하는 방식.

모든 마이크로 오퍼레이션의 수행 시간이 유사한 경우에 사용된다.

(2) 동기 가변식(Synchronous Variable)

마이크로 오퍼레이션 동작들을 마이크로 사이클 시간(Micro Cycle Time)에 따라 몇 개의 군으로 분류하여 군별로 CPU의 클록 주기를 따로 부여하는 방식.

마이크로 오퍼레이션의 수행 시간의 차이가 현저할 때 사용된다.

(3) 비동기(Asynchronous)

모든 마이크로 오퍼레이션에 대해 서로 다른 마이크로 사이클 시간(Micro Cycle Time)을 부여하는 방식.

이 방식은 오퍼레이션 동작이 끝나면 끝난 사실을 제어 장치에 알려 다음 오퍼레이션이 수행되도록 하여야 하므로 제어장치 설계가 복잡하게 된다.

1.4 메이저 상태(Major State)

메이저 상태는 CPU가 무엇을 하고 있는가를 나타내는 상태를 말하며, 주기억 장치에 무엇을 위해 접근하는지에 따라 인출(Fetch), 간접(Indirect), 실행(Execute), 인터럽트(Interrupt) 4가지 상태를 갖는다.

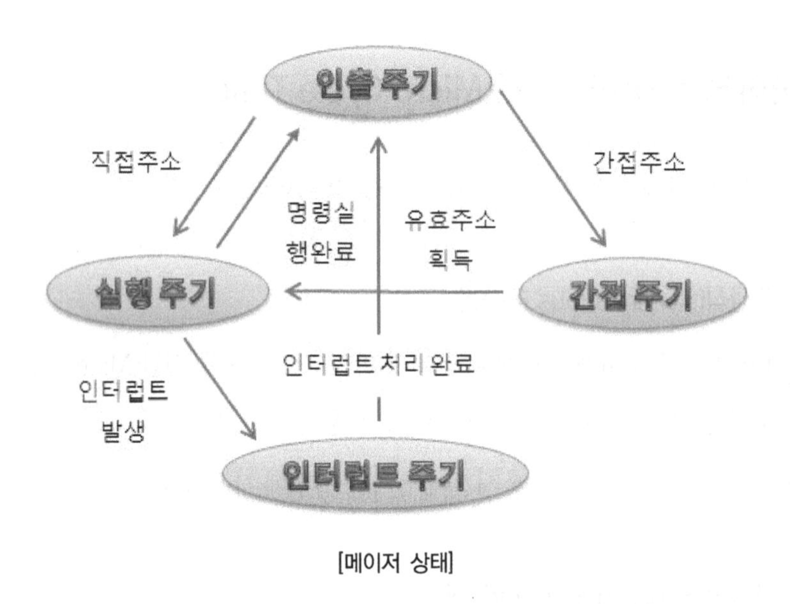

[메이저 상태]

(1) 인출 주기(Fetch Cycle)

CPU가 명령을 수행하기 위하여 주기억장치에서 명령어를 꺼내는 단계.

즉, 명령을 읽고 해독한다.

reference

MAR ← PC	PC에 있는 번지를 MAR로 이동
MBR ← M, PC ← PC+1	메모리에 있는 내용을 MBR로 읽어들이고, PC값 증가
IR ← MBR(0)	MBR에 있는 OP-code 부분을 IR로 옮김
R ← 1 또는 F ← 1	R=1이면 간접 주기로 전이, F=1이면 실행주기로 전이

(2) 간접 주기(Indirect Cycle)

유효주소를 얻기 위해 기억장치에 한 번 더 접근하는 단계.

즉, 실제 데이터의 유효 주소를 읽어온다.

(3) 실행 주기(Execute Cycle)

기억장치에서 실제 데이터를 읽어다가 연산 동작을 수행하는 단계.

즉, 실제 데이터를 읽어 명령을 실행한다.

(4) 인터럽트 주기(Interrupt Cycle)

여러 원인으로 인한 정상적 수행 과정을 계속할 수 없어 먼저 응급조치를 취한 후에 계속 수행할 수 있도록 CPU의 현 상태를 보관하기 위해 기억장치에 접근하는 단계.

명령어 수행 과정에서 인터럽트가 발생하더라도 반드시 해당 명령어가 완료된 상태에서 인터럽트를 처리하게 된다.

즉, 현 상태를 보관하고 인터럽트를 처리한다.

reference **PC 값을 메모리의 0번지에 저장할 때**

MBR(AD) ← PC, PC ← 0	PC에 있는 번지를 MBR로 옮기고, 복귀 주소를 0번지로 지정한다.
MAR ← PC, PC ← PC+1	PC의 내용을 MAR로 이동, PC를 증가시킨다.
M ← MBR, IEN ← 0	0번지에 복귀 주소 저장, 인터럽트 처리 중 다른 인터럽트를 처리 방지
F ← 0, R ← 0	인출 주기로 전이

2 제어

2.1 제어(Control) 장치의 구성

① **명령어 해독기**(Instruction Decoder) : 명령 레지스터(IR)에 호출된 OP-code를 해독하여 각종 제어 신호를 만들어 내는 장치이다.

② **순서 제어기**(Sequence Control) : 마이크로 명령어의 실행 순서를 결정하는 장치이다.

③ **제어 주소 레지스터**(Control Address Register) : 제어 메모리의 주소를 기억하는 레지스터이다.

④ **제어 메모리**(Control Memory) : 마이크로프로그램을 저장하는 기억장치로 주로 ROM으로 만들어진다.

⑤ **제어 버퍼 레지스터**(Control Buffer Register) : 제어 메모리로부터 읽혀진 명령어를 일시적으로 기억하는 레지스터이다.

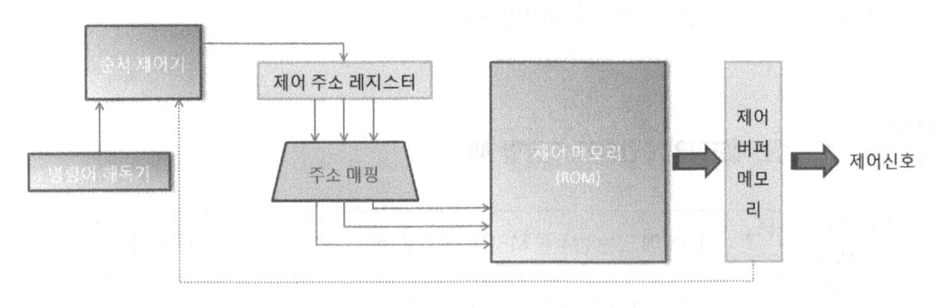

[제어 장치의 구성]

2.2 마이크로프로그램의 개념

마이크로프로그램은 명령어들이 적절히 수행되도록 각종 제어 신호를 발생시키는 프로그램으로 제어 메모리에 기억시키는데, 이 제어 메모리는 빠른 사이클 타임(Cycle Time)이 요구되므로 ROM을 사용하는 것이 일반적이다.

2.3 제어 장치의 구현 방법

(1) 하드 와이어드(Hard Wired) 제어 방식

하드 와이어드(Hard Wired) 제어 방식은 마이크로 명령어의 인출 없이 순서 논리 회로에 의해 바로 제어 신호가 발생하므로 마이크로프로그램 방식보다 제어 속도가 빠른 장점을 지니고 있다. 그러나 제작이 어렵고 비용이 많이 든다는 단점이 있다.

(2) 마이크로프로그램(Microprogram) 제어 방식

마이크로프로그램(Microprogram) 제어 방식은 마이크로 명령어로 구성하여 작성하므로 손쉽게 설계를 변경할 수 있고 유지보수 및 오류 수정에 용이하다는 장점을 지니고 있다. 그러나 마이크로 명령어를 인출하는 시간 때문에 제어 속도가 다소 느리다는 단점이 있다.

CHAPTER 5

기억장치

1 기억장치의 종류와 특징

1.1 기억 장치의 특성에 따른 분류

[표 5-1] 기억 장치의 특성에 따른 분류

전원 공급 유무에 따른 자료 보존 여부	휘발성 메모리	RAM(DRAM, SRAM)
	비휘발성 메모리	ROM, 자기 코어, 자기 디스크, 자기 테이프, 자기 드럼)
접근 방식	직접 접근	자기 디스크, 자기 드럼
	순차 접근	자기 테이프
읽기 동작 후의 자료 보존 여부	파괴 메모리	자기 코어
	비파괴 메모리	반도체 메모리

1.2 기억 장치의 용량

기억 장치의 용량은 바이트(Byte)나 워드(Word) 단위로 기록하며 주소선의 개수와 입출력 데이터 선 개수에 의해서 결정된다.

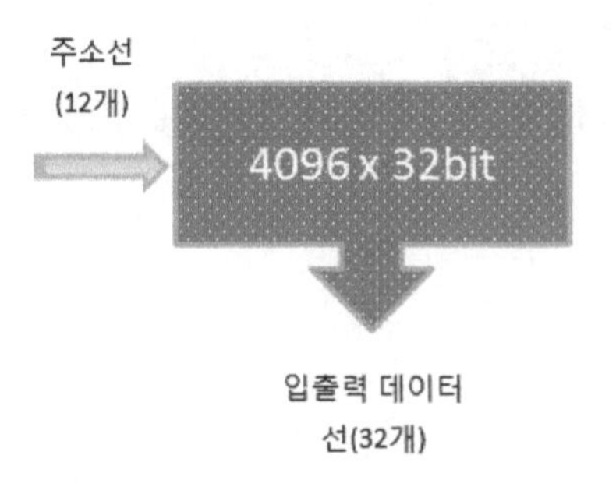

주소선이 12개라면 기억장소의 개수는 $2^{12} = 4096$개가 되고 입출력 데이터 선의 개수에 따라 하나의 기억 장소 크기는 32비트가 되어 용량은 4096×32bit가 된다.

1.3 기억 장치에서 사용되는 용어

① **접근 시간(Access Time)** : 중앙 처리 장치(CPU)가 데이터의 읽기를 요구한 이후부터 기억 장치가 데이터를 읽어내서 그것을 CPU에 돌려주기까지의 시간이다.
디스크에서의 접근 시간은 탐색시간(Seek Time)+대기시간(Rotational Delay Time)+전송 시간(Transfer Time)을 합쳐 적용한다.

② **사이클 시간(Cycle Time)** : 기억 장치의 동일 장소에 대하여 판독, 기록이 시작되고부터 다시 판독, 기록을 할 수 있게 되기까지의 최소 시간 간격.

③ **밴드 폭(Bandwidth)** : 기억 장치의 자료 처리 속도를 나타내는 단위로서 기억 장치에 연속적으로 접근할 때 기억 장치가 초당 처리할 수 있는 비트 수로 나타낸다.
주기억 장치에서 밴드 폭은 주기억장치와 중앙처리장치(CPU) 사이의 정보 전달 능력의 한계를 의미한다.

1.4 메모리의 계층적 비교

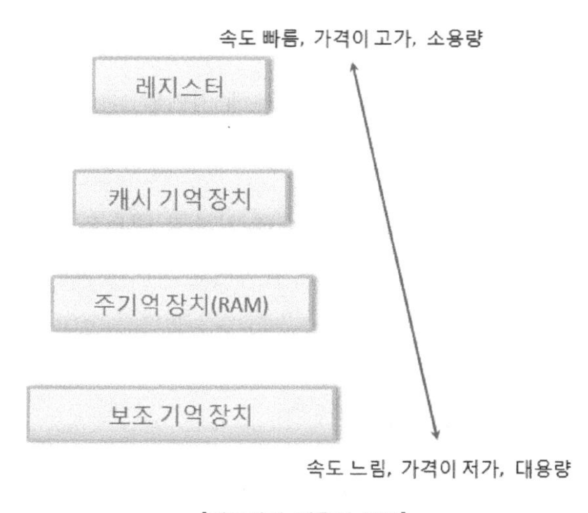

[메모리의 계층적 구조]

2 주 기억장치

컴퓨터 내부에 존재하여 작업 수행에 필요한 운영체제, 처리할 프로그램과 데이터 및 연산 결과를 기억하는 장치이며 종류에는 자성체와 반도체가 있는데 지금은 거의 반도체를 널리 사용하고 있다. 종류로 크게 ROM과 RAM으로 나뉜다.

2.1 롬(ROM : Read Only Memory)

① 주로 시스템이 필요한 내용(ROM BIOS)을 제조 단계에서 기억시킨 후 사용자는 오직 기억된 내용을 읽기만 하는 장치(변경이나 수정 불가)이다.

② 전원 공급이 중단되어도 기억된 내용을 그대로 유지하는 비휘발성 메모리이다.

③ **롬의 종류**

㉠ Masked ROM : 제조 단계에서 한번 기록시킨 내용을 사용자가 임의로 변경시킬 수 없으며 단지 읽기만 할 수 있는 ROM이다.

㉡ PROM(Programmable ROM) : 단 한 번에 한해 사용자가 임의로 기록할 수 있는 ROM이다.

㉢ EPROM(Erasable ROM) : 자외선을 이용해 기억된 내용을 여러 번 임의로 지우고 쓸 수 있는 메모리이다.

㉣ EEPROM(Electrical EPROM)전기적으로 기록된 내용을 삭제하여 여러 번 기록할 수 있다.

플래시 메모리(Flash Memory)

전기적으로 데이터를 지우고 다시 기록할 수 있는 비 휘발성 컴퓨터 기억장치로 여러 구역으로 구성된 블록 안에서 지우고 쓸 수 있게 구성되어 있다.

2.2 램(RAM : Random Access Memory)

① 일반적인 PC의 메모리로 현재 사용중인 프로그램이나 데이터를 기억한다.

② 전원 공급이 끊기면 기억된 내용을 잃어버리는 휘발성 메모리이다.

③ 각종 프로그램이나 운영체제 및 사용자가 작성한 문서 등을 불러와 작업할 수 있는 공간으로 주기억 장치로 사용되는 DRAM(dynamic RAM)과 캐시 메로리로 사용되는 SRAM(static RAM)의 두 종류가 있다.

[표 5-2] DRAM과 SRAM의 비교

구분	동적 램 (DRAM : Dynamic RAM)	정적 램 (SRAM : Static RAM)
구성	대체로 간단 (MOS1개+Capacitor1개로 구성)	대체로 복잡 (플립프롭(flip-flop)으로 구성)
기억용량	대용량	소용량
특징	• 기억한 내용을 유지하기 위해 주기적인 재충전(Refresh)이 필요한 메모리 • 소비전력이 적음 • SRAM보다 집적도가 크기 때문에 대용량 메모리로 사용되나 속도가 느림	• DRAM보다 집적도가 작음 • 재충전(Refresh)이 필요없는 메모리 • DRAM보다 속도가 빨라 주로 고속의 캐시메모리에 이용됨

실전문제 1 플래시 메모리(flash memory)에 대한 설명으로 옳지 않은 것은?

가. 데이터의 읽고 쓰기가 자유롭다.

나. DRAM과 같은 재생(refresh) 회로가 필요하다.

다. 전원을 꺼도 데이터가 지워지지 않는 비휘발성 메모리이다.

라. 소형 하드 디스크처럼 휴대용 기기의 저장 매체로 널리 사용된다.

답 나

실전문제 2 다음 ROM(Read Only Memory)에 대한 설명 중 옳지 않은 것은?

가. Mask ROM : 사용자에 의해 기록된 데이터의 수정이 가능하다.

나. PROM : 사용자에 의해 기록된 데이터의 1회 수정이 가능하다.

다. EPROM : 자외선을 이용하여 기록된 데이터를 여러 번 수정할 수 있다.

라. EEPROM : 전기적인 방법으로 기록된 데이터를 여러 번 수정할 수 있다.

답 가

실전문제 3 DRAM과 SRAM을 비교할 때 SRAM의 장점은?

가. 회로구조가 복잡하다. 나. 가격이 비싸다.
다. 칩의 크기가 크다. 라. 동작속도가 빠르다.

답 라

실전문제 4 다음 기억장치 중 주기적으로 재충전(rafresh)하여 기억된 내용을 유지시키는 것은?

가. programmable ROM 나. static RAM
다. dynamic RAM 라. mask ROM

답 다

2.3 자기 코어 메모리(Magnetic Core Memory)

(1) 자기 코어의 메모리의 구성

자기 코어 메모리는 파괴성 판독 메모리로서 데이터를 읽고 나면 원래의 데이터가 소거되는 판독 방법으로 값을 보존하기 위해서는 재저장(Restoration) 과정이 꼭 필요한 메모리이다.

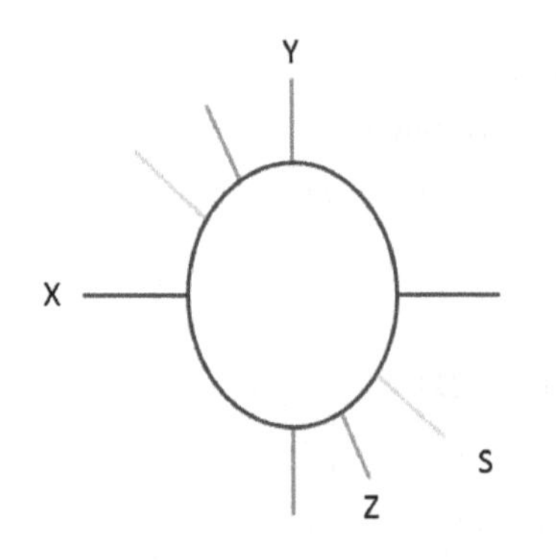

☞ X선, Y선(Driving Wire : 구동선) : 코어를 자화시키기 위해 자화에 필요한 전력의 1/2을 공급하는 도선이다.

☞ S선(Sense Wire : 감지선) : 구동선에 전력을 가했을 때 자장의 변화를 감지하여 0과 1의 저장 여부를 판단하는 선이다.

☞ Z선(Inhibit Wire : 금지선) : 원하지 않는 곳의 자화를 방지하는 선이다.

[자기 코어 메모리]

3 보조 기억 장치

주기억장치를 보조해주는 기억장치로 대량의 데이터를 저장할 수 있으며 주기억장치에 비해 처리속도는 느리지만 반영구적으로 저장이 가능하다.

3.1 순차접근 기억장치

기록 매체의 앞부분에서부터 뒤쪽으로 차례차례 접근하여 찾으려는 위치까지 접근해가는 장치로서, 데이터가 기억된 위치에 따라 접근되는 시간이 달라진다.

(1) 자기 테이프(magnetic tape)

기억된 데이터의 순서에 따라 내용을 읽는 순차적 접근만 가능하며 속도가 느려 데이터 백업용으로 사용, 가격이 저렴하여 보관할 데이터가 많은 대형 컴퓨터의 보조기억장치에 주로 사용된다.

[자기 테이프]

① **블록화 인수(Blocking Factor)** : 물리 레코드를 구성하는 논리 레코드의 수

IBG	논리레코드	논리레코드	논리레코드	IBG	논리레코드	논리레코드	논리레코드	IBG

② IBG(Inter Block Gap) : 블록과 블록 사이의 공백

실전문제 1 자기테이프에서의 기록밀도를 나타내는 것은?

가. Second per inch　　나. Block per second

다. Bits per inch　　라. Bits per second

답 다

(2) 카세트테이프(cassette tape)

일반적으로는 휴대용 카세트를 가리킨다. 3.81mm의 자기 테이프와 두 개의 릴을 하나의 카트리지에 넣은 것.

(3) 카트리지 테이프(cartridge tape)

자기 테이프를 소형으로 만들어 카세트테이프와 같이 고정된 집에 넣어서 만든 것.

실전문제 1 다음에 열거한 장치 중에서 순차처리(sequential access)만 가능한 것은?

가. 자기 드럼　　나. 자기 테이프

다. 자기 디스크　　라. 자기 코어

답 나

3.2 직접 접근 기억장치

물리적인 위치에 영향을 받지 않으므로 순차적 접근 장치보다 빨리 데이터를 처리한다.

(1) 자기 디스크(magnetic disk)

데이터의 순차접근과 직접 접근이 모두 가능하며, 다른 보조기억장치에 비해 비교적 속도가 빠르므로 보조기억장치로 널리 사용된다.

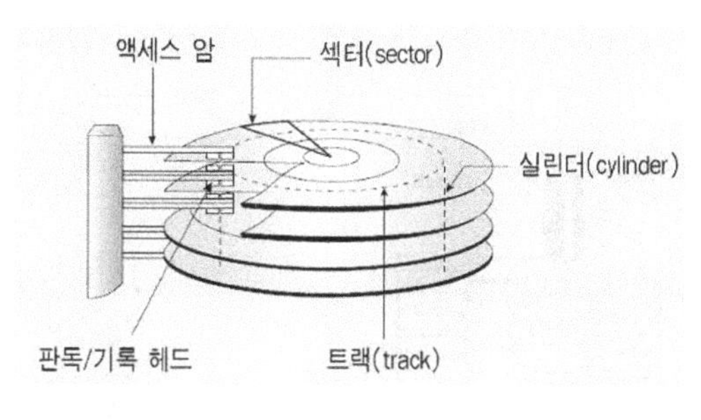

[자기 디스크]

① **트랙(Track)** : 회전축을 중심으로 구성된 여러 개의 동심원 모양의 저장 단위.

② **섹터(Sector)** : 원형의 디스크를 부채꼴 모양으로 잘라놓은 저장 단위.

③ **실린더(Cylinder)** : 동일한 크기의 트랙들이 모여 원통모양의 집합을 의미하며 실린더의 개수는 트랙의 개수와 같다.

④ **탐색시간(Seek Time)** : 읽고/쓰기 헤드를 원하는 데이터가 있는 트랙까지 이동하는데 걸리는 시간.

⑤ **회전 대기 시간(Rotational Delay Time)** : 디스크 장치가 회전하여 해당 섹터가 헤드에 도달하는데 걸리는 시간.

⑥ **전송시간(Transfer Time)** : 데이터가 전달되는데 걸리는 시간이다.

⑦ **접근 시간(Access Time)** : 중앙 처리 장치(CPU)가 데이터의 읽기를 요구한 이후부터 기억 장치가 데이터를 읽어내서 그것을 CPU에 돌려주기까지의 시간이다.
디스크에서의 접근 시간은 탐색시간(Seek Time)+회전대기시간(Rotational Delay Time)+전송 시간(Transfer Time)을 합쳐 적용한다.

(2) 하드 디스크(hard disk)

컴퓨터의 외부 기억장치로 사용되며 세라믹이나 알루미늄 등과 같이 강성의 재료로 된 원통에 자기재료를 바른 자기기억장치이다. 직접 접근 기억 장치로 기억 용량은 비교적 크고 간편하지만, 디스크 팩을 교환할 수 없어 해당 디스크의 기억 용량 범위에서만 사용해야 한다.

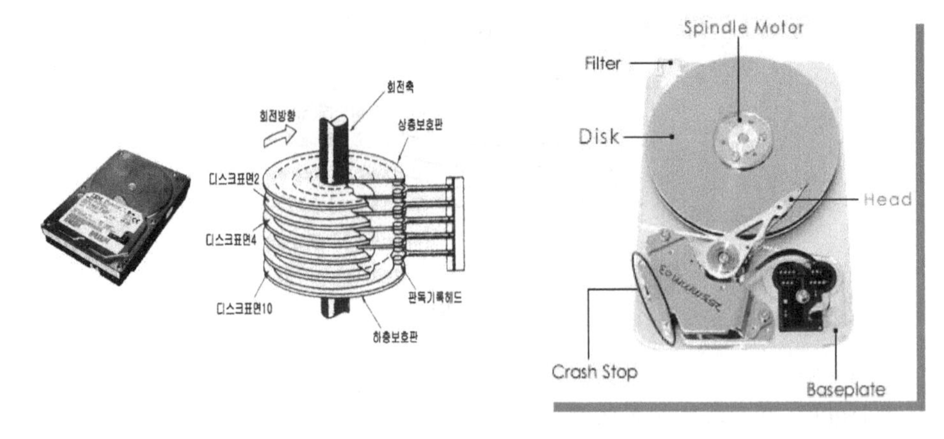

[하드디스크의 내부구조]

(3) 플로피 디스크(floppy disk)

자성 물질로 입혀진 얇고 유연한 원판으로 개인용 컴퓨터의 가장 대표적인 보조기억 장치로서 적은 비용과 휴대가 간편하여 널리 사용된다.

(4) CD-ROM(compact disk read only memory)

오디오 데이터를 디지털로 기록하는 광디스크(optical disk)의 하나로 알루미늄이나 동판으로 만든 원판에 레이저 광선을 사용하여 데이터를 기록하거나 기억된 내용을 읽어내는 것.

(5) 자기 드럼(magnetic drum)

자성재료로 피막된 원통형의 기억매체로 이 원통을 자기헤드와 조합하여 자기기록을 하는 자기 드럼 기억장치를 구성함.

드럼이 한 바퀴 회전하는 동안에 원하는 데이터를 찾을 수 있는 속도가 매우 빠른 기억장치로 제1세대 컴퓨터의 주기억장치로 사용하였으나, 기억 용량이 적은 것이 단점이다.

실전문제 1 다음 중 자료 처리를 가장 고속으로 할 수 있는 장치는?

가. 자기 테이프 나. 종이테이프 다. 자기디스크 라. 천공카드

답 다

3.3 광디스크

빛을 이용한 정보저장 방식으로 대용량 멀티미디어 기억장치이다.

[표 5-3] 광디스크의 종류

종류	특징
CD-ROM	• Compact Disk 기술을 이용하여 컴퓨터의 기억장치로 활용 • 지름 120mm의 크기로 650MB 이상 기록 가능 • 한 번 저장된 데이터는 수정이 불가능(읽기만 가능)
CD-R	• 레이저 광선을 이용해 정보를 기록/판독하는 원판형 디스크 장치 • 사용자가 한 번 기록할 수 있는 장치 • 주로 프로그램이나 대량의 데이터를 백업할 때 사용
CD-RW	• CD-R의 개선된 형태로, 약1 천회에 걸쳐 반복적인 기록이 가능하여 데이터 백업용 매체로 많이 사용 • 소거가능 광디스크라고도 함
DVD (Digital Video Disk)	• CD-ROM과 같은 크기에 4.7~17GB의 대용량 저장 가능 • 화질, 음질이 우수한 차세대 멀티미디어 기록매체

하드디스크

CD-R

플로피 디스켓

ZIP 드라이브

[보조기억장치의 예]

4 캐시 및 연관 기억 장치

4.1 캐시 기억장치(cache Memory)

캐시 메모리는 CPU와 주기억장치 사이에 위치하여 두 장치의 속도 차이를 극복하기 위해 CPU에서 가장 빈번하게 사용되는 데이터나 명령어를 저장하여 사용되는 메모리로 주로 SRAM을 사용한다.

적중률(Hit Ratio) 및 액세스 시간(Access Time)

☞ $적중률(히트율) = \frac{적중\ 횟수}{전체\ 접근\ 횟수} \times 100$

4.2 가상 기억장치(virtual memory)

하드디스크와 같은 보조기억장치의 일부분을 마치 주기억장치처럼 사용하는 공간을 말한다.

4.3 연관 기억장치(associative Memory)

검색된 자료의 내용 일부를 이용하여 자료에 직접 접근할 수 있는 기억장치이다.

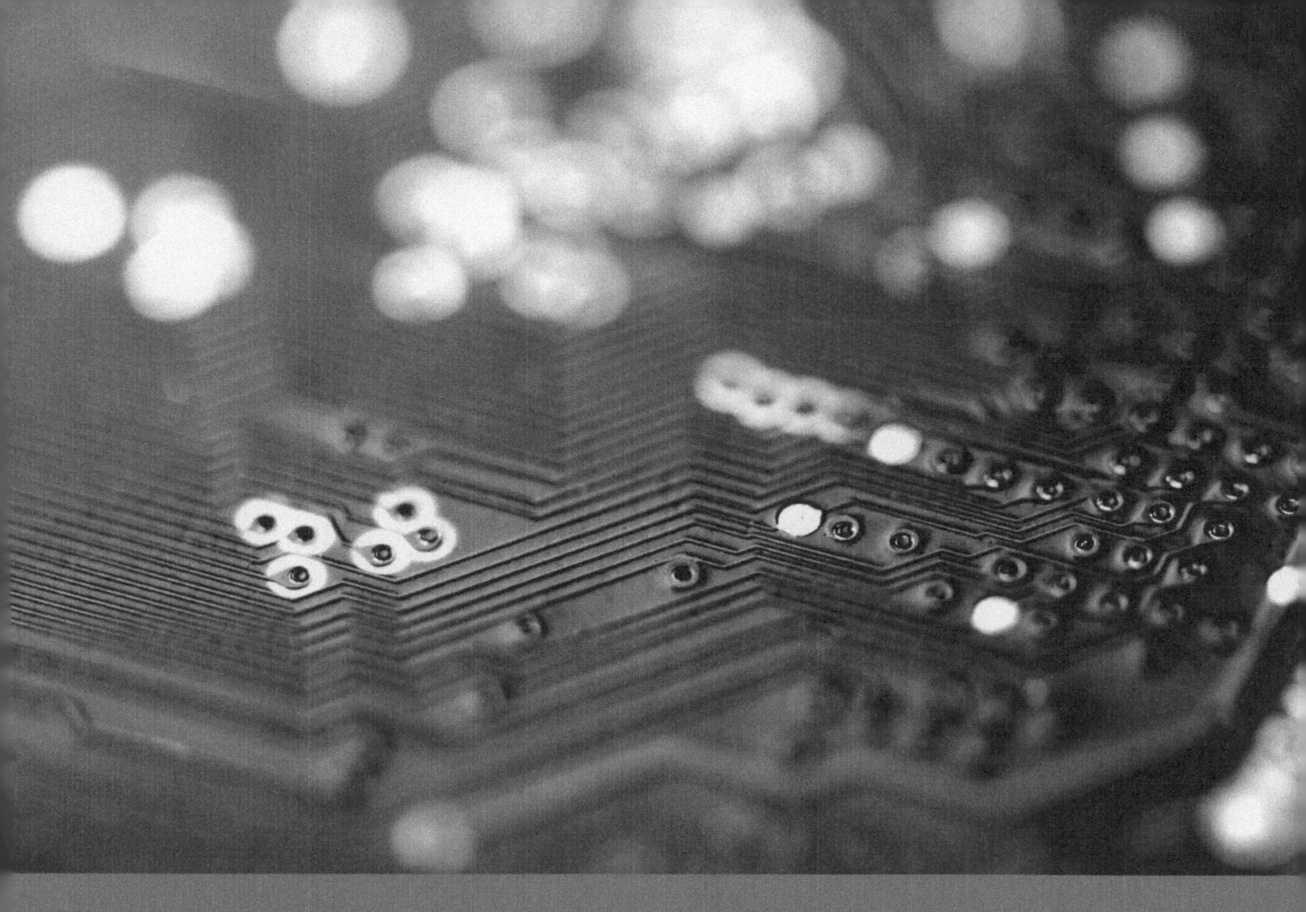

CHAPTER 6

입력 및 출력

1 입 · 출력 시스템

1.1 입 · 출력 시스템의 구성

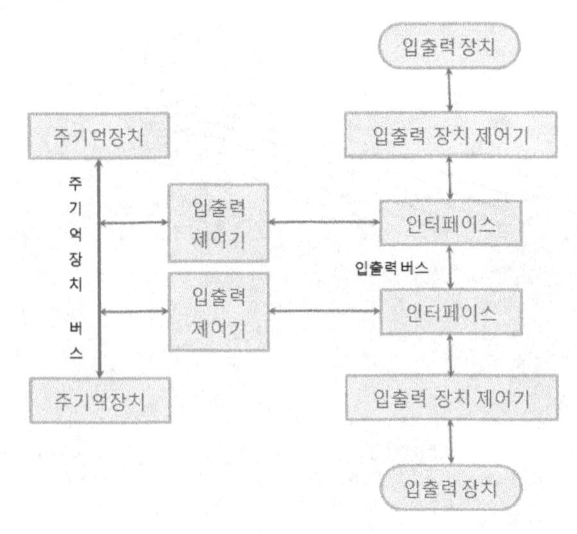

[입 · 출력 시스템의 구성]

① **입 · 출력 제어기**(I/O Controller) : 입 · 출력 시스템에 이상이 발생한 경우 이를 사전에 감지하여 수정하고 입 · 출력이 바르게 진행되도록 하는 장치로서 데이터 버퍼링, 제어 신호의 논리적/물리적 변환, 주기억장치 접근, 데이터 교환 등의 기능을 다루며, DMA제어기, 채널 제어기, 입 · 출력 프로세서 등이 여기에 속한다.

② **입 · 출력 버스**(I/O Bus) : 주기억 장치와 입 · 출력 장치 사이에 정보 교환 기능을 위한 통신회선을 말한다.

주소 버스(Address Bus) : 입 · 출력 장치를 선택하기 위한 주소 정보가 흐르는 단방향 버스이다.
데이터 버스(Data Bus) : 입 · 출력 데이터가 흐르는 양방향 버스이다.
제어 버스(Control Bus) : 입 · 출력 장치를 제어하기 위한 제어신호가 흐르는 단방향 버스이다.

③ **입 · 출력 인터페이스(I/O Interface)** : 주기억 장치와 입출력 장치 간의 차이점을 극복하기 위한 연결 변환 장치이다.

입 · 출력 인터페이스 사용 목적

① 속도 차이 극복
② 전압 레벨 차이 조정
③ 전송 사이클 차이 변환

④ **입 · 출력 장치 제어기** : 연결된 주변 장치를 제어하기 위한 논리회로를 말한다.

⑤ **입 · 출력 장치** : 컴퓨터에서의 처리 결과를 사용자에게 제공하거나 필요한 자료를 컴퓨터에 입력을 할 때 사용되는 장치를 말한다.

1.2 기억 장치와 입출력 장치의 차이점

① **동작 속도** : 입 · 출력 장치보다는 주기억 장치가 매우 빠르다.

② **정보 단위** : 주기억 장치의 정보단위는 Word, 입 · 출력 장치의 처리단위는 문자이다.

③ **에러 발생률** : 주기억 장치는 에러 발생률이 거의 없지만 입 · 출력 장치는 데이터 전송과정에서 여러 원인에 의한 에러 발생률이 주기억 장치보다는 높다.

1.3 입 · 출력 제어 방식

(1) CPU 제어기에 의한 입 · 출력 방식

① **프로그램에 의한 입 · 출력 제어방식(폴링 : Polling)** : CPU와 입 · 출력 장치 사이의 데이터 전달이 프로그램에 의해서 제어되는 방식으로 CPU 개입이 가장 많아 비효율

적인 입 · 출력 제어방식이다.

② **인터럽트에 의한 입출력 제어 방식(인터럽트 방식)** : 입 · 출력 장치에서 CPU에게 인터럽트를 요청하면, 그때 CPU가 하던 일을 멈추고 입 · 출력 장치에 데이터를 전송하는 방식으로 프로그램에 의한 입 · 출력 제어방식보다 이용효율이 더 좋다.

(2) DMA 제어기에 의한 입 · 출력 방식

데이터의 입 · 출력 전송이 중앙처리장치(CPU)를 거치지 않고 직접 기억장치와 입 · 출력장치 사이에서 이루어지는 방식이다.

(3) 채널 제어기에 의한 입 · 출력 방식

입 · 출력 전용 프로세서인 채널이 직접 주기억 장치에 접근하여 채널 명령어 요구 조건에 따라 입 · 출력 명령을 수행하는 방식이다.

1.4 입 · 출력 장치

분류	종류
입력 장치	광학 마크 판독기(OMR)
	광학 문자 판독기(OCR)
	자기 잉크 문자 판독기(MICR)
	터치 스크린(Touch Screen)
	디지타이저(Digitizer)
출력 장치	프린터
	X-Y 플로터
	CRT(Cathode Ray Tube)
	COM(Computer Output Microfilm)
입 · 출력 장치	자기 디스크
	자기 테이프
	자기 드럼

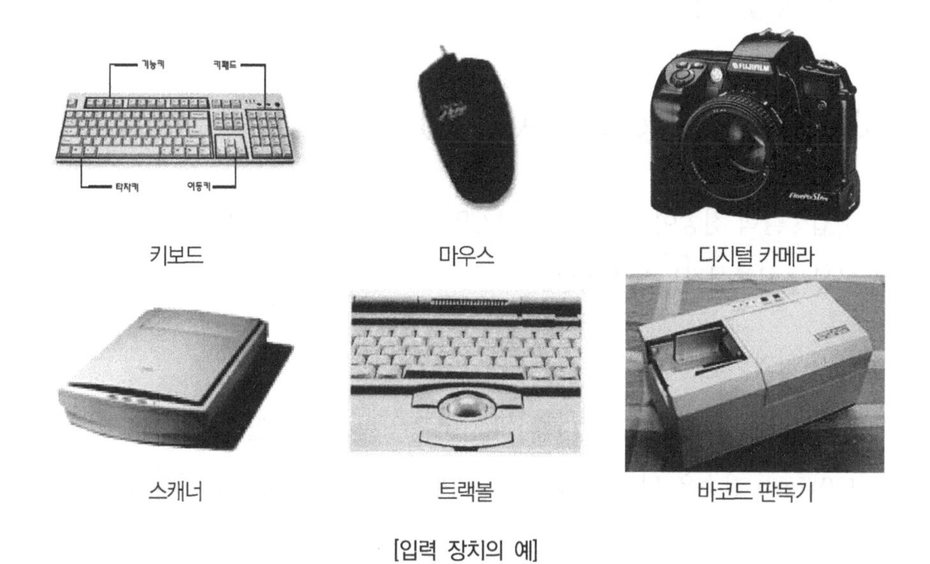

[입력 장치의 예]

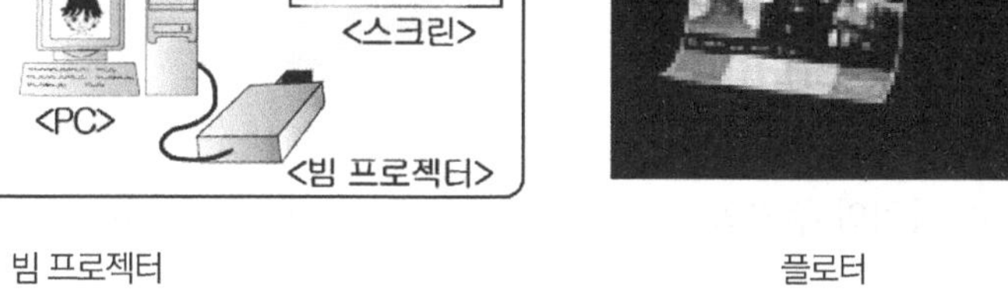

빔 프로젝터

플로터

[출력 장치의 예]

2 DMA 및 채널

2.1 DMA(Direct Memory Access)

데이터의 입·출력 전송이 중앙처리장치(CPU)를 거치지 않고 직접 기억장치와 입출력 장치 사이에서 이루어지는 방식이다.

(1) 사이클 스틸의 개념

CPU가 프로그램을 수행하기 위해 메이저 사이클을 반복하고 있을 때 DMA 제어기가 하나의 워드(Word) 전송을 위해 일시적으로 CPU의 사이클을 훔쳐서 사용하는 경우를 말한다.

CPU 메이저 사이클의 초기 상태	F	I	E	F	I	E			
DMA의 사이클 스틸		D		D		D			
사이클 스틸 이후의 CPU 메이저 사이클	F		I		E		F	I	E
인터럽트 요청		INT							
인터럽트 요청 이후의 CPU 메이저 사이클	F	I	E	인터럽트 처리			F	I	E

2.2 채널(Channel)

입출력 장치와 주기억 장치 사이에 위치하여 입출력을 제어하는 입출력 전용 프로세서로서 데이터 처리속도의 차이를 줄여준다.

CPU와 동시에 동작이 가능하므로 고속으로 입출력이 가능하며 여러 개의 블록을 전송할 수 있다.

① **셀렉터 채널**(Selector Channel) : 주기억장치와 입출력 장치 간에 데이터를 전송하는 프로세서로 한 번에 한 개의 장치를 선택하여 입출력한다.

② **바이트 멀티플렉서 채널**(Multiplexer Channel) : 여러 개의 서브 채널을 이용하여 동시에 입출력을 조작한다.

③ **블록 멀티플렉서 채널**(Block Multiplexer Channel) : 셀렉터 채널과 멀티플렉서 채널의 복합 형태로서 블록단위로 이동시키는 멀티플렉서 채널이다.

CHAPTER 7

인터럽트

1 인터럽트의 개념 및 원인

1.1 인터럽트의 개념

프로그램 수행도중 컴퓨터 시스템에서 예기치 못한 일이 일어났을 때, 그것을 제어 프로그램에 알려 CPU가 하던 일을 멈추고 다른 작업을 처리하도록 하는 방법으로 실행중인 프로그램을 완료하지 못하였을 때, 처음부터 다시 하지 않고 중단된 위치로 복귀하여 이상 없이 계속해서 프로그램을 수행할 수 있도록 하는데 있다.

1.2 인터럽트의 원인 및 종류

(1) 외부 인터럽트

예상할 수 없는 시기에 프로세스 외부인 주변 장치에서 처리를 요청하는 인터럽트이다.

① 정전 인터럽트

② 기계고장 인터럽트

③ 입출력(I/O) 인터럽트

④ 타이머 인터럽트

(2) 내부 인터럽트

어떤 기능을 발휘하도록 하기 위해 프로세스 내부에서 발생하는 인터럽트이다.

① 0으로 나누기 인터럽트

② Overflow/Underflow 인터럽트

③ 비 정상적 명령어 사용 인터럽트

2 인터럽트 체제

2.1 인터럽트 동작 순서

① 인터럽트 요청

② 현재 수행 중인 명령어는 종료 후 현 상태를 스택이나 메모리 0번지에 저장한다.

③ 인터럽트 요청 장치를 확인 한다.

④ 인터럽트 처리 루틴에 따라 조치한다.

⑤ 정상적인 프로그램으로 복귀 한다.

2.2 인터럽트의 원인 판별 방법

(1) 소프트웨어(S/W)에 의한 판별(폴링 : Polling)

프로그램에 의해서 각 장치의 플래그를 검사하여 인터럽트 요청 장치를 판별하는 방식으로 인터럽트 반응 속도가 느리지만 프로그램 변경이 용이하다.

(2) 하드웨어(H/W)에 의한 판별(데이지 체인 : Daisy Chain)

인터럽트 요청 장치들을 인터럽트 우선순위에 따라 직렬로 연결하고 CPU의 신호를 인지하여 자신의 장치 번호를 CPU에 보냄으로써 요청한 장치를 판별하는 방식으로 인터럽트 반응 속도는 빠르지만 프로그램 변경이 어렵다.

2.3 인터럽트의 우선순위

(1) 소프트웨어에 의한 우선순위 부여 방식(폴링 : Polling)

인터럽트 순위가 가장 높은 장치로부터 가장 낮은 장치 순으로 비교 순서를 정해 놓고 우선순위를 부여하는 방식이다.

(2) 하드웨어에 의한 우선순위 부여 방식(데이지 체인 : Daisy Chain)

인터럽트 순위가 가장 높은 장치로부터 가장 낮은 장치 순으로 하드웨어 회로를 직렬로 연결하여 우선순위를 부여하는 방식이다.

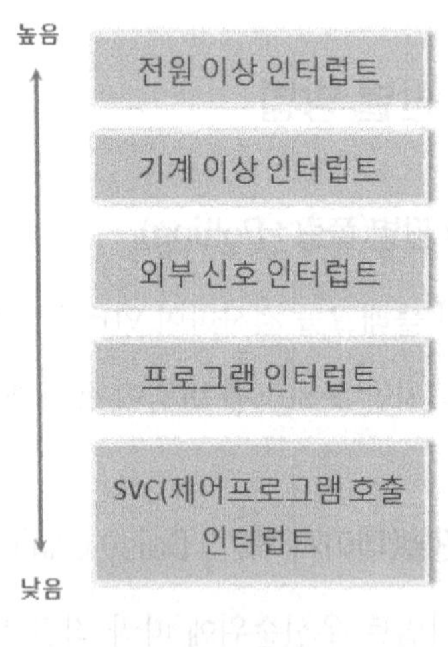

[인터럽트의 우선순위]

CHAPTER 8

운영체제와 기본 소프트웨어

1 프로그래밍 개념

1.1 프로그래밍 개념

프로그램이란 컴퓨터를 통해 어떤 원하는 결과를 얻기 위해 컴퓨터가 수행해야할 내용을 지시하는 명령들을 모아놓은 것 즉, 명령문의 집합체라고 정의할 수 있다.

① **프로그램(program)** : 컴퓨터가 수행해야할 내용을 지시하는 명령문의 집합체.

② **프로그래밍(programming)** : 프로그램을 작성하는 것.

③ **프로그래머(programmer)** : 프로그램을 작성하는 사람.

1.2 프로그램 작성절차

① 문제분석 → ② 시스템설계(입 · 출력 설계) → ③ 순서도 작성 → ④ 프로그램 코딩 및 입력 → ⑤ 디버깅 → ⑥ 실행 → ⑦ 문서화

① **문제 분석** : 해결하고자 하는 문제를 명확히 파악한다.

② **시스템 설계** : 입력되는 데이터의 종류와 형식, 크기등을 정하고, 처리된 결과을 어떠한 형태로 어떤 매체에 출력할 것인지에 대하여 설계한다.

③ **순서도 작성** : 입력된 데이터의 처리 과정 및 프로그램 결과가 출력되는 전반적인 처리 과정을 정해진 기호를 사용하여 간결하고 명확하게 도표로 나타낸다.

④ **프로그램 코딩 및 입력** : 프로그래밍 언어를 선택하여 순서도에 따라 원시 프로그램을 작성한다.

- 코딩(coding) : 순서도에 따라 원시 프로그램을 작성하는 과정.
- 입력 : 코딩된 프로그램을 입력 매체에 수록하는 과정.

⑤ **디버깅(debugging)** : 번역과정에서 언어의 문법과 규칙에 맞지 않는 문장이 있으면 오류가 발생한다. 이 때, 오류의 원인을 찾아 다시 번역한다.

- 디버깅(debugging) : 오류를 수정하는 작업.

⑥ **실행** : 번역된 목적 프로그램에 모의 데이터를 입력하여 논리적 오류를 찾아 수정하는 과정을 모의 실행이라 한다.

⑦ **문서화** : 실행이 성공적으로 끝나면 모든 자료를 문서화하여 보관한다.

1.3 프로그래밍 언어의 개념

프로그래밍 언어는 컴퓨터와 사용자간의 의사소통을 하기 위한 것으로, 저급언어(low level language)와 고급언어(high level language)로 분류할 수 있다.

(1) 저급언어(Low Level Language)

사용자가 이해하고 사용하기에는 불편하지만 컴퓨터가 처리하기 용이한 컴퓨터 중심의 언어이다.

① **기계어(Machine Language)**

컴퓨터가 이해할 수 있는 0과 1의 2진수로만 되어있는 기계중심의 언어이다. 그러므로 프로그램 실행시에 번역할 필요가 없어 실행속도가 빠르다. 하지만, 사용자가 이해하기 힘든 언어이기 때문에 전문지식이 필요하며 프로그래밍 하는 데에 시간이 많이 걸린다.

② **어셈블리어(Assembly Language)**

어셈블리어는 기계어 대신 이해하기 쉬운 기호로 명령을 만든 기호언어(symbolic)이다. 정해진 기호를 사용하기 때문에 기계어 보다 이해하기 쉽고 사용하기 편리하다. 그러나 호환성이 없고 전문가 이외에는 사용하기 어렵다는 단점이 있다. 어셈블리어로 작성된 프로그램을 기계어로 변환시켜 주는 번역 프로그램을 어셈블러(assembler)라고 한다.

실전문제 1 다음 중 컴퓨터가 직접 이해할 수 있는 언어는?

가. 기계어　　나. 자연어
다. 컴파일러 언어　　라. 인터프리터 언어

답 가

실전문제 2 기계어를 기호화시킨 언어는?

가. C언어　　나. Basic
다. Fortran　　라. Assembly어

답 라

(2) 고급언어(High Level Language)

자연어에 가까워 그 의미를 쉽게 이해할 수 있는 사용자 중심의 언어로, 기종에 관계없이 공통적으로 사용할 수 있는 언어로, 기계어로 변환하기 위한 컴파일러가 필요하다.

① **베이직**(BASIC : Beginner's All-purpose Symbolic Instruction Code)

1965년 미국 다트머스대학교의 켐니 교수가 개발하여 언어구조가 쉽고 간단해서 초보자들이 배우기 쉬운 대화형의 인터프리터 중심의 언어이다.

② FORTRAN(Formula Translation)

1954년 IBM 704에서 과학적인 계산을 하기 위해 시작된 컴퓨터 프로그램 언어로 고급언어 중 가장 먼저 개발된 과학 기술용 프로그램 언어이다.

③ COBOL(Common Business Oriented Language)

1960년 개발된 언어로 사무 처리를 위한 컴퓨터 프로그래밍 언어이다.

④ PASCAL

1971년 개발된 언어로 구조화 프로그래밍 개념에 따라 개발된 언어로서, 교육용 언어로 많이 쓰였다.

⑤ **C 언어**

1974년 개발된 언어로 UNIX 운영체제를 위해 개발한 시스템 프로그램 언어로 저급 언어와 고급언어의 특징을 모두 갖춘 언어이다.

⑥ **LIPS(List Processing)**

1960년 개발이 시작된 언어로, 게임 이론, 정리 증명, 로봇, 분제 및 자연어 처리 등의 인공지능과 관련된 분야에 사용되는 언어이다.

⑦ **PL/1(Programming Language One)**

FORTRAN, COBOL, ALGOL 등의 장점을 포함하려고 시도한 범용언어로서, 매크로 언어를 자진 인터프리터형 언어이다.

⑧ **C++**

1980년대 초에 C언어를 기반으로 개발된 언어로 C++는 컴퓨터 프로그래밍의 객체 지향 프로그래밍을 지원하기 위해 C언어에 개체지향 프로그래밍에 편리한 기능을 추가하여 사용의 편리성을 향상시킨 언어이다.

⑨ **자바(JAVA)**

썬마이크로시스템사에서 개발한 새로운 객체지향 프로그래밍 언어로, 네트워크 분산 환경에서 이식성이 높고, 인터프리터 방식으로 동작하는 사용자와의 대화성이 높은 프로그래밍 언어이다.

1.4 프로그래밍 언어의 번역과 번역기

(1) 프로그램 언어의 번역 과정

① **원시 프로그램(Source Program)** : 사용자가 각종 프로그램 언어로 작성한 프로그램

② **목적 프로그램(Object Program)** : 번역기에 의해 기계어로 번역된 상태의 프로그램

③ **로드 모듈(Load Module)** : Linkage Editor에 의해 실행 가능한 상태로 된 모듈

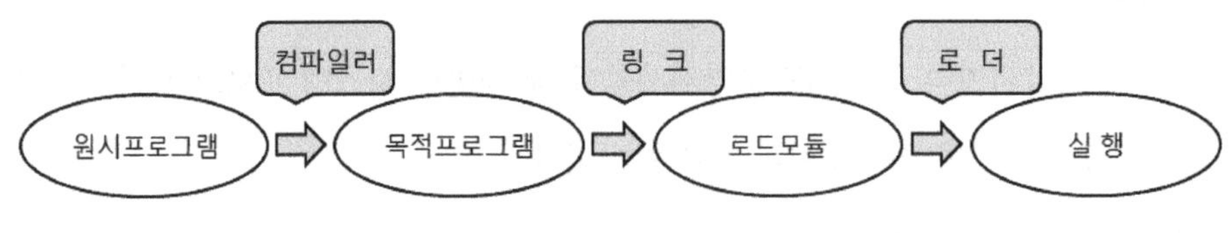

[프로그래밍 언어의 번역과정]

실전문제 1 다음 중 번역기에 의해 기계어로 번역된 프로그램을 무엇이라고 하는가?

가. 실행 프로그램　　나. 원시 프로그램
다. 목적 프로그램　　라. 편집 프로그램

답 다

실전문제 2 다음 4개 사항이 실행 순으로 나열된 것은?

① 원시프로그램(source program)
② 로더(loader)
③ 목적프로그램(obfect program)
④ 컴파일러(compiler)

가. ① - ② - ③ - ④　　나. ④ - ② - ① - ③
다. ① - ④ - ③ - ②　　라. ② - ③ - ④ - ①

답 다

(2) 번역기의 종류

① **어셈블러(Assembler)**

어셈블리 언어로 작성된 원시 프로그램을 기계어로 번역하는 프로그램이다.

② **컴파일러(Compiler)**

전체 프로그램을 한 번에 처리하여 목적 프로그램을 생성하는 번역기로, 기억 장소를 차지하지만 실행 속도가 빠르다.

실전문제 1 기계 외부에서 사람이 사용하는 프로그램 언어와 기계 내부적으로 기계만이 알 수 있는 기계어 사이에 이들을 연결시켜 주는 번역프로그램은?

가. 디코더(Decoder)　　나. 컴파일러(Compiler)

다. 심볼릭어(Symbolic Language)　　라. C 언어(C Language)

답 나

컴파일러를 사용하는 언어는 ALGOL, PASCAL, FORTRAN, COBOL, C 등이 있다.

③ 인터프리터(Interpreter)

원시 프로그램을 한번에 기계어로 변환시키는 컴파일러와는 달리 프로그램을 한 줄씩 기계어로 해석하여 실행하는 '언어처리 프로그램'이다. 한 단계씩 테스트와 수정을 하면서 진행시켜 나가는 대화형 언어에 적합하지만, 실행 시간이 길어 속도가 늦어진다. 대표적인 대화형 언어에 BASIC이 있다.

실전문제 1 다음 설명 중 옳지 않은 것은?

가. interpreter는 원시프로그램을 번역한다.

나. interpreter는 목적프로그램을 생산한다.

다. compiler는 목적프로그램을 생산한다.

라. compiler는 원시프로그램을 번역한다.

답 나

실전문제 2 프로그램의 번역기 중 명령 단위로 차례로 해석하여 실행하는 것은?

가. 어셈블러(assembler)　　나. 컴파일러(compiler)

다. 인터프리터(interpreter)　　라. 컴파일러(compiler)와 어셈블러(assembler)

답 다

실전문제 3 인터프리터 방식에 대한 설명으로 틀린 것은?

가. 프로그램을 한 줄씩 번역하여 실행한다.

나. 프로그램의 실행 속도가 가장 빠르다.

다. 큰 기억장치가 필요하지 않으며 번역과정이 비교적 간단하다.

라. 일부가 수정되어도 프로그램 전체를 수정할 필요가 없다.

답 나

④ **링커(Linker)**

기계어로 번역된 목적 프로그램을 실행 프로그램 라이브러리를 이용하여 실행 가능한 형태의 로드 모듈로 번역하는 번역기

⑤ **로더(Loader)**

로드 모듈을 수행하기 위해 메모리에 적재시켜 주는 기능을 수행

실전문제 1 다음 중에서 원시 프로그램을 기계어로 활용하는 시스템은 무엇인가?

가. 컴파일러 프로그램　　나. C-언어

다. 목적프로그램　　라. 운영체제(Operation System)

답 가

실전문제 2 언어번역기 프로그램에 해당되지 않는 것은?

가. 어셈블러(assembler)　　나. 컴파일러(compiler)

다. 인터프리터(interpreter)　　라. 작업 스케줄러(job scheduler)

답 라

2 순서도

2.1 순서도

입력된 데이터의 처리 과정 및 프로그램 결과가 출력되는 전반적인 처리 과정을 정해진 기호를 사용하여 간결하고 명확하게 도표로 나타낸다.

순서도 작성 시 고려사항

① 처리되는 과정은 모두 표현한다.
② 간단하고 명료하게 표현한다.
③ 전체의 흐름을 명확히 알 수 있도록 작성한다.
④ 과정이 길거나 복잡하면 나누어 작성하고, 연결자로 연결한다.
⑤ 통일된 기호를 사용한다.

실전문제 1 FLOW CHART를 작성하는 이유로 적당치 않은 것은?

가. 처리절차를 일목요연하게 한다.
나. 프로그램의 인계인수가 용이하다.
다. ERROR 수정이 용이하다.
라. 대용량 MEMORY를 사용할 수 있다.

답 라

2.2 순서도 기호

(1) 기본 기호(basic symbol)

데이터의 일반적인 처리와 입 · 출력 행위, 흐름선, 연결자, 주해, 페이지 연결자 등으로 구성된다.

기호	이름	사용하는 곳
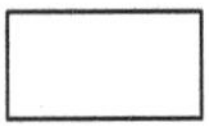	처리	지정된 작동, 각종 연산, 값이나 기억 장소의 변화, 데이터의 이동 등의 모든 처리를 나타냄
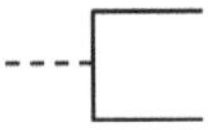	주해	이미 표현된 기호를 보다 구체적으로 설명하며, 점선은 해당 기호까지 연결한다.
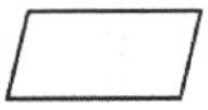	입 · 출력	일반적인 입력과 출력의 처리를 나타냄
	화살표	흐름의 진행 방향을 표시
	연결자	흐름이 다른 곳으로의 연결과 다른 곳에서의 연결을 나타내며, 화살표와 기호 내에 쓰여진 이름이 동일한 경우에만 연결 관계를 나타냄
	페이지 연결자	흐름이 다른 페이지로 연결됨과 다른 페이지에서의 연결되는 입력을 나타내며, 기호 내에 쓰여진 이름이 동일한 경우에만 연결 관계를 나타냄
	흐름선	오른쪽에서 왼쪽으로, 아래에서 위로 화살표를 하여야 하고, 처리의 흐름을 나타내며 선이 연결되는 순서대로 진행된다.

(2) 프로그래밍 관계기호(symbols related to programming)

기본기호와 함께 사용하여 프로그램 전체의 논리를 표현할 수 있도록 하며, 준비, 의사결정, 정의된 처리, 단자 등으로 구성된다.

기호	이름	사용하는 곳
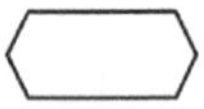	준비	기억장소의 할당, 초기값 설정, 설정된 스위치의 변화, 인덱스 레지스터의 변화, 순환 처리를 위한 준비 등의 표현
	의사 결정	변수의 조건에 따라서 변경될 수 있는 흐름을 나타내는 데 사용하는 판단 기능
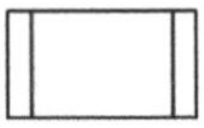	정의된 처리	흐름도의 특수한 집합에서 수행할 그룹의 운용기호
	테미널/단자	프로그램 순서도의 시작과 끝의 표현

(3) 시스템 관계기호(symbols related to system)

시스템의 분석 및 설계 시에 데이터가 어느 매체에서 처리되어 어느 매체로 변환하여 이동하는지를 나타내기 위한 기호이다.

기호	이름	사용하는 곳
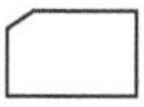	펀치 카드	펀치 카드 매체를 통한 입 · 출력을 나타냄
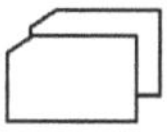	카드 뭉치	펀치 카드가 모여 있음을 표시
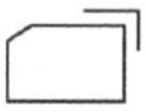	카드 파일	펀치카드에 레코드가 모여서 파일을 구성하고 있음을 표시
	서류	각종 원시 데이터가 기록된 서류나 종이 매체에 출력되는 결과 및 문서화된 각종 서류를 표시
	종이 테이프	종이 테이프 매체를 통한 입 · 출력을 나타냄
	키 작업	자판을 통한 키 펀칭이나 검사 등의 작동을 표시
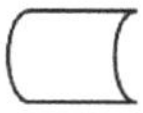	온라인 기억장치	온라인 상태의 각종 보조기억장치 매체를 통한 입 · 출력을 나타냄
	자기 드럼	자기 드럼 매체를 통한 입 · 출력을 나타냄
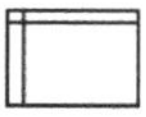	자기 코어	자기코어 매체를 통한 입 · 출력을 나타냄
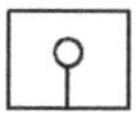	디스켓	디스켓 매체를 통한 입 · 출력을 나타냄
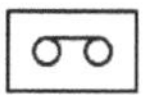	카세트 테이프	카세트테이프를 통한 입 · 출력을 나타냄
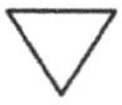	오프라인 기억장치	오프라인 상태의 기억 매체에 레코드들이 기록됨을 나타냄
	병합	정렬된 2개 이상의 파일을 합쳐서 하나의 파일을 생성
	대합	2개 이상의 파일을 합쳐서 다른 2개 이상의 파일을 생성
	정렬	조건에 관계없이 배열된 데이터를 조건에 따라 순서대로 배열하는 작업
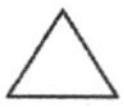	추출	파일에서 필요한 부분만 분리하여 새로운 파일을 생성
	통신연결	전화선이나 무선 등의 각종 통신회선과 연결을 나타냄

실전문제 1 프로그램 설계를 위하여 순서도를 사용할 경우에 마름모 기호와 타원형 기호가 의미 하는 것은?

가. 처리와 서브루틴

나. 서브루틴과 판단

다. 판단과 프로시저의 시작(또는 끝)

라. 프로시저의 시작(또는 끝)과 조보설명

답 다

실전문제 2 다음 중 순서도 작성의 필요성과 거리가 먼 것은?

가. 프로그램 coding의 기초 자료가 된다.

나. 작성된 프로그램을 기계어로 번역할 때 요구된다.

다. 프로그램의 수정 및 인수인계를 쉽게 한다.

라. 완성된 프로그램의 오류와 정확성을 검증하는 자료가 된다.

답 나

실전문제 3 순서도(flowchart) 작성에 대한 설명으로 옳지 않은 것은?

가. 사용하는 언어에 따라 기호형태가 다르다.

나. 프로그램 보관시 자료가 된다.

다. 프로그램 갱신 및 유지관리가 용이하다.

라. 오류 수정(Debugging)이 용이하다.

답 가

2.3 순서도의 종류

(1) 시스템 순서도(system flowchart)

주로 시스템 분석가가 시스템 설계나 분석을 할 때에 작성되며, 자료의 흐름을 중심으로 시스템 전체의 작업 내용을 총괄적으로 나타낸 순서도이다.

(2) 프로그램 순서도

시스템 전체의 자료 처리에 필요한 모든 조작의 순서를 나타낸 순서도이다.

① **개략 순서도**(general flowchart) : 프로그램 전체의 내용을 개괄적으로 표시한다.

② **상세 순서도**(detail flowchart) : 모든 조작과 자료의 이동 순서를 하나도 빠짐없이 표시하고, 세밀하게 그려진 순서도이다.

3 프로그래밍 언어

3.1 BASIC(Beginner's All-purpose Symbolic Instruction Code)

1965년 미국 다트머스대학교의 켐니 교수가 개발하여 언어구조가 쉽고 간단해서 초보자들이 배우기 쉬운 대화형의 인터프리터 중심의 언어이다.

Basic의 특징

① 문법의 규칙이 간단하여, 초보자가 배우기 용이하다.
② 프로그램의 작성이 용이하다.
③ 인터프리터 언어이므로 프로그램을 즉시 시험하기 때문에 작업시간이 단축된다.
④ 문장 앞에 행 번호를 부여하여야 하며, 행 번호순으로 실행된다.
⑤ 수치 계산이나 행렬 계산이 간단하다.

실전문제 1 다음 중 교육용으로 제작되었으며, 인터프리터에 의해 번역 실행되는 프로그래밍 언어는?

가. COBOL　　나. PASCAL　　다. BASIC　　라. FORTRAN

답 다

3.2 FORTRAN(Formula Translation)

1954년 IBM 704에서 과학적인 계산을 하기 위해 시작된 컴퓨터 프로그램 언어로 고급언어 중 가장 먼저 개발된 과학 기술용 프로그램 언어이다.

3.3 COBOL(Common Business Oriented Language)

1960년 개발된 언어로 사무 처리를 위한 컴퓨터 프로그래밍 언어이다.

실전문제 1 프로그램 언어는 그 사용 목적에 따라 구분된다. 사무처리응용을 위해 개발된 언어는?

가. BASIC 나. FORTRAN

다. ASSENBL어 라. COBOL

답 라

3.4 C 언어

1974년 개발된 언어로 UNIX 운영체제를 위해 개발한 시스템 프로그램 언어로 저급언어와 고급언어의 특징을 모두 갖춘 언어이다.

(1) C 언어의 특징

① 저급언어와 고급언어의 특징이 결합된 중급언어의 특징을 갖는다.

② 명령어들이 간략하고, 구조화 프로그램에서 요구되는 기본적인 제어구조를 제공한다.

③ 이식성이 높은 언어다.

④ 많은 명령어와 연산자를 갖는다.

⑤ UNIX 운영체제를 위해 개발한 시스템 프로그램 언어이다.

실전문제 1 다음 중 응용 소프트웨어(application software)에 속하지 않는 것은?

가. 워드프로세서 나. 운영체제 프로그램

다. 게임 프로그램 라. 인사관리 프로그램

답 나

4 운영체제(O.S)

4.1 운영체제

(1) 운영체제의 개념

사용자와 컴퓨터 사이에서 원활한 의사소통과 효율적인 하드웨어 관리, 컴퓨터를 쉽게 이용할 수 있도록 지원하는 인터페이스 기능을 담당하며 컴퓨터가 작동하기 위한 가장 중요한 시스템 소프트웨어이다.

(2) 운영체제의 목적

① 사용자와 컴퓨터간의 인터페이스 기능을 제공한다.

② 사용자간의 자원 사용을 관리한다.

③ 입출력을 지원한다.

④ 자원의 효율적인 운영을 위한 스케줄링을 담당한다.

⑤ **처리 능력(through-put)의 향상** : 일정시간 내에 시스템이 처리한 일의 양을 의미한다.

⑥ **변환 시간(turn-around time, 응답시간)의 최소화** : 일의 처리를 컴퓨터에 명령하고 나서 결과가 나올 때까지의 시간이다.

⑦ **사용 가능도(availability)** : 컴퓨터 시스템을 사용하고자 할 때 빨리 이용할 수 있고 시스템 자체에 이상이 발생했을 경우 그 즉시 회복하여 사용할 수 있어야 한다.

⑧ **신뢰도(reliability)향상** : 컴퓨터 시스템 자체가 착오를 일으키지 않아야 한다.

⑨ **이용기능의 확대**

(3) 운영체제의 구성

컴퓨터 시스템의 자원 관리 계층에 따라 제어(control) 프로그램과 처리 (processing) 프로그램으로 구성된다.

① **제어 프로그램**

운영 체제에서 가장 핵심적인 프로그램으로 컴퓨터 시스템의 작동 상태와 처리 프로그램의 실행 과정을 감시하는 역할을 담당하며, 주기억장치 내에 상주한다.

㉠ 감시 프로그램(Supervisor program) : 컴퓨터 시스템의 작동상태를 감독하는 프로그램으로 제어 프로그램 중에서 가장 중요한 역할을 수행한다.

㉡ 데이터 관리 프로그램(Data management program) : 데이터와 파일을 관리하며 주기억장치 및 입출력 장치 사이의 데이터 전송 등을 담당한다.

㉢ 작업 제어 프로그램(Job control program) : 원활한 작업 처리를 위해 스케줄이나 입출력 장치를 할당하는 역할을 담당한다.

② **처리 프로그램**

제어 프로그램의 통제 하에 사용자가 작성한 특정 문제를 해결하기 위한 프로그램에 관련된 자료 처리를 담당한다.

㉠ 언어 번역 프로그램(Language translator program) : 언어 번역기라고도 하며 컴파일러, 인터프리터 등이 있다.

㉡ 서비스 프로그램(Service program) : 컴퓨터를 제작하는 회사에서 제공해 주는 프로그램으로 정렬(sort)·병합 (marge) 프로그램, 유틸리티 프로그램 등이 있다.

㉢ 문제 프로그램(Problem program) : 사용자가 업무적인 필요에 의해서 작성한다.

실전문제 1 운영체제는 제어프로그램과 처리프로그램으로 나누는데, 다음 중 제어프로그램이 아닌 것은?

가. 감시(Supervisor) 프로그램
나. 작업 제어(Job control) 프로그램
다. 데이터 관리(Data Management) 프로그램
라. 사용자 서비스(User service) 프로그램

답 라

(4) 운영체제의 기법

① **멀티 프로그래밍**(multi programming)

CPU가 실제로는 프로그램을 하나씩 실행하지만 처리속도가 빠르기 때문에 여러 개의 프로그램을 실행하는 것처럼 느낀다.

② **멀티 프로세싱**(multi processing)

두 개 이상의 CPU가 한 개의 시스템을 구성하여, 한 개의 프로그램을 여러 개의 CPU가 나누어서 처리하므로 처리속도가 빠르다.

③ **분산처리**(Distribute processing)

통신으로 연결된 여러 개의 컴퓨터 시스템에서 여러 개의 작업이 처리되는 방식으로 자원의 공유와 연산 속도와 신뢰성이 향상되는 장점이 있는 반면에 보안 문제와 설계가 복잡한 단점이 있다.

④ **일괄처리**(Batch Processing)

사건을 일정시간 또는 일정량 모아서 한꺼번에 처리하는 방식이다.

⑤ **실시간 처리**(Real Time Processing)

사건이 발생 즉시 처리하는 방식이다.

⑥ **버퍼링**(Buffering)

하나의 프로그램에서 CPU 연산과 I/O 연산을 중첩시켜 처리할 수 있게 하는 방식으로 CPU 효율을 높이는 방식이다.

CPU와 입출력 장치와의 속도 차이를 줄이기 위해 메모리(주기억장치의 일부)가 중재한다.

⑦ **스풀링**(Spooling)

보조 기억장치를 이용하여 여러 개의 프로그램에 대하여 입력과 CPU 작업을 중첩시켜 처리할 수 있게 하는 방식이다.

프로그램과 이를 이용하는 I/O장치와의 속도차를 극복하기 위한 장치로 대부분 하드디스크가 중재한다.

(5) 운영체제의 종류

① **MS-DOS** : 초기 개인용 컴퓨터(PC)의 가장 대표적인 운영체제로, 1981년에 IBM사(社)가 16비트 PC를 발매할 무렵에 마이크로소프트사가 IBM PC용으로 개발한 단일 이용자용 및 단일 데스크용 의 운영체제이다

② **Window 3.1** : 도스와 윈도우95를 잇는 과도기에 생겨난 그래픽환경의 운영체제이다.

- GUI(graphic user interface) : 그래픽 사용자 인터페이스

③ **Window 95** : M/S사가 95년에 발표한 그래픽 환경의 운영체제로 여러 가지 우수한 특징을 가지고 있지만 에러가 너무 많다는 단점도 있다.

- 데스크 탑과 객체, 멀티 태스킹과 멀티미디어 기능
- 도스, 윈도우3.1과의 강력한 호환성
- 하드웨어 자동검색 및 설치 기능(플러그 앤 플레이(P&P)기능)
- 네트워크 환경 구축의 편리성 및 인터넷 사용 가능

④ **Window 98** : 윈도우 95의 차기 버전으로 윈도우 95보다 안정성이 강화 되었고 실행 속도가 향상된 운영체제

- 주변장치를 연결할 수 있는 다양한 하드웨어 드라이버가 제공
- 인터넷 기능이 보강(인터넷 프로그램 기본 설치)
- 하드디스크 용량의 제한을 지원으로 보완(2GByte이상)
- 시스템 상태를 점검하고 오류를 복구할 수 있는 다양한 마법사 제공

⑤ **Window XP** : M/S사에서 2001년 10월에 개발하였으며 XP는 eXPerience(경험)로 그동안 쌓인 노하우가 집약된 운영체제이며 인터넷을 기반으로 만들어졌다.

- 여러 장소에서 정보를 동시에 공유할 수 있는 허브 기능
- 각종 응용 프로그램을 시스템 자체에 내장(인터넷전화, 메신저, 등)
- 암호 폴더 기능 및 실시간으로 음성, 동영상 공유 등의 멀티미디어 기능 강화

⑥ **Window NT** : 둘 이상의 CPU를 사용할 수 있고 시스템 안정과 보안이 장점인 32비트 운영체제이다.

- 도스 없이 실행이 가능하며 완벽한 다중 작업이 가능
- 향상된 시스템 메모리 액세스 방법을 제공
- 서버 버전과 워크스테이션 버전이 있다.

⑦ **유닉스(UNIX)** : 1970년대 초 미국의 벨 연구소에서 개발한 운영체제로 다중 사용자(multi-user)가 다중 작업을 처리할 수 있고, 프로그램 개발이 용이한 운영체제이다. 대부분이 C언어로 작성되어 이식성이 높고 시스템 간의 통신이나 소프트웨어 개발 등에 많은 장점이 있다.

kernel : 운영체제의 가장 중요한 핵심장치이다.
shell : 사용자간의 인터페이스를 담당하여 사용자의 명령을 수행하는 명령어 해석기이다.
I-node : 운영체제에 의해서 부여되는 고유번호를 의미한다.

실전문제 1 다음 중 UNIX 운영체제의 기초가 되는 언어는?

가. BASIC　나. PASCAL　다. ASSENBLY　라. C-언어

답 라

⑧ **리눅스(LINUX)** : 1991년 핀란드 헬싱키 대학의 학생이던 리누수 토발즈(Torvalds, L. B)가 유닉스를 PC에서도 작동할 수 있게 만든 운영 체제이며, 유닉스와 거의 비슷한 기능을 갖고 있는 운영체제이다. 무료로 공개되고 있으며 기본 프로그램을 바탕으로 사용자 나름대로 핵심 코드까지 수정할 수 있는 운영체제이다.

실전문제 1 필란드 헬싱키 대학의 학생이 만들었으며, 무료로 사용할 수 있는 운영 체제는?

가. 도스　　나. 유닉스

다. 리눅스　　라. 윈도

답 다

⑨ OS/2 : IBM에서 개발한 다중 작업이 가능한 그래픽 환경의 운영체제. MS-DOS의 몇 가지 치명적인 한계를 극복한 32비트 운영체제로 메모리 제어방식과 주변장치 입·출력 제어에서 탁월한 성능을 발휘한다.

⑩ 맥 OS : 그래픽과 전자 출판 분야에서 뛰어난 성능을 보이는 매킨토시용 운영체제이다.

실전문제 1 컴퓨터 시스템의 효율적 운용을 위한 소프트웨어 집단을 무엇이라 하는가?

가. 운영체제(operating system)　　나. 컴파일러(compiler)

다. 기계어(machine language)　　라. 번역장치(interpreter)

답 가

실전문제 2 운영체제(Operating System)의 정의에 대해 올바르게 설명한 것은?

가. 프로그램을 사용하여 하드웨어를 최대한 활용할 수 있도록 하여 최대의 성능을 발휘하도록 하는 소프트웨어 시스템

나. 시스템 전체의 움직임을 감시하는 것

다. 제어프로그램의 감시하에 특정 문제를 해결하기 위한 것

라. 원시프로그램을 기계어로 번역하기 위한 것

답 가

실전문제 3 다음 중 운영체제가 아닌 것은?

가. 도스　　나. 윈도

다. 유닉스　　라. 워드프로세서

답 라

5 프로그램 용어

① **프리웨어**(freeware)

라이센스 요금없이 무료로 배포되는 소프트웨어이다.

② **세어웨어**(shareware)

자유롭게 사용하거나 복사할 수 있도록 시장에 공개하고 있는 소프트웨어로서 일정 기간 사용한 뒤에는 대금을 지불하고 정식사용자로 등록해야 한다.

③ **패치**(patch)

컴퓨터 프로그램의 일부를 빠르게 고치기 위해 개발자가 추가로 내놓은 수정용 소프트웨어이다.

④ **번들**(bundle)

하드웨어와 소프트웨어를 구입할 때 무료로 제공하는 소프트웨어이다.

⑤ **펌웨어**(firmware)

하드웨어와 소프트웨어의 중간적 성격을 가지며 일반적으로 ROM에 기록된 하드웨어를 제어하는 마이크로프로그램의 집합이다.

2007년 1회

1. 컴퓨터 시스템 성능 평가 요인들 중 해당되지 않는 것은?

가. program size 나. reliability
다. throughput 라. turnaround time

2. 다음 중 운영체제의 처리프로그램에 속하는 것은?

가. 데이터관리 프로그램
나. 서비스 프로그램
다. 작업관리 프로그램
라. 수퍼바이저 프로그램

3. 기억된 프로그램을 불러내어 명령을 해독하는 장치는?

가. 제어장치 나. 연산장치
다. 기억장치 라. 입력장치

4. 다음 중 어떤 명령이 수행되기 전에 가장 우선적으로 행하여야 하는 마이크로 오퍼레이션은?

가. PC ← PC+1 나. MAR ← PC
다. MBR ← M 라. PC ← 0

5. 다음 중 CPU가 수행하는 4개 사이클(cycle)에 속하지 않는 것은?

가. Fetch cycle 나. Execute cycle
다. Interrupt cycle 라. Jump cycle

6. 부동 소수점에 의한 수의 표현을 위하여 구분될 데이터 형식은?

가. 부호비트 + 지수부분 + 기수부분
나. 부호비트 + 정수분분 + 소수점
다. 체크비트 + 존 비트 + 숫자비트
라. 부호비트 + 존 비트 + 소수점

7. 8비트 메모리 워드에서 비트패턴$(1110\ 1101)_2$는 "① 부호있는 절대치(signed magnitude), ② 부호와 1의 보수, ③ 부호와 2의 보수"로 해석될 수 있다. 각각에 대응되는 10진수를 순서대로 나타낸 것은?

가. ①-109, ②-19, ③-18
나. ①-109, ②-18, ③-19
다. ① 237, ②-19, ③-18
라. ① 237, ②-18, ③-19

8. 다음 중 접근 속도 (access time)가 빠른 것부터 순서대로 나열된 기억장치는?

가. 자기코어 - 자기테이프 - 자기드럼
나. 자기버블 - 캐시 - 자기코어
다. 자기코어 - 캐시 - 자기디스크
라. 캐시 - 자기코어 - 자기드럼

9. 연산장치에 있는 레지스터로서 사칙연산과 논리연산 등의 결과를 일시적으로 기억하는 레지스터는?

가. Accumulator 나. Instruction register
다. Stack pointer 라. Flag register

10. 16진수 C52를 2진수로 변환하면?

가. 111101010010 나. 110001011101
다. 110001010010 라. 111110101010

정답 1. 가 2. 나 3. 가 4. 나 5. 라 6. 가 7. 나 8. 라 9. 가 10. 다

핵심기출문제

2007년 2회

1. 정보를 기억 장치에 기억시키거나 읽어내는 명령을 한 후부터 실제로 정보가 기억 또는 읽기 시작할 때까지의 소요 시간을 의미하는 것은?

가. 접근 시간(access time)
나. 실행 시간(run time)
다. 지연 시간(idle time)
라. 탐색 시간(seek time)

2. 컴퓨터에서 보수(complement)를 사용하는 이유로 가장 타당한 것은?

가. 가산의 결과를 정확하게 얻기 위해
나. 감산을 가산의 방법으로 처리하기 위해
다. 승산의 연산과정을 간단히 하기 위해
라. 재산의 불필요한 과정을 생략하기 위해

3. 마이크로프로세서 내에서 산술 연산의 기본 연산은?

가. 덧셈　　나. 뺄셈
다. 곱셈　　라. 나눗셈

4. 가장 최근에 인출된 명령어 코드가 저장되어 있는 일시적인 저장 레지스터는?

가. MBR　나. PC　다. IR　라. MAR

5. 기계어에 대한 설명으로 적합하지 않은 것은?

가. 계산속도가 느리다.
나. 작성된 프로그램은 판독이 어렵다.
다. 하나의 명령으로 한 가지 처리만 된다.
라. 컴퓨터 기종마다 명령어 체계가 다르다.

6. 데이터 처리 방식에 대한 설명 중 옳지 않은 것은?

가. 일괄 처리 방식은 일정한 시간 내에 수집된 데이터 또는 프로그램을 일괄적으로 처리하는 방식이다.
나. 시분할 처리 방식은 한 대의 컴퓨터를 동시에 다수의 사용자가 공동 사용하는 방식이다.
다. 실시간 처리 방식은 데이터를 입력하는 즉시 처리 결과가 출력되어 되돌려 받는 방식이다.
라. 온라인 처리 방식은 입·출력장치가 CPU의 직접 제어를 받지 않고 작업을 수행하는 방식이다.

7. 다음 선형리스트 중에서 데이터의 입력순서와 출력순서가 바뀌는 것은?

가. QUEUE　　나. STACK
다. FIFO　　라. HEAP

8. 단일 채널로 복수 개의 입·출력 장치를 연결할 수 있는 것은?

가. Multiplexer　　나. Demultiplexer
다. Encoder　　라. Decoder

9. 8진수 (1234)8을 10진수로 변환한 후, 다시 8421 코드로 변환하면?

가. 0110 0111 1001
나. 0110 0111 1000
다. 0110 0110 0010
라. 0110 0110 1000

정답 1. 가　2. 나　3. 가　4. 다　5. 가　6. 라　7. 나　8. 가　9. 라

10. 다음 중 DMA (Direct Memory Access) 제어 방식에 대한 설명으로 틀린 것은?

가. DMA 제어 방식은 마이크로프로세서를 거치지 않고 데이터를 전송하는 방식이다.
나. DMA 장치는 블록으로 대용량의 데이터를 전송할 수 있다.
다. DMA 장치는 일반적으로 플로피 디스크를 포함, I/O 주변장치와 기억장치 사이의 데이터 전송에 사용된다.
라. DMA 제어 방식은 프로그램 I/O 제어 방식 또는 인터럽트 I/O제어 방식보다 속도가 느린 단점이 있다.

2007년 4회

1. 다음 중 자외선을 이용하여 내용을 지울 수 있는 ROM은?

가. 마스크 ROM　　나. EEROM
다. PROM　　라. EPROM

2. UNIX의 운영체제(OS)에 주로 사용된 언어는?

가. 어셈블리 언어　　나. BASIC 언어
다. C 언어　　라. LISP 언어

3. 컴퓨터가 프로그램을 수행하고 있는 동안 컴퓨터의 내부나 외부에서 응급상태가 발생 하여 현재 수행중인 프로그램을 일시적으로 중지하고 응급상태를 처리하는 기법은?

가. DMA　　나. Time sharing
다. Subroutine　　라. Interrupt

4. 다음 중 현재 수행중인 명령어를 기억하는 레지스터는?

가. MAR(Memory Address Register)
나. IR(Instruction Register)
다. PC(Program Counter)
라. Accumulator

5. 마이크로컴퓨터의 직렬 입·출력 인터페이스가 아닌 것은?

가. SIO　　나. USART
다. USB　　라. PPI

6. 데이터 접근방법이 순차적으로 접근되는 기억장치로서 가장 적합하지 않은 것은?

가. FIFO 메모리　　나. LIFO 메모리
다. 자기 테이프　　라. HDD

7. 명령 사이클 중에서 일반적으로 프로그램 카운터(PC)값이 증가되는 사이클은?

가. fetch cycle　　나. indirect cycle
다. execute cycle　　라. direct cycle

8. 다음 중 이항 연산이 아닌 것은?

가. OR　　나. AND
다. Complement　　라. 산술 연산

9. 다음 16진수 73C.4E를 10진수로 변환한 것 중 가장 근사치는?

가. 185.23　　나. 1852.305
다. 18523.05　　라. 123.25

정답 10. 라 2007년 4회 1. 라 2. 다 3. 라 4. 나 5. 라 6. 라 7. 가 8. 다 9. 나

핵심기출문제

10. 다음 주소 지정 방식(Addressing Mode) 중에서 프로그램 카운터에 명령어의 주소 부분을 더해서 실제 주소를 구하는 방식은?

가. 직접 번지 방식　　나. 즉시 번지 방식
다. 상대 번지 방식　　라. 레지스터 번지 방식

2008년 1회

1. 채널(channel)에 대한 설명으로 옳은 것은?

가. 중앙처리장치의 지시를 받아 독립적으로 입·출력 장치를 제어한다.
나. 주기억장소를 각 프로세서에 할당한다.
다. 주기억장치와 중앙처리장치 사이에 위치한다.
라. 목적프로그램을 주기억장치에 적재한다.

2. 자료의 표현방식에서 한글/한자의 경우는 몇 비트로 표현 되는가?

가. 1　　나. 4
다. 8　　라. 16

3. 외부 도는 내부로부터 긴급 서비스의 요청에 의하여 CPU가 현재 실행중인 일을 중단하고, 그 요청에 합당한 서비스를 하는 것을 무엇이라고 하는가?

가. 인터럽트(Interrupt)
나. 명령(Command)
다. 채널프로그램(Channel Program)
라. 버스트 방식(Burst Mode)

4. 다음 자료(data)의 단위를 설명한 것 중 틀린 것은?

가. 비트(bit)는 정보를 나타내는 최소단위이다.
나. 바이트(byte)는 문자를 표시하는 최소단위이다.
다. 필드(field)는 고유이름을 가진 논리적 자료의 최소단위이다.
라. 파일(file)은 프로그램의 입·출력 단위이며 필드의 집합이다.

5. 10진수 105를 8진수로 변환한 것으로 옳은 것은?

가. 123　　나. 151
다. 425　　라. 513

6. 다음 중 운영체제의 기본 목적이 아닌 것은?

가. 처리 능력을 향상시키도록 한다.
나. 조작법을 간략화 한다.
다. 처리 시간을 단축한다.
라. 특정한 프로그램 언어만 제공한다.

7. 스마트 더스트(Smart Dust) 프로젝트에 사용하기 위하여 개발된 컴포넌트 기반 내장형 운영체제로, 센싱 노드와 같은 초저전력, 초소형, 저가의 노드에 저전력, 최소한의 하드웨어 리소스 사용을 목표로 하는 곳은?

가. 임베디드 리눅스
나. timyOS
다. palmOs
라. 윈도 CE

정답　10. 다　2008년 1회　1. 가　2. 라　3. 가　4. 라　5. 나　6. 라　7. 나

8. 입・출력 시 중앙처리장치가 입・출력의 완료 여부를 시험하는 명령을 수행해야 하므로 그 동안 다른 연산을 위해 중앙처리장치를 사용할 수 없는 가장 비효율적인 I/O 방식은?

가. Programmed I/O
나. Channel I/O
다. Interrupt I/O
라. Direct memory access I/O

9. 다음 마이크로 명령어에 대한 설명으로 틀린 것은?

가. OP코드 비트 수는 명령어 코드의 수를 나타낸다.
나. OP코드의 비트 수가 오퍼랜드의 비트 수보다 길다.
다. 오퍼랜드에는 주소, 데이터, 레지스터 등이 저장된다.
라. 0-주소 명령어는 오퍼랜드의 주소 부분이 없는 명령 형식이다.

10. 다음 중 레지스터의 종류가 아닌 것은?

가. Accumulator　　나. Program Counter
다. Instruction Fetch　라. Index register

2008년 2회

1. 다음 중 프로그램 언어의 조건으로 맞지 않는 것은?

가. 다양한 응용문제를 해결 할 수 있어야 한다.
나. 명령문이 통일성 있고 단순, 명료해야 한다.
다. 가능한 외부적인 지원은 차단하고, 많은 내부적지원이 가능해야 한다.
라. 언어의 확장성이 좋으며 구조가 간단하고 분명해야 한다.

2. 여러 개의 노드들 가운데 가장 큰 키 값을 가지는 노드나 가장 작은 키 값을 가지는 노드를 빠른 시간 내에 찾아내도록 만들어진 것은?

가. Queue　　나. Stack
다. Heap　　라. Lined list

3. 페이지 대체 알고리즘 중에서 최근에 다른 어떤 페이지보다도 적게 사용된 페이지를 고르는 방법은?

가. LRU 방법
나. MFU 방법
다. Second chance 방법
라. Tuple coupling 방법

4. 다음 중 에러의 발견과 교정까지 가능한 코드는?

가. 2-out-5 코드
나. 51111 코드
다. excess-3 코드
라. 해밍(hamming)코드

5. 중앙처리장치로부터 발생되는 기억장치의 읽기 신호와 쓰기 신호를 이용하여 입・출력 장치에 대한 읽기와 쓰기를 수행할 수 있는 방식은?

가. Interrupt I/O
나. Channel I/O
다. Programmed I/O
라. Memory Mapped I/O

정답 8. 가　9. 나　10. 다　2008년 2회 1. 다　2. 다　3. 가　4. 라　5. 라

핵심기출문제

6. 다음 중 인터럽트와 관련이 없는 것은?

가. DMA　　　나. 데이지체인
다. 폴링　　　라. 스택

7. 컴퓨터에서 계산속도가 빠른 순서부터 나열된 것은?

가. ps-ns-㎲-ms　　　나. ㎲-ps-ns-ms
다. ns-㎲-ms-ps　　　라. ms-ns-㎲-ps

8. 다음 중 보조기억장치의 특징이 아닌 것은?

가. 대용량 정보를 장기보존하기가 편리하다.
나. 기억용량을 주기억장치보다 크게 할 수 있다.
다. 가격이 주기억장치보다 저렴하다.
라. 주기억장치보다 정보를 읽는 속도가 빠르다.

9. 인터럽트 취급 루틴을 수행하기 전에 반드시 보존해야 하는 레지스터는 무엇인가?

가. PC(Program Counter)
나. AC(Accumulator)
다. MBR(Memory Buffer Register)
라. MAR(Memory Address Register)

10. 일부분의 비트 또는 문자를 지울 때 사용하는 연산은?

가. MOVE　　　나. AND
다. OR　　　라. COMPLEMENT

2008년 4회

1. CPU가 명령어를 갖고 마이크로오퍼레이션을 수행하는데 요구되는 시간을 의미하는 것은?

가. CPU 검색 타임　　　나. CPU 액세스 타임
다. CPU 실행 타임　　　라. CPU 사이클 타임

2. 스택 구조를 갖고 있는 조소 방식은?

가. 0-주소 방식　　　나. 1-주소 방식
다. 2-주소 방식　　　라. 3-주소 방식

3. 2진수 0111을 그레이 코드(Gray code)로 변환하면?

가. 1010　　　나. 0100
다. 0000　　　라. 1111

4. 유닉스 계열의 운영체제에서 각 파일이 만들어질 때, 운영체제에 의해 부여되는 고유 번호를 의미하는 것은?

가. PCB　　　나. I-node
다. kernel　　　라. file descriptor

5. 다음 중 어떤 현상의 복잡한 과정을 유사한 모델을 사용하여 실험하고 이로부터 최적 해를 구하는 모의실험을 의미하는 것은?

가. 제어 프로그램
나. 시뮬레이션
다. 컴파일러
라. 에뮬레이터

정답 6. 가　7. 가　8. 라　9. 가　10. 나　2008년 2회 1. 라　2. 가　3. 나　4. 나　5. 나

6. 입출력 레지스터들을 액세스할 때는 반드시 별도의 명령어들을 사용해야 하며, 입출력 주소 공간이 기억장치 주소공간과는 별도로 지정될 수 있는 장점을 갖는 방식은?

가. Memory-mapped I/O
나. Isolated I/O
다. Interrupt I/O
라. Programmed I/O

7. CPU가 다음에 처리해야 할 명령이나 데이터의 메모리상의 번지를 지시하는 것은?

가. IR　　나. PC
다. SP　　라. MAR

8. 2진화 10진 코드(BCD)는 최대 몇 개의 문자를 표현할 수 있는가?

가. 4자　　나. 8자
다. 64자　　라. 128자

9. C 언어에서 입출력 함수에서 사용하는 정수형으로 16진수로 변환하는 형식인자는?

가. %d　　나. %x
다. %o　　라. %f

10. 중앙처리 장치와 입 · 출력 장치 사이의 속도차이를 해결하기 위한 방법과 거리가 먼 것은?

가. 인터럽트(interrupt)
나. 버퍼링(buffering)
다. 스풀링(spooking)
라. 채널(channel)

2009년 1회

1. 다음 중 CPU에 인터럽트가 발생할 때의 OS 동작 설명으로 옳지 않은 것은?

가. 수행중인 프로세스나 스레드의 상태를 저장한다.
나. 인터럽트 종류를 식별한다.
다. 인터럽트 서비스 루틴을 호출한다.
라. 인터럽트 처리 결과를 텍스트 형식의 파일로 저장한다.

2. 다음 중 n개의 비트로 표시할 수 있는 데이터의 수는?

가. n개　　나. n^2개
다. 2^n개　　라. 2^n-1개

3. 다음 중 소프트웨어 수명을 연장시키는 목표와 가장 거리가 먼 것은?

가. 정확성　　나. 유지 보수의 용이성
다. 재사용성　　라. 유연성

4. 다음 중 1비트 기억 장치는?

가. 플립플롭　　나. 레지스터
다. 누산기　　라. 디코더

5. 다음 레지스터들 중에서 Read하거나 Write 할 때 반드시 거쳐야 하는 레지스터는?

가. MAR(Memory Address Register)
나. MBR(Memory Buffer Register)
다. PC(Program Counter)
라. IR(Instruction Register)

정답 6. 나　7. 나　8. 다　9. 나　10. 가　2009년 1회 1. 라　2. 다　3. 가　4. 가　5. 나

핵심기출문제

6. 다음 중 원시 프로그램을 목적 프로그램으로 바꾸어 주는 것은?

가. 어셈블리언어　나. 프로그램라이브러리
다. 연계편집프로그램　라. 어셈블러

7. 다음 그림과 같은 트리를 후위 순회(postorder-traversal)한 결과는?

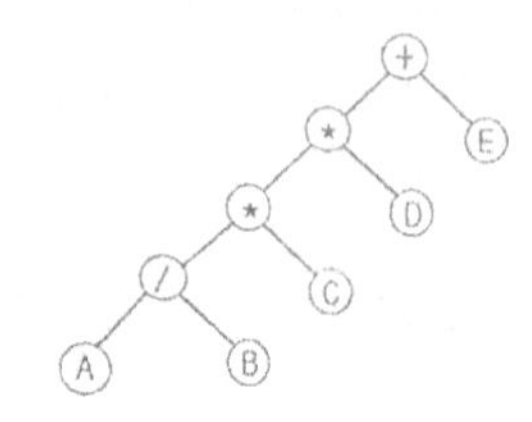

가. +**/ABCDE　나. AB/C*D*E+
다. A*B+C*D/E　라. A*B+CD*/E

8. 프로그램카운터의 기능에 대한 설명으로 옳은 것은?

가. 다음에 수행할 명령의 주소를 기억하고 있음
나. 데이터가 기억된 위치를 지시함
다. 기억하거나 읽은 데이터를 보관함
라. 수행중인 명령을 기억함

9. 다음은 10진수를 표현하는 이진 코드(binary code) 들이다. 이들 중 자체 보수화(self-complementary)가 불가능한 코드는?

가. 51111코드　나. BCD 코드
다. Excess-3 코드　라. 2421 코드

10. Binary Code 11010을 Gray Code로 변환한 값은?

가. 11011　나. 10111
다. 11101　라. 11110

2009년 2회

1. 분기(branch), 인터럽트 혹은 서브루틴 명령이 실행되기 위해서는 다음 중 어느 레지스터의 내용이 변경되어야 하는가?

가. 누산기(accumulator)
나. 프로그램 카운터(program counter)
다. 인덱스 레지스터(index register)
라. PSW(program status word)

2. 병행 프로그래밍에서 임계 구역에 대한 설명으로 가장 옳은 것은?

가. 동시에 둘 이상의 프로세스가 동시에 접근해서는 안 되는 공유 자원을 접근하는 코드의 일부를 말한다.
나. 동시에 둘 이상의 프로세스가 동시에 독점 자원을 접근하는 코드의 일부를 말한다.
다. 동시에 둘 이상의 프로세스가 순차적으로 접근해서는 안 되는 공유 자원을 접근하는 코드의 일부를 말한다.
라. 동시에 둘 이상의 프로세스가 순차적으로 독점 자원을 접근하는 코드의 일부를 말한다.

정답 6. 라　7. 나　8. 가　9. 나　10. 나　2009년 1회 1. 나　2. 가

3. 다음 중 비선점 스케줄링에 포함되지 않는 것은?

가. FIFO(First In First Out)
나. SJF(Shortest Job First)
다. HRN(Highest Response ration Next)
라. SRT(Shortest Remaining Time)

4. CPU의 상태를 나타내는 플래그(flag)가 아닌 것은?

가. 패리티(parity) 플래그
나. 사인(sign) 플래그
다. 트랩(trap) 플래그
라. 제로(zero) 플래그

5. 다음 중 AND 마이크로 동작을 수행한 결과와 같은 동작을 하는 것은?

가. Mask 동작　　나. Shift 동작
다. EX-OR 동작　　라. Packing 동작

6. 다음 중 그레이(Gray Code)의 특성과 거리가 먼 것은?

가. 데이터전송　　나. 입출력 장치
다. 사칙연산　　라. A/D convertor

7. -9의 고정 소수점형식으로 표현한 것 중 틀린 것은?

가. 10001001　　나. 11110110
다. 11100110　　라. 11110111

8. 중앙처리장치와 유사한 기능을 보유한 입출력 프로세서 혹은 입출력 컴퓨터를 추가하여 입출력 기능을 강화시킨 것은?

가. 중앙처리장치에 의한 입출력
나. 폴링에 의한 입출력
다. DMA에 의한 입출력
라. 채널에 의한 입출력

9. 다음 중 자기보수(Self Complement) 코드의 종류가 아닌 것은?

가. 그레인 코드　　나. 3-초과 코드
다. 2421 코드　　라. $84\overline{2}\overline{1}$ 코드

10. 다음 전송로(버스) 중 입출력 인터페이스 사이의 버스가 아닌 것은?

가. 제어 버스　　나. 주소 버스
다. 데이터 버스　　라. 시스템 버스

2009년 4회

1. 서브루틴의 호출에 이용되는 자료구조는?

가. 큐(queue)　　나. 스택(stack)
다. 배열(array)　　라. 리스트(list)

2. 10진수 -800을 팩(packed) 10진수 형식으로 바꾼 것은?

가. 800D　　나. 800C
다. -800　　라. +800

3. ROM과 RAM의 차이점을 설명한 것으로 틀린 것은?

가. RAM은 휘발성 메모리라고 한다.
나. 어느 ROM이나 한 번 쓰면 지울 수 없다.

정답 3. 라 4. 다 5. 가 6. 다 7. 다 8. 라 9. 가 10. 라 **2009년 4회** 1. 나 2. 가 3. 나

핵심기출문제

다. RAM은 동적 RAM과 정적 RAM으로 나눌 수 있다.
라. ROM의 종류에는 EPROM, EEPROM, PROM 등이 있다.

4. 10진수 -13.625를 IEEE 754 형태로 옳게 표현한 것은?(단, 부호 : 1비트, 지수 : 8비트, 가수 : 23비트이다.)

가. 0 0000 1101 1011 0100 0000 0000 0000 000
나. 0 1000 0100 1011 0100 0000 0000 0000 000
다. 1 0000 1101 1011 0100 0000 0000 0000 000
라. 1 1000 0100 1011 0100 0000 0000 0000 000

5. 다음 불대수 공식 중 틀린 것은?

가. $X + 0 = 0$　　나. $X + X = X$
다. $X \cdot \overline{X} = 0$　　라. $X \cdot X = X$

6. 다음 중 어떤 명령이 수행되기 전에 가장 우선적으로 행하여야 하는 마이크로 오퍼레이션은?

가. PC ← PC+1　　나. MAR ← PC
다. MBR ← M　　라. PC ← 0

7. 다음 중 프로그램 언어의 조건으로 맞지 않는 것은?

가. 다양한 응용문제를 해결 할 수 있어야 한다.
나. 명령문이 통일성 있고 단순, 명료해야 한다.
다. 가능한 외부적인 지원은 차단하고, 많은 내부적 지원이 가능해야 한다.
라. 언어의 확장성이 좋으며 구조가 간단하고 분명해야 한다.

8. 다음 중 n개의 입력으로 최대 2n개의 출력을 나타내는 조합논리회로로서, 출력 중에서 하나는 1이 되고, 나머지 출력은 0 이 되는 것은?

가. 인코더　　나. 디코더
다. 멀티플렉서　　라. 디멀티플렉스

9. 제어의 흐름을 의미하는 것으로 프로세스에서 실행의 개념만을 분리한 것이며, 프로세스의 구성을 제어의 실행 부분을 담당함으로써 실행의 기본단위가 되는 것은?

가. Working Set　　나. PCB
다. Thread　　라. Segmentation

10. 입출력장치와 마이크로프로세서 사이의 접속장치 (Interface)에서 악수하기(Hand shaking)의 의미로 가장 적합한 것은?

가. CPU의 병렬데이터 I/O장치에 맞추어 직렬데이터로 변환하기
나. CPU와 I/O 장치 사이의 제어신호 교환하기
다. I/O장치의 전압높이를 CPU에 맞추기
라. CPU가 사용하지 않는 버스를 I/O 장치에서 제어하기

정답 4. 가　5. 가　6. 나　7. 다　8. 나　9. 다　10. 가

2010년 1회

1. 보조 기억 장치의 특징을 열거한 것 중 틀린 것은?

가. 자기 테이프는 주소 개념이 거의 사용되지 않는 보조 기억 장치로서 순서에 의해서만 접근하는 기억장치이다.

나. 자기 테이프는 여러 개의 파일을 저장시킬 수 있는데 이들 파일은 여러 개의 레코드로 구성되어 있다. 이 레코드의 공백을 IRG라고 한다.

다. 자기 디스크는 주소에 의하여 저장할 수 있는 정보의 단위가 주기억 장치보다는 정밀하지 못하나 주소에 의하여 임의의 곳에 직접 접근이 가능하다.

라. 가변 헤드 디스크에서 헤드에 의해 그릴 수 있는 동상 원으로 구성된 기억 공간을 트랙이라 하며 고정 헤드 디스크에서는 이것을 실린더라고 한다.

2. 2진수 0111를 그레이 코드(Gray code)로 변환하면?

가. 1010　　나. 0100
다. 0000　　라. 1111

3. 오퍼랜드가 존재하는 기억장치 주소를 내용으로 가지고 있는 가변장소의 주소를 명령 속에 포함시켜 지정하는 방식은?

가. relative addressing mode
나. indirect addressing mode
다. page addressing mode
라. index addressing mode

4. 다음 진리표를 가지는 게이트 명칭은?(단, A, B는 입력, X는 출력이다)

A	B	X
0	0	1
0	1	0
1	0	0
1	1	1

가. RAND　　나. XOR
다. XNOR　　라. NOR

5. 다음 각 (　)안에 알맞은 것은?

> (ㄱ)는 데이터 수신시 데이터 중에서 발생한 1비트의 오류를 검출하고 교정까지 가능한 코드로서, 1비트의 오류를 교정하기 위하여 여분으로 BCD 코드에 (ㄴ) 비트를 추가해야 하며, 2비트 이상의 오류를 교정하기 위해 더 많은 여분의 비트를 추가해야 한다.

가. (ㄱ) : 3초과 코드, (ㄴ) : 2
나. (ㄱ) : 그레이 코드, (ㄴ) : 3
다. (ㄱ) : 해밍 코드, (ㄴ) : 3
라. (ㄱ) : 패리티 체크 코드, (ㄴ) : 2

6. UNIX에서 시스템과 사용자간의 인터페이스를 담당하여 사용자의 명령을 수행하는 명령어 해석기는?

가. I-node　　나. console
다. kernel　　라. shell

정답 1. 라　2. 나　3. 나　4. 다　5. 다　6. 라

핵심기출문제

7. 도형이나 사진 및 그 외의 자료로부터 이미지를 읽어 들이는 장치는?

가. 키보드
나. 스케너
다. 마우스
라. 광학 문자 판독기(OCR)

8. ROM에 대한 설명 중 잘못된 것은?

가. 내용을 읽어내는 것만 가능하다.
나. 기억된 내용을 임의로 변경시킬 수 없다.
다. 주로 마이크로프로그램과 같은 제어 프로그램을 기억시키는데 사용한다.
라. 사용자가 작성한 프로그램이나 데이터를 기억시켜 처리하기 위해 사용하는 메모리이다.

9. 컴퓨터 제어방식 중에서 하드와이어드 방식이 마이크로프로그램 방식보다 좋은 점은?

가. 구조화된 제어 구조를 제공한다.
나. 인스트럭션 세트 변경이 용이하다.
다. 컴퓨터의 속도가 빠르다.
라. 비교적 복잡한 명령 세트를 가진 시스템에 적당하다.

10. 순서도를 작성하는 이유로 부적합한 것은?

가. 다른 사람에게 프로그램을 쉽게 전달 할 수 있다.
나. 프로그램의 수정이 용이하다.
다. 처리순서를 기호로 표현하므로 프로그램의 흐름을 쉽게 파악할 수 있다.
라. 프로그램 번역을 위해 필수적으로 작성 하여야 한다.

2010년 2회

1. 다음과 같은 카르노 맵(karnaugh map)이 있을 때 이를 간략화 하여 얻은 논리식으로 옳은 것은?

A \ BC	00	01	11	10
0	1	0	0	1
1	1	1	X	1

가. $Y=A$　　나. $Y=BC+AC$
다. $Y=\overline{C}+A$　　라. $Y=\overline{C}+AB$

2. 컴퓨터가 프로그램을 수행하고 있는 동안 컴퓨터의 내부나 외부에서 응급사태가 발생하여 현재 수행중인 프로그램을 일시적으로 중지하고 응급상태를 처리하는 기법은?

가. DMA　　나. Time sharing
다. Subroutine　　라. Interrupt

3. 운영체제의 목적이 아닌 것은?

가. 처리 능력의 향상
나. 처리 시간의 단축
다. 컴퓨터 모델의 다양화
라. 사용기 용도의 향상

4. 순차액세스(sequential access)만 가능한 보조기억 장치는?

가. CD-ROM　　나. 자기 디스크
다. 자기 드럼　　라. 자기 테이프

5. 기계어에 대한 설명으로 적합하지 않은 것은?

가. 계산속도가 느리다.
나. 작성된 프로그램은 판독이 어렵다.

정답 7. 나　8. 라　9. 다　10. 라　2010년 2회 1. 다　2. 라　3. 다　4. 라　5. 가

다. 하나의 명령으로 한 가지 처리만 된다.
라. 컴퓨터 기종마다 명령어 체계가 다르다.

6. 반도체 기억 소자와 관련이 없는 것은?

가. 자기코어　　나. 플립플롭
다. EPROM　　라. RAM

7. 디지타이저의 설명으로 적합한 것은?

가. CAD 프로그램에 의한 작업결과를 출력하기 위한 장치이다.
나. 도형 등을 X-Y 좌표방식으로 입력시키는 장치이다.
다. 도면이나 그림 등을 처리하는 입출력 공용의 장치이다.
라. X-Y 플로터의 일종이다.

8. 명령 수행 시 memory로부터 명령을 fetch하고 그것의 주소 부분으로부터 다시 유효 주소를 memory에서 가져와서 동작하는 방식은?

가. 상대 주소 지정 방식 (relative addressing mode)
나. 절대 주소 지정 방식 (absolute addressing mode)
다. 간접 주소 지정 방식 (indirect addressing mode)
라. 직접 주소 지정 방식 (diredt addressing mode)

9. 8비트에 BCD 코드 2개의 숫자를 표현하는 방법으로 기억장치의 공간 이용도를 높일 수 있어 주로 10진수 연산에 사용되는 것은?

가. 부동 소수점 형식　나. 팩 10진수 형식
다. 언팩 10진수 형식
라. 8진 데이터 형식

10. 다음 진리표를 가지는 게이트 명칭은? (단, X는 출력임)

A	B	X
0	0	0
0	1	1
1	0	1
1	1	0

가. NAND　　나. XOR
다. XNOR　　라. NOR

2010년 4회

1. 다음 중 이항 연산이 아닌 것은?

가. OR　　나. AND
다. Complement　　라. 산술 연산

2. 다음 중 instruction cycle에 해당되지 않는 것은?

가. fetch cycle　　나. direct cycle
다. indirect cycle　　라. execute cycle

3. 표(table) 및 배열(array)구조의 데이터를 처리하고자 할 경우 명령어들의 유용한 주소 지정 방식은?

가. 간접 주소 지정
나. 메모리 참조 주소 지정
다. 인덱스 주소 지정
라. 직접 주소 지정

정답 6. 가　7. 나 8. 다　9. 나　10. 나　2010년 4회 1. 다　2. 나　3. 다

핵심기출문제

4. 일련의 프로그램들이 차지하는 주소공간의 영역을 정의하는 주소의 목록 또는 기호화된 표현은?

가. memory dump　나. memory map
다. memory page　라. memory module

5. 컴퓨터에서 보수(complement)를 사용하는 이유로 가장 타당한 것은?

가. 가산의 결과를 정확하게 얻기 위해
나. 감산을 가산의 방법으로 처리하기 위해
다. 승산의 연산과정을 간단히 하기 위해
라. 재산의 불필요한 광정을 생략하기 위해

6. JK 플립플롭에서 J=0, K=1로 입력될 때 플립플롭은?

가. 먼저 내용에 대한 complement로 된다.
나. 먼저 내용이 그대로 남는다.
다. 0 으로 변한다.
라. 1로 변한다.

7. 인터럽트를 발생시키는 장치들을 직렬로 연결시키는 하드웨어적인 우선순위 제어 방식은?

가. hand shaking　나. daisy chain
다. spooling　라. polling

8. 기억장치의 접근속도가 0.5㎲이고, 데이터 워드가 32비트 일 때 대역폭은?

가. 8M[bit/sec]
나. 16M[bit/sec]
다. 32M[bit/sec]
라. 64M[bit/sec]

9. 10진수 -543을 다음과 같이 표현하는 수치 자료의 표현방법은?

0101	0100	0011	1101
5	4	3	D

가. 고정 소수점 표현
나. 부동 수소점 표현
다. 팩(packed)형 10진 표현법
라. 언팩(unpacked)형 10진 표현법

10. 프로그램 개발 과정에서 논리적 오류를 발견하고 수정 하는 작업은?

가. 링킹(linking)　나. 코딩(coding)
다. 로딩(loading)　라. 디버깅(debugging)

2011년 1회

1. 다음은 NOR 게이트 진리표이다. 출력 X의 a, b, c, d 값으로 옳은 것은?

A	B	X
0	0	a
0	1	b
1	0	c
1	1	d

가. a=0, b=0, c=0, d=1
나. a=1, b=0, c=1, d=1
다. a=0, b=1, c=0, d=0
라. a=1, b=0, c=0, d=0

정답 4. 나　5. 나　6. 다　7. 나　8. 라　9. 다　10. 라　2011년 1회 1. 라

2. 10진수-800을 팩(packed) 10진수 형식으로 바꾼 것은?

가. 800D　　나. 800C
다. -800　　라. +800

3. 전자계산기의 기본 논리 회로는 조합 논리 회로와 순서 논리 회로로 구분된다. 이 중 조합 논리 회로에 해당 되는 것은?

가. RAM　　나. 2진 다운카운터
다. 반가산기　　라. 2진 업카운터

4. 기억장치에 정보를 기억시키거나 기억된 내용을 읽어내는데 소요되는 시간은?

가. access time　　나. seek time
다. search time　　라. run time

5. 다음 중 인터럽트와 관련이 없는 것은?

가. DMA　　나. 데이지체인
다. 폴링　　라. 스텍

6. 4개의 3×8 디코더(enable 입력 가짐)와 1개의 2×4 디코더로서 5×32 디코더를 설계하고자 할 때 필요한 입력의 개수와 enable의 수는?

가. 2개, 5개　　나. 5개, 4개
다. 2개, 4개　　라. 5개, 2개

7. 인출 사이클(fetch cycle)에 해당되지 않는 것은?

가. 주기억장치의 지정 장소로부터 명령을 끄집어내어 CPU에 옮긴다.
나. 프로그램카운터가 지정하는 메모리 주소에 저장된 명령어를 IR레지스터로 읽어온다.
다. 다음에 실행할 명령의 기억 장소를 세트시킨다.
라. 실제로 명령을 이행한다.

8. 교착상태를 예방하기 위해 프로세스 수행 전에 모든 자원을 할당시켜주고, 자원이 점유되지 않은 상태에서만 자원을 요구할 수 있도록 하는 것은 교착상태의 필요충분조건 중 어떤 조건을 제거하기 위한 것인가?

가. 상호배제　　나. 점유 및 대기
다. 비선점　　라. 환형 대기

9. 원시 프로그램을 현재 수행중인 기종이 아닌 다른 기종에 맞는 기계어로 번역하는 것은?

가. 프리프로세서　　나. 크로스컴파일러
다. 인터프리터　　라. 로더

10. 8비트 메모리 워드에서 비트패턴$(1110\ 1101)_2$는 "① 부호 있는 절대치(signed magnitude), ② 부호와 1의 보수, ③ 부호와 2의 보수"로 해석될 수 있다. 각각에 대응되는 10진수를 순서대로 나타낸 것은?

가. ①-109, ②-19, ③-18
나. ①-109, ②-18, ③-19
다. ① 237, ②-19, ③-18
라. ① 237, ②-18, ③-19

정답 2. 가　3. 다　4. 가　5. 가　6. 나　7. 라　8. 나　9. 나　10. 나

핵심기출문제

2011년 2회

1. 다음 중 C 언어에 대한 설명으로 틀린 것은?

가. 자체적으로 입출력 기능이 없다.
나. 포인터를 이용해 주소를 계산해 낼 수 있다.
다. 대소문자 구별이 없다.
라. bit 연산을 할 수 있다.

2. 1바이트에 2개의 숫자를 8421코드로 나타내며, 최하위 바이트의 존(Zone)부분에 부호 표시가 있는 양수(+)일 때는 1100(C), 부호 표시가 없는 양수 일 때는 1111(F), 음수(-)는 1101(D)을 부호(Sign)로 표현하는 형식은?

가. 팩 10진법 형식(Packed decimal format)
나. 언팩 10진법 형식(Unpacked decimal format)
다. 팩 16진법 형식(Packed hexadecimal format)
라. 언팩 16진법 형식(Unpacked hexadecimal format)

3. 다음 진리표를 가지는 게이트 명칭은? (단, A, B는 입력, X는 출력이다.)

A	B	X
0	0	1
0	1	0
1	0	0
1	1	1

가. NAND　　나. EX-OR
다. XNOR　　라. NOR

4. 기억장치에 기억된 명령이 기억된 순서로 중앙처리장치에서 실행될 수 있도록 그 주소 번지를 지정해 주는 것은?

가. Stack Pointer
나. Instruction Counter
다. Instruction Register
라. Program Counter

5. 부동소수점의 구성요소 중 비트 할당이 필요 없는 것은?

가. 소수점　　나. 부호
다. 소수부　　라. 지수부

6. 운영체제가 수행하는 프로세스 관리 내용이 아닌 것은?

가. 프로세스의 생성과 중지
나. 프로세스간의 자원 공유 관리
다. 각 프로세스들의 실행시간
라. 프로세스의 할당영역 접근보호

7. 프로그램 카운터와 명령의 번지 부분을 더해서 유효번지로 결정하는 어드레싱 모드는?

가. Immediate Addressing
나. Index Addressing
다. Direct Addressing
라. Relative Addressing

8. 다음 설명 중 틀린 것은?

가. 마이크로프로세서는 연산장치, 제어장치, 레지스터 등으로 구성된다.

정답　1. 다　2. 가　3. 다　4. 라　5. 가　6. 라　7. 라　8. 나

나. 레지스터는 특정 데이터를 영구적으로 보관한다.
다. 마이크로프로세서는 중앙처리장치를 하나의 칩에 집적한 것이다.
라. 개인용 컴퓨터는 마이크로프로세서를 이용하여 제작할 수 있다.

9. 다음 중 하나의 프로그램이 처리되는 과정을 옳게 나열한 것은?

가. 번역 → 적재 → 실행
나. 번역 → 실행 → 적재
다. 적재 → 실행 → 번역
라. 적재 → 번역 → 실행

10. 6개의 입력을 가지는 OR 게이트에서 입력 조합 중 몇 개가 HIGH 출력을 만드는가?

가. 31　　나. 32
다. 63　　라. 64

2007년 1회

1. 2진수의 1의 보수를 구하기 위해서 사용되는 게이트는?

가. AND　　나. NOT
다. OR　　라. EX-OR

2. 다음 중 캐시 메모리를 사용하는 이유로 가장 타당한 것은?

가. 기억 용량을 두 배 이상 증가시킬 수 있다.
나. 주기억장치를 보조기억장치로 대치시킬 수 있다.
다. 프로그램의 총 실행 시간을 단축시킬 수 있다.
라. 평균 액세스 시간을 연장하기 위해 사용한다.

3. SRAM의 용량이 1024byte 일 경우 필요한 어드레스선의 개수는 몇 개인가?
(단, 데이터선의 8선이다.)

가. 4　　나. 9
다. 10　　라. 20

4. 중앙처리장치(CPU)가 기억 장치에서 인스트럭션을 가져오는 것을 무엇이라 하는가?

가. Interrupt cycle　　나. Fetch cycle
다. Execute cycle　　라. Bus request cycle

5. 부동 소수점 수가 기억장치 내에 있을 때, 비트를 필요로 하지 않는 것은?

가. 부호(Sign)　　나. 지수(Exponent)
다. 가수(Mantissa)　　라. 소수점(Point)

6. 하나의 컴퓨터에서 여러 개의 프로그램을 주기억장치내에 기억시켜 놓고 동시에 실행 하도록 하는 방식은?

가. batch processing
나. off-line processing
다. multiprogramming
라. multidata processing

정답 9. 가　10. 다　2011년 1회 1. 나　2. 다　3. 다　4. 나　5. 라　6. 다

핵심기출문제

7. 다음 중 속도가 가장 빠른 장치는?

가. 레이저프린터　　나. 라인프린터
다. 자기디스크　　라. X-Y 플로터

8. 다음 중 Self Complement Code는 무엇인가?

가. 8421 Code　　나. Excess 3 Code
다. Gray Code　　라. 5421 Code

9. 다음 중 프로그램 카운터의 내용과 명령의 번지 부분을 더해서 유효 번지가 결정되는 주소 지정 방식은?

가. 상대 번지 모드
나. 직접 번지 모드
다. 인덱스 번지 모드
라. 베이스 레지스터 번지 모드

10. 다음 중 순서도를 작성하는 목적이 아닌 것은?

가. 코딩(coding)의 기초 자료가 된다.
나. 프로그램의 개요를 타인이 쉽게 이해 할 수 있다.
다. 에러의 수정이나 프로그램의 수정을 자동으로 할 수 있다.
라. 전체적인 흐름을 쉽게 파악할 수 있다

2007년 2회

1. 다음 중 메모리 셀의 주소에 의해서가 아니라 기억된 내용에 의해서 액세스(access)하는 기억장치는?

가. 캐시메모리(cache memory)
나. 연관메모리(associative memory)
다. 세그멘트메모리(segment memory)
라. 가상메모리(virtual memory)

2. 채널(channel)은 어느 곳에 위치해 있는가?

가. 연산장치와 레지스터 중간
나. 주기억장치와 보조기억장치의 양쪽
다. 주기억장치와 중앙처리장치의 중간
라. 주기억장치와 입· 출력장치의 사이

3. 컴퓨터의 중앙처리장치내의 제어장치를 구성하는 요소가 아닌 것은?

가. 제어 신호 발생기　나. 명령 레지스터
다. 명령 계수기　　라. 누산기

4. 다음 중 집적회로와 가장 관계가 깊은 것은?

가. 외부와의 연결회로가 복잡하고 비경제적이다.
나. 제작한 시스템의 크기가 작아진다.
다. 수명이 짧고, 고장률이 높아 신뢰성이 낮다.
라. 동작 속도는 빠르지만 전력 소비가 많다.

5. 다음 중 종류가 다른 연산은?

가. AND　　나. ADD
다. OR　　라. NOT

정답 7. 다　8. 나　9. 가　10. 다　2011년 2회 1. 나　2. 라　3. 라　4. 나　5. 나

6. 다음 중 10진수 0.834를 8진수로 변환한 결과와 가장 가까운 것은?

가. $(0.653)_8$　　나. $(0.764)_8$
다. $(0.631)_8$　　라. $(0.521)_8$

7. 다음 중 주소지정방식에 대한 설명으로 틀린 것은?

가. 직접주소지정방식에서 오퍼랜드는 실제 주소 값이다.
나. 간접주소지정방식은 최소 두 번 메모리에 접속해야 실제 데이터를 가져온다.
다. 즉시주소지정방식에서 오퍼랜드는 실제 데이터 값이다.
라. 레지스터주소지정방식은 프로그램카운터(PC)와 관련이 있다.

8. CPU 레지스터, 캐시기억장치, 주기억장치, 보조기억장치로 기억장치의 계층구조 요소를 구성하고 있다. 이들 중에서 처리속도가 가장 빠른 것과 가장 느린 것을 순서대로 옳게 나열한 것은?

가. 캐쉬기억장치, 주기억장치
나. CPU레지스터, 캐쉬기억장치
다. 주기억장치, 보조기억장치
라. CPU레지스터, 보조기억장치

9. 수의 자료 표현에서 정수와 실수의 표현 중 바르게 짝지어 진 것은?

가. 정수의 표현-부동 소수점 형식
나. 실수의 표현-Zone Decimal 형식
다. 정수의 표현-1의 보수 방식
라. 실수의 표현-부호와 절대치 방식

10. 자바(java)언어의 특징으로 옳지 않은 것은?

가. 객체지향언어의 장점을 가지고 있다.
나. 컴파일러 언어이다.
다. 분산 환경에 알맞은 네트워크 언어이다.
라. 플랫폼에 무관한 이식이 가능한 언어이다.

2007년 4회

1. 입출력 채널에 관한 설명 중 옳은 것은?

가. 멀티플랙서 채널은 속도가 빠른 장치에 연결되는 채널 형태이다.
나. 셀럭터 채널은 속도가 느린 장치에 연결되는 채널 형태이다.
다. 블록멀티플랙서 채널은 멀티플렉서 채널과 셀렉터 채널을 결합한 형태이다.
라. 채널은 입·출력장치가 작동 중일 때마다 중앙처리장치의 지시를 받아 동작한다.

2. 범용 레지스터보다 실수용 레지스터가 더 큰 이유는?

가. 계산과정에서 정수와 실수는 계산방식이 다르기 때문에
나. 실수는 정수보다 자릿수가 크기 때문에
다. 소수부분의 계산에서 정확도를 높이기 위하여
라. 실수는 정수보다 계산 속도가 늦기 때문에

정답 6. 가　7. 라　8. 라　9. 다　10. 나　2011년 4회 1. 다　2. 다

핵심기출문제

3. 다음 중 중앙처리장치(CPU)에 해당하지 않는 것은?

가. 제어장치
나. 산술논리연산장치(ALU)
다. 주기억장치(RAM)
라. 레지스터

4. DMA에 의한 입·출력에 관한 설명 중 가장 옳은 것은?

가. 소형 마이크로프로세서에만 가능하다.
나. 중앙처리장치와 관계없이 자료를 직접 기억장치에 입·출력한다.
다. 일반적으로 속도가 느린 입·출력장치에 대하여 사용된다.
라. DMA가 입·출력을 수행할 때는 중앙처리장치는 다른 일을 수행할 수 없다.

5. 다음 중 운영체제에 해당하지 않은 것은?

가. UNIX　　나. PL/1
다. LINUX　　라. Windows ME

6. 자료 구조의 선형 구조 표현에 대한 설명으로 틀린 것은?

가. 선형리스트는 여러 개의 데이터를 순서대로 나열하는 단순한 형태로 가장 많이 사용된다.
나. 스택은 제일 나중에 들어온 원소가 제일 먼저 삭제되는 특성을 가지고 있어 LIFO 리스트라 한다.
다. 큐는 가장 먼저 삽입된 데이터가 가장 먼저 삭제되는 특성을 가지고 있어 선입선출 리스트라 한다.
라. 데큐는 스택의 변형으로 연속적인 리스트 원소들을 연결해주는 포인터를 사용하는 리스트이다.

7. 가상메모리(Virtual memory)에서 페이지폴트(Page fault)가 일어났을 때 메인메모리(Main memory) 내의 가장 오래된 페이지와 교환하는 것은?

가. FIFO　　나. LRU
다. LFU　　라. NUR

8. 다음 주소 지정 방식 중 기억 장치를 가장 많이 액세스(access)해야 하는 방식은?

가. 직접 주소 지정 방식
나. 상대 주소 지정 방식
다. 간접 주소 지정 방식
라. 인덱스 주소 지정 방식

9. 10진수 (20)10을 2진수, 8진수 및 16진수로 각각 옳게 표현한 것은?

가. $(01000)_2$, $(24)_8$, $(A4)_{16}$
나. $(01000)_2$, $(20)_8$, $(20)_{16}$
다. $(010100)_2$, $(24)_8$, $(20)_{16}$
라. $(010100)_2$, $(24)_8$, $(14)_{16}$

10. 데이터가 발생하는 시점에서 즉시 처리하여 그 결과를 출력하거나 요구에 대해 응답하는 방식은?

가. batch processing
나. random processing
다. real time processing
라. sequential processing

정답　3. 다　4. 나　5. 나　6. 라　7. 가　8. 다　9. 라　10. 다

2008년 1회

1. 입·출력 과정에서 CPU의 역할이 가장 큰 방식은?

가. Programmde I/O 나. Interrupt-Driver I/O
다. DMA 라. Channel I/O

2. 데이터의 고속처리를 목적으로 주기억장치와 입·출력장치 사이에 있는 입·출력 전용 장치는?

가. 버퍼 나. 채널 다. 캐시 라. 포트

3. 4개의 비트(bit)에서 MSB로부터 차례로 8, 4, 2, 1의 가중치(weight)를 갖는 코드는?

가. BCD 코드 나. Access 3 코드
다. ASCII 코드 라. Hamming 코드

4. 다음과 같은 진리표를 갖는 회로는?

x y	D_0 D_1 D_2 D_3
0 0	1 0 0 0
0 1	0 1 0 0
1 0	0 0 1 0
1 1	0 0 0 1

가. 비교기(Comparator)
나. 멀티플렉서(Multiplexer)
다. 디코더(Decoder)
라. 인코더(Encoder)

5. 병렬 프로세서의 한 종류로 벡터 프로세서에서 많이 사용되는 방식으로 비디오 게임 콘솔이나 그래픽 카드와 같은 분야에 자주 적용되며 MMX에도 사용된 구조는?

가. SIMD 나. SISD
다. MISD 라. MIMD

6. 연산의 속도를 빠르게 하기 위하여 부동 소수점 연산을 전문적으로 수행하는 장치는?

가. co-processor 나. RAM
다. ROM 라. USB

7. 기계어를 기호(symbolic code)로 1 대 1 대응시켜 만든 언어는?

가. 어셈블리어 나. 고급언어
다. 컴파일러 라. 언어 프로세서

8. 마이크로 오퍼레이션 중 가장 긴 것의 시간을 해당 마이크로 사이클 타임으로 정의하는 방식을 무엇이라 하는가?

가. Fetch Status 나. 동기 고정식
다. 동기 가변식 라. Interrupt Status

9. 10진수 9를 2진수로 표현할 때, 기수 패리티 코드화한 값으로 옳은 것은?

가. 10010 나. 10001
다. 10011 라. 01001

10. 그레이 코드 10110110을 2진수로 바꾼 것으로 맞는 것은?

가. 11011011 나. 10101101
다. 01001100 라. 01101011

정답 1. 가 2. 나 3. 가 4. 다 5. 가 6. 가 7. 가 8. 나 9. 다 10. 가

핵심기출문제

2008년 2회

1. 컴퓨터에서 인터럽트(interrupt) 발생시 return address를 기억시키는 장소는?

가. stack　　나. program counter
다. accumulator　　라. data bus

2. 다음 중 16bit Micro Processor의 내부 신호 중 버스 아비트레이션 제어 신호에 해당 하지 않는 신호 명은?

가. 버스 에러(Bus Error)
나. 버스 리퀘스트(Bus Request)
다. 버스 그랜트(Bus Grant)
라. 버스 그랜트 Ack(Bus Grant Acknowledge)

3. 다음 중 ALU에서 처리되지 않는 것은?

가. 가산　　나. 증가
다. 자리이동　　라. 점프

4. 그림과 같이 병렬가산기의 입력에 데이터를 인가하였을 때 이 회로의 출력 F에 대한 설명으로 옳은 것은?

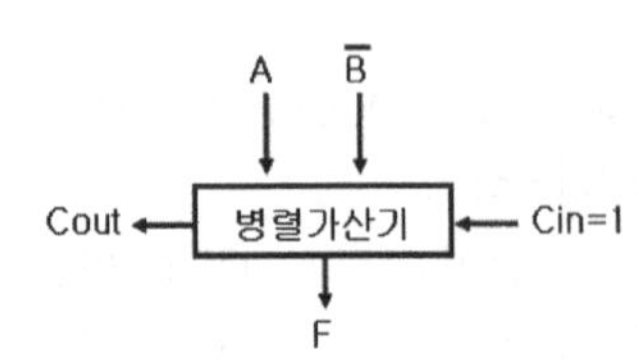

가. 가산　　나. 감산
다. A를 전송　　라. A를 1증가

5. 주기억장치의 용량이 1024KB인 컴퓨터에서 32비트의 가상 주소를 사용하는데, 페이지의 크기가 1K워드이고 1워드가 4바이트라면 실제 페이지 주소와 가상 페이지 주소는 몇 비트씩 구성되는가?

가. 실제 페이지 주소=7, 가상 페이지 주소=12
나. 실제 페이지 주소=7, 가상 페이지 주소=20
다. 실제 페이지 주소=8, 가상 페이지 주소=12
라. 실제 페이지 주소=8, 가상 페이지 주소=20

6. 2진수 1001에 대한 해밍 코드로 옳은 것은? (단, 짝수 패리티 체크를 사용한다.)

가. 0011001　　나. 1000011
다. 0100101　　라. 0110010

7 컴퓨터 메모리에 저장된 바이트들의 순서를 설명하는 용어로 바이트 열에서 가장 큰 값이 먼저 저장되는 것은?

가. large-endian　　나. small-endian
다. big-endian　　라. little-endian

8. 다음 중 센서 네트워크를 위한 운영체제는?

가. bluetooth　　나. IEEE802.3
다. timyOS　　라. palmOS

9. 마이크로프로세서의 전송명령 없이 데이터를 입·출력장치에서 메모리로 전송할 수 있는 것은?

가. DNA　　나. Interrupt
다. FIFD　　라. SCAN

정답 1. 가　2. 가　3. 라　4. 나　5. 라　6. 가　7. 다　8. 다　9. 가

10. 기억장치에 기억되어 있는 정보의 내용 또는 그의 일부에 의해서 기억되어 있는 위치에 접근하여 정보를 읽어내는 장치는?

가. 연관기억장치(Associative Memory)
나. 가상기억장치(Virtual Memory)
다. 캐시기억장치(Cache Memory)
라. 보조기억장치(Auxiliary Memory)

2008년 4회

1. Operating System의 목적이라 볼 수 없는 것은?

가. 신뢰도의 향상　　나. 응답시간의 연장
다. 사용가능도의 향상 라. 처리능력의 향상

2. 동적(Dynamic) RAM의 특징으로 적당하지 않은 것은?

가. 대용량 구성이 용이하다.
나. 소비전력이 SRAM에 비해 적다.
다. 처리속도가 SRAM에 비해 떨어진다.
라. refresh 회로가 필요치 않다.

3. 기억장치 사사 I/O(memory-mapped I/O) 방식에 대한 설명으로 적합하지 않은 것은?

가. I/O 제어기 내의 레지스터들을 기억장치 내의 기억장소들과 동일하게 취급한다.
나. 레지스터들의 주소도 기억장치 주소영역의 일부분을 할당한다.
다. 기억장치와 I/O 레지스터들을 액세스할 때 동일한 기계 명령어들을 사용할 수 있다.
라. 이 방식을 사용하여도 기억장치 주소 공간은 줄어들지 않는다.

4. 다음에 실행할 명령어가 기억되는 주기억장치의 번지를 기억하고 있는 레지스터로 명령어가 수행될 때 마다 1~4바이트의 일정한 값만큼씩 증가되는 레지스터는?

가. PC　　나. IR
다. PSW　　라. MAR

5. 다음 중 채널 명령어의 구성에 포함되지 않는 것은?

가. 명령코드　　나. 채널
다 플래그　　라. 데이터크기

6. 부동 소수점 표현의 수들 사이에서 곱셈 알고리즘 과정에 해당하지 않는 것은?

가. 0(zero)인지의 여부를 조사한다.
나. 가수의 위치를 조정한다.
다. 가수를 곱한다.
라. 결과를 정규화한다.

7. 이동 헤드 디스크(moving head disk) 장치의 데이터 전송 연산시간 중에서 가장 큰 비중을 차지하는 것은?

가. 탐구시간(seek time)
나. 회전지연시간(latency time)
다. 전송시간(transmission time)
라. 신호전달시간(signal transfer time)

정답 10. 가 2008년 4회 1. 나 2. 라 3. 라 4. 가 5. 나 6. 나 7. 가

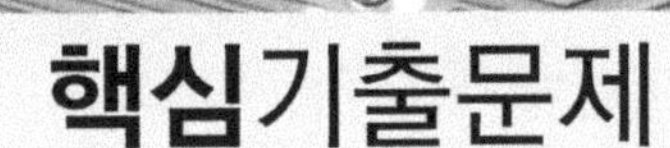

핵심기출문제

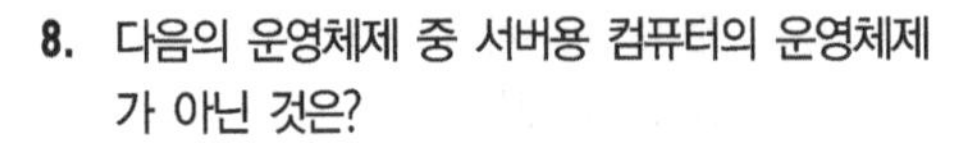

8. 다음의 운영체제 중 서버용 컴퓨터의 운영체제가 아닌 것은?

가. UNIX　　나. Windows NT
다. Windows CE　　라. Linuk

9. 다음 자료는 Even Parity를 포함하고 있다. 다음 중 잘못된 비트는?

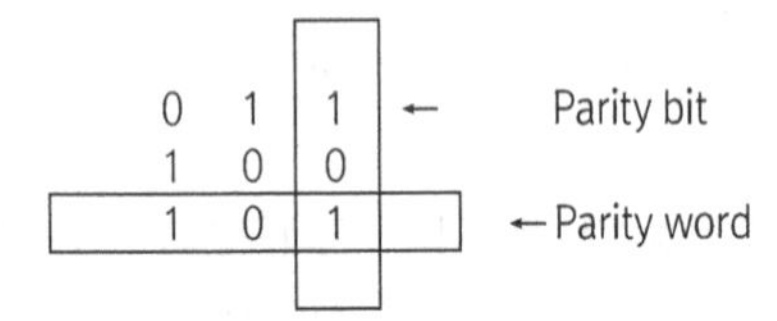

가. 1행 1열의 비트　　나. 1행 2열의 비트
다. 2행 1열의 비트　　라. 2행 2열의 비트

10. 파이프라인에 의한 이론적 최대 속도 증가율을 내지 못하는 주된 이유가 아닌 것은?

가. 병목현상　　나. 자원 회피
다. 데이터 의존성　　라. 분기 곤란

2009년 1회

1. 다음 중 선점형 스케줄링이 아닌 것은?

가. SJF 스케줄링　　나. RR 스케줄링
다. SRT 스케줄링　　라. MFQ 스케줄링

2. 기억공간을 효율적으로 분배하고 관리하기 위해 사용하는 기억공간 할당 기법 중 적재될 수 있는 공간 중에서 첫 번째 분할 영역을 선택하여 할당하는 기법은?

가. 최초적합(first fit)
나. 최적적합(best fit)
다. 최악적합(worst fit)
라. FIFO 기법

3. 다음 자바 언어에 대한 설명 중 틀린 것은?

가. 분산 환경을 지원하는 차세대 객체지향 언어이다.
나. 다중 스레드(thread)를 지원하는 언어이다.
다. 프로그래밍 언어이다.
라. 메모리를 겹쳐 쓰기(overwrite) 할 수 있다.

4. 마이크로프로세서는 크게 CISC(Complex Instruction Set Computer)와 RISC(Re duced Instruction Set Computer)로 나뉜다. 다음 중 RISC의 특징을 설명한 것으로 옳지 않은 것은?

가. CISC보다 적은 양의 레지스터를 이용해 구동한다.
나. 명령어의 길이가 일정하다.
다. 대부분의 명령어들은 한 개의 클럭 사이클로 처리된다.
라. 소수의 주소기법(addressing mode)을 사용한다.

정답 8. 다　9. 라　10. 나　2009년 1회 1. 가　2. 가　3. 라　4. 가

5. 하나 이상의 프로그램 또는 연속되어 있지 않은 저장 공간으로부터 데이터를 모은 다음, 데이터들을 메시지 버퍼에 집어넣고, 특정 수신기나 프로그래밍 인터페이스에 맞도록 그 데이터를 조직화 하거나 미리 정해진 다른 형식으로 변환하는 과정을 일컫는 것은?

가. streaming　　나. buffering
다. marshalling　　라. porting

6. 부동 소수점 수의 표현 구조로 적합한 것은?

가. 부호 + 지수 + 소수점
나. 부호 + 가수 + 소수점
다. 부호 + 지수 + 가수
라. 부호 + 지수 + 소수점 + 가수

7. 다음 중 10진수 12를 그레이 코드(gray code)로 변환한 것으로 옳은 것은?

가. 1110　　나. 1010
다. 1011　　라. 1111

8. 다음 중 용어에 대한 설명이 옳지 않은 것은?

가. 비트(bit) : 두 가지 상태를 나타내는 정보표현의 최소 단위
나. 바이트(byte) : 한 개의 영문자를 표현할 수 있는 단위
다. 풀워드(full word) : 8byte가 모여 이루어진 워드
라. 레코드(record) : 관련된 필드가 모여 하나의 레코드를 구성

9. 다음 마이크로 연산은 어떤 사이클에서 수행되는 동작을 표현한 것인가?

C_0 : MAR ← PC C_1 : MBR ← M(MAR), PC ← PC+1 C_2 : IR ← MBR

가. 인출　　나. 실행
다. 인터럽트　　라. 간접

10. 전자계산기의 중앙 제어 처리 장치의 직접 제어 상태에서 이루어지는 환경을 온라인 시스템 구조라 할 때, 이 때 요구되는 기술 사항 중 맞지 않는 것은?

가. 응답 시간은 일반적으로 수초 이하 또는 수밀리 초이다.
나. 처리 요구 및 처리 종류는 시간적으로 랜덤하게 발생한다.
다. 입·출력이 행해지는 단말 장치의 수는 하나이고, 그 입·출력은 병행하여 이루어진다.
라. 시스템 신뢰성 즉 MTBF, MTTR 등이 엄격하게 요구된다.

2009년 2회

1. BCD 코드 1001에 대한 해밍 코드를 구하면? (단, 짝수 패리티 체크를 수행한다.)

가. 0011001　　나. 1000011
다. 0100101　　라. 0110010

정답 5. 다　6. 다　7. 나　8. 다　9. 가　10. 다　2009년 2회 1. 가

핵심기출문제

2. 다음 중 하드웨어 신호에 의하여 특정 번지의 서브루틴을 수행하는 것은?

가. vectored interrupt
나. handshaking mode
다. DAM
라. subroutine call

3. 캐시 접근시간 100[ns], 주기억장치 접근시간 1000[ns], 히트율 0.9인 컴퓨터 시스템의 평균 메모리 접근 시간은?

가. 90[ns] 나. 100[ns]
다. 190[ns] 라. 990[ns]

4. 마이크로프로세서는 내부 레지스터의 길이, 데이터 버스의 구조, 내부 메모리의 크기 등에 의해 그 성능이 평가된다. 다음 중 가장 성능이 낮은 마이크로프로세서는 어느 것인가?

가. 80486(Intel사) 나. 68000(Motorola사)
다. R3000(MIPS사) 라. RS/6000(IBM사)

5. 다음 중 Link 운영체제의 특징과 가장 거리가 먼 것은?

가. 소스 코드가 공개되어 있으므로 사용자들은 자신이 원하는 기능을 추가하거나 변경할 수 있다.
나. 명령어 체계나 사용법, 대부분의 도구들까지도 Unix와 유사한 형태를 띠고 있다.
다. 서버용 소프트웨어를 기본으로 제공하며 사용자들의 취향에 맞도록 관련 유틸리티들을 포함하고 있다.
라. freeBSD와 비슷한 시기에 개발되었으며, 이식성에 중점을 두고 개발되어 가장 다양한 플랫폼을 지원하고 있다.

6. 다음 중 10진수로 변환한 값이 다른 것은?

가. 2421 코드 : 0110
나. 8421 코드 : 0110
다. Excess-3 코드 : 1001
라. Biquinary 코드 : 1000100

7. 다음 중 선점 스케줄링에 대한 설명으로 옳은 것은?

가. 한 프로세스가 실행되면 완료될 때까지 프로세서를 차지한다.
나. 작업시간이 짧은 긴 작업을 기다리는 경우가 발생 할 수도 있다.
다. 프로세스의 종료시간에 대해 예측이 가능하다.
라. 빠른 응답시간을 요구하는 시분할 시스템, 실시간 시스템에 적합하다.

8. GNU 일반 공중 사용 허가서에서 저작권의 한 부분으로 보장한 내용이 아닌 것은?

가. 컴퓨터 프로그램의 원본을 언제나 프로그램의 코드와 함께 판매 또는 무료로 배포할 수 있다.
나. 컴퓨터 프로그램을 어떠한 목적으로든지 사용할 수 있다.
다. 컴퓨터 프로그램의 코드를 용도에 따라 변경할 수 있다.
라. 변경된 컴퓨터 프로그램 역시 프로그램의 코드와 함께 자유로이 배포할 수 있다.

정답 2. 가 3. 다 4. 나 5. 라 6. 라 7. 라 8. 가

9. 기억장치의 주소와 그 내용이 다음의 표와 같다고 할 때, 어셈블리어로 LOAD 120이란 명령이 직접주소 방식이라면 오퍼랜드는 무엇이 되는가?

주소	내용
0	
…	…
120	200
…	…
200	300
…	…
270	120
…	…

가. 120　　나. 200
다. 270　　라. 300

10. 명령 사이클의 설명으로 올바른 것은?

가. 명령어의 인출단계
나. 명령어의 실행단계
다. 명령어의 인출에서 실행까지의 전체 과정
라. 명령어의 인출과 해독 단계

2009년 4회

1. Formatting 한 1.2MB의 디스켓에 최대 몇 개의 영문자를 저장할 수 있는가?
(단, 1.2MB 모두 영문자 저장에 사용)

가. 약 655000　　나. 약 965000
다. 약 1224000　　라. 약 1258000

2. 여러 명의 사용자가 사용하는 시스템에서 컴퓨터가 사용자들의 프로그램을 번갈아가면서 처리해 줌으로써 각 사용자가 각자 독립된 컴퓨터를 사용하는 느낌을 주는 시스템과 가장 관계 깊은 것은?

가. on-line system
나. batch file system
다. dual system
라. time sharing system

3. 캐시 메모리의 기록 정책 가운데 쓰기(write) 동작이 이루어질 때마다 캐시 메모리와 주기억장치의 내용을 동시에 갱신하는 방식은?

가. write-through　　나. write-back
다. direct 매핑　　라. write-all

4. 다음 기억장치의 설명 중 틀린 것은?

가. 주기억장치에서 SRAM이나 DRAM은 소멸성 기억장치이다.
나. 주기억장치에서 32×32(bit) 형태의 DRAM이라면 재생 계수기는 5bit 계수기를 사용할 수 있다.
다. 보조기억장치 중 자기테이프는 임의접근이 불가능하다.
라. 보조기억당치에서는 바이트와 같은 세분화된 정보의 단위로 주소를 지정할 수 있다.

정답 9. 나　10. 다　2009년 4회 1. 라　2. 라　3. 가　4. 라

핵심기출문제

5. 고급언어(high level language)에 대한 특징으로 가장 옳은 것은?

가. computer 하드웨어와 compiler에 종속적이다.
나. computer 하드웨어에 종속적이고, compiler에 독립적이다.
다. computer 하드웨어와 compiler에 독립적이다.
라. computer 하드웨어에 독립적이고, compiler에 종속적이다.

6. 교착상태의 해결 방법 중 회피(Avoidan ce) 기법과 밀접한 관계가 있는 것은?

가. 은행원 알고리즘 사용
나. 점유 및 대기 방지
다. 비선점 방식
라. 환형 대기 방지

7. 다음 중 종류가 다른 연산은?

가. AND　　나. ADD
다. OR　　라. NOT

8. 마이크로프로그램에 의한 각 기계어 명령들은 제어 메모리에 있는 일련의 마이크로 오퍼레이션의 동작을 시작하는데 다음 중 이에 맞지 않는 동작은?

가. 주기억 장치에서 명령어 인출하는 동작
나. 오퍼랜드의 유효 주소를 계산하는 동작
다. 지정된 연산을 수행하는 동작
라. 다음 단계의 주소를 결정하는 동작

9. 다음 중 프로그램 카운터의 내용과 명령의 번지 부분을 더해서 유효 번지가 결정되는 주소 지정 방식은?

가. 상대 번지 모드
나. 직접 번지 모드
다. 인덱스 번지 모드
라. 베이스 레지스터 번지 모드

10. 특정한 비트 또는 특정한 문자를 삭제하기 위해서 필요한 연산은?

가. AND 연산　　나. OR 연산
다. NOT 연산　　라. COMPLEMENT 연산

2010년 1회

1. 프로그래머에 의한 명령 수행 순서의 변경 또는 프로그램의 수행 순서를 인스트럭션들이 배열된 순서와 다르게 수행할 수 있도록 하는 기능은?

가. 함수 연산 기능
나. 전달 기능
다. 제어 기능
라. 입출력 기능

2. 프로그램에서 하나의 값을 저장할 수 있는 기억 장소의 이름은?

가. 함수　　나. 주석
다. 변수　　라. 레이블

정답 5. 라　6. 가　7. 나　8. 라　9. 가　10. 가　2010년 1회 1. 다　2. 다

3. 프로그램 카운터와 명령의 주소부분을 더해 유효 주소로 결정하는 주소지정방식은?

가. base addressing
나. index addressing
다. immediate addressing
라. relative addressing

4. 다음 중 Self Complement 코드에 해당하는 것은?

가. 8421코드 나. Excess-3 코드
다. Gray 코드 라. 5421 코드

5. 출력되는 불 함수의 값이 입력 값에 의해서만 정해지고 내부에 기억능력이 없는 논리회로는?

가. 조합회로 나. 순차회로
다. 집적회로 라. 혼합회로

6. 연산장치(ALU)를 크게 2부분으로 분류하면?

가. 산술연산장치와 기억장치
나. 제어장치와 산술연산장치
다. 산술연산장치와 논리연산장치
라. 논리연산장치와 기억장치

7 자기디스크에서 사용하는 CAV방식의 단점으로 옳은 것은?

가. 접근 속도의 저하
나. 구동장치의 복잡화
다. 디스크의 무게 증가
라. 저장 공간의 낭비

8. 다음 2의 보수 표현으로 된 수의 계산 결과가 옳은 것은?

000111 - 111001

가. 111001 나. 011110
다. 001110 라. 010110

9. 16bit micro processor의 내부 신호 중 버스 중재 (arbitration) 제어 신호에 해당하지 않는 신호명은?

가. 버스 에러(Bus Error)
나. 버스 리퀘스트(Bus Request)
다. 버스 그랜트(Bus Grant)
라. 버스 그랜트Ack(Bus Grant Acknowledge)

10. 사용자가 실제 기억장치보다 큰 기억장치를 사용할 수 있는 메모리 이용 기법은?

가. 직접 메모리 액세스
나. 가상기억 장치
다. 캐시 기억 장치
라. 연관 기억 장치

2010년 2회

1. 다음 명령어와 관계있는 것은?

STORE X. A

가. 0-주소 명령어 나. 1-주소 명령어
다. 2-주소 명령어 라. 3-주소 명령어

정답 3. 라 4. 나 5. 가 6. 다 7. 라 8. 다 9. 가 10. 나 2010년 2회 1. 다

핵심기출문제

2. 프로그램을 작성할 때 프로그램의 내용과 과정을 이해하기 위하여 삽입하는 것으로 기계어로 번역되지 않는 부분은?

가. 변수 나. 함수
다. 예약어 라. 주석문

3. 운영체제 분류상 처리 프로그램에 해당되지 않는 것은?

가. 파일관리 프로그램
나. 언어 번역 프로그램
다. 응용 프로그램
라. 서비스 프로그램

4. 부동소수점 수들 사이의 곱셈 알고리즘 과정에 포함되지 않는 것은?

가. 0(zero)안지 여부를 조사한다.
나. 가수의 위치를 조정한다.
다. 가수를 곱한다.
라. 결과를 정규화 한다.

5. 컴퓨터의 운영체제에서 로더(loader)란 실행 프로그램 혹은 데이터를 주기억 장치내의 일정한 번지에 저장하는 작업을 말하는 것으로, 다음 중 로더의 주요 기능이 아닌 것은?

가. 프로그램과 프로그램 간의 연결(linking)을 수행한다.
나. 출력 데이터에 대해 일시 저장(spooling) 기능을 수행한다.
다. 프로그램이 실행될 수 있도록 번지수를 재배치(relocation)한다.
라. 프로그램 또는 데이터가 저장될 번지수를 계산하고 할당(allocation)한다.

6. 플래그 레지스터 중 8(16)비트 연산에서 하위 4(8) 비트로부터 상위 4비트로 자리올림 또는 빌림이 발생한 경우 1로 리셋 되는 것은?

가. PF(parity flag) 나. ZF(zero flag)
다. AF(auxiliary carry flag)
라. SF(sign flag)

7. 기계어에 대한 설명으로 틀린 것은?

가. 숙달된 사용자가 아니면 프로그램하기가 어렵다.
나. 명령이나 수식에 연산하기 쉬운 기호를 사용하므로 기호언어라고도 한다.
다. 기종마다 서로 다른 고유의 명령코드를 사용한다.
라. 프로그램의 추가, 변경, 수정이 불편하다.

8 마이크로 오퍼레이션 중 가장 긴 것의 시간을 해당 마이크로 사이클 타임으로 정의하는 방식은?

가. fatch status 나. 동기 고정식
다. 동기 가변식 라. interrupt status

9. $(-9)_{10}$를 부호화된 2의 보수(signed 2's complement)로 표시한 것은?

가. 10001001 나. 11001001
다. 11110111 라. 11110110

10. 순차적으로만 사용할 수 있는 공유 자원이나 공유 자원 그룹을 할당하는데 사용되는 데이터 및 프로시저를 포함하는 병행성 구조(concurrent construct)는?

가. 채널 나. 세마포어
다. 버퍼 라. 모니터

정답 2. 라 3. 가 4. 나 5. 나 6. 다 7. 나 8. 나 9. 다 10. 라

2010년 4회

1. **그레이 코드 10110110을 2진수로 바꾼 것으로 맞는 것은?**

가. 11011011　　나. 10101101
다. 01001100　　라. 01101011

2. **컴퓨터에서 사용되는 버스(bus)의 종류가 아닌 것은?**

가 .주소 버스(address bus)
나. 데이터 버스(data bus)
다. 제어 버스(control bus)
라. 입력 버스(input bus)

3. **다음은 입출력 포트 중 고립형 I/O(iso lated I/O)에 대한 설명이다. 옳지 않은 것은?**

가. 고립형 I/O는 I/O Mapped I/O 라고도 불리운다.
나. 고립형 I/O는 기억장치의 주소 공간과 전혀 다른 입출력 포트를 갖는 형태이다.
다. 하나의 읽기/쓰기 신호만 필요하다.
라. 각 명령은 인터페이스 레지스터의 주소를 가지고 있으며 뚜렷한 입출력 명령을 가지고 있다.

4. **CISC의 특징 중 잘못된 것은?**

가. 주소지정방식이 다양하다.
나. 명령어의 길이가 가변적이다.
다. 명령어의 수가 많다.
라. 제어장치가 고정배선제어(PLS)이다.

5. **순선도를 작성하는 목적이 아닌 것은?**

가. 코딩(coding)의 기초 자료가 된다.
나. 프로그램의 개요를 타인이 쉽게 이해 할 수 있다.
다. 에러의 수정이나 프로그램의 수정을 자동으로 할 수 있다.
라. 전체적인 흐름을 쉽게 파악할 수 있다.

6. **DMA(Direct Memory Access)에 관한 설명 중 틀린 것은?**

가. 주변장치와 기억장치 등의 대용량 데이터 전송에 적합하다.
나. 프로그램방식보다 시스템의 효율이 좋다.
다. 프로그램방식보다 데이터의 전송속도가 느리다.
라. CPU를 경유하지 않고 메모리와 입출력 주변장치 사이에 직접 데이터 전송을 한다.

7. **해밍코드 방식에 의하여 구성된 코드가 16비트인 경우 데이터 비트 수와 패리티 비트수와 패리티 비트 수로 가장 적합한 것은?**

가. 데이터 비트수 : 11, 패리티 비트수 : 5
나. 데이터 비트수 : 10, 패리티 비트수 : 6
다. 데이터 비트수 : 12, 패리티 비트수 : 4
라. 데이터 비트수 : 15, 패리티 비트수 : 1

8. **부동 소수점 수의 표현 구조로 적합한 것은?**

가. 부호 + 지수 + 소수점
나. 부호 + 가수 + 소수점
다. 부호 + 지수 + 가수
라. 부호 + 지수 + 소수점 + 가수

정답　1. 가　2. 라　3. 다　4. 라　5. 다　6. 다　7. 가　8. 다

핵심기출문제

9. 다음 중 ASCII 코드에 대한 설명으로 틀린 것은?

가. 미국표준협회에서 만든 미국 표준 코드임
나. 7비트의 데이터 비트에 패리티 비트 1비트를 추가함
다. 7비트의 데이터 비트 중 앞의 7, 6, 5, 4 비트는 존 비트로 사용됨
라. 데이터 통신용 문자 코드로 많이 사용되고 128 문자를 표시함

10. 캐시 메모리의 매핑(mapping) 방법이 아닌 것은?

가. direct mapping
나. indirect mapping
다. associative mapping
라. set-associative mapping

2011년 2회

1. 여러 명의 사용자가 사용하는 시스템에서 컴퓨터가 사용자들의 프로그램을 번갈아가면서 처리해 줌으로써 각 사용자가 각자 독립된 컴퓨터를 사용하는 느낌을 주는 시스템과 가장 관계 깊은 것은?

가. on-line system
나. batch file system
다. dual system
라. time sharing system

2. 다음 중 IEEE 754에 대한 설명으로 옳은 것은?

가. 고정소수점 표현에 대한 국제 표준이다.
나. 가수는 부호 비트와 함께 부호화-크기로 표현된다.
다. $0.MX2^E$의 형태를 취한다.(단, M : 가수, E : 지수)
라. 64비트 복수-정밀도 형식의 경우 지수는 10비트이다.

3. 구글이 클라우드 시대를 겨냥해서 만든 차세대 태블릿 PC용 OS는?

가. 크롬 OS　　나. tinyOS
다. 비스타　　라. 안드로이드

4. Spooling을 설명한 것으로 가장 타당한 것은?

가. 자료를 발생 즉시 처리하는 방식이다.
나. 느린 장치로 출력할 때 디스크 등의 보조기억장치에 저장하고 그 장치를 출력에 연결하는 방식이다.
다. 자료를 일정기간 모아서 한 번에 처리하는 방식이다.
라. 여러 개의 처리기를 이용하여 여러 가지 작업을 동시에 처리하는 방식이다.

5. 자기디스크에서 사용하는 CAV방식의 단점으로 옳은 것은?

가. 접근 속도의 저하
나. 구동장치의 복잡화
다. 디스크의 무게 증가
라. 저장 공간의 낭비

정답 9. 다　10. 나　2011년 2회 1. 라　2. 나　3. 가　4. 나　5. 라

6. 어떤 명령(instruction)을 수행하기 위해 가장 우선적으로 이루어져야 하는 마이크로 오퍼레이션은?

가. PC → MBR　　나. PC → MAR
다. PC+1 → PC　　라. MBR → IR

7. CPU 레지스터, 캐시기억장치, 주기억장치, 보조기억장치로 기억장치의 계층구조 요소를 구성하고 있다. 이들 중에서 처리속도가 가장 빠른 것과 가장 느린 것을 순서대로 옳게 나열한 것은?

가. 캐시기억장치, 주기억장치
나. CPU 레지스터, 캐시기억장치
다. 주기억장치, 보조기억장치
라. CPU 레지스터, 보조기억장치

8. 다음 중 가중치 코드(Weighted Code)가 아닌 것은?

가. 8421 코드　　나. 2421 코드
다. 5421 코드　　라. Excess-3 코드

9. 시스템 동작 개시 후 최초로 주기억장치에 프로그램을 load하는 것은?

가. operating system
나. bootstrap loader
다. mapping operator
라. editor

10. Address Bus선(Line)이 16선으로 되어 있다. 이 때 지정할 수 있는 최대 번지수는?

가. 8192　　나. 16384
다. 32767　　라. 65535

2011년 4회

1. 파이프라인에 의한 이론적 최대 속도 증가율을 내지 못하는 주된 이유가 아닌 것은?

가. 병목현상　　나. 자원회피
다. 데이터 의존성　　라. 분기 곤란

2. Micro processor에서 다음 실행할 번지가 저장되는 곳은?

가. Buffer register　　나. Program counter
다. Accumulator　　라. Instruction register

3. 고급 언어(high-level language)에 대한 특징으로 가장 옳은 것은?

가. computer 하드웨어와 compiler에 종속적이다.
나. computer 하드웨어에 종속적이고, compiler에 독립적이다.
다. computer 하드웨어와 compiler에 독립적이다.
라. computer 하드웨어에 독립적이고, compiler에 종속적이다.

4. 2진수 1001에 대한 해밍코드로 옳은 것은?(단, 짝수 패리티 체크를 사용한다.)

가. 0011001　　나. 1000011
다. 0100101　　라. 0110010

정답 6. 나　7. 라　8. 라　9. 나　10. 라　**2011년 4회** 1. 나　2. 나　3. 라　4. 가

핵심기출문제

5. 부동소수점 표현에서 수들 사이의 곱셈 알고리즘 과정에 포함되지 않는 것은?

가. 0(zero)인지 여부를 조사한다.
나. 가수의 위치를 조정한다.
다. 가수를 곱한다.
라. 결과를 정규화 한다.

6. 10진수 47.625를 2진수로 변환한 것으로 옳은 것은?

가. 101111.111　　나. 101111.010
다. 101111.011　　라. 101111.101

7. ASCII 코드의 존 비트와 디지트 비트의 구성으로 옳게 표시한 것은?

가. 존 비트 : 4, 디지트 비트 : 3
나. 존 비트 : 3, 디지트 비트 : 4
다. 존 비트 : 4, 디지트 비트 : 4
라. 존 비트 : 3, 디지트 비트 : 3

8. 누산기(Accumulator)의 역할은?

가. 연산 명령의 해독 장치
나. 연산 명령의 기억 장치
다. 연산 결과의 일시 기억 장치
라. 연산 명령 순서의 기억 장치

9. 자바언어에 대한 설명 중 틀린 것은?

가. 분산 환경을 자원하는 차세대 객체지향 언어이다.
나. 다중 스레드(thread)를 지원하는 언어이다.
다. 프로그래밍 언어이다.
라. 메모리를 겹쳐 쓰기(overwrite)할 수 있다.

10. 다음 프로그램 중 제어프로그램이 아닌 것은?

가. 자료, 파일 관리프로그램
나. 작업관리 프로그램
다. 언어 번역 프로그램
라. 기억 영역 관리 프로그램

정답 5. 나　6. 라　7. 나　8. 다　9. 라　10. 다

저자 약력

김한기
현) (주)글로리원 연구개발 팀장

박승환
현) 을지대학교 의료공학과 교수

엄우용
현) 인하공업전문대학 디지털전자과 교수

디지털전자회로&전자계산기 일반

1판 1쇄 발행 2015년 10월 10일
1판 2쇄 발행 2020년 01월 25일
저 자 김한기, 박승환, 엄우용
발 행 인 이범만
발 행 처 **21세기사** (제406-00015호)
경기도 파주시 산남로 72-16 (10882)
Tel. 031-942-7861 Fax. 031-942-7864
E-mail : 21cbook@naver.com
Home-page : www.21cbook.co.kr
ISBN 978-89-8468-556-7

정가 25,000원